Resolviendo el Puzzle Climático

Resolviendo el Puzzle Climático
El sorprendente papel del sol

Javier Vinós

Critical Science Press

Madrid

2023

Publicado por Critical Science Press
ISBN: 978-84-127783-0-4 (Tapa blanda)

A mis hermanos, Lide, Ana e Íñigo, porque crecer con vosotros fue extraordinariamente enriquecedor y os agradezco profundamente que tras tantos años nuestra relación siga siendo tan fuerte y cálida como de niños.

CONTENIDOS

Tablas

PRÓLOGO

¿Cuándo fue la última vez que un libro le ayudó a aprender sobre un tema complejo y crucial, sin prejuicios, sin demagogia, sin rodeos y sin adoctrinamiento?

Pocas veces el lector tiene en sus manos la obra de un autor que le invita a no creer en su palabra (ni en la de ninguna otra persona) y sí a sopesar algunas propuestas que le permitan abordar una problemática para llegar, en la medida de lo posible y acaso de manera provisional, a conclusiones propias. Ese hecho debería ser por sí mismo un motivo para que toda persona intelectualmente curiosa se interese por la lectura de esta obra. Si encima el autor se ocupa de ofrecer previamente los instrumentos con los que el lector pueda construir su criterio, la atracción que el lector medianamente culto sienta por este libro debería ser magnética. Y si, para colmo de bienes, el tema es nada más y nada menos que el cambio climático, la cuestión científica, política y social más mediática de nuestro tiempo, no habrá quien lo lea sin sentir la emoción de quien explora nuevos mundos de la mano de un experimentado guía.

Del cambio climático se han escrito cientos de miles de páginas en el último cuarto de siglo. Las páginas de este libro no son simplemente unos pocos cientos de páginas más. Constituyen un capítulo fundamental en el esfuerzo de quienes hacen ciencia por acercarnos a la verdad. Se trata de una obra científica con un enfoque eminentemente didáctico que ayuda a entender lo que se sabe y a delimitar lo que se desconoce acerca de los cambios en el clima de la tierra. Su autor, Javier Vinós, se atreve incluso a proponer una teoría explicativa de los principales fenómenos climáticos que estamos viviendo y nos invita a comprobar su grado de consistencia con los hechos climáticos del pasado, algunos de los cuales aún no han sido explicados por las teorías más aceptadas.

El avance por las páginas de este libro ayudará a los argonautas que decidan aventurarse, a ir dando forma a una respuesta personal a preguntas fundamentales como ¿cuáles pueden ser las causas del cambio climático y del incremento de la temperatura media de la tierra en el último siglo? ¿Este fenómeno se debe a la acción de los seres humanos o tiene un origen natural? ¿O será quizá una combinación de las dos? ¿Los efectos se están acelerando o se están ralentizando? ¿Por el momento en qué medida han acertado o errado los modelos que usa el IPCC de Naciones Unidas en sus pronósticos sobre escenarios futuros probables? ¿Nos enfrentamos a un cataclismo o asistimos a un aumento moderado de las temperaturas?

Desarrollar un criterio propio acerca de estas cuestiones ofrece el placer del crecimiento personal en el que posiblemente sea el área científica más comentada de hoy por el grueso de la población. Y, además, tiene el aliciente de ser la llave para poder tomar posición en disputadísimas cuestiones de enormes consecuencias socioeconómicas.

En efecto, preguntas como si está en nuestras manos detener el cambio climático o debemos contentarnos con mitigar sus efectos; si sabemos ya lo suficiente para actuar o conviene esperar a tener más certezas científicas; si debemos reducir la producción energética proveniente de fuentes fósiles o continuar su senda del crecimiento; si todos los países deben adoptar las mismas medidas para ser efectivos o si por el contrario conviene que cada uno experimente con sus propias soluciones; si es justo y necesario que los habitantes actuales del planeta paguen con reducciones del nivel de vida las acciones contra los fenómenos climáticos o si, alternativamente, sería más razonable seguir creciendo y que nuestros descendientes paguen la cuenta de las soluciones más adelante, son todas cuestiones a las que no se les puede dar una contestación medianamente racional ni razonable si no se ha pensado seriamente acerca de las anteriores.

Periodistas y políticos contestan casi al unísono a estas segundas cuestiones en clave intervencionista, con carácter de urgencia e imponiendo medidas coactivas de arriba hacia abajo, dando por hecho que las principales cuestiones científicas están zanjadas. Están convencidos de que el hombre es el responsable casi único del cambio climático debido a su adicción al crecimiento económico basado en la economía del carbono, que no hay científico honesto que discrepe de este posicionamiento, que los efectos dañinos son cada vez peores y se suceden cada vez de forma más seguida, que los modelos prueban la veracidad de sus tesis y que las consecuencias del actual cambio climático son de dimensiones dramáticas, cuando no apocalípticas.

Basados en ese posicionamiento, gobiernos y burocracias de todos los signos políticos, con los estados de la Unión Europea a la cabeza, han puesto en marcha medidas económicas de enorme coste y trascendencia, penalizando el uso de combustibles fósiles y alentando con todo tipo de subvenciones el ahorro energético y el uso de energías denominadas popularmente como renovables. Sin embargo, el problema de estas medidas es triple. En primer lugar, supone la sustitución de energías relativamente económicas por energías más costosas y aleatoriamente intermitentes. La impredecibilidad de las fuentes eólicas requiere (hasta el día en que la tecnología de las grandes baterías sea una realidad) de la construcción redundante de centrales que se puedan poner en marcha en el preciso momento en el que deje de soplar el viento. Y como no hay almuerzo gratuito ni centrales de gas que crezcan en los valles, alguien tiene que pagar las enormes inversiones de capital concretadas en centrales de ciclo combinado que tiran del gas el día que el viento no tira. En segundo lugar, estas decisiones nos vuelven completamente dependientes del gas, con las lógicas consecuencias geopolíticas que hemos podido observar en la invasión rusa de Ucrania. Y, por último, estas medidas suponen un salto al vacío si consideramos que nunca una civilización logró un crecimiento sostenido y sostenible sustituyendo energías más densas por energías menos densas, como es el caso cuando sustituimos fuentes fósiles y nucleares por el sol y el viento.

Pero claro, si partimos de la base de que la hipótesis del efecto reforzado del CO_2 es la correcta y que además sus efectos son gravísimos, la reacción tiene su lógica. Si la solución al puzzle climático es una teoría que sostiene que el principal factor causante del calentamiento observado en los últimos 100 años es la emisión de gases efecto invernadero a la atmósfera como subproducto de la actividad económica y que, de no detenerse, tendrá consecuencias medioambientales catastróficas, parece comprensible pensar que merece la pena, o al menos que no es ningún disparate, asumir el elevadísimo coste social, económico, geopolítico y civilizatorio que hemos comentado brevemente.

Llegados a este punto de la conversación sólo caben dos cuestiones. Analizar cuál es el costo y el beneficio de las distintas medidas propuestas para elegir siempre la menos mala, y preguntarnos cuál es el grado de confianza que tenemos en la premisa de que la tesis del efecto reforzado del CO_2 sea la correcta y sus efectos respondan a los modelos climáticos que anuncian grandes catástrofes.

El análisis coste beneficio, cuando sea posible llevarse a cabo, vendría a ser la herramienta que nos permite optar en cada momento y lugar por las soluciones mejores o menos malas. El Protocolo de Kioto, por poner un ejemplo, costaba entre 150.000 y 300.000 millones de euros y sus beneficios climáticos se estimaban en 0.07 grados centígrados hasta el año 2050. ¿Tiene sentido renunciar a los millones de servicios médicos, infraestructuras, educación o lo que quiera que la gente quiera hacer con esos cientos de miles de millones por reducir en tan pocos grados el calentamiento? O por plantear una de las muchas alternativas que se propusieron al Protocolo de Kioto, ¿cuántos grados podríamos reducir si dedicáramos esos mismos recursos a plantar árboles de forma masiva? ¿Y si con ese dinero construyéramos centrales nucleares?

El análisis continuo del costo de oportunidad de las varias políticas públicas en discusión permite mantener una cierta sensatez dentro de la elección de políticas. Si de todas maneras la ciudadanía se empobrecerá con las medidas, mejor que sea menos que más. La comparación última es con el desastre climático, no con la otra política en competencia.

El conjunto de consecuencias climáticas futuras de acuerdo con modelos que responsabilizan al hombre y al CO_2, y los efectos económicos de las medidas adoptadas para frenarlas, se comentan día sí día también en los medios de comunicación. Su omnipresencia y su dramatismo ha dado paso al fenómeno de la ansiedad climática y ya son millones los niños aquejados de esta afección psicológica.

Pero ¿y qué pasa si en realidad la hipótesis del efecto reforzado del CO_2 no fuera del todo cierta, no fuera totalmente fiable o no fuera la única explicación del calentamiento vivido en el último siglo? ¿Qué pasa si las causas naturales son más importantes de lo hasta ahora considerado? ¿Qué sentido tendría descarbonizar la sociedad e infligir un empobrecimiento inducido a miles de millones de personas? Responder a la primera de estas preguntas requiere experticia, honradez y liderazgo intelectual. Para contestarla hay que resolver primero un verdadero puzzle climático de una enorme complejidad. Y eso es lo que nos invita a hacer Javier Vinós ayudándonos a aprender sobre un tema tan complejo como crucial, como Jasón, liderando a los argonautas hasta los confines del mundo conocido. Y más allá.

Gabriel Calzada Álvarez
Profesor de economía
Rector de la Universidad de las Hespérides
Presidente del Instituto Juan de Mariana
Presidente de la Mont Pelerin Society
Las Palmas de Gran Canaria, 9 de Noviembre de 2023

Prólogo a la Edición Inglesa

En su nuevo libro, *"Resolviendo el Puzzle Climático, El sorprendente papel del sol"*, Javier Vinós ha elaborado un resumen magistral de los hechos observados sobre el clima de la Tierra y las teorías que se han propuesto para explicar estos hechos. Es un libro largo, 400 páginas, pero merece la pena leerlo sólo por sus excelentes figuras. Las abundantes citas de artículos originales aumentan la extensión, pero las referencias son un recurso valioso. No conozco ningún otro libro que presente tantos datos detallados e interesantes sobre el clima de la Tierra, ahora, en el pasado y lo que puede ocurrir en el futuro. Se analizan a fondo las teorías sobre la actual era glacial, comenzando por el trabajo pionero de Milankovich, de un siglo de antigüedad. Se analizan a fondo los diversos indicadores del clima en el pasado, incluido el radioisótopo ^{14}C, que indica una influencia del Sol mucho mayor de lo que admite el dogma actual. Y hay mucho, mucho más, todo ello presentado con una claridad cualitativa admirable. Se hace menos hincapié en los detalles cuantitativos, lo que muchos lectores agradecerán. El mensaje más convincente es que el maníaco enfoque en el dióxido de carbono (CO_2) como el "mando de control" del clima de la Tierra es un profundo engaño. Vinós lo llama la "Hipótesis del Efecto Invernadero Reforzado". Después de muchas décadas de investigación, y muchas decenas de miles de millones de dólares gastados, la medida cuantitativa de cuánto afecta el CO_2 cambiante al clima a través de un efecto invernadero reforzado es tan poco conocida hoy como lo era en 1908 cuando Svante Arrhenius estimó en su libro *"Worlds in the Making"* que la superficie de la Tierra se calentaría en S = 4 °C si se duplicaran las concentraciones atmosféricas de CO_2. Una estimación típica de la actual clase dirigente de las alarmas climáticas es casi la misma: ¡3 °C! *¡Parturient montes, nascetur ridiculus mus!*[1]

Es muy difícil defender una sensibilidad climática tan grande como 3 °C. La mayoría de las estimaciones de los efectos directos, "instantáneos", de una duplicación de la concentración de CO_2, un aumento del 100%, implican una disminución de la radiación hacia el espacio de sólo un 1% aproximadamente. Debido a la T^4 en la ley de Stefan-Boltzman de la radiación isotérmica del cuerpo negro, que sigue siendo aproximadamente válida para la Tierra con sus gases de efecto invernadero, una disminución del flujo del 1% puede compensarse con un aumento del 0,25% de la temperatura absoluta T. Un valor aproximado de T es de unos 300 K, por lo que el aumento de temperatura sin retroalimentación al duplicar el CO_2 debería ser de unos 0,75 K ó S = 0,75 °C. Para obtener una sensibilidad políticamente correcta, digamos S = 3 °C, es necesario que las retroalimentaciones positivas aumenten esta cifra en un factor de 4 ó 400%. Pero la mayoría de las retroalimentaciones naturales son negativas, no positivas, según el principio de Le Chatelier.

El libro deja claro que los modestos cambios de temperatura observados en el último siglo, a medida que la concentración de CO_2 atmosférico ha aumen-

---

[1] Los montes están de parto, nace un ridículo ratoncito. El parto de los montes. Esopo.

tado de unas 280 partes por millón (ppm) en el año 1850 a unas 430 ppm en la actualidad, son comparables a muchos cambios de temperatura similares que se han producido a lo largo del periodo interglaciar en el que vivimos actualmente. Ninguno de los cambios de temperatura anteriores podría haber sido causado por las emisiones humanas de CO_2. Parte del calentamiento actual puede deberse al aumento de CO_2 inducido por el hombre, pero gran parte probablemente se deba a causas naturales.

La afirmación de que el calentamiento actual es, o será, una amenaza existencial para la humanidad no cuenta con ningún apoyo científico creíble. Al contrario, es probable que el aumento del CO_2 atmosférico resulte ser un gran beneficio para la vida en la Tierra, ya que el CO_2 adicional tiene un efecto muy positivo en la productividad de la agricultura, la silvicultura y la vida fotosintética en general.

Como deja claro el libro, el clima siempre está cambiando, a menudo de forma más drástica que los modestos cambios que hemos visto desde el año 1850. ¿Cuál es la causa de estos cambios? La respuesta a esta pregunta ha retrocedido al menos 50 años por el dogma impuesto políticamente de que el CO_2 es el mando de control del clima. En una especie de ley de Gresham científica, una "teoría del efecto invernadero reforzada", degradada y dictada políticamente, desplaza a las teorías competidoras basadas en el patrón oro de la ciencia observacional sólida.[2] El libro describe una teoría plausible que implica al Sol: "La hipótesis del portero de invierno", pero hay otras igualmente plausibles que deberían tomarse en serio.

Este libro debería fortalezer los corazones de los responsables políticos valientes para que se levanten y resistan a este último *"delirio popular extraordinario y locura de multitudes"*, parafraseando el título de la clásica y acertada descripción de Charles MacKay de la actual "emergencia climática".

William Happer
Cátedrático Cyrus Fogg Brackett de Física, emérito, de la Universidad de Princeton
Ex director de la Oficina de Ciencia del Ministerio de Energía
Princeton, NJ, EE.UU.
22 de octubre de 2023

---

[2] La ley de Gresham es un principio monetario que afirma que "la mala moneda expulsa a la buena".

ABREVIATURAS

- Unidades -

Δ: Delta, letra griega que significa "cambio en" cuando se utiliza con magnitudes.

Gt: Gigatonelada, mil millones de toneladas.

hPa: Hectopascal, cien pascales. Unidad de presión igual al milibar.

km: Kilómetro

nm: Nanómetro, milmillonésima parte (10^{-9}) de un metro.

mb: Milibar

ms. Milisegundo, una milésima de segundo.

μm: Micrómetro, una millonésima parte (10^{-6}) de un metro.

ppm: Partes por millón.

PW: Petavatio, mil billones (10^{15}) de vatios.

TW: Teravatio, un billón (10^{12}) de vatios.

- Fórmulas -

CO_2: Dióxido de carbono

- Siglas -

a. C: Antes de Cristo. Indica un número de años antes del comienzo de la era cristiana en el calendario gregoriano.

AMO: Oscilación Multidecenal Atlántica.

CMIP: Del inglés, proyecto de intercomparación de modelos acoplados

d. C.: Después de Cristo. Indica un número de años desde el comienzo de la era cristiana en el calendario gregoriano.

GEI: Gas de efecto invernadero.

HadCRUT: Del inglés, Temperatura de la Unidad de Investigación Climática de Hadley.

HN: Hemisferio norte.

HS: Hemisferio sur.

IE: Informe de evaluación publicado por el IPCC.

IPCC: Del inglés, Grupo Intergubernamental de Expertos sobre el Cambio Climático.

KNMI: Del holandés, Instituto Meteorológico de los Países Bajos.

LOD: Del inglés, longitud del día.

NASA: Del inglés, Administración Nacional de la Aeronáutica y del Espacio.

NOAA: Del inglés, Administración Nacional Oceánica y Atmosférica.

ONU: Organización de las Naciones Unidas.

PDO: Del inglés, Oscilación Decadal del Pacífico.

QBO: Del inglés, Oscilación Cuasi-Bienal.

QBOe: Fase de vientos del este de la Oscilación Cuasi-Bienal.

QBOo: Fase de vientos del oeste de la Oscilación Cuasi-Bienal.

SILSO: Del inglés, índice de manchas solares y observaciones solares a largo plazo.

UV: Ultravioleta.

ZCIT: Zona de Convergencia Intertropical.

Capítulo 1
Introducción

Ciencia inequívoca

En las últimas décadas, un dogma incuestionable impera a nivel mundial, constituyendo un reto formidable a la diversidad de pensamiento y expresión que históricamente han enriquecido y alimentado la cultura y el progreso científico. Dicho dogma plantea que los humanos con nuestras emisiones de CO_2 estamos poniendo en serio peligro la vida sobre el planeta y nuestra propia existencia. Recientemente, las principales revistas médicas y la Organización Mundial de la Salud han identificado el cambio climático como *"la mayor amenaza para la salud mundial en el siglo XXI"*.[3] Resulta realmente asombroso encontrarse con semejante caracterización, especialmente tras una pandemia que puede haber matado a 18 millones de personas.[4]

La apasionada petición de acción inmediata para mitigar el aumento de las temperaturas por parte de editores de revistas de salud de todo el mundo subraya una afirmación crítica: el consenso científico es inequívoco. El último informe del Grupo Intergubernamental de Expertos sobre el Cambio Climático (IPCC) afirma rotundamente que el ser humano es responsable del calentamiento global. Esta conclusión se basa en la aseveración de que el calentamiento observado se debe principalmente a las emisiones de las actividades humanas, y que el calentamiento inducido por los gases de efecto invernadero queda parcialmente enmascarado por el enfriamiento provocado por los aerosoles.[5] El IPCC concluye que las actividades humanas han causado inequívocamente el calentamiento global. Sin embargo, como científico, soy muy consciente de que la ciencia rara vez es inequívoca en cuestiones científicas poco conocidas y de gran complejidad, como el cambio climático.

Hace casi una década, me propuse averiguar las evidencias supuestamente concluyentes de que nuestras emisiones son el principal motor del cambio climático observado, y no sólo un factor contribuyente. Dado que a todos se nos pide que hagamos sacrificios para reducir las emisiones, es crucial que estemos bien informados sobre estas pruebas decisivas. Sin embargo, mi búsqueda no concluyó en una respuesta directa y clara. En su lugar, me condujo a la noción de consenso científico y a modelos informáticos. Dicha respuesta no me resultó satisfactoria porque el progreso científico proviene de cuestionar el consenso establecido, no de aceptarlo pasivamente. De lo contrario, podríamos seguir creyendo que la Tierra es el centro de nuestro sistema solar. Además, está am-

---

[3] Atwoli, L., et al., 2021. N. Engl. J. Med. 385 pp.1134–1137. doi.org/10.1056/NEJMe2113200 **Al introducir la secuencia completa del identificador digital en la barra de direcciones de un navegador de internet, se accede al artículo citado.**

[4] Wang, H., et al., 2022. The Lancet, 399 (10334), pp.1513–1536. doi.org/10.1016/S0140-6736(21)02796-3

[5] IPCC AR6 Climate Change 2023: Synthesis Report, pg.43. doi.org/10.59327/IPCC/AR6-9789291691647

pliamente reconocido que los modelos climáticos no están exentos de fallos. A quienes no sean conscientes de este hecho, les insto a que lean este libro, donde muestro con detalle cómo los propios científicos reconocen estos fallos.

Debemos reconocer que, aunque los modelos informáticos son herramientas valiosas para generar ideas y ampliar conocimientos, no tienen conexión directa con la realidad física porque son un producto de la mente humana. Sus limitaciones inherentes son evidentes cuando consideramos la posibilidad de que distintos modelos produzcan resultados contradictorios, una clara demostración de que no aportan evidencias científicas. Es muy improbable que los resultados de los modelos actuales sean válidos dentro de dos décadas, mientras que las evidencias científicas recopiladas por los astrónomos babilonios hace más de dos milenios siguen siendo válidas a día de hoy.

Mi incansable búsqueda para comprender las causas del cambio climático me ha llevado nueve años y ha supuesto un riguroso examen de miles de artículos científicos relevantes. He aplicado con integridad el estricto método científico sobre las evidencias presentadas en los artículos, ignorando las opiniones de sus autores. En multitud de ocasiones he obtenido los datos de dichos artículos y los he reprocesado y analizado de diversas maneras. La culminación de este arduo esfuerzo es el libro que ahora tiene en sus manos.

A diferencia de muchos libros que se limitan a "contar" la ciencia que hay detrás del cambio climático, este libro intenta "mostrar" las evidencias y datos concretos que apoyan otra interpretación de dicha ciencia. Al adoptar este enfoque, el lector puede sacar sus propias conclusiones basándose en las pruebas presentadas, en lugar de depender únicamente de las perspectivas de otros. Es cierto que este libro se adentra en una complejidad mayor que otros sobre el mismo tema, y sin duda un cierto nivel de conocimientos científicos puede mejorar la comprensión de su contenido. Sin embargo, he intentado mantener un equilibrio haciendo que el material sea *"lo más sencillo posible, pero no más"*.[6] Si bien es cierto que no todos los lectores comprenderán todas las facetas de este libro, no cabe duda de que todos ellos saldrán de él con una profunda comprensión de la ciencia climática. Incluso los climatólogos más eminentes descubrirán nuevos conocimientos en sus páginas, dada la naturaleza siempre cambiante de este campo intrincadamente complejo, del que nadie puede pretender tener un conocimiento exhaustivo.

El cambio climático como cuestión científica

Desde una perspectiva científica, el cambio climático es esencialmente un cambio energético. Para que cambie el clima global en la superficie del planeta, debe producirse un cambio en el contenido energético de la capa superior del océano, la superficie y la capa inferior de la atmósfera. En concreto, el calentamiento global depende de un aumento del contenido energético de esta parte del planeta. Esto limita las posibles causas del cambio climático y exige un conocimiento profundo de la energética del sistema. Este libro se centra en la energía porque el cambio climático está inextricablemente ligado a ella.

La investigación de los climatólogos se centra principalmente en el cambio climático provocado por el hombre, ya que el IPCC se creó en 1988 por *"la preocupación de que ciertas actividades humanas pudieran cambiar los patro-*

---

[6] Cita atribuída a Albert Einstein.

nes climáticos globales constituyendo una amenaza para las generaciones presentes y futuras".[7] *"El papel del IPCC es evaluar... la información científica... relevante para comprender la base científica del riesgo de cambio climático inducido por el hombre".*[8] Además de evaluar esta información, la decisión de las Naciones Unidas de 1988 de respaldar al IPCC desencadenó una de las explosiones más espectaculares de la investigación científica. Desde 1988, el número de artículos publicados cada año sobre el cambio climático se ha multiplicado por 50 (fig. 1, línea negra).[9] Se ha creado un nuevo nicho científico que ha pasado de ser casi irrelevante a estar poblado por más de 25.000 científicos, lo que representa el 0,3% de toda la producción científica (fig. 1, línea gris discontinua).[10] Y sigue creciendo.

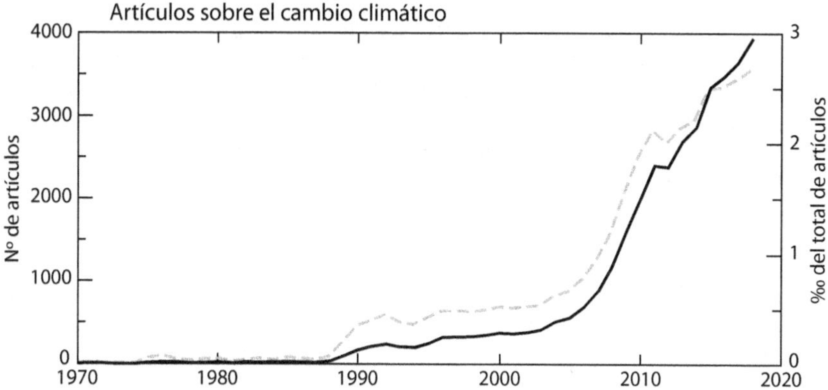

Figura 1. Número y proporción de artículos científicos sobre el cambio climático.

El clima siempre ha sufrido cambios naturales, pero, a pesar de las afirmaciones en contra, seguimos sin conocer a fondo las razones exactas y los mecanismos que subyacen a estos cambios naturales. Existen varias hipótesis, pero seguimos sin saber por qué la Pequeña Edad de Hielo, el periodo más frío de los últimos 10.000 años, se produjo entre 1300 y 1845. Del mismo modo, no podemos explicar del todo el pronunciado calentamiento de principios del siglo XX ni el importante deshielo del Ártico entre 1915 y 1930, seguido de una tendencia al enfriamiento hasta la década de 1980. Se trata de hechos bien establecidos que siguen eludiendo una explicación adecuada.

En los últimos nueve años, me he centrado en estudiar a fondo el cambio climático natural. Para ello he consultado miles de artículos científicos y examinado de cerca las pruebas de 800.000 años de historia climática, lo que me ha llevado a convertirme en un experto en la materia.[11] He llegado a la conclusión de que algunos procesos esenciales que intervienen en el cambio climático

---

[7] Asamblea General de las Naciones Unidas, cuadragésimo tercer período de sesiones, Suplemento Nº 53. 70ª sesión plenaria. 6 de diciembre de 1988.

[8] Principios del IPCC. www.ipcc.ch/site/assets/uploads/2018/09/ipcc-principles.pdf

[9] Klingelhöfer, D., et al., 2020. Environ. Sci. Eur. 32, pp.1–21. doi.org/10.1186/s12302-020-00419-1

[10] El número de científicos e investigadores en el mundo se estima en 8,8 millones.

[11] Vinós, J., 2022. Climate of the Past, Present and Future: A scientific debate. 2nd ed. Critical Science Press.

natural aún se nos escapan. En lugar de tratar de encajar las pruebas en nociones preconcebidas, he seguido los principios que me enseñaron como científico, que implican dejar que las pruebas se acumulen y guíen nuestra comprensión. Este enfoque implica estar abierto a todas las pruebas disponibles y considerar todas las explicaciones posibles antes de formular una hipótesis que se ajuste a todas las pruebas. Este sólido método científico nos ayuda a evitar caer presa del sesgo de confirmación, una tendencia inherente a la mente humana. Como explicó Sherlock Holmes, *"es un error capital teorizar antes de tener todas las pruebas. Sesga el juicio"*[12]

Lo que he descubierto sobre cómo cambia el clima de forma natural no es lo que pensaba encontrar al principio del proceso, y es el tema de este libro. Como ya se ha señalado, la energética del sistema climático es primordial para el cambio climático. De los diversos procesos que intervienen en la forma en que la energía fluye a través del sistema climático, uno se conoce mal y se descuida casi por completo en relación con el cambio climático. Se denomina transporte meridional y consiste en el transporte neto de calor desde el ecuador hacia ambos polos en la dirección de los meridianos. Hay una gran cantidad de pruebas que apuntan a que los cambios en esta característica crucial del clima son el motor inesperado del cambio climático que hemos estado pasando por alto.

Una señal convincente de que la hipótesis que surge directamente de las pruebas es correcta, es su capacidad para explicar la enigmática influencia solar en el clima. Este efecto es visible en el registro paleoclimático, pero brilla por su ausencia en el registro instrumental moderno.

El objetivo de este libro es presentar pruebas convincentes que cuestionen las visiones simplistas del cambio climático que a menudo se ofrecen. Introduce una hipótesis novedosa que arroja luz sobre una causa del cambio climático hasta ahora inexplorada: la cantidad variable de calor transportado a los polos, en la que influyen diversos factores. Esta hipótesis, conocida como el "portero de invierno", subraya la importancia del transporte de calor y su impacto climático, especialmente durante el invierno. Factores clave como la actividad solar actúan como porteros, regulando la cantidad de calor transportado.

La hipótesis del portero de invierno, basada en pruebas, se compara con la popular hipótesis del efecto reforzado del CO_2, basada en modelos, para ver hasta qué punto cada una de ellas explica los cambios climáticos conocidos del pasado.

No cabe duda de que personalmente deseo que esta hipótesis sea fundamentalmente correcta. Sin embargo, como científico, mi principal objetivo no es demostrar que tengo razón, sino descubrir la verdad científica sobre el cambio climático. Mientras que muchos científicos pueden creer que los cambios en el CO_2 son la clave para explicar los cambios climáticos, yo considero que esta respuesta carece de pruebas suficientes. Reconozco que otros pueden discrepar, como es habitual en el ámbito científico, y respeto las distintas interpretaciones de la evidencia. Les animo a explorar las pruebas presentadas en este libro, especialmente si están dispuestos a cuestionar sus creencias. Al menos, este libro pone de manifiesto una importante laguna en nuestra comprensión del clima, una laguna que también persiste en nuestros modelos climáticos. Como

---

[12] Doyle, A.C., 1887. Estudio en escarlata. Parte I, Capítulo 3.

resultado, debería llevarnos a cuestionar y aumentar nuestra incertidumbre sobre cómo abordar los retos que plantea el cambio climático.

¿Por qué yo?

Algunos han argumentado que carezco de la experiencia de un científico especializado en las ciencias de la Tierra, lo que podría parecer que disminuye el valor científico de mis opiniones. Sin embargo, creo que es justo lo contrario. Mi formación como científico especializado en biología molecular, neurociencia e investigación del cáncer me proporciona una formación rigurosa en el método científico y una amplia experiencia en el análisis de pruebas críticas de artículos científicos. El hecho de no ser climatólogo me permite ver lo que otros no especialistas necesitan para entender un tema tan complejo. Esta perspectiva única me permite presentar la ciencia del clima de forma accesible y comprensible para un público general.

Ser un experto reside en los conocimientos que uno posee, no en la educación formal que haya recibido. En mi caso, llevo nueve años estudiando el clima, el doble de lo que tardé en doctorarme. El vasto conjunto de conocimientos que he acumulado sobre el cambio climático natural pasado y presente me hacen un experto en la materia.

Pero lo que me diferencia de los climatólogos a la hora de escribir críticamente sobre el cambio climático es que no soy uno de ellos. Cuestionar el paradigma establecido del cambio climático impulsado por las emisiones puede verse obstaculizado por la formación académica dentro de ese mismo paradigma. La formación académica especializada puede limitar nuestra capacidad de imaginar soluciones innovadoras a problemas inmensamente complejos como el cambio climático. Si el paradigma climático actual es erróneo o incompleto, puede ser difícil que quienes han recibido formación en él se den cuenta de ello, por lo que resulta crucial pensar de forma innovadora. Además, atreverse a desafiar la visión ortodoxa conlleva importantes riesgos profesionales, de los que yo estoy totalmente libre.

A lo largo de la historia de la ciencia, las contribuciones más significativas han venido a menudo de personas ajenas al campo. Benjamin Franklin y Michael Faraday fueron en gran medida autodidactas. James Croll, bedel universitario, propuso una de las primeras teorías astronómicas de la glaciación en 1864. Milutin Milankovic, ingeniero, introdujo en 1920 la teoría, hoy aceptada, del cambio climático orbital. Asimismo, Guy Callendar, también ingeniero, fue el primero en relacionar los aumentos medidos de CO_2 con el calentamiento del clima. Otros ejemplos son Alfred Wegener, meteorólogo y explorador, y Albert Einstein, empleado de patentes. Estas personas, entre muchas otras, demuestran el valor de la diversidad en el avance del conocimiento científico. Rechazar sus contribuciones por falta de credenciales formales habría obstaculizado el progreso científico.

Mi anterior libro en inglés sobre el clima fue escrito principalmente para académicos, lo que dificulta su lectura para un público general. Ese libro hace un uso extensivo de acrónimos y supone que los lectores tienen considerables conocimientos previos de física climática. A pesar de estas dificultades, el éxito del libro ha superado mis expectativas. La figura 2 muestra una captura de pantalla de julio de 2023 de ResearchGate, la mayor red social para científicos e investigadores, y la página del libro muestra estadísticas impresionantes. Tiene un notable puntuación del interés investigador, situándose en el 6% superior de todos los trabajos de investigación de la plataforma y en el 8% superior de climatología. También se ha asegurado un lugar en el 1% superior de todos los artículos publicados en 2022.

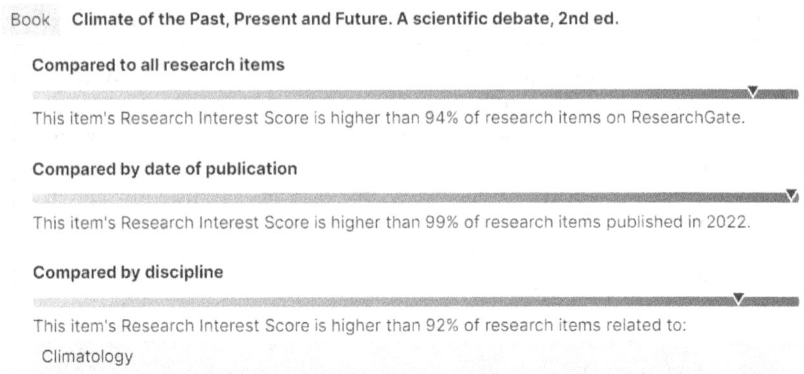

Book   **Climate of the Past, Present and Future. A scientific debate, 2nd ed.**

Compared to all research items

This item's Research Interest Score is higher than 94% of research items on ResearchGate.

Compared by date of publication

This item's Research Interest Score is higher than 99% of research items published in 2022.

Compared by discipline

This item's Research Interest Score is higher than 92% of research items related to:
Climatology

Figura 2 Puntuación del interés investigador de mi libro anterior en ResearchGate.

El alto nivel de interés que mi anterior trabajo sobre el cambio climático ha recibido por parte de mis colegas demuestra que la idea de que no estoy cualificado para escribir sobre la ciencia del clima para un público general es infundada.

Cómo leer este libro

Para hacer más accesible la ciencia del clima, he estructurado este libro en diferentes niveles de lectura. Para hacerse una idea rápida, eche un vistazo a las 16 piezas de puzzle que aparecen al final de algunos capítulos y al puzzle completo del final. Esto le dará una primera impresión en sólo 10 minutos. Para el siguiente nivel, lea los resúmenes al inicio y final de los capítulos. Han sido cuidadosamente simplificados para mayor claridad. Forman un ensayo que puede leerse en poco más de una hora. Para que el texto principal sea más fácil de digerir, lo he dividido en capítulos breves, cada uno de los cuales se centra en un punto importante y se lee en unos 10 minutos. Los temas más complejos o secundarios se han colocado en recuadros de texto. Siéntase libre de saltárselos sin perder la comprensión de los puntos principales, aunque contengan pruebas importantes.

El libro está dividido en cuatro partes, cada una con cuatro secciones. La primera trata del clima y la energía, la parte más difícil y menos atractiva. Aunque comprender la energética del sistema climático es fundamental para entender el cambio climático, reconozco que algunos lectores pueden encontrarlo desalentador. Sugiero que quienes no tengan inclinaciones científicas se salten esta parte y pasen directamente a la parte II.

En la primera sección se explica cómo obtiene su energía el sistema climático. El capítulo 2 explica la naturaleza de la radiación solar y cómo cambia. El capítulo 3 trata de la parte de la energía entrante que es rechazada por el planeta a través de su reflexión, o albedo. El capítulo 4 explica adónde va la energía solar una vez que entra en el sistema climático.

La sección 2 trata de cómo el sistema climático se deshace de la energía que recibe para mantener su estabilidad térmica. El capítulo 5 explica cómo abandona la energía el sistema climático. El capítulo 6 analiza el balance energético de la Tierra, los flujos verticales de energía y la existencia de un desequilibrio energético. El capítulo 7 explica cómo funciona el efecto invernadero, mientras que el capítulo 8 analiza la popular hipótesis del efecto reforzado del CO_2 para explicar el cambio climático.

La sección 3 introduce el transporte meridional, el transporte horizontal de calor del ecuador a los polos, responsable de los climas regionales que experimentamos. El capítulo 9 introduce el gradiente de temperatura con los cambios de latitud, que es la fuerza motriz del transporte de calor hacia los polos. El capítulo 10 explica cómo se transporta el calor a través de la atmósfera y el océano. El capítulo 11 hace hincapié en los grandes cambios de transporte que se producen con las estaciones. El capítulo 12 subraya nuestra falta de una teoría que explique adecuadamente el transporte de calor.

La sección 4 describe el transporte de calor a través de las distintas partes del sistema climático, el capítulo 13 a través de la troposfera y el capítulo 14 a través de la estratosfera. El capítulo 15 trata de las importantes interacciones entre la troposfera y la estratosfera, que a menudo influyen mucho en el clima, sobre todo en invierno. El capítulo 16 analiza en detalle el transporte de calor en invierno hacia el Ártico. El capítulo 17 muestra que, aunque el océano transporta una gran cantidad de calor, la mayor parte es impulsada por el viento.

La parte II introduce al lector en el cambio climático natural. Dado que este tema rara vez se trata, esta parte debería ser un descubrimiento para muchos lectores, y la parte en la que los menos inclinados a la ciencia deberían empezar el libro.

La sección 5 analiza los cambios climáticos naturales que más notamos, causados por los cambios naturales de la temperatura de la superficie de los océanos. El capítulo 18 explica el fenómeno de El Niño, mientras que el 19 introduce las oscilaciones oceánicas responsables de la variabilidad climática natural de baja frecuencia.

La sección 6 viaja al pasado, examinando algunos periodos de cambio climático que no podemos explicar del todo. El capítulo 20 analiza los periodos de hace millones de años en los que los polos disfrutaban de climas subtropicales. El capítulo 21 analiza la controvertida relación entre las temperaturas del pasado remoto y sus niveles de CO_2. El capítulo 22 repasa los frecuentes cambios climáticos abruptos que se produjeron cada pocos siglos durante el Holoceno. El capítulo 23 analiza las pruebas de que los cambios en la actividad solar fueron responsables de algunos de estos cambios.

La sección 7 analiza los efectos climáticos de las erupciones volcánicas. El capítulo 24 revisa las pruebas del papel de las erupciones volcánicas en el cambio climático. El capítulo 25 repasa las evidencias de que algunos de los efectos climáticos de las erupciones volcánicas se deben a cambios en el transporte de calor. El capítulo 26 examina la posibilidad de que los volcanes fueran los principales responsables de la Pequeña Edad de Hielo.

La sección 8 explora los límites de nuestros conocimientos sobre los efectos de las variaciones solares en el clima. El capítulo 27 examina los efectos de un gran mínimo solar a partir de varios indicadores paleoclimáticos. El capítulo 28 explica los efectos mucho más leves conocidos del ciclo solar. El capítulo 29 repasa el mecanismo descendente que describe cómo la señal solar en la estratosfera se transmite a la superficie. El capítulo 30 nos sorprende con el efecto ampliamente ignorado de la actividad solar sobre la rotación planetaria.

La parte III explica lo que ignoramos sobre el cambio climático, analiza el por qué necesitamos una nueva teoría y presenta la hipótesis del portero de invierno.

La sección 9 explica que el clima que experimentamos durante décadas es el resultado de regímenes climáticos establecidos tras un desplazamiento climático abrupto. El capítulo 31 ilustra cómo el clima experimentó un desplazamiento en 1976, iniciando la reciente tendencia al calentamiento global. El capítulo 32 explica cómo se descubrieron y qué son los regímenes climáticos y los desplazamientos climáticos. El capítulo 33 presenta las pruebas del desplazamiento climático pasado por alto que se produjo en 1997. El capítulo 34 demuestra que el calentamiento del Ártico no se debe a la amplificación del calentamiento global.

La sección 10 explora por qué necesitamos una nueva teoría cuando la mayoría de los científicos están satisfechos con la popular teoría actual. El capítulo 35 cuestiona la capacidad de la hipótesis del CO_2 para explicar cambios climáticos distintos del más reciente. El capítulo 36 muestra el fracaso a la hora de incorporar la variabilidad interna de baja frecuencia a nuestra teoría climática. El capítulo 37 muestra cómo se ignora la variabilidad del transporte meridional como factor climático a pesar de la gran cantidad de pruebas disponibles. El capítulo 38 pone de relieve la incapacidad de incorporar los efectos indirectos de la actividad solar sobre el clima, de los que existen abundantes pruebas.

La sección 11 presenta la hipótesis del portero de invierno, que sitúa los cambios en el transporte de calor en el centro de la variabilidad natural del clima. El capítulo 39 ilustra la importancia del vórtice polar para la circulación atmosférica y el transporte de calor en invierno. El capítulo 40 intenta identificar los diversos moduladores del transporte de calor y cómo se relacionan. El capítulo 41 se centra en el Sol como el modulador más importante del transporte de calor en escalas de tiempo centenarias.

La sección 12 presenta algunas pruebas que apoyan firmemente la hipótesis del portero de invierno. El capítulo 42 muestra cómo las observaciones confirman algunos principios concretos del papel propuesto para el Sol en el clima. El capítulo 43 muestra que el mecanismo propuesto por esta nueva hipótesis es capaz de alterar el balance energético del planeta y provocar un cambio climático.

En la parte IV se examina la comparación entre las hipótesis basadas en el CO_2 y las basadas en el transporte de calor a la hora de explicar cómo ha cambiado el clima en el pasado, cómo está cambiando en la actualidad y cómo se prevé que cambie en el futuro.

La sección 13 confronta ambas hipótesis con los cambios climáticos del pasado. El capítulo 44 muestra la superioridad de la hipótesis del portero de invierno para explicar los misterios del cambio climático en el pasado remoto. El capítulo 45 lleva la confrontación al Holoceno, donde la nueva hipótesis vuelve a mostrarse superior para explicar las tendencias climáticas generales y acontecimientos concretos como el ocurrido hace 2.800 años. El capítulo 46 muestra cómo la hipótesis del efecto reforzado del CO_2 no logra explicar el reciente calentamiento de los pasados 200 años ni los cambios en las tendencias de calentamiento observados en los últimos 100 años.

La sección 14 examina mecanismos conocidos de cambio climático que no se explican adecuadamente por la hipótesis del efecto reforzado del CO_2 pero que se explican fácilmente por la hipótesis del portero de invierno. El capítulo 47 expone una admitida causa de cambio climático capaz de desplazar a gran distancia el ecuador climático y que no ha sido identificada. También aborda la dificultad de evaluar y explicar adecuadamente la desconcertante variedad de fenómenos de variabilidad interna de baja frecuencia. El capítulo 48 pone de relieve la incapacidad de justificar adecuadamente los regímenes y desplazamientos climáticos cuyos efectos se atribuyen erróneamente al forzamiento antropogénico.

La sección 15 examina los modelos climáticos que constituyen la base principal de la hipótesis del efecto reforzado del CO_2. El capítulo 49 repasa algunos de sus problemas conocidos y muestra cómo los modelos climáticos no reproducen el clima real. El capítulo 50 da ejemplos de por qué, como sociedad, es mejor ignorar las predicciones de los modelos climáticos.

Por último, la sección 16 sólo tiene un capítulo, el 51, que muestra cómo las hipótesis del portero de invierno y del efecto reforzado del CO_2 producen predicciones muy diferentes del clima que podemos esperar en los próximos 25 años, lo que hace albergar esperanzas de que podamos falsear una de ellas.

Lo que ofrece este libro

El principal punto fuerte de este libro es que ofrece una visita guiada por las asombrosas pruebas que los científicos han acumulado, ilustrando las muchas formas en que el clima está cambiando debido a diversos factores, algunos de los cuales aún no se comprenden bien. Estas esclarecedoras revelaciones ponen en entredicho la noción simplista de que el CO_2 atmosférico es el principal regulador de la temperatura de la Tierra.[13]

De esta evidencia se desprende una cuestión crucial. Los cambios en el transporte de calor hacia los polos influyen enormemente en el cambio climático global, pero este aspecto se ha pasado por alto a pesar de las pruebas sustanciales. Aunque la hipótesis del portero de invierno derivada de este hallazgo es relevante, su veracidad final tiene una importancia secundaria. Lo que importa es la constatación de que aún no entendemos el cambio climático lo suficientemente bien como para aplicar soluciones costosas que pueden no tener los efectos deseados.

Sea cual sea su opinión sobre el cambio climático, la lectura de este libro cambiará sin duda su perspectiva. Desvela un asombroso y extraordinariamente complejo conjunto de procesos que pueden parecer estables durante largos periodos y luego cambiar bruscamente. Aunque numerosos autores han intentado explicar el cambio climático, mi objetivo es darle vida. Espero que este libro pueda transmitir la misma sensación de asombro que yo he experimentado al descubrir la naturaleza siempre cambiante de nuestro clima.

---

[13] Lacis, A.A., et al., 2010. Science, 330 (6002), pp.356–359.
    doi.org/10.1126/science.1190653

PARTE I. CLIMA Y ENERGÍA

Sección 1. La Energía Entrante en el Sistema Climático

Capítulo 2
La Energía Solar

La energía solar alimenta todo el sistema climático. La cantidad de energía solar varía ligeramente con el ciclo solar, pero estos cambios son más relevantes en la parte ultravioleta del espectro. Las diferencias en la cantidad de energía solar que llega a la superficie en distintas latitudes debido a las variaciones estacionales son responsables de la diversidad de climas en la Tierra. Estos cambios en la energía solar también son responsables del inicio y fin de las glaciaciones.

El Sol impulsa el clima

La mayor parte de la energía que alimenta el sistema climático[14] y sustenta la vida en la Tierra procede del Sol. La cantidad de radiación solar entrante es asombrosa, estimada en 173.000 TW (teravatios, o un billón de vatios). En comparación, el flujo de calor geotérmico procedente de la desintegración radiogénica y el calor primordial se estima en 47 TW, la producción de calor humano en 18 TW y la energía mareomotriz procedente de la Luna y el Sol en 4 TW. Otras fuentes de energía son insignificantes en comparación, como el viento solar, las partículas solares, la luz de las estrellas, la luz lunar, el polvo interplanetario, los meteoritos o los rayos cósmicos. Esto significa que la irradiación solar es responsable de más del 99,9% del aporte energético al sistema climático.

Naturaleza de la radiación solar

A una distancia media de 150 millones de km del Sol, la Tierra recibe un flujo de energía radiante de 1361 W/m^2 (definida como irradiación solar total) en la cima de la atmósfera, considerada normalmente a 100 km.[15] Casi la mitad de esta energía llega en el visible (400-700 nm), más del 40% en el infrarrojo (por encima de 700 nm) y menos del 10% en el ultravioleta (UV, por debajo de 400 nm; véase el recuadro 1).

El ciclo solar

El Sol, como la mayoría de las estrellas, es una estrella variable. Su luminosidad varía según diferentes periodicidades, de las cuales las más conocidas son su periodo de rotación de 27 días y un periodo más irregular de 11 años. Esta periodicidad casi decenal se conoce simplemente como ciclo solar (fig. 3).

La causa de este ciclo es un desplazamiento periódico de energía entre los dos campos magnéticos generados por la dinamo solar. Se manifiesta en la aparición de manchas oscuras en la superficie del Sol, conocidas desde la antigüedad y descritas adecuadamente desde la invención del telescopio. Aunque las manchas solares reducen la luminosidad del Sol, van acompañadas de regiones brillantes (fáculas) que compensan con creces la pérdida. Por tanto, un

---

[14] Este color indica el primer uso de un término definido en el glosario.
[15] Según la NASA. earthobservatory.nasa.gov/images/7373/the-top-of-the-atmosphere

mayor número de manchas solares está asociado a una mayor producción de radiación solar.

Afortunadamente, la variación de la irradiación total durante el ciclo solar es mínima, sólo de unos 1,37 W/m², es decir, un 0,1%. Sin embargo, esta diferencia se distribuye de forma desigual a lo largo del espectro solar, siendo la porción ultravioleta la que más cambia y las porciones visible e infrarroja las que menos (recuadro 1).

Las emisiones de radio son otra parte del espectro solar que muestra una variación significativa a lo largo del ciclo solar. Se han realizado registros diarios de las emisiones solares a 10,7 cm de longitud de onda (2800 MHz) para seguir la actividad solar durante los últimos 80 años. Tienen la ventaja de que, a diferencia del número de manchas solares, nunca llegan a cero.

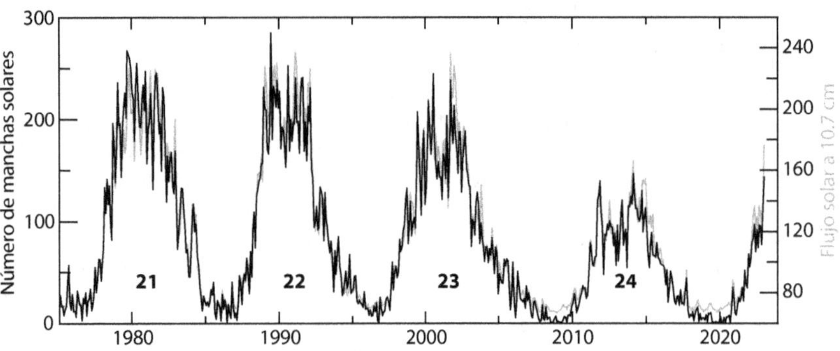

Figura 3. El ciclo solar de 11 años desde 1975. La actividad solar se mide por el número mensual de manchas solares (curva negra, escala izquierda) y el flujo solar mensual en radiofrecuencia de 10,7 cm (curva gris, escala derecha).[16] Cada ciclo solar desde 1750 tiene un número, y actualmente nos encontramos en el ciclo 25.

Distancia al Sol y su impacto en la irradiación

La irradiación solar total se calcula a la distancia media del Sol, pero la órbita elíptica de la Tierra hace que su distancia al Sol varíe a lo largo del año. En el perihelio (hacia el 4 de enero), la Tierra está 5 millones de km más cerca del Sol que en el afelio (hacia el 4 de julio), lo que supone una diferencia del 6,9% en la irradiación. Esta variación anual es mayor que el cambio durante el ciclo solar. Sin embargo, la Tierra no es pasiva en este proceso y ajusta la energía que refleja y transporta entre hemisferios, compensando parcialmente esta gran diferencia. Otros factores, como la desigual distribución de continentes y océanos entre hemisferios, también afectan a la forma en que la Tierra responde a la radiación solar. Curiosamente, la Tierra está más caliente cuando está más lejos del Sol y más fría cuando está más cerca (cap. 5).

Recuadro 1. Variabilidad del espectro de radiación solar

Aunque la variabilidad global de la irradiación durante el ciclo solar es mínima, sólo del 0,1%, esta media enmascara cambios importantes que se producen en

---

[16] Datos del Real Observatorio de Belgica, Bruselas.

determinadas partes del espectro con un efecto climático sustancial. La parte UV del espectro entre 200-240 nm, responsable no sólo de la formación de ozono sino también de la existencia de la estratosfera, muestra una variabilidad del 3% con el ciclo solar, ¡30 veces más que la variabilidad total! Por tanto, los principales efectos de la variabilidad solar sobre el clima deben buscarse en la estratosfera, no en la superficie (cap. 14).

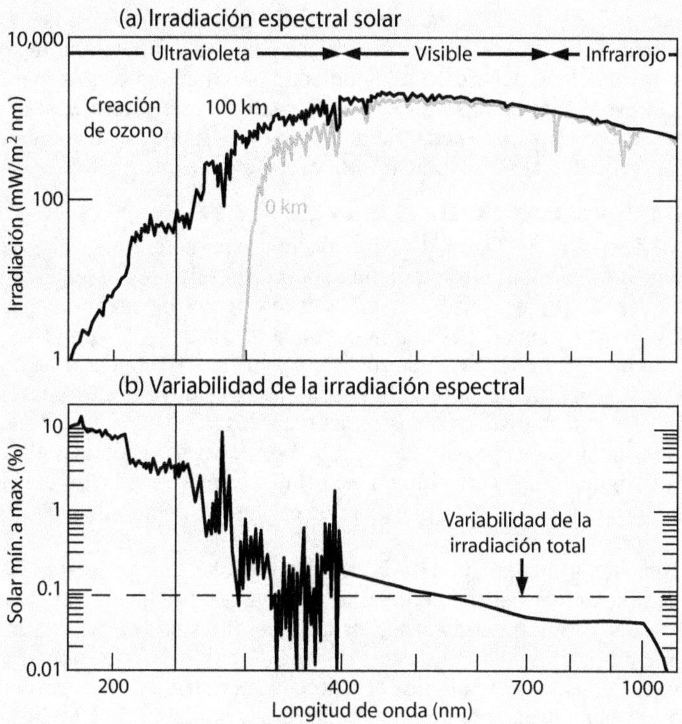

Figura R1. La irradiación solar y su variabilidad. (a) La irradiación solar se representa en función de la longitud de onda por encima de la atmósfera terrestre (curva negra) y en la superficie (curva gris) para la porción 200-1000 nm del espectro, que contiene la mayor parte de la energía solar recibida. (b) Diferencia fraccional entre el máximo y el mínimo del ciclo solar, con la línea horizontal discontinua indicando la variabilidad media total debida al ciclo solar.[17] Obsérvese que hay más variación en la parte UV del espectro que en otras partes.

El efecto de las estaciones

El eje de rotación de la Tierra está inclinado en un ángulo que varía entre 24,5° y 22,1° a lo largo de un periodo de 41.000 años, lo que se conoce como oblicuidad. La inclinación actual es de 23,44° y disminuirá durante los próximos 12.000 años. La inclinación de la Tierra afecta en gran medida a cómo se distribuye la radiación solar sobre la superficie del planeta a lo largo del año, y su lento cambio es una de las principales causas de las glaciaciones. A lo largo

---

[17] Figura de Lean, J. & Rind, D., 1998. J. Clim. 11 (12), pp.3069–3094.
   www.jstor.org/stable/26244250

de unos siglos, la oblicuidad puede considerarse casi constante, y el principal efecto de la inclinación del eje es que el Sol no pasa todo el año sobre el ecuador. Actualmente, el Sol cambia su posición en el cielo con respecto al ecuador (ángulo de declinación) de 23,44° (al norte del ecuador) en el solsticio de junio a –23,44° (al sur del ecuador) en el solsticio de diciembre. Se sitúa justo encima del ecuador (0° de declinación) en los equinoccios. El cambio en la distribución de la radiación solar causado por la diferencia en la posición del Sol con respecto al eje de la Tierra es responsable de las estaciones, que son una parte esencial del clima. Variables climáticas como la temperatura, las precipitaciones, la velocidad del viento o la humedad presentan un ciclo anual acoplado al ciclo estacional, incluso en el ecuador, donde este efecto es menos pronunciado. Esto es una clara señal de que el clima responde principalmente a la energía procedente del sol, un hecho conocido desde la antigüedad.

Distribución irregular de la energía solar

La esfericidad de la Tierra y su inclinación axial determinan que la mayor parte de la energía solar entrante incida sobre las regiones tropicales y subtropicales (entre 35 grados norte y sur). El disco circular de energía con un flujo de 1361 W/m^2 que llega del Sol da lugar a una media de 340 W/m^2 distribuidos por toda la parte superior de la atmósfera del planeta (incluida la cara nocturna). Sin embargo, esta media no refleja cómo se distribuye la energía. La media anual en los trópicos y subtrópicos se acerca a los 400 W/m^2, mientras que en las regiones polares se aproxima a los 190 W/m^2. En la visión actual del cambio climático, cualquier variación en este flujo radiativo medio se considera el forzamiento radiativo solar responsable de cualquier efecto de un Sol variable sobre el clima.

La distribución media anual de la irradiación solar dice poco sobre los profundos cambios en la llegada de energía solar que se producen con las estaciones. Cerca del solsticio de invierno, las latitudes altas no reciben radiación solar durante meses, mientras que cerca del solsticio de verano reciben radiación solar constantemente. Los cambios estacionales también son muy pronunciados en las latitudes medias, aunque no tan extremos como en las altas. En cambio, cerca del ecuador, la irradiación solar en la parte superior de la atmósfera cambia poco con las estaciones.

Promediar la irradiación solar a lo largo de todo el año y en toda la superficie del planeta simplifica enormemente los cálculos. Sin embargo, oculta el profundo efecto de los cambios estacionales y latitudinales de la irradiación sobre el clima.

La insolación y su gradiente latitudinal

La insolación, la cantidad de energía solar recibida por unidad de superficie en la Tierra, es un factor determinante de la temperatura de la superficie. Debido a la geometría de la Tierra, la insolación disminuye fuertemente al aumentar la latitud. A diferencia de la irradiación solar, que mide la energía solar en la parte superior de la atmósfera, la insolación se ve modificada por diversos factores como las condiciones atmosféricas, la nubosidad y la reflectividad de la superficie.

Estos factores tienen un mayor efecto en las latitudes más altas, donde hay más nubes, hielo y nieve, y donde la energía del Sol tiene un recorrido más largo y se dispersa más. Como resultado, existe una gran diferencia en la cantidad de energía solar recibida entre los trópicos y las latitudes altas, lo que crea un gradiente latitudinal de insolación que se extiende desde el ecuador hasta los polos. Este gradiente es la principal causa de las diferencias de temperatura entre estas regiones.

El gradiente de temperatura, a su vez, impulsa el transporte de calor, y una de sus formas más importantes es el calor latente generado por la evaporación del agua, que luego vuelve a la superficie a través de la condensación y las precipitaciones. El gradiente de insolación, el gradiente de temperatura y el transporte de calor dan lugar a los diversos climas del planeta y al estado climático general, que son los conceptos centrales que se exploran en este libro.

En resumen

La cantidad de energía solar recibida varía según un ciclo anual y de 11 años. Sin embargo, los cambios debidos al ciclo solar sólo son importantes en la parte ultravioleta del espectro, que se absorbe en la estratosfera.

Capítulo 3
Albedo

La reflexión del 29% de la energía solar de onda corta entrante de vuelta al espacio se conoce como albedo. Casi el 90% del albedo se debe a la atmósfera, principalmente a las nubes. El albedo es mayor en las latitudes altas, lo que contribuye a su gran déficit energético, que debe compensarse mediante el transporte de calor. El albedo parece ser una propiedad muy constreñida del sistema climático, que muestra muy poca variabilidad interanual y una sorprendente simetría interhemisférica. La falta de una teoría que explique el valor del albedo y su poca variabilidad, unida a la escasa capacidad de los modelos para reproducirlo, pone de manifiesto nuestra falta de comprensión de una de las propiedades más fundamentales del clima.

¿Qué es el albedo?

Cuando la luz solar llega a la Tierra, una parte se absorbe y otra se refleja al espacio. El albedo es la cantidad relativa (fracción) de luz solar reflejada respecto a la recibida y se expresa como una cantidad adimensional, sin unidades, comprendida entre 0 y 1. Este concepto es fundamental en el clima porque determina cuánta energía absorbe la Tierra. Como vimos en el capítulo 2, la Tierra recibe una media de 340 W/m^2 del Sol, absorbe 242 W/m^2 (71%) y refleja 99 W/m^2 (29%). El albedo de la Tierra es de 0,29, lo que significa que el 29% de la luz solar entrante se refleja al espacio. Los científicos no saben por qué el albedo de la Tierra tiene este valor, pero creen que debe haber cambiado muy poco a lo largo de miles de años; de lo contrario, la temperatura de la Tierra se habría visto más afectada. Por ejemplo, un albedo de 0,32 provocaría una glaciación, mientras que un albedo de 0,27 devolvería las condiciones cretácicas con palmeras en los polos.[18]

El albedo atmosférico

Las nubes desempeñan un papel fundamental en el albedo de la Tierra, ya que casi el 60% de la superficie del planeta está cubierta por nubes. Estas nubes aparecen blancas desde arriba porque reflejan la luz de todas las longitudes de onda visibles. Las nubes son responsables de reflejar 45 W/m^2, es decir, casi la mitad del albedo de la Tierra (13% de reflexión, fig. 4). Sin embargo, cabe señalar que existen distintos tipos de nubes a diferentes altitudes, y que también absorben radiación infrarroja desde arriba y desde abajo, lo que añade complejidad a su papel en el clima.

La atmósfera terrestre está compuesta por gases y contiene aerosoles, que son partículas líquidas y sólidas en suspensión (excluidas las nubes y las precipitaciones). Estos aerosoles influyen notablemente en la formación de nubes al actuar como núcleos de condensación, fenómeno conocido como forzamiento radiativo indirecto por aerosoles. Sin embargo, el efecto indirecto de los aero-

---

[18] Ramanathan, V., 2008. iLEAPS, (5), p.18.

soles sigue siendo poco conocido y constituye una importante fuente de incertidumbre en los modelos climáticos.

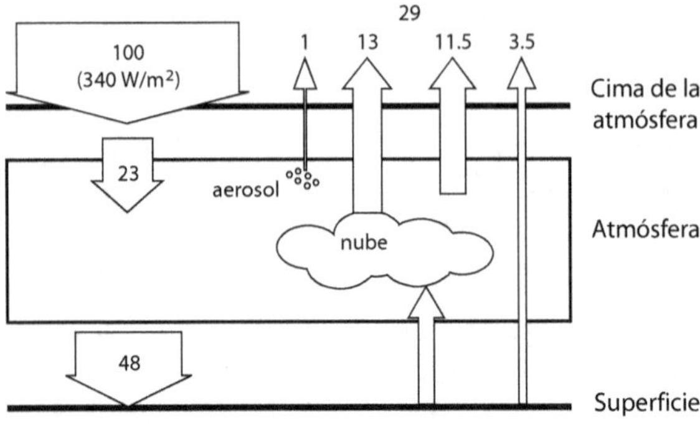

Figura 4. Representación esquemática del albedo terrestre. En la cima de la atmósfera terrestre, el planeta recibe una media de 340 W/m² de radiación solar. De esta cantidad, el 23% es absorbido por la atmósfera y el 48% por la superficie. El 29% restante es reflejado al espacio por el albedo. Las nubes son las que más contribuyen al albedo, con un 13% de la energía reflejada, seguidas del albedo atmosférico en cielos despejados, con un 11,5%. Curiosamente, la atmósfera atenúa el albedo de la superficie, reduciéndolo al 3,5% de la radiación de onda corta recibida. Aunque los aerosoles contribuyen poco al albedo atmosférico, los cambios en su concentración pueden tener un efecto notable en el albedo de la Tierra.

Los aerosoles también pueden dispersar y absorber radiación a través del forzamiento radiativo directo. La dispersión se produce cuando las ondas electromagnéticas se desvían de su trayectoria original, lo que puede convertir la radiación solar directa en radiación difusa y contribuir al albedo. La contribución de los aerosoles al albedo es relativamente pequeña, ya que sólo representan alrededor del 1% de la energía entrante reflejada de esta forma (fig. 4). Sin embargo, el albedo es tan importante que incluso una erupción volcánica tropical puede provocar un enfriamiento global al aumentar la cantidad de aerosoles en la estratosfera.

Además de los aerosoles, cualquier átomo de la atmósfera puede provocar dispersión. Esta es la razón por la que el cielo aparece azul, ya que la dispersión del oxígeno y el nitrógeno es más probable en la parte azul más energética del espectro visible. Como resultado, se dispersa más luz azul de cada parte de la atmósfera, creando el fenómeno del cielo azul. Esta dispersión también contribuye al albedo, representando más de un tercio del mismo (fig. 4).

El albedo de la superficie

Todas las superficies tienen cierto grado de albedo, lo que significa que reflejan algo de luz. Los océanos y la vegetación tienen un albedo bajo, mientras que los desiertos y la nieve o el hielo tienen un albedo alto. Sin embargo, el albedo de la superficie contribuye poco al albedo planetario medio global porque los procesos atmosféricos atenúan la contribución del albedo de la superficie en un factor de aproximadamente 3. Sólo el 3,5% de la luz solar entrante es reflejada al espacio por la superficie (fig. 4).

La rápida disminución del hielo marino en el Ártico en los primeros años de este siglo ha suscitado preocupación por la posibilidad de que se produzca una retroalimentación entre el hielo y el albedo. La pérdida de hielo marino reduciría el albedo, y la energía solar adicional provocaría una mayor pérdida de hielo marino. Los modelos que reprodujeron la rápida pérdida predijeron un punto de no retorno que llevaría a un Ártico sin hielo en 2040, desatando los temores de la opinión pública.[19] Sin embargo, trabajos recientes sugieren que hasta el 60% de la disminución de la extensión del hielo marino en septiembre desde 1979 puede deberse a cambios en la circulación atmosférica.[20] Además, la persistencia de la nubosidad estival en el Ártico reduce considerablemente la retroalimentación hielo-albedo.[21] La constatación de que la variabilidad interna es un factor más importante de lo esperado explica por qué el ritmo de disminución del hielo marino estival del Ártico se ha ralentizado tanto desde 2007, en contra de todas las expectativas.

Distribución del albedo

Examinado por latitudes, el albedo presenta una distribución muy irregular (fig. 5). Es más alto en latitudes altas y más bajo en los trópicos. El albedo atmosférico es más elevado en el hemisferio sur, a unos 60°S, y en el Ártico, con un pequeño pico en los trópicos debido a la elevada nubosidad. Por otro lado, el albedo de la superficie sólo contribuye sustancialmente en las regiones polares debido al albedo del hielo y la nieve.

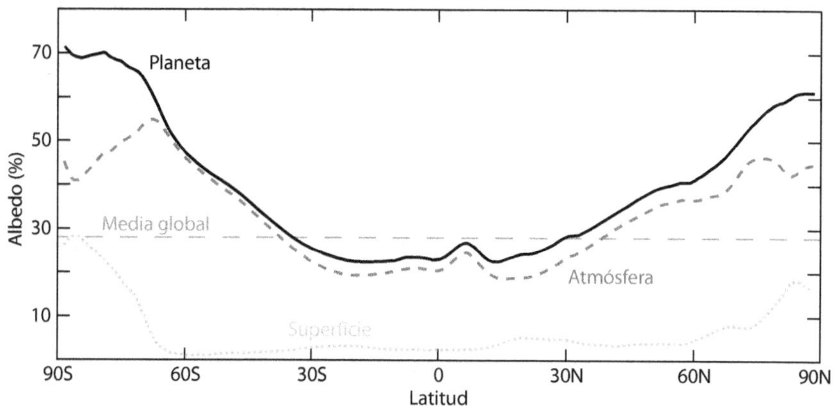

Figura 5. Distribución del albedo. Distribución latitudinal del albedo dividido en componentes atmosféricos y de superficie. Obsérvese el bajo valor del albedo entre 35°N-35°S, donde llega a la Tierra la mayor parte de la radiación solar.[22]

Como aprendimos en el capítulo 2, los trópicos y subtrópicos reciben la mayor parte de la energía solar que llega a la parte superior de la atmósfera. Sin embargo, ahora sabemos que las latitudes medias y altas, que reciben menos energía, reflejan más energía solar hacia el espacio. El albedo amplifica la disminución de la absorción de energía solar con la latitud, aumentando la necesidad de transportar calor de los trópicos a los polos. La distribución latitudinal

[19] Holland, M.M., et al., 2006. Geophys. Res. Lett. 33 (23).
   doi.org/10.1029/2006GL028024
[20] Ding, Q., et al., 2017. Nat. Clim. Chang. 7 (4), pp.289–295.
   doi.org/10.1038/nclimate3241
[21] Sledd, A. & L'Ecuyer, T.S., 2021. Front. Earth Sci. p.1067.
   doi.org/10.3389/feart.2021.769844
[22] Figura de Donohoe, A. & Battisti, D.S., 2011. J. Clim. 24 (16), pp.4402–4418.
   doi.org/10.1175/2011JCLI3946.1

del albedo planetario está interrelacionada con el gradiente de temperatura entre el ecuador y los polos y con el transporte global de calor en el sistema climático.

Variabilidad del albedo

La variación anual del albedo muestra un patrón semestral sustancial con picos en mayo y octubre. Este ciclo se ve afectado principalmente por los cambios en la insolación que preceden al solsticio en cada hemisferio. Se debe al albedo de las superficies cubiertas de nieve y hielo, y al albedo atmosférico por los cambios en la nubosidad. El albedo del planeta aumenta y disminuye un 1% durante esta variación semestral. Sin embargo, los modelos no pueden reproducir de forma realista el ciclo anual del albedo observado.[23]

Lo verdaderamente asombroso es la escasa variabilidad interanual del albedo global. La variabilidad interanual del flujo reflejado es de 0,2 W/m², lo que representa sólo el 1,4% del ciclo anual de este flujo y el 0,2% del albedo global total. La variabilidad de las nubes determina en gran medida esta pequeña variabilidad interanual, lo que indica que los cambios en las nubes regulan en gran medida la variabilidad del albedo. Sin embargo, los modelos no reproducen con precisión esta pequeña variabilidad interanual del albedo.

Dado que el albedo es un aspecto crítico del equilibrio climático y energético del planeta (cap. 6), la falta de una teoría completa que explique su valor constante, su simetría interhemisférica (recuadro 2) y cómo lo regulan las nubes, combinada con la representación inadecuada de estas propiedades o de su ciclo anual en los modelos, representa un obstáculo importante para nuestra comprensión del cambio climático. El albedo y el transporte de calor están interrelacionados, y la incapacidad de los modelos para reproducir correctamente el albedo sugiere que el transporte de calor también está mal representado (cap. 10).

Recuadro 2. La Zona de Convergencia Intertropical y la simetría interhemisférica del albedo.

Una banda de nubes y tormentas rodea la Tierra cerca del ecuador, creando un pequeño pico en el albedo alrededor de los 6°N (fig. 5). Esta región, conocida como Zona de Convergencia Intertropical (ZCIT), es donde convergen los vientos alisios cálidos y húmedos de ambos hemisferios y ascienden por convección como parte de la rama ascendente de la circulación de Hadley. La ZCIT es el ecuador climático del planeta, y su posición cambia con las estaciones, desplazándose hacia el norte durante el verano boreal y cruzando hacia el hemisferio sur durante el verano austral. Sin embargo, por razones desconocidas, los modelos tienden a generar una falsa doble ZCIT en el Pacífico tropical.[24]

La distribución de la superficie continental y de la capa de hielo de la Tierra entre los hemisferios es muy asimétrica. Durante el verano austral (en el hemisfe-

---

[23] Stephens, G.L., et al., 2015. Rev. Geophys. 53 (1), pp.141–163.
    doi.org/10.1002/2014RG000449
[24] Si, W., et al., 2021. Geophys. Res. Lett. 48 (23), p.e2021GL094779.
    doi.org/10.1029/2021GL094779

rio sur), la Tierra está más cerca del Sol y recibe un 6,9% más de luz solar que durante el verano boreal (en el hemisferio norte). A pesar de estas diferencias, ambos hemisferios reflejan la misma cantidad de luz solar con un margen de ~ 0,2 W/m^2 (0,2%). Esto se consigue gracias a un cambio en la nubosidad en el hemisferio sur que compensa exactamente la mayor reflexión causada por las mayores masas de tierra en el hemisferio norte. Sin embargo, los modelos tampoco reproducen esta simetría interhemisférica del albedo.

La simetría interhemisférica del albedo contribuye a reducir las diferencias en la cantidad de energía solar absorbida por los dos hemisferios. A pesar de recibir más energía del Sol, el hemisferio sur es unos 2 °C más frío que el hemisferio norte. Varios factores contribuyen a que el hemisferio sur sea más frío a pesar de recibir más energía: las diferencias hemisféricas en la distribución continente/océano, la frialdad de la Antártida, los cambios estacionales en el albedo, la simetría interhemisférica del albedo y el transporte de calor hacia el norte a través del ecuador (fig. 25, cap. 17). Los océanos, especialmente el Atlántico, dominan este transporte de calor, transportando 0,45 PW (petavatios, mil billones de vatios) de calor hacia el norte a través del ecuador. Mientras tanto, debido a la posición media de la ZCIT en el hemisferio norte, la atmósfera transporta unos 0,27 PW de calor hacia el sur a través del ecuador. El transporte neto de calor hacia el hemisferio norte es de unos 0,18 PW, aproximadamente el 3% de los 6 PW de energía transportados hacia el polo a 35°N.[25]

En resumen

El albedo se refiere a la reflexión de aproximadamente el 29% de la energía solar por la Tierra, principalmente por las nubes, el hielo y la nieve. La atmósfera refleja siete veces más energía que la superficie. El albedo es mayor en las latitudes altas, lo que aumenta su déficit energético. El albedo cambia muy poco de un año a otro (sólo un 0,2%), y parece estar controlado mediante cambios en la nubosidad. No entendemos por qué el albedo tiene su valor específico, sus cambios mínimos y por qué ambos hemisferios de la Tierra tienen el mismo valor a pesar de tener superficies tan diferentes.

---

[25] Stephens, G.L., et al., 2016. Curr. Clim. Change Rep. 2, pp.135-147.
doi.org/10.1007/s40641-016-0043-9

CAPÍTULO 4
DISTRIBUCIÓN DE LA ENERGÍA SOLAR

La mitad de la energía solar absorbida por el sistema climático va a parar a los océanos, un tercio a la atmósfera y el 17% a la superficie de los continentes. La estratosfera recibe el 1,2% de la energía, casi toda en la parte ultravioleta del espectro.

Absorción de energía por la estratosfera

La capa de ozono estratosférico absorbe la energía solar en la parte del espectro comprendida entre 200 y 315 nm. Esta energía tiene un efecto importante sobre la temperatura y la circulación estratosféricas. Aunque este rango de longitudes de onda representa algo más del 1% de la energía total (fig. 6), varía treinta veces más con la actividad solar que el rango >320 nm (fig. R1, cap. 2). Esta banda de longitud de onda es responsable de los cambios radiativos y dinámicos que tienen lugar en la estratosfera durante el ciclo solar. La absorción media de energía UV en la estratosfera es de 3,85 W/m^2,[26] lo que no es insignificante. Representa el 5% de la energía solar absorbida por la atmósfera. En comparación con la troposfera, la estratosfera es unas cinco veces mayor, pero contiene unas cinco veces menos masa. Debido a su densidad mucho menor, el efecto de la energía solar absorbida sobre la temperatura estratosférica es muy grande.

Absorción de energía por la troposfera

En condiciones de todo tipo de cielo, la absorción atmosférica de onda corta se estima en 80 W/m^2, de los cuales la troposfera absorbe 76 W/m^2.[27] La mayor parte de esta absorción se debe al agua. Sin embargo, debido al aumento del albedo, las nubes reducen ligeramente la absorción atmosférica de onda corta en comparación con las condiciones de cielo despejado.

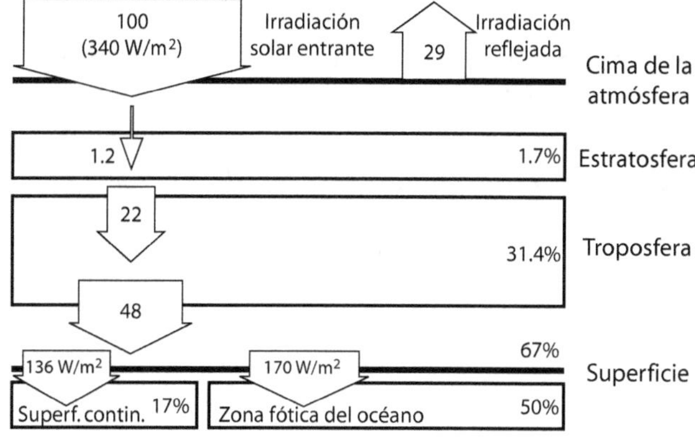

Figura 6. Representación esquemática de la distribución de la energía solar en el sistema climático. La parte superior de la atmósfera recibe una irradiación solar media de 340 W/m^2, y distribuye el 29% como energía reflejada, el 23% como energía absorbida por la atmósfera y el

[26] Eddy, J.A., 2003. NASA LWS Sun-Climate Task Group Report of 11/3/2003

[27] Wild, M., et al., 2019. Clim. Dynam. 52, pp.4787–4812.
    doi.org/10.1007/s00382-018-4413-y

48% como energía depositada en la superficie. De la energía solar absorbida por el sistema climático, el 50% es absorbido por el océano, el 33% por la atmósfera y el 17% por la superficie continental.

Absorción de energía por la superficie

La superficie total de la Tierra es de unos 510 millones de km^2, de los cuales la superficie continental es de unos 149 millones de km^2 (29%). La superficie continental tiene un albedo más alto que el océano, por lo que refleja más luz solar. Como consecuencia, el flujo de radiación solar de onda corta absorbido por la superficie continental es de sólo 136 W/m^2, frente a la absorción media de la superficie, de 162 W/m^2.

Por otro lado, la superficie de los océanos del mundo es de casi 361 millones de km^2, es decir, cerca del 71% de la superficie terrestre. Debido a su menor albedo, el océano recibe del Sol un mayor flujo de radiación de onda corta, de 170 W/m^2.

Distribución de la energía solar

La cantidad de energía solar que reciben las distintas partes del sistema climático tiene importantes implicaciones para el clima del planeta y el cambio climático. La criosfera, que cubre el 7,4% de la Tierra, recibe muy poca energía solar debido a su elevada reflectividad (hasta el 80%). Sin embargo, los cambios en la cantidad de energía solar que recibe la criosfera en determinadas latitudes pueden influir mucho en el cambio climático.

El océano absorbe la mitad de la energía solar no reflejada al espacio (fig. 6). Esta energía representa el 75% de la energía solar absorbida en la superficie. Entra en la zona fótica, que se extiende hasta unos 200 m de profundidad en el océano abierto. La zona fótica es la capa más cálida del océano y en ella vive el 90% de la vida marina, sustentada por esta energía.

Aproximadamente un tercio de la energía solar no reflejada al espacio es absorbida por la atmósfera, principalmente en la troposfera (31,4%). Sin embargo, la estratosfera también desempeña un papel al absorber la energía ultravioleta, que representa el 1,7% de la energía no reflejada. Como veremos en próximos capítulos, esto tiene un gran impacto en la circulación atmosférica y el transporte de energía.

Por último, la superficie continental recibe el 17% restante de la energía solar absorbida por el sistema climático.

En resumen

La mayor parte de la energía solar llega al océano, donde debe ser transferida a la atmósfera. Además, la estratosfera recibe una pequeña pero importante cantidad de energía solar en la parte ultravioleta del espectro.

SECCIÓN 1 CUESTIONES CLAVE

El sistema climático recibe el 99,9% de su energía de la radiación solar, que es notablemente constante, variando sólo un 0,1% a lo largo del ciclo solar de 11 años. A pesar de ser una pequeña fracción de la radiación total, los cambios en la radiación UV a lo largo del ciclo solar tienen un impacto significativo en la estratosfera. Los climas regionales y locales dependen en gran medida de las diferencias de insolación en superficie entre latitudes y estaciones, mientras que el gradiente latitudinal de insolación desempeña un papel fundamental en la configuración del clima mundial.

La Tierra refleja el 29% de la radiación solar que recibe, principalmente por la atmósfera. Esta reflexión, conocida como albedo, es más pronunciada en las latitudes altas, contribuyendo a su gran déficit energético. Los modelos reproducen mal el albedo, que sigue siendo un fenómeno complejo e insuficientemente comprendido. Varía considerablemente a lo largo del año, pero se mantiene notablemente estable de un año a otro, mostrando una simetría inesperada entre los hemisferios.

La mitad de la energía solar absorbida por el sistema climático va a parar a los océanos, un tercio a la atmósfera y un sexto a la superficie terrestre. Toda esta energía debe volver a la parte superior de la atmósfera para que el planeta mantenga su temperatura.

Sección 2. La Energía Saliente del Sistema Climático

Capítulo 5
Energía Saliente

La temperatura de la Tierra se mantiene irradiando al espacio la energía que recibe del Sol en forma de calor en la parte infrarroja del espectro. Este proceso se produce principalmente desde la atmósfera debido a la presencia de gases de efecto invernadero (GEI), que dificultan la salida de la radiación infrarroja. Los trópicos y subtrópicos reciben más energía de la que emiten, mientras que las latitudes medias y altas experimentan un déficit energético, que se agrava especialmente durante la estación fría en las latitudes altas. El transporte de calor de las regiones con superávit energético a las regiones con déficit energético es una característica fundamental del clima. Sin embargo, la temperatura de la Tierra y los flujos radiativos a lo largo del año muestran que la noción de un equilibrio energético en la parte superior de la atmósfera es una simplificación excesiva.

Radiación térmica

La radiación térmica es un tipo de radiación electromagnética que resulta del movimiento térmico de las partículas de la materia. Cualquier materia con una temperatura superior al cero absoluto emite radiación térmica, que consiste en una amplia gama de frecuencias. Las frecuencias dominantes dependen de la temperatura del cuerpo. Por ejemplo, como el Sol está extremadamente caliente, su radiación térmica se encuentra predominantemente en la parte visible del espectro. En cambio, la Tierra, al tener una temperatura más baja, emite principalmente en la gama infrarroja.

Si un cuerpo que no produce calor recibe una cantidad de radiación térmica diferente de la que emite, ajustará su temperatura hasta emitir la misma cantidad. En otras palabras, la materia tiende de forma natural a equilibrar la energía que recibe con la que emite modificando su temperatura. El factor crítico en este cambio radiativo de temperatura es la diferencia entre la radiación térmica recibida y la emitida, conocida como flujo neto. Un cuerpo que recibe 1000 W/m^2 de energía y emite 900 W/m^2 se calentará al mismo ritmo que un cuerpo idéntico que recibe 250 W/m^2 y emite 150 W/m^2 porque, en ambos casos, el flujo neto es el mismo, +100 W/m^2. Los científicos estudian esta propiedad de la materia para entender por qué la temperatura del planeta cambia con el tiempo.

En los últimos 10.000 años, la temperatura media de la superficie de la Tierra se ha mantenido relativamente estable, variando sólo dentro de un rango de unos ±0,7 °C, aunque algunas regiones han experimentado cambios mayores.[28] Esto sugiere que la Tierra está cerca de su temperatura de equilibrio, pero es importante tener en cuenta que nunca está realmente en equilibrio o balance energético. Factores como la distancia y la orientación de la Tierra respecto al Sol, las condiciones atmosféricas, la criosfera y el transporte de calor cambian

[28] Baggenstos, D., et al., 2019. Proc. Natl. Acad. Sci. U.S.A. 116 (30), pp.14881–14886. doi.org/10.1073/pnas.1905447116

constantemente, haciendo que la temperatura de la Tierra (recuadro 3) y su temperatura de equilibrio fluctúen. Es como decir que una persona que camina está en equilibrio cuando, en realidad, no lo está; en su lugar, una serie de desequilibrios parcialmente compensatorios le permiten caminar.

Desde una perspectiva termodinámica, la energía recibida del Sol tiene un grado mayor (longitud de onda más corta) que la energía que la Tierra emite de vuelta al espacio (longitud de onda más larga). Esta degradación energética permite a la Tierra extraer trabajo para alimentar su sistema climático y sustentar la vida en la Tierra. La entropía del sistema climático, que incluye la biosfera, puede disminuir a medida que aumenta la entropía del universo.

Distribución de la radiación de onda larga saliente

La Tierra emite radiación infrarroja hacia el espacio en todas direcciones, y la cantidad de radiación emitida es proporcional a la temperatura de la Tierra en la escala Kelvin. Incluso la superficie de la Antártida, que es el lugar más frío de la Tierra, emite una gran cantidad de radiación infrarroja porque todavía está mucho más caliente que el cero absoluto, que es –273,15 °C en la escala Kelvin.

La temperatura de la superficie terrestre varía con las estaciones, y cada hemisferio emite más radiación en verano y menos en invierno. A medida que aumenta la latitud, la variación de la emisión con las estaciones se hace más pronunciada. Como aprendimos en el capítulo 2, el principal factor que determina la temperatura de la superficie es la cantidad de insolación recibida. Por lo tanto, las regiones que reciben más energía del Sol también emiten más energía al espacio.

La variabilidad de la energía solar recibida en la superficie es mucho mayor que la variabilidad de su emisión térmica. En un momento dado, la mitad del planeta está a oscuras, sin recibir energía del Sol y emitiendo casi tanta energía de onda larga como durante el día. Dado que la temperatura del planeta es más homogénea que la distribución de la energía procedente del Sol, las regiones tropicales del planeta reciben más energía de la que emiten, lo que da lugar a un superávit neto de energía, mientras que las latitudes medias y altas reciben de media menos energía de la que emiten, lo que da lugar a un déficit neto de energía (fig. 7a).

Incluso durante la larga noche polar, cuando el Sol no brilla durante meses y las temperaturas alcanzan los –50 °C, el polo sigue emitiendo una cantidad considerable de radiación de onda larga hacia el espacio mientras que no recibe ninguna. Así, las regiones polares tienen el mayor déficit energético neto del planeta. Dado que la Tierra sólo pierde energía hacia el espacio, podemos decir que los polos son los mayores sumideros de energía del planeta durante el invierno en términos de flujo energético neto. Al mismo tiempo, las zonas cercanas al ecuador (especialmente los océanos ecuatoriales) son la mayor fuente de energía del planeta (fig. 7b).

Según el principio de equilibrio de la energía térmica, la materia tiende a equilibrar su temperatura emitiendo tanta energía como recibe. Por lo tanto, los trópicos deberían calentarse para emitir la misma cantidad de energía que reciben, mientras que las latitudes medias y altas deberían enfriarse para alcanzar el mismo equilibrio. Sin embargo, este equilibrio no se produce porque el calor se transporta constantemente dentro del sistema climático para compensar las diferencias de insolación. El transporte de calor es el aspecto más fundamental

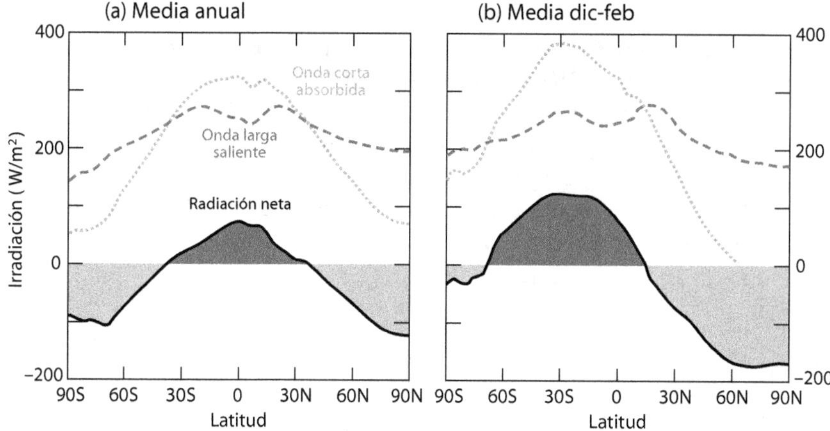

Figura 7. Distribución latitudinal de la energía. Gráficos (a) de la media anual y (b) la media de diciembre a febrero, de la radiación solar absorbida (línea de puntos), la radiación de onda larga saliente (línea de trazos) y su diferencia neta (línea continua negra) alrededor de los círculos de latitud.[29] Las zonas gris oscuro indican una ganancia neta de energía, mientras que las gris claro indican una pérdida neta. Debido a la geometría esférica de la Tierra, las áreas de los gráficos no son proporcionales.

del sistema climático y un tema central de este libro, ya que constituye la base de la hipótesis presentada. Sin transporte de calor, como en la Luna, no habría clima.

Recuadro 3. Cambios estacionales de la temperatura de la Tierra.

La temperatura de la superficie de la Tierra varía mucho a lo largo del año, con una temperatura media de unos 14,5 °C. Esta variación se produce porque la mayor parte del hemisferio norte es continental, mientras que la mayor parte del hemisferio sur es oceánica. Esto hace que el hemisferio norte sea más frío en invierno y más cálido en verano. La temperatura media del planeta varía en 3,8 °C a lo largo de un año, con temperaturas que oscilan entre los 12,6 °C en enero y los 16,4 °C en julio (fig. R3).

Curiosamente, la Tierra es más cálida justo después del solsticio de junio, cuando está más alejada del Sol, y más fría justo después del solsticio de diciembre, cuando recibe un 6,9% más de energía del Sol. Mientras que la cantidad de radiación de onda larga saliente suele seguir a la temperatura, la cantidad total de energía irradiada por el planeta (incluida la onda corta reflejada por el albedo) en realidad aumenta cuando la Tierra está más fría y disminuye cuando está más caliente. Esto significa que durante el invierno boreal, cuando la Tierra está más cerca del Sol y recibe la mayor cantidad de energía, el planeta está en realidad en su punto más frío pero emite la máxima cantidad de energía.

Esta observación es sorprendente porque contradice la idea de que un planeta

---

[29] Datos del "Clouds and the Earth's Radiant Energy System" (CERES), de la NASA.

alcanza una temperatura de equilibrio equilibrando sus flujos radiativos entrantes y salientes. Si el planeta tiene un desequilibrio radiativo positivo (como indican las barras blancas de la fig. R3b), debería estar calentándose, y si tiene un desequilibrio radiativo negativo (como indican las barras grises de la fig. R3b), debería estar enfriándose. Sin embargo, esto no es lo que se observa. Por el contrario, la Tierra se enfría a medida que el desequilibrio radiativo pasa de negativo a positivo y viceversa. Aunque la Tierra muestra una escasa variabilidad interanual de la temperatura, no comprendemos del todo los mecanismos que regulan su homeostasis térmica.

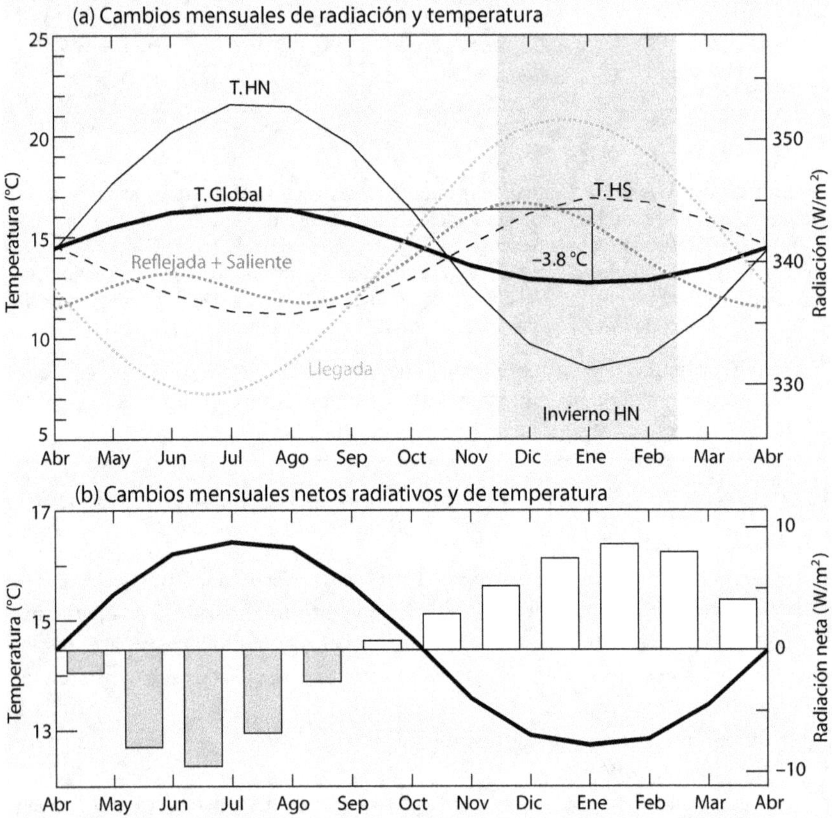

Figura R3. Variaciones anuales de temperatura y radiación. (a) La temperatura media global de la superficie del planeta (línea gruesa) varía 3,8 °C a lo largo del año, debido principalmente a las variaciones de temperatura en el hemisferio norte (T. HN, línea fina), que varían 12 °C. El planeta está más frío durante el mes de enero, a pesar de recibir un 6,9% más de irradiación solar total (línea de puntos gris clara) debido a encontrarse en el perihelio a principios de enero. A medida que cada hemisferio se enfría, el planeta experimenta dos picos de pérdida de energía (radiación de onda corta reflejada más radiación de onda larga saliente, línea de puntos gris), siendo el mayor durante el enfriamiento del hemisferio norte. El planeta emite más energía entre noviembre y enero que en cualquier otro momento. La temperatura del hemisferio sur (T. HS), representada por la línea de trazos negra, experimenta variaciones estacionales más suaves que el hemisferio norte. La zona gris del gráfico corresponde al invierno en el hemisferio norte.[30] (b) Temperatura media mensual global (línea) comparada con el cambio radiativo neto medio mensual en la parte superior de la atmósfera (barras).

Cómo sale la energía del sistema climático

Una explicación termodinámica básica del sistema climático de la Tierra es que la energía entra en el sistema principalmente en la superficie, en la parte inferior de la atmósfera y en las capas superiores de los océanos, y sale del sistema por la parte superior de la atmósfera a una latitud más alta de la que entró. A medida que la energía se desplaza por el sistema, se produce un trabajo que se manifiesta como meteorología y ciclo del agua. Debido a la variabilidad del tiempo que tarda la energía en abandonar el sistema climático, se produce una acumulación de energía dentro del sistema, especialmente en el océano (cap. 6).

La energía debe ser transportada a través de la atmósfera para escapar del planeta en forma de radiación infrarroja. Esto se debe a que la atmósfera de la Tierra es muy opaca a la radiación infrarroja debido a los gases de efecto invernadero (GEI). Los GEI son moléculas gaseosas que absorben energía en la parte infrarroja del espectro electromagnético. El vapor de agua y el dióxido de carbono son los GEI más abundantes en la atmósfera terrestre y, juntos, absorben la mayor parte de las frecuencias infrarrojas que debería emitir la superficie de la Tierra debido a su temperatura. Sin embargo, una ventana atmosférica en el rango de frecuencias infrarrojas de 8,5-13,5 µm deja pasar alrededor del 17% de la radiación de onda larga emitida desde la superficie.

Las moléculas de GEI interceptan el resto de la energía de la atmósfera. Las moléculas de la troposfera inferior absorben la radiación infrarroja y es más probable que compartan esa energía chocando con moléculas de nitrógeno u oxígeno que emitiéndola como radiación. Esto da lugar a una temperatura más uniforme a nivel local, y los GEI calientan la troposfera inferior. A medida que aumenta la altitud, la densidad disminuye rápidamente y, en la troposfera superior y la estratosfera, es más probable que las moléculas de GEI emitan la energía que reciben en lugar de compartirla. Esto provoca un aumento de la radiación saliente. Cuando la molécula de GEI finalmente colisiona, está más fría que las otras moléculas y recibe energía en lugar de cederla. Los GEI enfrían la troposfera superior y la estratosfera.

Las emisiones infrarrojas de la Tierra pueden originarse a cualquier altura, desde la superficie hasta la cima de la atmósfera. Sin embargo, es útil considerar la altura media de emisión, también conocida como altura efectiva de emisión. Esta altura imaginaria tiene un valor de unos 6 km y refleja la opacidad de la atmósfera a las emisiones infrarrojas. Su valor depende del contenido de GEI de la atmósfera y de su gradiente térmico vertical, ya que la temperatura de una molécula determina su capacidad de emitir radiación. La temperatura a la altura efectiva de emisión es la temperatura media de la Tierra vista desde el espacio. Cuando se mide desde el espacio, la temperatura de emisión de la Tierra es de 250 K (–23 °C), ligeramente inferior a los 255 K calculados a partir de la teoría para un cuerpo negro.

---

[30] Datos de Jones, P.D., et al., 1999. Rev. Geophys. 37 (2), pp.173-199. doi.org/10.1029/1999RG900002 y de Carlson, B., et al., 2019. Geophys. Res. Lett. 46 (17-18), pp.10679-10686. doi.org/10.1029/2019GL083736

Es importante entender cómo la presencia de GEI en la atmósfera afecta al nivel y la temperatura de las emisiones de radiación de onda larga saliente, ya que ésta es la base del efecto invernadero que se analiza en el capítulo 7.

En resumen

Es probable que el principal motor del cambio climático sean los cambios en la cantidad de energía térmica irradiada por la Tierra, ya que la energía solar y el albedo permanecen relativamente constantes. La atmósfera desempeña un papel importante en este proceso al devolver la mayor parte de la energía recibida por la superficie debido a su opacidad a la radiación infrarroja. En latitudes medias y altas, especialmente durante la estación invernal, se pierde más energía hacia el espacio de la que se recibe del Sol. Esto crea un déficit energético considerable que hay que compensar. La Tierra experimenta más cambios de temperatura de un mes a otro que en diez años. Por lo tanto, al igual que una persona caminando nunca está en equilibrio, la Tierra nunca está en equilibrio radiativo.

Capítulo 6
El Presupuesto Energético

Para que un planeta tenga una temperatura constante, debe existir un equilibrio entre la energía que entra del Sol y la que sale del planeta. Esto se denomina equilibrio radiativo. Sin embargo, la temperatura de la Tierra cambia cada mes, y la energía saliente nunca es exactamente igual a la entrante. Por tanto, el equilibrio energético es sólo un concepto teórico que simplifica el cálculo del presupuesto energético de la Tierra. Nos permite rastrear la energía dentro del sistema climático, lo que es esencial para comprender el cambio climático. El calentamiento del océano, la atmósfera y la superficie de la Tierra indica un desequilibrio energético en la cima de la atmósfera. Investigaciones recientes sugieren que este desequilibrio podría estar disminuyendo, lo que tendría importantes implicaciones para nuestra comprensión del cambio climático.

El equilibrio radiativo de la Tierra

La materia tiende de forma natural hacia el equilibrio térmico ajustando su temperatura, haciendo que las cosas calientes se enfríen y las frías se calienten hasta alcanzar la temperatura de su entorno. El mismo principio se aplica a un planeta como la Tierra, que recibe casi toda la energía de su estrella en forma de radiación electromagnética. El planeta ajustará de forma natural su temperatura para asegurarse de que la energía que emite es igual a la que recibe, lo que se conoce como equilibrio energético. Este concepto se basa en un equilibrio teórico en el flujo de energía que viene del Sol y sale de la Tierra a través de la cima de la atmósfera. Según los climatólogos, cualquier proceso físico que altere este equilibrio de flujos y provoque un desequilibrio se denomina forzamiento radiativo o climático.

Enmarcar la energía del sistema climático de esta manera simplifica el problema, sobre todo porque la cantidad de energía procedente del Sol es casi constante de media anual (varía sólo un 0,1% con el ciclo solar; cap. 2). Para que la Tierra se caliente, la cantidad de energía que sale del planeta (radiación total saliente) debe disminuir, y para que se enfríe, la cantidad de energía que sale del planeta debe aumentar. Cada cambio debe ser el resultado de la variación de uno o varios forzamientos radiativos. Una vez alcanzado un nuevo equilibrio, la superficie del planeta tendrá una temperatura diferente.

La radiación total saliente tiene dos componentes: la radiación de onda corta reflejada, también conocida como albedo, y la radiación de onda larga saliente. Los cambios interanuales en el albedo son mínimos (cap. 3), lo que sugiere que la causa inicial del calentamiento es una reducción de la radiación de onda larga saliente, como propone la teoría del efecto invernadero (cap. 7). Esta teoría sugiere que el cambio climático se produce por cambios en la cantidad de energía que va de la superficie a la cima de la atmósfera. En este caso, el planeta se calienta porque llega menos energía a la cima de la atmósfera en forma de radiación de onda larga saliente.

Según este paradigma ampliamente aceptado, los cambios climáticos se producen debido a variaciones en la cantidad de gases radiativamente activos y partículas de aerosol en la atmósfera. Sin embargo, esta visión simplificada de la complejidad del clima ignora que el sistema climático no es tan simple. Observar únicamente las medias anuales oculta el hecho de que la temperatura del planeta varía drásticamente en 3,8 °C a lo largo de un año (recuadro 3; cap. 5). Además, la Tierra está más caliente cuando recibe menos energía del Sol en el afelio, y más fría cuando recibe más energía del Sol, en el perihelio, lo que significa que el supuesto equilibrio no existe ni ha existido nunca. Además, los cambios en el albedo y en la radiación de onda larga saliente a lo largo del año hacen que la Tierra devuelva más energía cuando hace más frío y menos cuando hace más calor (fig. R3; cap. 5).

Aún nos queda mucho por aprender sobre cómo consigue la Tierra mantener una temperatura tan constante a lo largo de los años a pesar de las importantes variaciones intermensuales. Además, no entendemos del todo cómo la Tierra mantiene la simetría del albedo interhemisférico a pesar de tener hemisferios tan asimétricos y de experimentar una reducción sustancial del albedo de la nieve-hielo en el hemisferio norte en las últimas décadas. No obstante, la base del modelo radiativo debe ser correcta. Nuestras mediciones de las temperaturas de la superficie, la atmósfera y los océanos indican que el sistema climático está aumentando la energía que contiene, lo que implica que la cantidad de energía emitida por el planeta en la cima de la atmósfera debería estar disminuyendo. Pero no es eso lo que observamos. En realidad, la radiación de onda larga saliente ha aumentado en los últimos 40 años,[31] lo que sugiere que, si el planeta se ha calentado, se debe a un aumento de la radiación de onda corta absorbida, probablemente causado por una pequeña disminución del albedo. Este resultado no es el que predice la teoría del efecto invernadero para un aumento de los GEI.

El presupuesto energético

El presupuesto energético de la Tierra se refiere a los flujos de energía que entran y salen del sistema climático del planeta. Trata de contabilizar los flujos verticales de energía que aún no se conocen con suficiente precisión, por lo que distintos autores proporcionan estimaciones diferentes. Nuestro conocimiento del presupuesto energético de la Tierra se basa en gran medida en las observaciones por satélite de la luz solar reflejada y de la energía infrarroja térmica emitida por la atmósfera y la superficie.

Para calcular el presupuesto energético de la Tierra, partimos de la cantidad de energía solar que llega a la Tierra a una distancia media del Sol (una unidad astronómica), distribuida uniformemente por toda la superficie del planeta. Este flujo de energía entrante de onda corta tiene un valor de 340 W/m^2 y representa la cantidad de energía que la Tierra debe devolver para estar en equilibrio radiativo. Esta energía entrante se divide en varios componentes, como la radiación de onda corta reflejada por el albedo (98 W/m^2, 29%), la energía absorbida por la atmósfera (80 W/m^2, 23%) y la energía absorbida por la superficie (162 W/m^2, 48%; fig. 8). Estos valores se calculan, no se miden, y pueden variar de un estudio a otro. Para nuestros fines, nos basamos en los valores proporcionados por la NASA.[32]

---

[31] Dewitte, S. & Clerbaux, N., 2018. Remote Sens. 10 (10), p.1539. doi.org/10.3390/rs10101539

[32] earthobservatory.nasa.gov/features/EnergyBalance

Toda la energía solar que llega a la superficie (48%) debe ser devuelta para alcanzar el equilibrio. La radiación directa de la superficie al espacio a través de la ventana atmosférica (12%) es una pequeña fracción de la radiación térmica total emitida desde la superficie. La radiación térmica se intercambia entre la superficie y la atmósfera, pero el flujo neto determina el cambio de temperatura. Dado que la atmósfera es muy opaca a la radiación infrarroja, la mayor parte de ésta se refleja hacia la superficie. Sin embargo, como la superficie suele estar más caliente que la atmósfera, el flujo neto de radiación térmica transporta el 5% de la energía solar de la superficie a la atmósfera. No obstante, la superficie debe devolver la energía que recibe del Sol y se enfría principalmente por evaporación (86 W/m^2, 25%) y por calentamiento del aire, que entonces asciende (convección, 18 W/m^2, 5%).

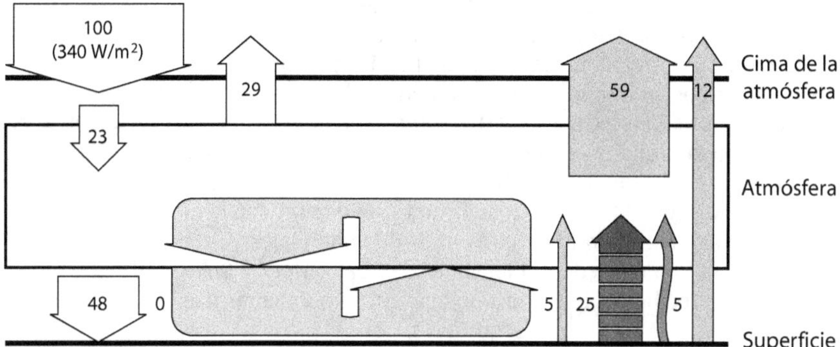

Figura 8. Representación esquemática del presupuesto energético de la Tierra. La Tierra recibe una irradiación solar media de 340 W/m^2 en la cima de la atmósfera. Los flujos de onda corta se muestran en blanco, los flujos netos de onda larga en gris claro, la convección en gris medio y la evaporación en gris oscuro. Aunque existe un gran intercambio de radiación infrarroja entre la superficie y la atmósfera, la transferencia neta hacia arriba es relativamente pequeña. El principal mecanismo por el que la superficie calienta la atmósfera es la evaporación (calor latente).

El presupuesto energético de la Tierra muestra que el Sol es responsable del calentamiento de la superficie, y que la mitad de esta energía se utiliza para calentar la atmósfera por evaporación, impulsando el ciclo del agua. Una cuarta parte de la energía llega al espacio por radiación directa, y la cuarta parte restante se utiliza para calentar la atmósfera por convección y radiación térmica (fig. 8).

Está claro que la superficie transfiere calor neto a la atmósfera, lo que determina el gradiente térmico vertical, es decir, la disminución de la temperatura con la altura en la troposfera. Sin embargo, la atmósfera no transfiere calor neto a la superficie. En el próximo capítulo examinaremos cómo la atmósfera puede alterar los flujos de calor, lo que puede provocar un calentamiento de la superficie.

En el caso del océano, esto es aún más evidente. La superficie del océano suele estar más caliente que la atmósfera, por lo que pierde 16 W/m^2 de calor a la atmósfera por conducción y convección (calor sensible). Además, el océano es la mayor fuente de evaporación del planeta, perdiendo 100 W/m^2 de calor latente, mientras que la pérdida neta por onda larga es de 53 W/m². [33] Así pues, el océano transfiere a la atmósfera casi toda la energía que recibe del Sol para mantener el equilibrio. No hay flujo neto de calor de la atmósfera al océano, y la atmósfera no tiene un efecto neto de calentamiento sobre el océano. En pocas palabras, el Sol calienta el océano y el océano calienta la atmósfera.

Para cerrar el presupuesto, la atmósfera debe perder en el espacio la energía que ha recibido del Sol, de la superficie terrestre y de la superficie oceánica. La energía latente obtenida de la evaporación se libera a través de la condensación cuando se forman las nubes y las precipitaciones, calentando la atmósfera. Como vimos en el capítulo anterior, la troposfera inferior tiene una mayor densidad, por lo que es más probable que las moléculas que absorben radiación transfieran esa energía a otras moléculas, principalmente nitrógeno y oxígeno, por colisión en lugar de emitirla como radiación. Esto hace que las moléculas vecinas tengan una temperatura más similar, independientemente de sus propiedades de absorción de infrarrojos. La densidad y la temperatura del aire disminuyen con la altitud en la troposfera. A bajas densidades de aire, es más probable que las moléculas de GEI emitan radiación antes de colisionar, y es menos probable que su radiación sea absorbida por otras moléculas de GEI. Por tanto, la radiación de onda larga empieza a escapar al espacio, y un aumento de las moléculas de GEI a esta altitud provoca un enfriamiento al aumentar la radiación saliente. En los niveles altos de la atmósfera, las moléculas emiten tanta energía como pueden obtener desde abajo. Por lo tanto, toda la energía que la Tierra recibe del Sol es devuelta al espacio a menos que la Tierra cambie su temperatura, creando un desequilibrio.

El desequilibrio energético de la Tierra

Cuando existe un desequilibrio medio anual entre los flujos radiativos entrantes y salientes en la cima de la atmósfera, la Tierra experimenta un desequilibrio energético. Muchos científicos consideran que este desequilibrio es el indicador más importante del cambio climático, ya que un exceso de energía que no se devuelve debe conducir al calentamiento, y un mayor desequilibrio conduce a un mayor calentamiento. A la inversa, para que la Tierra se enfríe, debe devolver más energía de la que recibe.

El desequilibrio energético de la Tierra se estima en 0,75 W/m², y la mayor parte del calor adicional generado por este desequilibrio, alrededor del 93%, acaba en el océano. Alrededor del 3% del exceso de calor se utiliza para derretir el hielo, mientras que otro 4% contribuye al aumento de las temperaturas terrestres y al deshielo del permafrost. Sólo una fracción de este exceso de calor, menos del 1%, permanece en la atmósfera. [34] El problema, sin embargo, es que este desequilibrio estimado es un residuo minúsculo de dos grandes flujos de energía, y es demasiado pequeño para medirlo con precisión, ya que sólo representa alrededor del 0,15%. Además, la incertidumbre en la medición de los flujos de energía en la cima de la atmósfera es mucho mayor que el propio

---

[33] Schmitt, R.W., 2018. Oceanography, 31 (2), pp.32–40.
    doi.org/10.5670/oceanog.2018.225
[34] Trenberth, K.E. & Cheng, L., 2022. Environ. Res.: Climate, 1 (1), p.013001.
    doi.org/10.1088/2752-5295/ac6f74

desequilibrio.[35] No obstante, los cambios en el contenido de calor de los océanos han permitido estimar un desequilibrio energético de unos 0,6 W/m^2.

Las mediciones por satélite entre 2000 y 2018 muestran una ligera disminución de la energía reflejada y un ligero aumento de la radiación de onda larga saliente. Aunque estas dos mediciones no deberían afectar al desequilibrio energético si coinciden, el aumento de la radiación de onda larga saliente es mayor que la disminución de la reflexión de onda corta. Como resultado, parece haber una aparente tendencia a la baja en el desequilibrio energético.[36] Esto significa que la Tierra debería estar calentándose a un ritmo más lento con el paso del tiempo, apoyado por una reducción en el ritmo de aumento del contenido de calor de los océanos. Esta posibilidad de un calentamiento más lento supone un reto importante para nuestra comprensión del cambio climático, y lo exploraremos en futuros capítulos.

En resumen

Sabemos que la Tierra se está calentando, lo que indica un desequilibrio energético en la cima de la atmósfera. Si el albedo permanece constante, la única forma de que la Tierra se caliente es reduciendo su radiación térmica saliente, lo que apunta a un aumento de los gases de efecto invernadero como causa probable. Sin embargo, las observaciones muestran que el desequilibrio energético se debe principalmente a un aumento de la energía de onda corta absorbida, lo que sugiere en cambio que la causa probable es una disminución del albedo. En el siglo XXI, el desequilibrio energético parece estar disminuyendo, lo que sugiere que la Tierra podría estar calentándose más lentamente.

---

[35] Loeb, N.G., et al., 2018. J. Clim. 31 (2), pp.895–918. doi.org/10.1175/JCLI-D-17-0208.1

[36] Dewitte, S., et al., 2019. Remote Sens. 11 (6), p.663. doi.org/10.3390/rs11060663

Capítulo 7.
El Efecto Invernadero

El efecto invernadero calienta la Tierra debido a la combinación de gases de efecto invernadero y un gradiente térmico vertical positivo en la troposfera. El vapor de agua es el principal gas de efecto invernadero, pero su concentración depende de la temperatura. El dióxido de carbono es un gas traza bien mezclado que contribuye sustancialmente al efecto invernadero. Este efecto se debe al aumento de la opacidad de la atmósfera a la radiación infrarroja, lo que hace que la radiación hacia el espacio se origine a mayor altitud. La troposfera se enfría con la altitud y las moléculas frías irradian menos. El efecto invernadero aumenta la altura de las emisiones por lo que éstas disminuyen. Como consecuencia, la superficie y la troposfera inferior deben calentarse hasta que la energía radiada iguale a la recibida del Sol. Sin embargo, el efecto invernadero no es uniforme en todo el planeta debido a las diferencias en el contenido de vapor de agua, por lo que es mucho más débil sobre los polos en invierno que sobre los trópicos.

Gases de efecto invernadero

La temperatura de la Tierra está regulada por el equilibrio entre la energía que recibe del Sol y la que irradia al espacio en forma de radiación infrarroja. Sin embargo, una pequeña fracción (alrededor del 1%) de la atmósfera terrestre está formada por moléculas de gas que absorben la radiación infrarroja porque tienen dos átomos diferentes o más de dos átomos. Esto hace que la atmósfera sea bastante opaca a la radiación infrarroja, lo que provoca su calentamiento a medida que estos gases absorben más energía y la comparten mediante colisiones con otras moléculas. Estos gases se conocen como gases de efecto invernadero (GEI) y son los responsables del efecto invernadero.

El GEI más importante es el vapor de agua. Su concentración atmosférica varía mucho (recuadro 4), pero su media se sitúa en torno al 1%. El vapor de agua es más de diez veces más abundante que todos los demás GEI juntos y es responsable de cerca del 75% del efecto invernadero de la Tierra si se incluye el efecto de las nubes.[37] El vapor de agua es más abundante en la troposfera inferior y disminuye rápidamente con la altitud. De hecho, es 1000 veces menos abundante en la estratosfera (fig. 9, línea de puntos gris clara). La disminución de la abundancia de vapor de agua y de la densidad atmosférica con la altitud provoca un gradiente térmico vertical positivo (la temperatura disminuye con la altitud) en la troposfera (fig. 9, línea negra gruesa). Hay otras dos peculiaridades del vapor de agua. En primer lugar, su abundancia depende de la temperatura. En segundo lugar, tiene la propiedad de cambiar de fase entre sólido, líquido y gas, lo que requiere o libera mucha energía sin cambiar su temperatura. Esta energía, denominada calor latente, es uno de los principales mecanismos de transporte de calor en el sistema climático.

---

[37] Schmidt, G.A., et al., 2010. J. Geophys. Res. Atmos. 115 (D20). doi.org/10.1029/2010JD014287

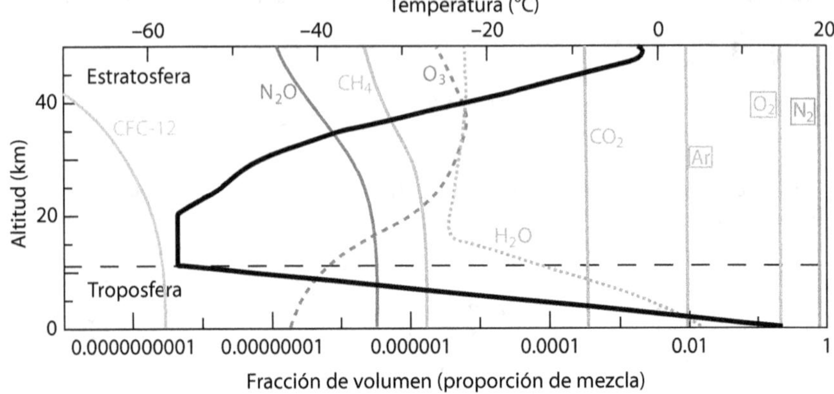

Figura 9. Perfiles de temperatura y composición de gases en la atmosfera. La línea gruesa (escala superior) representa el perfil vertical de la temperatura de la atmósfera, mientras que las líneas finas (escala inferior) representan el perfil vertical y la abundancia de los gases atmosféricos. Los símbolos en recuadro corresponden a gases con absorción infrarroja insignificante. La línea de puntos representa el vapor de agua y la línea de trazos el ozono. Ambos gases tienen perfiles verticales muy variables que contribuyen en gran medida al perfil de temperatura.

El dióxido de carbono (CO_2) es un gas traza que sólo representa alrededor del 0,04% de la atmósfera. Está bien mezclado en la atmósfera baja y media y es el segundo GEI más importante. El CO_2 es responsable de cerca del 19% del efecto invernadero de la Tierra.

El ozono (O_3) es el tercer GEI más importante, y su abundancia también varía mucho con la altitud (fig. 9). De hecho, es 100 veces más abundante en la estratosfera (la capa de ozono) que en la troposfera. Aunque sólo representa seis partes por millón, es responsable del 4% del efecto invernadero. Además de su función como gas de efecto invernadero, el ozono también desempeña un papel fundamental en la absorción de la radiación ultravioleta. Es responsable del gradiente térmico vertical invertido (negativo) en la estratosfera y de la propia existencia de ésta.

Los restantes GEI que aparecen en la figura 9 y en la tabla 1 son el óxido nitroso (N_2O), el metano (CH_4) y los clorofluorocarbonos (CFC), un grupo de gases de origen humano. Juntos representan una pequeña fracción del efecto invernadero.

Tabla 1. Principales gases de efecto invernadero.[38]

Nombre del gas	Fórmula	Abundancia (%)	Atribución efecto invernadero
Vapor de agua (inc. nubes)	H_2O	0–3%	75%
Dióxido carbono	CO_2	0.04%	19%
Ozono	O_3	0.00006%	4%
Óxido nitroso	N_2O	0.00005%	1%
Metano	CH_4	0.0002%	1%

---

[38] Ibid.

Cómo funciona el efecto invernadero

El efecto invernadero se interpreta a veces erróneamente como un "atrapamiento" de calor. Si bien es cierto que la presencia de GEI se traduce en más energía en el sistema climático, esta energía adicional se almacena principalmente en el océano. Además, el planeta sigue devolviendo toda la energía que recibe del Sol tras los ajustes necesarios.

Los GEI aumentan la opacidad de la atmósfera a la radiación infrarroja. Absorben las emisiones térmicas de la superficie, provocando un calentamiento en la troposfera inferior. Sin embargo, provocan un enfriamiento en la troposfera superior al aumentar la emisión térmica al espacio. Debido a su presencia, la emisión infrarroja al espacio desde la superficie (como se produce en la Luna) se desplaza a la atmósfera. Podemos determinar la altura de emisión efectiva teórica (Z_e en la fig. 10) como la altura media a la que se emite la radiación térmica de la Tierra. La temperatura a la que la Tierra emite radiación es la temperatura media de la atmósfera a esa altura. Esta temperatura, calculada en 255 K para una Tierra de cuerpo negro, es de 250 K (-23°C) cuando se mide desde el espacio.[39] Esto corresponde a una altitud de emisión de unos 6 km.

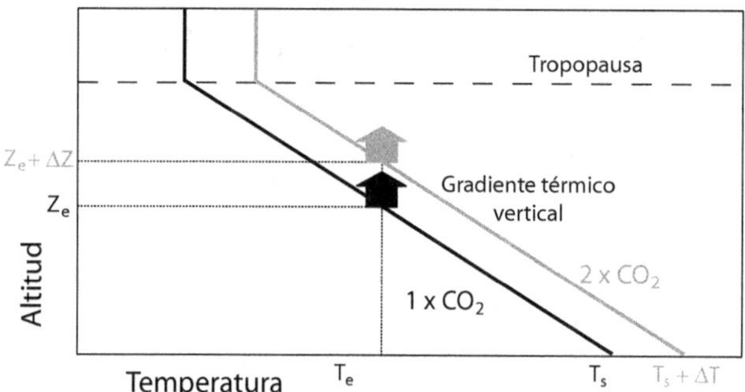

Figura 10. Diagrama esquemático del efecto invernadero. El cambio en el nivel de emisión (Z_e) debido a una duplicación del CO_2 (color gris) está asociado a un aumento de la temperatura de la superficie (T_s), suponiendo un gradiente térmico vertical constante. La temperatura de emisión efectiva (T_e) y las emisiones de onda larga saliente permanecen invariables.[40]

El gradiente térmico vertical debe ser positivo para que el efecto invernadero provoque un calentamiento, es decir, la temperatura debe disminuir con la altitud. Los GEI hacen que el planeta emita desde mayores altitudes, haciendo que la atmósfera sea más opaca a la radiación infrarroja y, como resultado, esa altitud es más fría debido al gradiente térmico vertical. Sin embargo, la Tierra sigue teniendo que devolver toda la energía que recibe del Sol, pero las moléculas más frías emiten menos energía. Por tanto, el planeta atraviesa un periodo en el que emite menos energía de la que debería, lo que provoca que la superficie y la troposfera inferior se calienten hasta que la nueva altitud de emisión alcanza la temperatura necesaria para devolver toda la energía; en este punto, el

[39] Peyrou-Lauga, R., 2017. 47th Int. Conf. Environ. Syst. ICES-2017-142
   hdl.handle.net/2346/72957
[40] Held, I.M. & Soden, B.J., 2000. Annu. Rev. Energy Environ. 25 (1), pp.441–475.
   doi.org/10.1146/annurev.energy.25.1.441

planeta deja de calentarse. Si se está produciendo un calentamiento inducido por un aumento de los GEI, debería producirse una disminución de la radiación infrarroja saliente a medida que se calienta la superficie. Sin embargo, esto no se observa. Como se ha comentado en el capítulo 6 sobre el desequilibrio energético, lo que se observa es un aumento de la radiación infrarroja saliente, que debería provocar un enfriamiento, compensado por un mayor aumento de la radiación solar absorbida, que es la causa del calentamiento observado.

El efecto invernadero calienta el planeta cuando un aumento de GEI en la atmósfera provoca un aumento de la altura de emisión. Como la temperatura de emisión debe permanecer constante, la temperatura desde la superficie hasta la nueva altura de emisión debe aumentar, aunque sea poco. Por ejemplo, una duplicación de los niveles de CO_2 provoca un aumento de la altura de emisión de 150 metros. Con un gradiente térmico vertical estándar de –6,5 °C por km, la nueva altura de emisión es 1 °C más fría de lo que debería ser. Por lo tanto, si el gradiente térmico vertical permanece constante, la temperatura de la superficie debe aumentar 1 °C para alcanzar la temperatura de emisión requerida a la nueva altura.[41]

Recuadro 4. Diferencias en el efecto invernadero con la latitud.

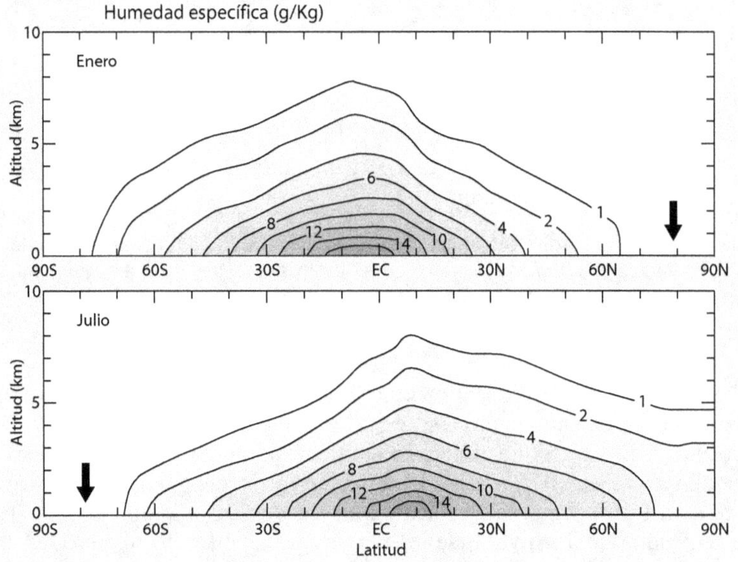

Figura R4. Perfiles de humedad específica en función de la latitud y la altitud. Arriba en enero y abajo en julio.[42] Las flechas negras señalan las zonas más secas del planeta, que suelen encontrarse en latitudes altas durante el invierno, donde el efecto invernadero es más débil.

---

[41] Ibid.

[42] Figura de Randall, D. A., 2015. An introduction to the global circulation of the atmosphere. Princeton Univ. Press.

El vapor de agua es el principal GEI, pero su distribución en la atmósfera terrestre es muy desigual. Lo que importa para el efecto invernadero es la cantidad de vapor de agua por kilogramo de aire (humedad específica), no la humedad relativa a la saturación para una temperatura dada (humedad relativa). Por ejemplo, el aire de los desiertos parece muy seco porque es cálido, pero contiene mucho más vapor de agua que el aire de la Antártida.

La atmósfera más seca del planeta se encuentra en las regiones polares durante el invierno (fig. R4). Se han registrado niveles de humedad específica tan bajos como 0,1 g/kg, que descienden a mil veces menos a unos pocos kilómetros por encima de la superficie. Puesto que el 75% del efecto invernadero se debe al vapor de agua y a las nubes, y puesto que las nubes también se reducen mucho en las condiciones del invierno polar, el efecto invernadero es varias veces más débil sobre las altas latitudes en invierno que sobre los trópicos. El gran contraste en la intensidad del efecto invernadero entre las regiones polares en invierno y los trópicos es un punto crucial para la hipótesis del cambio climático explorada en este libro.

En resumen

El efecto invernadero se debe al aumento de la opacidad de la atmósfera a la radiación infrarroja cuando hay presencia de gases de efecto invernadero. El vapor de agua y las nubes son los principales responsables del efecto invernadero, y como escasean en la atmósfera polar durante el invierno, el efecto invernadero se reduce mucho en estas regiones durante esta época del año.

Capítulo 8
La Hipótesis del Efecto Reforzado del CO_2

La "hipótesis del efecto reforzado del CO_2" se basa en el efecto invernadero y propone que el calentamiento global reciente se debe principalmente a mecanismos de retroalimentación que amplifican el efecto de calentamiento directo del CO_2. Estas retroalimentaciones no pueden medirse directamente, sino que se estiman mediante modelos informáticos. El calentamiento que se produciría con una duplicación de los niveles de CO_2 se conoce como sensibilidad climática, que actualmente se estima en 3 °C, pero con una gran incertidumbre. A pesar de la falta de pruebas científicas, la hipótesis del efecto reforzado del CO_2 cuenta con un amplio apoyo entre los climatólogos y se considera la hipótesis de consenso. Los defensores de esta hipótesis sostienen que el cambio climático natural es insignificante.

La hipótesis del efecto reforzado del CO_2

Como hemos visto en el capítulo anterior, el vapor de agua es el principal GEI de la atmósfera. Sin embargo, tiene una propiedad interesante que lo diferencia de otros GEI: su presencia y su efecto dependen de la temperatura. Cuando la temperatura desciende significativamente, el vapor de agua condensa y sale de la atmósfera, haciendo que los cambios de temperatura dependan menos de los cambios en el vapor de agua.

Svante Arrhenius propuso en el siglo XIX que el aumento del CO_2 atmosférico podría causar un calentamiento global sustancial al reclutar el efecto de un cambio en el vapor de agua a consecuencia del aumento de la temperatura. En 1939, Guy Callendar defendió la hipótesis, sugiriendo que el calentamiento registrado a principios del siglo XX se debía al aumento de los niveles atmosféricos de CO_2. Aunque gran parte del calentamiento de principios del siglo XX parece haber sido natural, la hipótesis de Arrhenius ha tenido éxito a la hora de explicar el calentamiento de finales del siglo XX porque se ajusta a las observaciones mejor que otras hipótesis.

Es importante señalar que la hipótesis del efecto reforzado del CO_2 difiere de la teoría del efecto invernadero. Esta última teoría afirma que un aumento de los GEI provocará inevitablemente cierto calentamiento. Por ejemplo, duplicar la cantidad de CO_2 en la atmósfera debería provocar un aumento de la temperatura de aproximadamente 1 °C. La hipótesis del efecto reforzado del CO_2 propone que casi todo el calentamiento observado entre 1951 y la actualidad se debe al importante aumento de los niveles atmosféricos de CO_2 provocado por las actividades humanas.[43] Sin embargo, el calentamiento observado es mucho mayor de lo que la teoría del efecto invernadero podría predecir basándose únicamente en el aumento de las concentraciones de CO_2. Por tanto, la

---

[43] IPCC, 2014: Climate Change 2014: Synthesis Report. p.5 & fig. SPM.3.

hipótesis del efecto reforzado del CO_2 propone que los mecanismos de retroalimentación amplifican el efecto directo de calentamiento del CO_2.

¿Cuáles son estos mecanismos de retroalimentación?

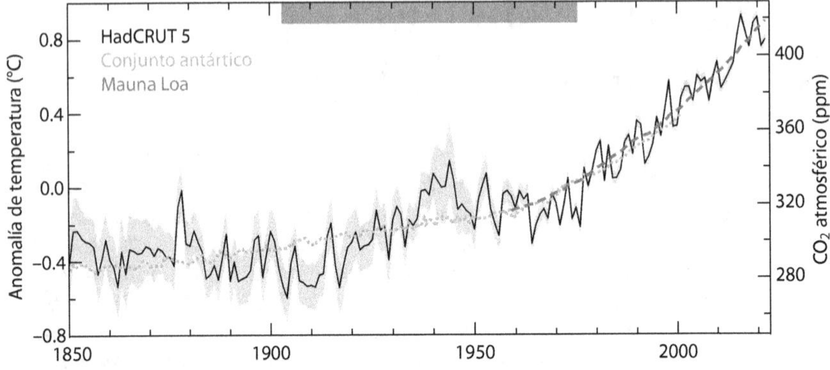

Figura 11. Aumento del CO_2 y de la temperatura entre 1850 y 2022. La anomalía de temperatura es relativa a la línea de base 1961-90 del conjunto de datos HadCRUT 5 (curva continua negra con incertidumbre gris). Indicador proxy del CO_2 atmosférico entre 1850-2001 de núcleos de hielo de la Antártida (línea de puntos gris clara).[44] Registro del CO_2 atmosférico entre 1959-2022 en Mauna Loa (línea de trazos gris). La correlación temperatura-CO_2 es generalmente buena, pero más débil en el periodo 1905-1975, indicado por la barra gris oscura.

La gran incertidumbre entre hipótesis y realidad

Si duplicamos la cantidad de CO_2 en la atmósfera y esperamos un aumento de la temperatura de 1 °C, todo en el sistema climático debería permanecer constante, incluido el gradiente térmico vertical. Sin embargo, sabemos que esto no puede ocurrir porque cada cambio en el sistema climático desencadena una respuesta. Por ejemplo, un aumento de la temperatura provoca una mayor evaporación del agua, lo que incrementa la cantidad de vapor de agua en la atmósfera. El vapor de agua también es un GEI, y su aumento afecta a la formación de nubes, las precipitaciones y el albedo. Un cambio en el efecto invernadero provoca muchos cambios en todo el sistema climático, y no estamos seguros de en qué medida y de qué manera se producirán estos cambios. En consecuencia, existe una incertidumbre considerable sobre la cantidad de calentamiento que podría resultar de un aumento del efecto invernadero. Esta incertidumbre se refleja en una amplia gama de predicciones procedentes de distintos estudios.

Cuando cambia el efecto invernadero, se produce un cambio temporal en el flujo radiativo en la cima de la atmósfera. Los científicos lo denominan "forzamiento" climático. Cualquier respuesta del sistema climático a este forzamiento, que provoque nuevos cambios en el flujo radiativo en la cima de la atmósfera, se denomina "retroalimentación". La retroalimentación es el retorno de la salida del sistema a su entrada, modificando aún más la salida. Si la retroalimentación provoca un cambio en la misma dirección que el forzamiento,

[44] Bereiter, B., et al., 2015. Geophys. Res. Lett. 42 (2), pp.542–549. doi.org/10.1002/2014GL061957

se trata de una retroalimentación positiva. Por el contrario, si provoca un cambio en la dirección opuesta, se trata de una retroalimentación negativa. En un sistema estable como el clima, la retroalimentación negativa debe dominar, ya que la retroalimentación positiva puede causar condiciones inestables que conduzcan a efectos desbocados.

Retroalimentaciones climáticas debidas al aumento de CO_2

Las retroalimentaciones climáticas son imposibles de medir porque, por definición, son el resultado del efecto de una variable sobre otra. Un cambio en el flujo neto en la cima de la atmósfera (un forzamiento) causado por un cambio en el efecto invernadero ya se encuentra dentro del rango de incertidumbre de nuestras mediciones de los flujos de entrada y salida (cap. 6). Es imposible distinguir la retroalimentación de la señal producida por el forzamiento, por lo que las retroalimentaciones no pueden observarse. En su lugar, sólo pueden inferirse de forma probabilística o estimarse con modelos. Esta estimación basada en modelos conlleva una gran incertidumbre, a veces incluso sobre su signo positivo o negativo.

Dos retroalimentaciones negativas son la retroalimentación de Planck, que establece que un cuerpo más caliente emite más radiación, y la retroalimentación del gradiente térmico vertical, que establece que se espera que la atmósfera se caliente más que la superficie, disminuyendo el gradiente térmico vertical y reduciendo el calentamiento de la superficie.

En cambio, la retroalimentación de las nubes es incierta. Aunque un aumento de las nubes puede aumentar la opacidad de la atmósfera a la radiación infrarroja, también puede aumentar la reflexión de la radiación solar (albedo). Se cree que el efecto global es positivo, pero existe una incertidumbre considerable.

Entre las retroalimentaciones positivas se encuentra la del vapor de agua, en la que el calentamiento aumenta el contenido de humedad de la atmósfera, lo que provoca un gran aumento del efecto invernadero. Sin embargo, a pesar de su importancia, las mediciones del vapor de agua no han confirmado que se comporte como una retroalimentación positiva.[45] Otra retroalimentación positiva es la retroalimentación hielo-albedo, que crea un bucle en el que el deshielo provoca un calentamiento adicional de la superficie, lo que a su vez hace que se derrita más hielo. Se cree que esta retroalimentación es importante para la amplificación del Ártico, pero su importancia global es relativamente pequeña porque el 90% del albedo global se produce en la atmósfera (cap. 3).

Sensibilidad climática

El forzamiento estimado de las retroalimentaciones basado en modelos es de +1,5-2 W/m^2, pero la incertidumbre en torno a este valor es mayor de lo que se suele aceptar. Es posible que algunas retroalimentaciones nos sean desconocidas o que sus valores estimados sean inexactos. Si esta estimación es correcta, sugeriría que la mayor parte del calentamiento provocado por los cambios en el efecto invernadero se debe a retroalimentaciones que no pueden medirse directamente.

---

[45] Paltridge, G., et al., 2009. Theor. Appl. Climatol. 98, pp.351–359.
   doi.org/10.1007/s00704-009-0117-x

El concepto de sensibilidad climática intenta cuantificar cuánto calentamiento provocaría una duplicación del CO_2 atmosférico, pero la respuesta no es sencilla y depende de la escala temporal considerada. En concreto, utilizamos el término respuesta climática transitoria para referirnos al calentamiento que se produce en los 20 años siguientes a una duplicación instantánea del CO_2. Por otro lado, la sensibilidad climática de equilibrio describe el calentamiento que se produce después de que el océano haya tenido tiempo de ajustarse y el sistema climático haya alcanzado un nuevo estado de equilibrio, lo que puede llevar siglos.

Una de las primeras estimaciones de la sensibilidad climática figura en el Informe Charney, elaborado para la Academia Nacional de Ciencias de Estados Unidos en 1979. El informe estimaba un valor de 1,5-4,5 °C/duplicación.[46] Más recientemente, el 6° Informe de Evaluación del Grupo Intergubernamental de Expertos sobre el Cambio Climático (IPCC) dio una estimación de 2,5-4 °C/duplicación.[47] Aunque ambos informes coinciden en una mejor estimación de 3 °C, es importante señalar que, después de 45 años, apenas se ha avanzado en la respuesta a la pregunta de cuánto calentamiento debería producir una duplicación del CO_2.

Aunque después de 45 años de investigación seguimos sin saber cuánto calentamiento debería producir una duplicación del CO_2, a menudo se nos presentan estimaciones concretas de cuánto calentamiento provocarán nuestras emisiones de GEI y cuánto debemos reducirlas para mantenernos dentro de ciertos límites definidos políticamente. Fijado inicialmente en +2,0 °C, este límite se ha rebajado a +1,5 °C en 2018, límite en el que se supone que el calentamiento pasará de ligeramente inseguro a peligroso.[48] Es importante reconocer la considerable incertidumbre en la estimación del calentamiento causado por los GEI y no ocultar este hecho al público.

Una sensibilidad climática de 3 °C implica que dos tercios del calentamiento se deben a retroalimentaciones poco conocidas, mientras que sólo un tercio está causado directamente por el efecto invernadero del CO_2. Sin embargo, este valor de sensibilidad parece demasiado alto si consideramos la era preindustrial en los estudios climáticos, alrededor de 1750, cuando los niveles de CO_2 eran de sólo 277 ppm (fig. 12). Aunque fue un periodo relativamente frío, no hay pruebas de que fuera mucho más frío que en 1850 (fig. 11), ya que los glaciares de todo el mundo tenían un tamaño similar en ambos periodos.[49] Según los registros de temperatura, la década de 1850 fue un grado más fría que la de 2010. Es difícil aceptar la proposición de que hace 270 años la temperatura era casi dos grados inferior a la actual, como exige una sensibilidad de 3 °C.

[46] Charney, J.G., et al., 1979. Nat. Acad. Sci. pp.2030–2050.

[47] Forster, P., et al., 2021. Climate Change 2021: The Physical Science Basis. Cambridge Univ. Press, pp. 923–1054.

[48] Masson-Delmotte, V., et al., 2018. Global Warming of 1.5°C. Cambridge Univ. Press, pp. 3–24.

[49] Oerlemans, J., 2005. Science, 308 (5722), pp.675–677. doi.org/10.1126/science.1107046

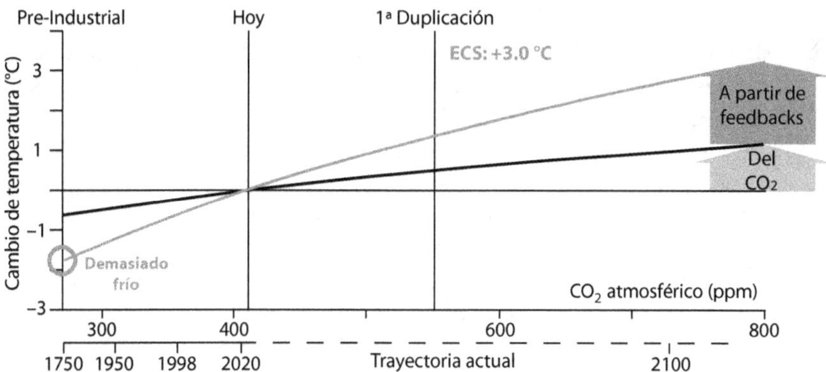

Figura 12. Efecto de una sensibilidad de 3 °C sobre las temperaturas. Relación entre el CO_2 atmosférico y la anomalía de la temperatura, suponiendo una sensibilidad climática de equilibrio de 3°C por duplicación del CO_2. La curva negra representa el efecto directo de calentamiento del CO_2, mientras que la curva gris muestra el efecto total de calentamiento, incluidas las retroalimentaciones. La escala inferior muestra el aumento histórico del CO_2, con la tasa de aumento actual extrapolada hasta 2100. La extrapolación hacia atrás de esta sensibilidad climática proyecta una temperatura demasiado fría para 1750, cuando los niveles de CO_2 eran de 277 ppm (círculo gris).

El consenso

La hipótesis de que el efecto reforzado del CO_2 es la causa principal del reciente calentamiento global ha ganado una amplia aceptación, aunque se basa principalmente en modelos climáticos y en retroalimentaciones no medidas. Sin embargo, los modelos climáticos son abstracciones, no pruebas científicas. Sorprendentemente, esta hipótesis, que no está respaldada por pruebas científicas, se denomina el "consenso del cambio climático". A menudo va acompañada de la cifra del elevado porcentaje de científicos que la aceptan, una táctica de marketing habitual. El progreso científico requiere la confrontación de hipótesis contrapuestas, pero ninguna otra hipótesis ha logrado la suficiente aceptación entre los climatólogos como para cuestionar el consenso. Sin embargo, aún no sabemos lo suficiente sobre cómo está cambiando el clima como para descartar cualquier otra posibilidad.

En mi opinión, hay tres razones principales por las que la hipótesis del efecto reforzado del CO_2 es ampliamente aceptada entre los climatólogos. En primer lugar, existe una correspondencia razonable entre los recientes aumentos de CO_2 y los aumentos de temperatura (fig. 11). Los científicos tienden a preferir explicaciones más sencillas (la navaja de Occam), y el efecto invernadero es una teoría bien establecida que identifica el aumento de CO_2 como una de las causas del calentamiento. En segundo lugar, la muy buena correlación entre los niveles de CO_2 y las temperaturas durante el Pleistoceno hallada en los núcleos de hielo apoya una estrecha relación. Por último, la hipótesis del efecto reforzado del CO_2 ofrece una explicación plausible de los cambios necesarios en los flujos de energía en la cima de la atmósfera para modificar el clima. Es poco probable que se tenga en cuenta cualquier hipótesis que no ofrezca esta explicación.

Recuadro 5. La ausencia de cambio climático natural

La hipótesis basada en modelos del efecto reforzado del CO_2 tiene varios problemas que rara vez se discuten públicamente. Uno de ellos es que no tiene en cuenta el cambio climático natural. Esta hipótesis se basa en una alta sensibilidad a los aerosoles para explicar el enfriamiento observado a mediados del siglo XX, compensada por una mayor sensibilidad al CO_2 para explicar el calentamiento observado a finales del siglo XX. Como resultado, estos dos factores explican casi todo el cambio climático observado desde 1750. Los cálculos del forzamiento radiativo desde entonces hasta ahora niegan en gran medida el papel de los cambios en la actividad solar y las erupciones volcánicas en el cambio climático que se ha producido (fig. R5).

Figura R5. La hipótesis de consenso no deja ningún papel al cambio climático natural. Cambio en el forzamiento radiativo medio anual global entre 1750 y 2011 debido a las actividades humanas, los cambios en la irradiación solar total y las emisiones volcánicas.[50]

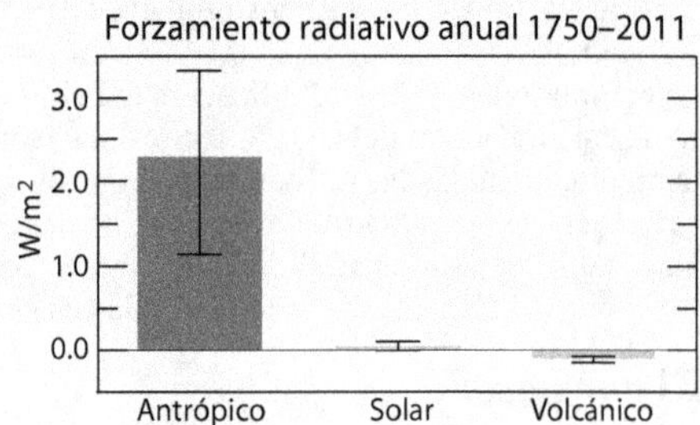

Aunque muchos climatólogos reconocen una contribución dominante de los aumentos de CO_2 de origen antrópico al cambio climático reciente, también reconocen la importancia del cambio climático natural de los últimos 270 años. Sin embargo, la formulación y modelización actuales de la hipótesis del efecto reforzado del CO_2 no explican adecuadamente el periodo frío de los siglos XIV al XVIII, que representa el último gran cambio climático del planeta, ni el calentamiento observado a principios del siglo XX. Esto plantea dudas sobre la capacidad de la hipótesis para explicar el cambio climático natural junto con el cambio climático antrópico.

En resumen

La hipótesis del efecto reforzado del CO_2 no se basa únicamente en el efecto de calentamiento directo del aumento de CO_2. Se basa principalmente en el efecto de calentamiento secundario causado por las respuestas de retroalimentación al calentamiento directo del CO_2. Este calentamiento secundario no es exclusivo del CO_2 y debería producirse en respuesta a cualquier fuente de calentamiento. Desgraciadamente, las observaciones no pueden confirmar esta hipótesis porque el calentamiento medido no revela su causa. La hipótesis se apoya en modelos informáticos, que no son pruebas científicas, y explica bien el cambio climático reciente, pero hace inexplicable el cambio climático de los últimos siglos hasta 1950.

---

[50] Figura de Wuebbles, D.J., et al., 2017 Climate Science Special Report: Fourth National Climate Assessment, Vol I p.14. doi.org/10.7930/J0J964J6

SECCIÓN 2 CUESTIONES CLAVE

Para que el planeta mantenga su temperatura, toda la energía que recibe del Sol debe ser devuelta al espacio en forma de radiación infrarroja. El Sol calienta la superficie, y esta energía se transfiere a la atmósfera principalmente por evaporación y convección. Sin embargo, los gases de efecto invernadero hacen que las emisiones al espacio se originen a mayor altitud. Como la temperatura de la troposfera disminuye con la altitud, y la temperatura de emisión debe permanecer constante para equilibrar la energía, la superficie debe calentarse. El vapor de agua y las nubes son los principales contribuyentes al efecto invernadero, con un 75% del total, mientras que el CO_2 es responsable del 19%. Durante el invierno en las regiones polares, donde el vapor de agua y las nubes escasean, el efecto invernadero es mucho más débil.

La "hipótesis del efecto reforzado del CO_2" sugiere que los mecanismos de retroalimentación que amplifican el calentamiento provocado por el aumento de los niveles atmosféricos de CO_2 son los principales responsables del reciente calentamiento global. Estas retroalimentaciones, que no pueden medirse directamente, responden al calentamiento inicial amplificando sus efectos. Las observaciones no pueden confirmar esta hipótesis porque no indican la causa del calentamiento. A pesar de la falta de pruebas fehacientes y de ignorar la variabilidad natural del clima, la hipótesis se apoya en modelos informáticos y es ampliamente aceptada por los científicos.

El calentamiento de la superficie terrestre indica un desequilibrio energético en la cima de la atmósfera. En el siglo XXI, este desequilibrio energético parece estar disminuyendo, lo que sugiere que la Tierra podría estar calentándose ahora más lentamente.

Sección 3. El Transporte de Energía en el Sistema Climático

Capítulo 9
Lo que Llamamos "Clima" Es el Transporte de Calor

La diferencia de absorción de la radiación solar entre el ecuador y los polos da lugar a un gradiente latitudinal de temperatura. Este gradiente determina el estado climático y la temperatura media del planeta y ha cambiado enormemente a lo largo del tiempo. Actualmente, la Tierra se encuentra en un estado de "nevera". El gradiente latitudinal crea un transporte de calor hacia los polos (meridional) que hace que las latitudes altas sean más cálidas de lo que indicaría su insolación. El transporte meridional redistribuye el calor, la humedad, las nubes y el momento angular hacia los polos. En esencia, el tiempo y el clima son el resultado de variaciones en el transporte meridional.

El gradiente latitudinal de temperatura

En las dos secciones anteriores hemos hablado de cómo la energía se desplaza verticalmente entre la cima de la atmósfera y la superficie. Pero la energía también se desplaza horizontalmente en el sistema climático, sobre todo en forma de transporte de calor. Este proceso no ha recibido tanta atención por parte de los climatólogos y, en general, se considera menos importante, como se refleja en la mayoría de los libros de texto de climatología. Sin embargo, el transporte de calor es crucial para entender el clima, y es el tema central de este libro. El clima es esencialmente una manifestación del transporte de calor. Las variaciones en el transporte de calor pueden ser la clave para entender el cambio climático.

En el capítulo 2 se explicaba que los trópicos absorben más radiación de onda corta que los polos. Esto crea un gradiente de temperatura del ecuador a los polos, conocido como gradiente latitudinal de temperatura. Este gradiente resulta principalmente del gradiente latitudinal de insolación, siendo la insolación el principal determinante de la temperatura de la superficie.

Sin embargo, el gradiente latitudinal de temperatura también está influido por factores climáticos. Es más pronunciado hacia el Polo Sur porque la Corriente Circumpolar Antártica y el Modo Anular Austral aíslan la Antártida. Estas corrientes y vientos oceánicos rodean la Antártida, haciéndola mucho más fría al bloquear el calor procedente de zonas más cálidas. Así que la pendiente del gradiente no es el único factor que afecta a la cantidad de calor transportado.

El gradiente latitudinal de temperatura es el factor más importante para definir el clima de la Tierra (fig. 13). Analizando los indicadores climáticos geológicos, paleontológicos e isotópicos, podemos estimar la evolución del gradiente latitudinal de temperatura en los últimos 540 millones de años.[51] Este

---

[51] Scotese, C.R., et al., 2021. Earth-Sci. Rev. 215, p.103503.
doi.org/10.1016/j.earscirev.2021.103503

gradiente proporciona una estimación de la temperatura media del planeta y nos permite reconstruir su evolución climática.

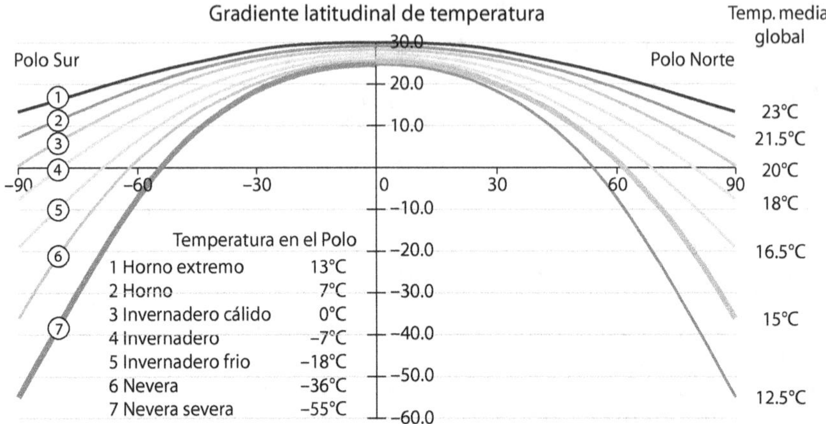

Figura 13. El gradiente latitudinal de temperatura. Las curvas de polo a polo de la temperatura en función de la latitud representan condiciones climáticas que van desde horno extremo hasta nevera severa y muestran la temperatura media global derivada.[52] El clima actual se describe mediante la curva 7 para el hemisferio sur y la curva 6 para el hemisferio norte (curvas gruesas).

El clima actual de la Tierra en el siglo XXI se clasifica como condición de "nevera" (icehouse) y se encuentra entre el 10% de los climas más fríos de los últimos 540 millones de años. Como consecuencia, el gradiente latitudinal de temperatura es muy pronunciado, lo que impulsa una gran cantidad de calor hacia los polos.

Transporte de calor a lo largo del gradiente

El gradiente latitudinal de temperatura crea una acumulación de energía potencial en la atmósfera, haciéndola inestable y provocando un flujo de calor hacia los polos. Este proceso se denomina transporte meridional porque se produce principalmente en la misma dirección que los meridianos. Los océanos también contribuyen al transporte meridional de calor, impulsado por la variación del aporte de calor y los vientos atmosféricos.

El transporte de calor reduce el contraste de temperatura entre los polos y el ecuador, liberando la energía potencial creada por el gradiente latitudinal de temperatura.

La región tropical situada entre los 30° de latitud norte y los 30° de latitud sur cubre la mitad de la superficie terrestre, pero recibe aproximadamente dos tercios de la radiación absorbida entrante, lo que equivale a unos 80 PW (petavatios, mil billones de vatios). En cambio, la otra mitad de la superficie terrestre, entre 30° de latitud y los polos, recibe unos 40 PW. Por tanto, el aporte total de calor es de unos 120 PW. La región tropical irradia unos 69 PW, y unos 11 PW son transportados a las regiones extratropicales. A pesar de la temperatura más fría de la Antártida, sólo unos 5 PW son transportados a la región ex-

---

[52] Figura de Scotese, C.R., 2016. PALEOMAP Project,
www.researchgate.net/publication/275277369

tratropical austral, mientras que unos 6 PW son transportados a la región extratropical boreal. Como ya se ha mencionado, la circulación atmosférica y las corrientes oceánicas transportan calor y también desempeñan un papel crucial en la regulación de la cantidad de calor transportado.

El transporte meridional de calor es responsable de que los polos se mantengan más calientes de lo que deberían, y la reducción del transporte de calor en el hemisferio sur contribuye a que éste sea unos 2 °C más frío de media que el hemisferio norte. Sin este transporte de calor, los polos serían, de media, 100 °C más fríos que el ecuador, en lugar de los 40 °C de diferencia actuales.[53] El transporte de calor también hace que las condiciones invernales sean más soportables en latitudes altas, especialmente cerca de las grandes cuencas oceánicas, donde se produce la mayor parte del transporte. Un pequeño transporte neto de unos 0,2 PW a través del ecuador hacia el hemisferio norte (recuadro 2, cap. 3) también contribuye a la distribución desigual del calor entre los hemisferios.

El clima es una manifestación del transporte meridional.

Como dice el antiguo aforismo, *"el clima es lo que esperamos, el tiempo es lo que obtenemos"*, el clima se define como la media de las variables meteorológicas durante un periodo de tiempo lo suficientemente largo como para determinar su variabilidad. Las variables meteorológicas que llamamos tiempo o clima dependen principalmente de la insolación y del transporte meridional de calor y humedad.

El calor se transporta de tres formas: calor sensible, potencial y latente. El calor sensible es la energía térmica almacenada en las moléculas y puede medirse con un termómetro. Puede transferirse por radiación o por colisión entre moléculas. Cuando el aire caliente del desierto se desplaza sobre un lugar más frío, lo calienta mediante el transporte de calor sensible. El calor potencial es el calor almacenado como energía potencial en las moléculas. Cuando un bloque de aire asciende, se enfría y se expande, teniendo una temperatura diferente pero la misma temperatura potencial. Al desplazarse a otro lugar y descender, se contrae y se calienta, transportando calor potencial de un lugar a otro. El calor latente es la energía necesaria para romper los enlaces débiles entre las moléculas de agua líquida al evaporarse. Esta energía no puede medirse con un termómetro hasta que las moléculas de vapor de agua se condensan, formando de nuevo estos enlaces y liberando la energía donde se condensan.

Además de calor, el transporte meridional es responsable del transporte de agua, aerosoles, sustancias químicas, nubes y momento angular.

El gradiente térmico vertical crea una troposfera inestable, ya que el aire calentado por la superficie asciende por convección. El aire húmedo asciende más fácilmente que el aire seco debido a su menor densidad. El gradiente latitudinal de temperatura amplifica estos procesos de forma más significativa en el ecuador que en los polos, creando un gradiente de energía potencial. Este gradiente de potencial contribuye a la inclinación de la tropopausa, que se produce a una altitud superior de 17 km en el ecuador y de sólo 9 km en los polos.

---

[53] Lindzen, R.S., 1994. Annu. Rev. Fluid Mech. 26 (1), pp.353–378.
    doi.org/10.1146/annurev.fl.26.010194.002033

La rotación del planeta, combinada con este gradiente de potencial, produce turbulencias en la atmósfera e impulsa el transporte meridional de calor.

Las variables que componen el tiempo y el clima, como la presión, el viento, las nubes, la temperatura y las precipitaciones, se ven afectadas por el transporte de calor sensible, potencial y latente. La distribución de la energía solar en la superficie, determinada por el patrón de insolación, es el fondo sobre el que operan estos procesos. Por lo tanto, los cambios en el transporte meridional de calor son responsables en gran medida de la mayoría de los cambios meteorológicos. La cuestión es si también desempeñan un papel en el cambio climático global.

Recuadro 6. El transporte meridional de momento angular

El momento angular es una propiedad que se conserva en cualquier objeto en rotación y es función de su inercia rotacional y de la velocidad de rotación alrededor de su eje. Por ejemplo, un patinador sobre hielo que acerca los brazos al cuerpo mientras gira reducirá su inercia rotacional al acercar parte de su masa al eje y provocará un aumento de la velocidad de rotación para mantener su momento. El transporte de calor y humedad desde el ecuador y los trópicos hasta las latitudes medias y altas está acoplado al transporte de momento angular entre la Tierra sólida y la atmósfera. En las latitudes bajas, los vientos de superficie soplan del este (levante) en contra de la rotación de la Tierra. Esto hace que la atmósfera gane momento por la fricción con la Tierra, lo que reduce su velocidad de rotación. En las latitudes medias, los vientos de superficie soplan del oeste (poniente) y la atmósfera pierde momento con respecto a la Tierra, lo que aumenta su velocidad de rotación. En consecuencia, es necesario un flujo atmosférico de momento angular hacia el polo para conservar el momento y mantener la velocidad de rotación de la Tierra.

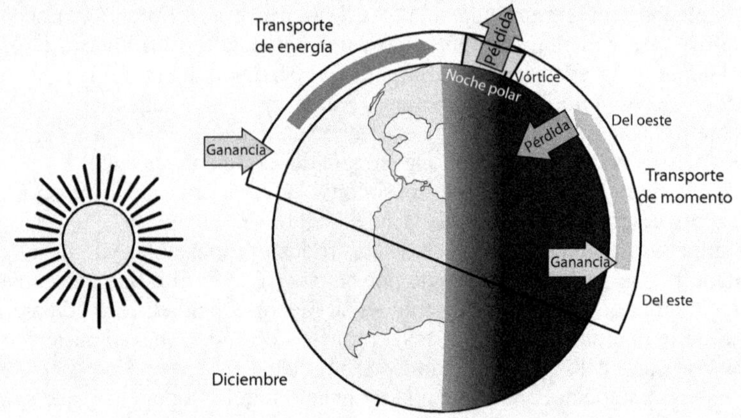

Figura R6. Transporte meridional. La energía (izquierda) y el momento angular (derecha) se transportan debido al gradiente latitudinal de temperatura y a la rotación del planeta.[54]

---

[54] Figura de Marshall, J. & Plumb, R.A., 2008. Atmosphere, Ocean and Climate Dynamics: An Introductory Text. Academic Press.

Para mantener el momento, cualquier cambio en el momento angular atmosférico debe equilibrarse con los correspondientes cambios en la velocidad de rotación de la Tierra. La variación estacional de la circulación zonal del viento es el principal factor que provoca cambios en el momento atmosférico. Esta circulación es más intensa en invierno, cuando un mayor gradiente latitudinal de temperatura provoca una mayor presencia de momento angular en la atmósfera. Como resultado, la Tierra gira ligeramente más rápido en enero y julio y más despacio en abril y octubre, cuando la circulación zonal es más débil. Estos cambios en la velocidad de rotación de la Tierra son diminutos y se traducen en cambios medibles en microsegundos en la longitud del día.

En resumen

Además de la insolación, el transporte de calor y humedad hacia los polos (meridional) desempeña un papel crucial en la determinación del clima. Este transporte se debe principalmente a las diferencias de temperatura entre el ecuador y el polo, así como a las circulaciones atmosféricas y oceánicas. El transporte meridional no sólo desplaza el calor y la humedad, sino que también transporta el momento angular, que afecta a la velocidad de rotación de la Tierra.

CAPÍTULO 10
CÓMO SE TRANSPORTA EL CALOR

El transporte de calor es fundamental para la redistribución de la energía en el planeta. A pesar de su importancia, sigue siendo poco conocido debido a las dificultades para realizar mediciones precisas y a la inadecuación de los modelos teóricos. La atmósfera es el principal vehículo del transporte de calor, y su importancia aumenta con la latitud. El transporte oceánico aporta aproximadamente un tercio del calor total transportado, pero su importancia disminuye con el aumento de la latitud. En las corrientes limítrofes occidentales, los océanos transfieren gran parte de su calor a la atmósfera, que luego es transportado hacia los polos por las tormentas de latitudes medias.

Transporte de calor atmosférico frente al oceánico

La presencia de dos masas fluidas, el océano y la atmósfera, sobre la superficie de la Tierra transforma la energética del planeta al introducir un aspecto dinámico en sus propiedades radiativas. Estos fluidos desempeñan un papel esencial en el transporte de energía dentro del sistema climático. El calor se transporta principalmente desde las regiones tropicales, donde hay un excedente neto de energía, hacia las latitudes medias y las regiones polares, donde hay un déficit neto de energía. Este transporte de calor a través del océano y la atmósfera modera el clima y produce todos los fenómenos atmosféricos que reconocemos como tiempo meteorológico.

La medición directa del transporte de calor es difícil debido a la insuficiencia de datos sobre la temperatura y la dinámica de la atmósfera y los océanos. En su lugar, el transporte total de calor se calcula a partir de la diferencia entre los flujos de radiación de onda corta absorbida y de radiación de onda larga emitida en la cima de la atmósfera. El transporte de calor oceánico suele calcularse a partir del flujo de calor neto de la superficie del mar, y el transporte de calor atmosférico se obtiene restando el transporte oceánico del total. Sin embargo, este enfoque presupone que el cambio en el almacenamiento de calor oceánico es despreciable, lo que puede no ser cierto, y es inadecuado para estudiar la relación entre el transporte atmosférico y el oceánico porque no se obtienen de forma independiente.

El océano tiene una capacidad calorífica mucho mayor que la atmósfera y contiene alrededor del 96% de la energía del sistema climático. En cambio, la tierra, la atmósfera y la criosfera contienen sólo el 2%, el 1% y el 1%, respectivamente.[55] A pesar de la gran diferencia de contenido energético, la atmósfera transporta la mayor parte de la energía del sistema climático. En el hemisferio norte, el océano es responsable de cerca del 30% del transporte de energía, pero sólo del 18% en el hemisferio sur, por lo que la atmósfera es responsable del 75% del transporte global de calor. El vapor de agua es la clave para entender cómo la atmósfera puede transportar tanto calor a pesar de su

[55] Cuesta-Valero, F.J., et al., 2016. Geophys. Res. Lett. 43 (10), pp.5326–5335. doi.org/10.1002/2016GL068496

menor capacidad calorífica. Esto se debe a que el vapor de agua es 100 veces más eficiente transportando calor que el aire seco. Mediante el transporte de calor latente, la atmósfera duplica de forma efectiva su capacidad de transporte de calor.

La distribución latitudinal del transporte de calor es muy asimétrica. El transporte oceánico es más importante en latitudes bajas, mientras que el transporte atmosférico domina en latitudes altas (fig. 14).

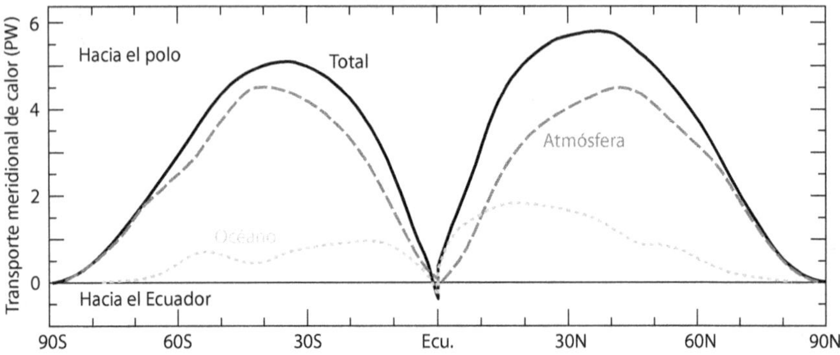

Figura 14. Descomposición del transporte meridional. Los valores positivos representan el transporte hacia el polo en petavatios, y el transporte hacia el ecuador está representado por valores negativos. El transporte total se representa con una línea continua negra, el transporte atmosférico con una línea de trazos gris y el transporte oceánico con una línea de puntos gris clara.[56] La geometría de la Tierra y el mínimo transporte ecuatorial afectan a la forma de la curva.

Algunas figuras de este libro que descomponen el transporte meridional, incluida la figura 14, definen el transporte hacia el polo como positivo y el transporte hacia el ecuador como negativo. Esto se hace colocando una línea cero artificial en el ecuador en lugar de utilizar la definición habitual de transporte hacia el norte como positivo y hacia el sur como negativo. Esta representación sólo tiene fines ilustrativos y permite visualizar mejor las importantes diferencias hemisféricas en el transporte.

¿Es la diferencia de temperatura entre latitudes la que determina el transporte de calor, o es el transporte de calor el que determina la diferencia de temperatura? La respuesta parece ser que ambas cosas, pero no podemos determinar con precisión en qué medida influye cada una en la otra. Los modelos climáticos no son fiables a la hora de representar el transporte meridional de calor, ya que los resultados pueden diferir hasta en un 20% entre modelos. Además, dentro de cada modelo, el transporte meridional permanece casi constante a pesar de haya cambios en la circulación oceánica, la variabilidad interanual y las condiciones paleoclimáticas.[57] Teniendo en cuenta la gran diferencia en el gradiente latitudinal de temperatura entre el Último Máximo Glacial y el presente, debemos concluir que los modelos actuales no reproducen adecuadamente el transporte meridional de calor.

---

[56] Figura de Yang, H., et al., 2015. Clim. Dynam. 44, pp.2751–2768.
doi.org/10.1007/s00382-014-2380-5

[57] Donohoe, A., et al., 2020. J. Clim. 33 (10), pp.4141–4165.
doi.org/10.1175/JCLI-D-19-0797.1

Transporte atmosférico

En esta sección, nos centraremos únicamente en el transporte atmosférico de calor dentro de la troposfera, ya que el transporte estratosférico, aunque pequeño en términos energéticos, es importante por otras razones que discutiremos en el capítulo 14. La atmósfera actúa como un motor térmico, un concepto termodinámico que se refiere a un sistema capaz de convertir energía térmica en energía cinética. Lo hace transfiriendo calor de una fuente caliente (la superficie) a un sumidero frío (la troposfera superior). En el proceso, la atmósfera utiliza la energía como trabajo para redistribuir el agua y mover el aire mientras transporta el calor. Cabe señalar que aproximadamente un tercio del presupuesto de energía de la atmósfera se utiliza para impulsar el ciclo del agua.[58]

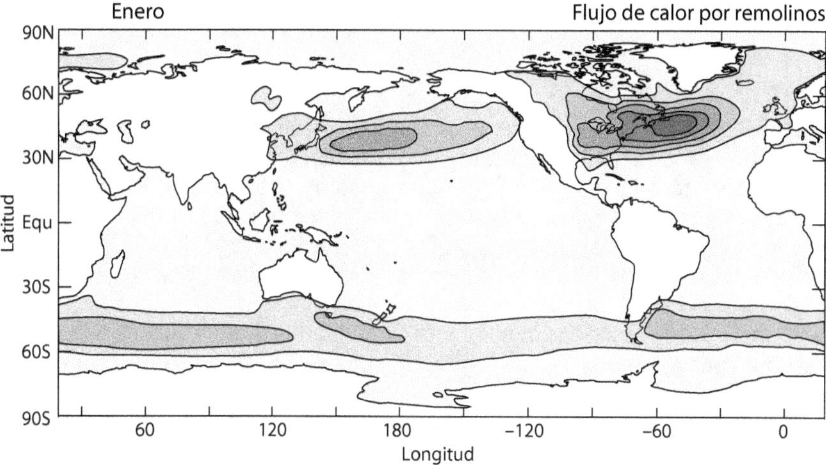

Figura 15. Flujo de calor impulsado por remolinos (eddies) hacia el norte en enero. Cada contorno es de 5 °C m/s. El sombreado en el hemisferio sur indica el flujo hacia el sur.[59] Los máximos de velocidad del viento (sombreado más oscuro) dan lugar a fuertes tormentas en latitudes medias.

El transporte de calor en la troposfera implica dos procesos: la circulación meridional media y los procesos de flujo turbulento conocidos como remolinos (eddies). En las zonas extratropicales, la mayor parte del calor es transportado por remolinos transitorios, que son tormentas que transportan grandes cantidades de calor, humedad y momento (recuadro 6, cap. 9). Estas tormentas se originan principalmente sobre las cuencas oceánicas y siguen una trayectoria que las acerca a los polos. Los remolinos transitorios del hemisferio norte se organizan en trayectorias de tormentas zonalmente restringidas que existen debido a las asimetrías zonales creadas por los continentes. Las vertientes orientales de las cordilleras del Himalaya-Tíbet y de las Montañas Rocosas crean remolinos estacionarios debido a las perturbaciones orográficas del flujo atmosférico. Estos remolinos estacionarios son cruciales para configurar e intensificar las

[58] Laliberté, F., et al., 2015. Science, 347 (6221), pp.540–543.
   doi.org/10.1126/science.12571
[59] Figura de Hartmann, D.L., 2016. Global physical climatology. 2nd ed. Elsevier.

trayectorias de las tormentas y determinar dónde terminan.[60] Los remolinos estacionarios son importantes en el cambio climático porque contribuyen significativamente a la diferencia en el transporte de calor atmosférico entre el verano y el invierno. En invierno, cuando el transporte hacia el polo oscuro aumenta considerablemente, estos remolinos estacionarios incrementan en gran medida la cantidad de calor transportado.[61] La figura 15 muestra el flujo de calor hacia el norte a través de los remolinos durante el invierno boreal, siguiendo las trayectorias de las tormentas que definen las principales vías de entrada al Ártico.

Como afirman Leon Barry y sus colegas: *"El transporte de calor atmosférico en la Tierra desde el Ecuador hacia los polos se lleva a cabo en gran parte por las tormentas de latitudes medias. Sin embargo, ninguna teoría satisfactoria describe esta característica fundamental del clima terrestre".*[62] El transporte de calor es fundamental, pero poco conocido.

Transporte oceánico

A diferencia de la atmósfera, el océano no se considera una máquina de calor porque gana y pierde calor a través de su superficie, por lo que la fuente y el sumidero de calor no están separados como en la atmósfera. En cambio, el océano es impulsado por la energía mecánica externa procedente de la tensión del viento y las mareas, aunque es 1000 veces menor que el flujo de calor.[63] La tensión del viento (la fuerza por unidad de superficie que el viento ejerce sobre el océano) controla directamente los flujos de masa en los cientos de metros superiores del océano. Las condiciones de flotabilidad de la superficie desempeñan un papel importante en el transporte de calor y sal, tanto en los modelos como en la realidad, porque el fluido debe hacerse lo suficientemente denso para hundirse, pero estas condiciones no son las que realmente impulsan la circulación.[64]

En el capítulo 4 aprendimos que el 75% de la energía solar absorbida en la superficie va a parar al océano. En latitudes bajas, la radiación solar absorbida por el océano supera el flujo de calor del océano a la atmósfera, lo que da lugar a un exceso de calor que se transporta hacia los polos y se libera en latitudes más altas. En esencia, el océano actúa como un sistema de almacenamiento y redistribución del calor. El transporte meridional de calor a través del océano puede dividirse en dos componentes principales: la circulación meridional de vuelco y el flujo asociado a los giros oceánicos. La literatura científica ha debatido la posibilidad de una ralentización de la circulación meridional de vuelco del Atlántico debido al reciente cambio climático, lo que podría reducir el transporte de calor. Sin embargo, las evidencias apoyan el argumento de que la

---

[60] Kaspi, Y. & Schneider, T., 2013. J. Atmos. Sci. 70 (8), pp.2596–2613. doi.org/10.1175/JAS-D-12-082.1

[61] Peixoto, J.P. & Oort, A.H., 1992. Physics of climate. New York: American Institute of Physics. pp.330–336.

[62] Barry, L., et al., 2002. Nature, 415 (6873), pp.774–777. doi.org/10.1038/415774a

[63] Huang, R.X., 2004. Ocean, energy flows in. Encycl. Energy, 4, pp.497–509.

[64] Wunsch, C., 2002. Science, 298 (5596), pp.1179–1181. doi.org/10.1126/science.1079329

variabilidad natural ha dominado la circulación meridional de vuelco del Atlántico durante el siglo pasado.[65]

Nuestra comprensión de la energética de la circulación oceánica es incompleta y desajustada, y muchas cuestiones fundamentales siguen sin respuesta. Por ello, es difícil creer que los modelos puedan reproducir con exactitud el transporte de calor oceánico.

Flujo de calor océano-atmósfera

En el capítulo 6 examinamos el balance energético de la superficie oceánica. El océano recibe 170 W/m² del Sol y transfiere 16 W/m² de calor sensible, 53 W/m² de energía radiativa de onda larga y 100 W/m² de calor latente a la atmósfera.[66] Considerando sólo los flujos de calor latente y sensible, y no los flujos radiativos, no es sorprendente que la atmósfera transfiera calor al océano sólo durante el verano en latitudes altas (fig. 16) y en ninguna parte en la media anual. El papel del océano es calentar la atmósfera con la energía solar que recibe, proporcionando así inercia térmica al sistema.

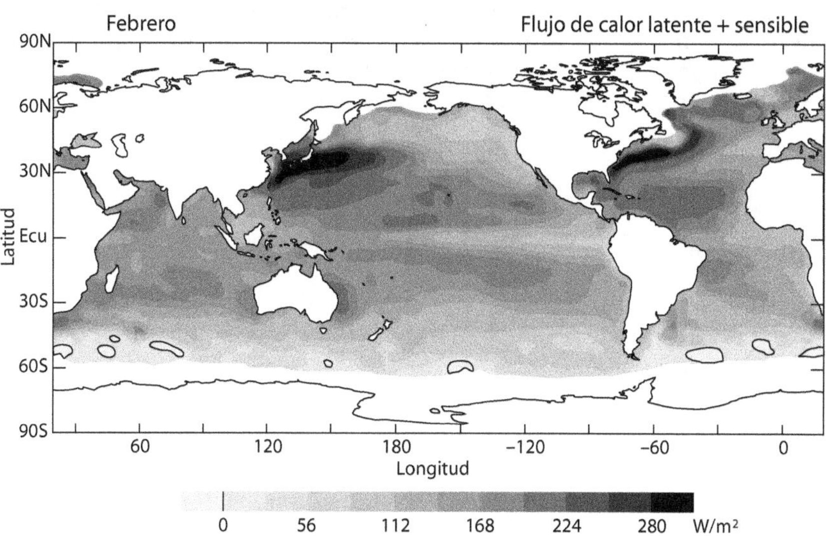

Figura 16. Flujo de calor océano-atmósfera para el mes de febrero. Se representa la media de 1981 a 2005 de la suma del flujo de calor latente y sensible en el océano sin hielo. El flujo es descendente (negativo) sólo en pequeñas zonas del Océano Austral.

La contribución más importante al flujo de calor océano-atmósfera procede de los giros impulsados por el viento, en particular de las aguas cálidas de sus componentes limítrofes occidentales durante el invierno del hemisferio norte: la corriente del Golfo, la corriente de Kuroshio y el norte del Atlántico Norte (fig. 16). Durante la estación invernal, cuando el transporte de calor es más intenso, la mayor parte del calor ganado por el océano en los trópicos se trans-

---

[65] Latif, M., et al., 2022. Nat. Clim. Change, 12 (5), pp.455–460.
  doi.org/10.1038/s41558-022-01342-4
[66] Schmitt, R.W., 2018. Oceanography, 31 (2), pp.32–40.
  doi.org/10.5670/oceanog.2018.225

fiere a la atmósfera entre los 25° y 50° de latitud para su transporte final hacia los polos. La comparación de las figuras 15 y 16 permite comprender de dónde procede el calor para el flujo de los remolinos.

El análisis de los cambios interanuales del flujo de calor latente entre 1981 y 2005 muestra un aumento significativo de 10 W/m^2 durante este periodo.[67] Este valor es diez veces mayor que el producido por los modelos climáticos, lo que indica una vez más que el transporte meridional no está adecuadamente representado en los modelos.

En resumen

El transporte de calor hacia el polo es un factor crítico en el clima, pero nuestra comprensión del mismo sigue siendo deficiente. Aproximadamente un tercio del calor que se transporta en el planeta es transportado por el océano, y su importancia disminuye hacia los polos. Gran parte de este calor es transferido a la atmósfera por las corrientes limítrofes occidentales en latitudes medias. Los dos tercios restantes del calor son transportados por la atmósfera, y su importancia aumenta a medida que nos acercamos a los polos. Las tormentas de latitudes medias desempeñan un papel fundamental en transportar calor hacia los polos. Sin embargo, los modelos climáticos aún no son coherentes en su representación de dicho transporte meridional.

---

[67] Yu, L. & Weller, R.A., 2007. B. Am. Meteorol. Soc. 88 (4), pp.527–540. Fuente de la figura 16. doi.org/10.1175/BAMS-88-4-527

CAPÍTULO 11
EL BALANCÍN DEL TRANSPORTE DE CALOR

En las latitudes altas, la cantidad de radiación solar entrante de onda corta varía mucho más a lo largo del año que la cantidad de radiación saliente de onda larga, lo que da lugar a grandes diferencias estacionales en el flujo radiativo neto regional. Como consecuencia, estas regiones experimentan inviernos muy fríos, y es necesario transportar más calor hacia ellas durante esta época del año. Esta oscilación estacional del transporte es especialmente pronunciada en el hemisferio norte, donde el transporte de calor es muy bajo en verano y muy alto en invierno. El Ártico tiene un presupuesto de calor diferente al de la Antártida, por lo que es el mayor sumidero de calor al espacio en invierno. Sin embargo, esta pérdida de calor está limitada por la formación de vórtices polares, muros de fuertes vientos que rodean las regiones polares y restringen el transporte de calor. Durante la estación fría, estos vórtices son golpeados por ondas atmosféricas.

Diferencias estacionales en el transporte

En el capítulo 5 (fig. 7), examinamos el flujo medio de radiación de onda larga saliente que se produce a lo largo del año desde toda la superficie del planeta. Por el contrario, durante la estación fría en latitudes altas, la radiación de onda corta absorbida es muy baja, llegando a ser nula por encima de los 75° de latitud durante la noche polar invernal. Este periodo de oscuridad permanente puede durar meses, dependiendo del lugar. Como resultado, las regiones polares en invierno se definen como el mayor sumidero de calor del planeta, donde la energía recibida de latitudes más bajas se pierde eficientemente hacia el espacio a través del enfriamiento radiativo.

Los cambios estacionales en la insolación superficial tienen un gran efecto sobre las temperaturas de superficie. A medida que el déficit neto de radiación aumenta con la latitud, las temperaturas se vuelven más frías. El efecto es más pronunciado en invierno, cuando la diferencia de temperatura entre los trópicos y los polos es mayor. La figura 17a muestra el déficit de radiación en la cima de la atmósfera en ambos hemisferios durante cada invierno. Cabe señalar que las estaciones climáticas difieren de las astronómicas porque incluyen tres meses completos.

En los inviernos correspondientes, el déficit energético sobre el Polo Norte (-170 W/m^2) es mayor que sobre el Polo Sur (-110 W/m^2) porque el Polo Norte es mucho más cálido y, por tanto, produce más radiación térmica saliente. Este hecho define al Ártico como el mayor sumidero de calor al espacio del planeta en invierno, una importante asimetría climática que a menudo se pasa por alto.

Los cambios estacionales de radiación y temperatura influyen mucho en el transporte de calor, que varía mucho a lo largo del año. La energía solar captada en gran parte del planeta debe transportarse hacia el polo invernal en lugar de hacia el polo estival. Esto significa que la banda de nubes y tormentas que marca la rama ascendente de la circulación de Hadley, llamada Zona de Convergencia Intertropical (recuadro 2), sigue el movimiento estacional del Sol hacia el hemisferio de verano. La ubicación de este ecuador climático divide en dos la circulación atmosférica y el transporte de calor hacia los polos. Dado que la mayor parte del transporte oceánico es impulsado por el viento, el desplazamiento de esta zona de convergencia determina en gran medida la magnitud del transporte global hacia los polos. La inclinación axial y la precesión del planeta son los principales determinantes de la localización latitudinal media de este punto cero del transporte meridional de calor.[68]

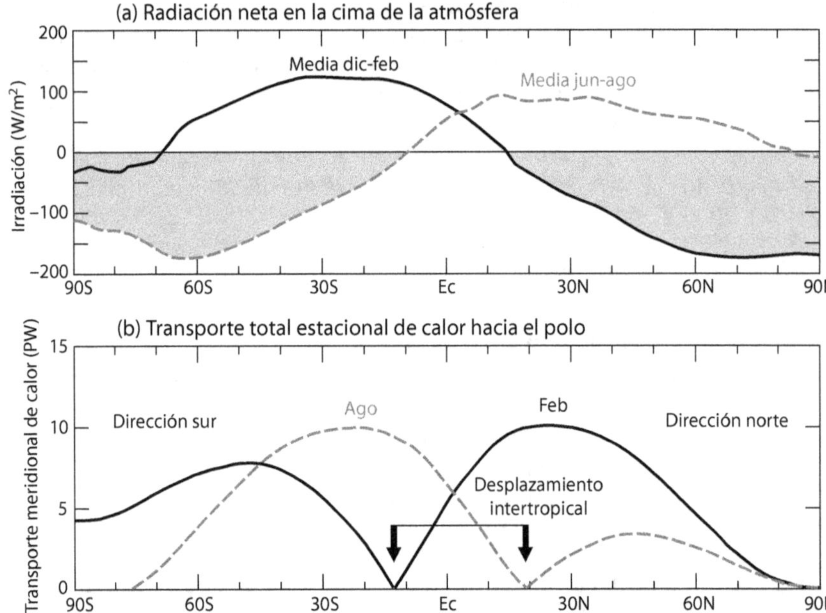

Figura 17. Demanda estacional de energía y transporte. (a) Diferencias en la radiación neta de la cima de la atmósfera entre el invierno boreal (línea negra) y el invierno austral (línea de trazos gris).[69] Las zonas grises indican déficits energéticos. (b) Transporte meridional de calor en febrero (línea negra) y agosto (línea discontinua gris) hacia el polo correspondiente en petavatios. Las flechas indican la Zona de Convergencia Intertropical, donde el transporte se divide entre los hemisferios, y su cambio estacional de posición.

Como ya se ha comentado en el capítulo anterior, medir con precisión la magnitud del transporte de calor es todo un reto, y la premisa de que los cambios en el almacenamiento de calor son insignificantes es dudosa en la media anual e inválida a lo largo del año. La atmósfera tiene poca capacidad para almacenar calor, y los cambios en la radiación neta de la Tierra a lo largo del año muestran que mucha energía debe entrar en el océano en ciertos momentos y salir en otros (fig. R3b, cap. 5). Aunque los modelos no pueden subsanar la

---

[68] Liu, Y., et al., 2015. Nat. Commun. 6 (1), p.10018. doi.org/10.1038/ncomms10018
[69] Figura de Randall, D. A., 2015. An introduction to the global circulation of the atmosphere. Princeton Univ. Press.

falta de conocimientos sobre el transporte de calor, un enfoque para estimar los cambios estacionales consiste en suponer que el almacenamiento variable de calor del océano es próximo a cero cuando las temperaturas oceánicas alcanzan su máximo o mínimo cerca de finales de agosto y febrero.[70] La Figura 17b muestra que el transporte estacional de calor es muy asimétrico, como exigen las asimetrías de radiación y temperatura. El transporte estacional máximo de 10 PW (petavatios) es casi el doble del transporte medio anual máximo, siendo la principal diferencia entre los hemisferios la magnitud del transporte estival respectivo. Esta diferencia puede explicarse por las altas latitudes boreales, mucho más cálidas durante el verano (recuadro 3). El hemisferio norte muestra una mayor oscilación en la temperatura estacional y el transporte, menor en verano y mayor en invierno, debido a que el transporte medio anual de calor hemisférico es ligeramente mayor en el hemisferio norte, como se muestra en el capítulo anterior (fig. 14).

El presupuesto calorífico de las regiones polares

El presupuesto calorífico de las regiones polares nos interesa especialmente porque son lugares muy especiales desde el punto de vista del efecto invernadero (recuadro 4, cap. 7). Las asimetrías observadas en el transporte estacional de calor hemisférico reflejan en parte la energética de las regiones situadas a 70-90° de latitud. Durante el verano ártico, el déficit radiativo neto es muy pequeño (fig. 17a y las flechas grises oscuras de la fig. 18). La mayor parte del calor transportado a través de la banda de 70° de latitud (F_{WALL}, flujo a través del muro a 70°) se devuelve a la superficie como flujo descendente en la parte baja de la atmósfera (F_{BA}) y se almacena como calor sensible en el océano (S_O) o como calor laten-

te procedente de la fusión del hielo y la nieve (S_{LHI}).[71] La región antártica se comporta de manera muy diferente durante el verano austral. Llega menos energía a la región polar sur debido al aislamiento climático de la Antártida (cap. 9). La mitad de este calor se pierde en la cima de la atmósfera debido a un mayor déficit neto, y la otra mitad va a parar principalmente a la fusión del hielo y la nieve, ya que el océano recibe muy poca debido al gran continente antártico.

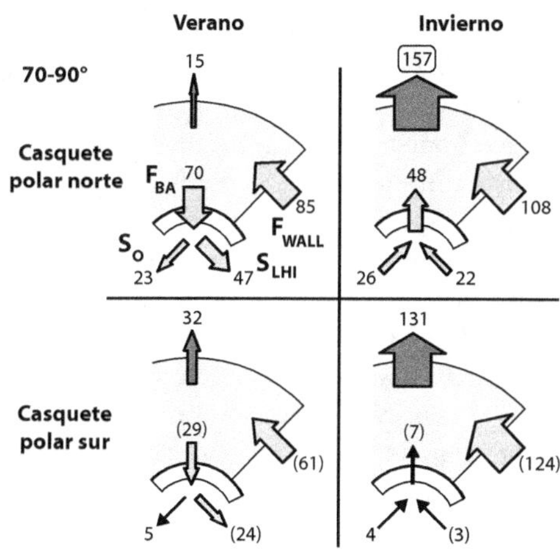

Figura 18. Presupuesto de calor polar observado en verano e invierno. Valores en W/m². Las cifras entre paréntesis son estimaciones indirectas. Véanse las abreviaturas en el texto principal.

---

[70] Stephens, G.L. & L'Ecuyer, T., 2015. Atmos. Res. 166, pp.195–203. Fuente de la figura 17b. doi.org/10.1016/j.atmosres.2015.06.024

[71] Peixoto, J.P. & Oort, A.H., 1992. Physics of climate. New York: American Institute of Physics. pp.353–364.

Durante el invierno boreal, el Ártico recibe un 20% más de calor transportado desde latitudes más bajas debido al aumento de la acción de los remolinos atmosféricos (cap. 10). Además, la superficie devuelve el 70% del calor almacenado a través del enfriamiento de los océanos y del calor latente liberado por la congelación del agua. El calor de la atmósfera invernal ártica se pierde en el espacio por enfriamiento radiativo, creando el mayor déficit energético del planeta. Por otro lado, la región antártica recibe más transporte de calor desde latitudes más bajas, aunque no tanto como debería, dada su menor temperatura. Sin embargo, la contribución superficial del gran continente permanentemente helado es menor.

Varias características del Ártico lo convierten en una región de especial interés para el cambio climático. Son las siguientes:

- El Ártico tiene el mayor déficit neto de radiación de todas las regiones de la Tierra.
- La diferencia entre las condiciones de verano e invierno en el Ártico es mayor que en cualquier otra región del planetat.
- El Ártico es la región más sensible del planeta al cambio climático.
- El vórtice polar que rodea el Ártico es más débil y menos estable que el de la Antártida (recuadro 7).

Debido a estos y otros factores que se discutirán más adelante, nuestro principal interés en el transporte de calor se centrará en el transporte meridional de calor hacia el Ártico durante el invierno y en los cambios en este transporte.

Recuadro 7. El vórtice polar

Los vórtices circumpolares son flujos de viento de oeste a este (poniente) a gran escala que rodean los polos. Vientos muy rápidos cerca de los polos crean el vórtice en la estratosfera, que emerge en otoño y persiste hasta la primavera. El vórtice troposférico de mayor tamaño está presente durante todo el año, pero se debilita considerablemente de la primavera al otoño. La línea gruesa de la figura R7 indica la latitud en la que el viento de poniente alcanza su máximo en el hemisferio y forma el límite del vórtice polar. En el caso del vórtice troposférico, los rápidos vientos de poniente que definen su límite se denominan corriente en chorro. En la estratosfera, es el chorro polar nocturno.

Con la llegada del otoño, las latitudes altas experimentan una rápida disminución de la insolación. Este enfriamiento de la atmósfera conduce a la formación de un centro de bajas presiones sobre el polo, rodeado de fuertes vientos. Estos vientos dificultan el transporte de calor al interior muy frío del vórtice, reforzándolo y aumentando la velocidad del viento. Un vórtice robusto actúa como un escudo contra las masas de aire frío en su interior, y también limita la cantidad de calor que se pierde desde su interior por enfriamiento radiativo, ya que el aire y las superficies muy frías emiten menos energía.

El vórtice polar puede verse debilitado por un tipo de onda atmosférica conocida como ondas de Rossby, que son similares a las olas del océano en la atmósfera. Estas ondas pueden recorrer largas distancias rápidamente sin necesidad de desplazar el aire y liberan energía y momento contra el vórtice, ralentizándolo y debilitándolo. Los vientos de la troposfera superior actúan como una barrera, deflectando las ondas más pequeñas y permitiendo que sólo las ondas planetarias más grandes alcancen la estratosfera. Cualquier debilitamiento o perturbación del vórtice se transmite hacia abajo, lo que puede alterar los patrones meteorológicos normales del invierno. Una elevada actividad de ondas hace que el vórtice troposférico sea más lento y serpenteante y, si es lo suficientemente intensa, puede provocar un bloqueo invernal, dando lugar a fenómenos meteorológicos extremos que pueden durar días. La intensidad y frecuencia de las olas de frío durante un invierno en el hemisferio norte vienen determinadas por la gran cantidad de energía que las ondas lanzan contra el vórtice. Por el contrario, el vórtice del hemisferio sur es más fuerte y la actividad de las ondas es más débil, lo que da lugar a un vórtice más estable.

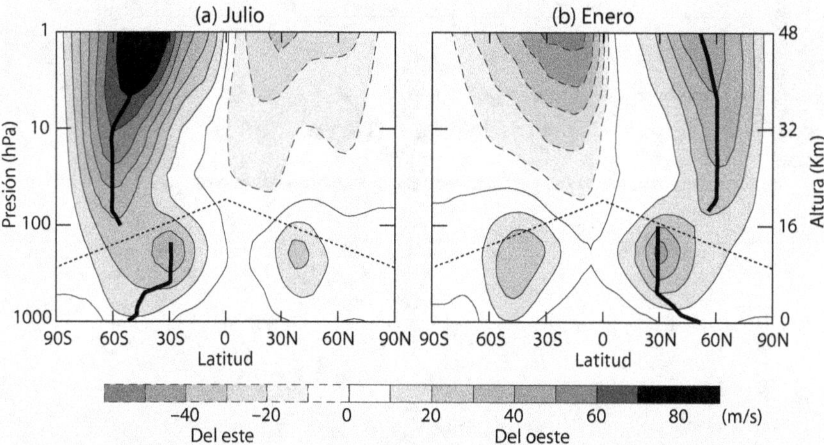

Figura R7. Velocidad media del viento zonal en julio y enero. Los vientos del este se muestran con líneas discontinuas y velocidad negativa, soplando hacia el plano del gráfico. Los vientos del oeste se muestran con líneas continuas y velocidad positiva, soplando hacia fuera del plano del gráfico. Una línea gruesa conecta los puntos de mayor velocidad del viento del oeste en cada nivel de presión, indicando el límite del vórtice polar. En la troposfera, se trata de la corriente en chorro. La línea de puntos representa la tropopausa, que separa la troposfera de la estratosfera.[72]

En resumen

La circulación atmosférica y el transporte de calor hacia los polos son mucho más intensos en el hemisferio invernal, lo que provoca un vaivén bianual de su magnitud entre los hemisferios. En el hemisferio norte se produce una mayor oscilación de las temperaturas estacionales y del transporte de calor, actuando el Ártico como el mayor sumidero de calor al espacio del planeta en invierno. Sin embargo, el vórtice polar limita fuertemente el transporte de calor hacia las regiones polares durante esta estación. El vórtice polar boreal es más débil y variable debido al ataque continuo de ondas atmosféricas con origen en relieves orográficos continentales.

[72] Figura de Waugh, D.W., et al., 2017. Bull. Am. Meteorol. Soc. 98 (1), pp.37–44. doi.org/10.1175/BAMS-D-15-00212.1

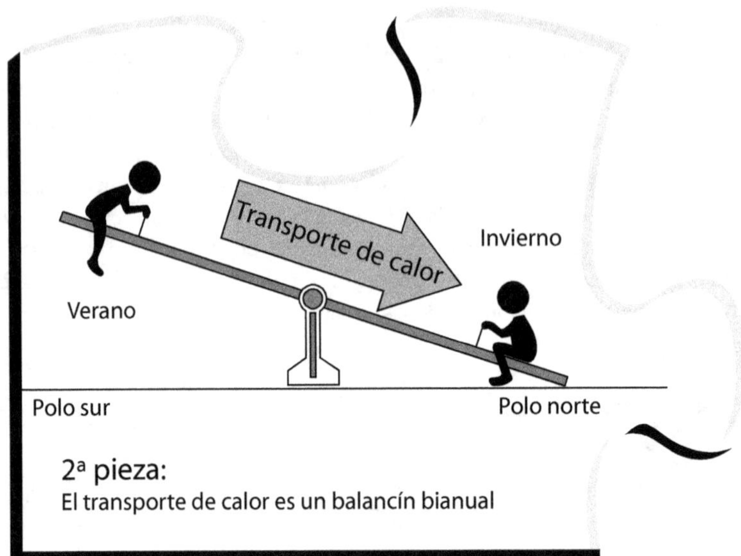

2ª pieza:
El transporte de calor es un balancín bianual

Capítulo 12
Transporte de Calor y Cambio Climático

El transporte meridional desempeña un papel fundamental en la generación de los numerosos climas de la Tierra, pero los cambios en el transporte de calor no suelen considerarse una causa del cambio climático. Esto se debe a que la suma total del transporte horizontal es cero en la media global, ya que el calor se retira de un lugar (negativo) y se añade a otro (positivo). Sin embargo, no comprendemos bien el transporte de calor, por lo que no existe una teoría general que lo explique. Se ha propuesto que la magnitud del transporte se ajusta a la diferencia de temperatura entre el ecuador y el polo por máxima producción de entropía, un papel pasivo que justificaría su desatención. Según los modelos, los cambios en el componente oceánico o atmosférico del transporte meridional deberían compensarse con cambios opuestos de la misma magnitud en el otro componente. Nuestra comprensión del papel del transporte meridional en el cambio climático deja mucho que desear.

Por qué los cambios en el transporte de calor no se consideran una causa del cambio climático reciente

La energética del sistema climático que hemos revisado en los capítulos 2-11 puede ser un tema aburrido, pero no se puede exagerar su importancia. Espero que no haya desanimado a muchos lectores. Debemos recordar que sin energía, la materia es inerte. Todo lo que ocurre en el clima es porque la energía lo hace posible. Por lo tanto, el cambio climático tiene que ver fundamentalmente con el cambio de energía.

Debemos seguir el recorrido de la energía a través del sistema climático para comprender el clima y sus cambios. En los diez capítulos anteriores de este libro hemos repasado los cuatro pasos principales de este proceso. Se trata de la llegada de la energía procedente del Sol, la reflexión de la energía por el albedo, la absorción y transporte de la energía dentro del sistema climático y su salida como radiación en la cima de la atmósfera. De estos cuatro pasos, los dos primeros y el último son importantes para el cambio climático (como forzamiento o retroalimentación), mientras que el tercero no es considerado como tal.

Está demostrado que las variaciones en la forma en que la energía entra en el sistema climático han provocado cambios climáticos. El mejor ejemplo de ello es la teoría orbital de Milankovitch, que explica el ciclo glacial. En la década de 1920, el ingeniero y matemático serbio Milutin Milanković planteó la hipótesis de que los cambios en la órbita de la Tierra, que provocaban cambios en la inclinación y el bamboleo de su eje, así como de su distancia al Sol a lo largo de miles de años, alteraban la distribución estacional y latitudinal de la insolación. Esto, a su vez, hizo que el clima de la Tierra alternara entre periodos glaciales e interglaciales. La hipótesis se confirmó en 1976 cuando se demostró, a partir del análisis de núcleos extraídos del fondo del océano, que las principales oscilaciones climáticas de la Tierra durante el último medio millón de años han seguido las frecuencias orbitales de Milankovitch.[73]

En términos de reflexión de la energía, el albedo es uno de los factores de retroalimentación más críticos del sistema climático. Se estima que una disminución del 1% del albedo (de 0,29 a 0,28) tendría el mismo efecto radiativo que un aumento del 100% del CO_2 ($\approx$ 3,4 W/m^2). Sin embargo, no podemos determinar los cambios en el albedo con suficiente precisión para evaluar su papel en el cambio climático reciente. Los modelos indican que gran parte del calentamiento inducido por el CO_2 se debe a cambios en las nubes, que provocan una mayor absorción de la radiación de onda corta por el sistema climático.[74] Además, una hipótesis controvertida propone que variaciones en los rayos cósmicos desempeñan un papel importante en la nucleación de las nubes y los cambios del albedo.[75]

En lo que respecta a la salida de energía como causa del cambio climático, la principal teoría del cambio climático de los últimos 50 años ha sido el efecto de los cambios en la radiación de onda larga saliente debidos a cambios en los GEI, basándose en el efecto invernadero. La hipótesis del efecto reforzado del CO_2 propone que el cambio climático reciente se debe principalmente a retroalimentaciones que actúan sobre el calentamiento inicial causado por los cambios en el CO_2.

El transporte meridional de calor suele pasarse por alto como proceso energético climático, hasta el punto de que la mayoría de los libros de texto de climatología general lo mencionan poco o nada. Aunque se considera una causa importante de cambio climático en el pasado, no suele considerarse una causa del cambio climático reciente. No obstante, los posibles cambios en el transporte meridional de calor se utilizan a menudo para advertir a la sociedad de un parón ficticio de la circulación meridional de vuelco del Atlántico y de la corriente del Golfo, que podría tener consecuencias climáticas nefastas para Europa.[76] Curiosamente, se cree que los cambios climáticos más bruscos e importantes del pasado periodo glacial, conocidos como los eventos de Dansgaard-Oeschger, fueron el resultado de cambios en el transporte oceánico de calor que provocaron la acumulación y liberación repentina de una gran cantidad de calor almacenado bajo el hielo marino.[77]

En general, el transporte de calor no se considera una causa del cambio climático reciente porque el contenido energético del sistema climático sólo puede cambiar a través de cambios en los flujos radiativos en la cima de la atmósfera. Se sabe que las otras tres etapas del recorrido de la energía, la radiación de onda corta entrante, la radiación de onda corta reflejada y la radiación de onda larga saliente, son capaces de producir estos cambios. Aunque el transpor-

---

[73] Hays, J.D., et al., 1976. Science, 194 (4270), pp.1121–1132.
doi.org/10.1126/science.194.4270.1121

[74] Donohoe, A., et al., 2014. Proc. Nat. Acad. Sci. 111 (47), pp.16700–16705.
doi.org/10.1073/pnas.1412190111

[75] Svensmark, H., 1998. Phys. Rev. Lett. 81 (22), 5027.
doi.org/10.1103/PhysRevLett.81.5027

[76] Alley, R.B., 2007. Annu. Rev. Earth Planet. Sci., 35, pp.241–272.
doi.org/10.1146/annurev.earth.35.081006.131524

[77] Dokken, T.M., et al., 2013. Paleoceanography, 28 (3), pp.491–502.
doi.org/10.1002/palo.20042

te de calor puede tener un efecto regional sobre el clima, cuando un lugar pierde calor por el transporte, otro lo gana, y la cantidad total de energía permanece invariable. Esto suele expresarse como que la integral (suma) de todo el transporte horizontal de calor es cero. El componente horizontal del transporte de energía desaparece en la media global, otro ejemplo de media que enmascara la complejidad subyacente.

¿Existe una teoría válida para el transporte de calor?

Actualmente no existen teorías adecuadas para explicar el valor observado del transporte de calor o cómo podría cambiar, aparte de los cambios en la diferencia de temperatura entre los trópicos y los polos. En general, se considera que el transporte es un proceso pasivo complejo impulsado por las diferencias de temperatura en el planeta y las condiciones cambiantes del flujo de calor.

Una hipótesis con amplio respaldo es que el transporte de calor se adecua para maximizar la entropía. La entropía mide la indisponibilidad de la energía de un sistema para realizar trabajo y expresa la irreversibilidad de un proceso debido a la dispersión de materia o energía. Mezclar leche con café aumenta la entropía debido a la mezcla irreversible de su materia y temperatura. Del mismo modo, el trabajo realizado por la atmósfera al transportar calor da lugar a múltiples procesos irreversibles que aumentan la entropía, cuya cantidad depende de la diferencia de temperatura.

A medida que el transporte de calor reduce la diferencia de temperatura, afecta a su propia eficiencia. Cuando el transporte de calor alcance una eficiencia que reduzca suficientemente la diferencia de temperatura, empezará a producir menos entropía. La hipótesis de producción máxima de entropía del transporte de calor se ilustra en la figura 19.[78]

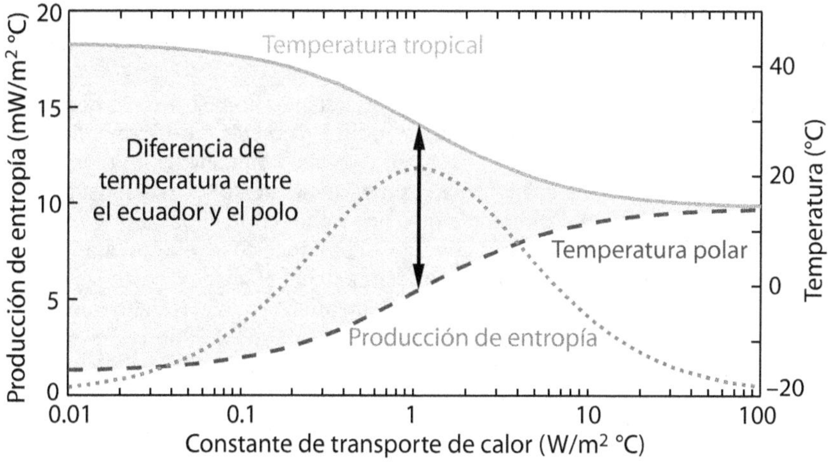

Figura 19. Hipótesis de producción máxima de entropía del transporte de calor. La zona gris representa la diferencia de temperatura entre los trópicos (línea continua gris) y los polos (línea de trazos). La producción de entropía (línea de puntos) es mínima cuando no hay transporte de energía (lado izquierdo de la abscisa) o cuando el transporte es tan

---

[78] Kleidon, A., & Lorenz, R., 2005. Non-equilibrium Thermodynamics and the Production of Entropy pp.1–20. Springer. Fuente de la figura 19.

eficiente que no hay diferencia de temperatura (lado derecho de la abscisa), y máxima en algún punto intermedio. Este punto determina la diferencia de temperatura (flecha) y la magnitud del transporte de calor.

Los modelos apoyan la hipótesis de la producción máxima de entropía del transporte de calor. Sin embargo, estos modelos no representan adecuadamente el transporte de calor, como se expone en el capítulo 10. Por lo tanto, es dudoso que el apoyo de los modelos indique que el transporte de calor está determinado por la producción máxima de entropía en el mundo real. Ajustar el transporte de calor a la producción máxima de entropía requiere un gran número de posibles resultados o grados de libertad. Sin embargo, parece que el transporte meridional está modulado por varios factores no representados con precisión en los modelos informáticos. Esta modulación reduce sustancialmente los grados de libertad, lo que hace poco probable la hipótesis, incluso si la entropía contribuye a determinar el transporte de calor.

En este libro exploraremos los factores que regulan el transporte de calor y cómo pueden afectar a la validez de la hipótesis de la producción máxima de entropía.

El cambio climático reciente no se ha atribuido a cambios en el transporte de calor, pero los cambios en el transporte de calor oceánico se han utilizado para explicar algunos paleoclimas. El reto consiste en explicar los paleoclimas de polos cálidos, que requieren un mayor transporte de calor (revisado en el cap. 20). Sin embargo, su explicación tropieza con un problema dentro del paradigma actual de la teoría climática, donde la diferencia de temperatura determina la magnitud del transporte de calor. Cuanto más calor haya que transportar para alcanzar un diferencial de temperatura bajo, menor será el diferencial de temperatura para impulsar ese transporte, lo que se traduce en menos calor transportado, no en más. Como resultado, los paleoclimas de polos cálidos conocidos son notoriamente difíciles de reproducir con modelos climáticos.

El transporte meridional desplaza el calor, dejando un rastro en la radiación emitida en la cima de la atmósfera que se utiliza para calcularlo. Sin embargo, supongamos que introducimos un cambio en un componente (atmósfera u océano) del transporte de calor hacia el polo, manteniendo el Sol constante, el mismo albedo y la misma diferencia de temperatura entre el ecuador y el polo. En ese caso, debería compensarse con un cambio opuesto en el otro componente, ya que el transporte total debería ser teóricamente el mismo.

Esto significa que los cambios en el calentamiento radiativo neto debidos a cambios solares, orbitales o de composición de la atmósfera terrestre pueden dar lugar a diferentes climas con diferentes transportes de calor hacia los polos. Sin embargo, un cambio en un componente del transporte de calor hacia los polos en ausencia de cambios en los forzamientos externos no debería, en teoría, provocar un cambio climático global.

Un estudio de modelización de los últimos 22.000 años, desde el Último Máximo Glacial hasta la actualidad, concluyó que, a pesar de los grandes cambios en el clima de la Tierra, el transporte meridional total de calor se mantuvo estable, lo que resulta difícil de aceptar.[79] Al explicar el cambio climático re-

---

[79] Yang, H., et al., 2015. Sci. Rep. 5 (1), p.16661. doi.org/10.1038/srep16661

ciente, la teoría climática aceptada hace inexplicables los cambios climáticos del pasado.

El dilema del transporte de calor, ¿sólo una retroalimentación o también un forzamiento?

Después de la cantidad de insolación, el transporte meridional es posiblemente el factor más importante para determinar el clima que experimentamos en cualquier parte del mundo. Cualquier cambio en el transporte de calor puede tener un efecto importante en los patrones de viento locales y globales, la nubosidad, la temperatura, las precipitaciones y la frecuencia de fenómenos meteorológicos extremos.

Los cambios en el transporte meridional no se consideran una causa directa del cambio climático en la teoría climática aceptada, aunque son un factor crítico para determinar el clima que experimentamos. El transporte meridional puede haber variado junto con la temperatura en los últimos 300 años, pero sus cambios no se clasifican como forzamiento en el paradigma actual de la teoría climática. En cambio, sus efectos se consideran parte de los mecanismos de retroalimentación que entran en juego en respuesta al aumento del calentamiento inducido por el CO_2.

Se realizó un experimento poco realista utilizando un modelo en el que se duplicó la cantidad de transporte de calor oceánico. El resultado fue un calentamiento del clima debido al aumento del efecto invernadero del vapor de agua y a la disminución de la nubosidad.[80] Aunque la hipótesis climática aceptada no asigna un papel a los cambios en el transporte meridional como causa del cambio climático, resulta posible que pueda modificar el efecto invernadero y el albedo.

Recuadro 8. La compensación de Bjerknes

En la década de 1960, Jacob Bjerknes propuso que si los flujos en la cima de la atmósfera y el almacenamiento de calor oceánico permanecían relativamente estables, el transporte total de calor a través del sistema climático también permanecería constante. Esta hipótesis se basa en la idea de que, en ausencia de cambios en los flujos de la parte superior de la atmósfera, la energía total del sistema climático permanece invariable. A menos que parte de la energía se almacene en el océano (la atmósfera almacena muy poco calor), la cantidad que debe transportarse también permanece constante. En estas condiciones, cualquier cambio significativo en el transporte de calor oceánico y atmosférico debería ser igual y opuesto. Esta sencilla hipótesis se conoce como compensación de Bjerknes.

Sin embargo, para demostrar la hipótesis es necesario poder calcular el transporte de calor oceánico y atmosférico de forma independiente, lo que actualmente no es posible con datos observacionales. A pesar de la falta de apoyo observacional durante 60 años, la compensación de Bjerknes se ha estudiado ampliamente en modelos, donde varía mucho de un modelo a otro.

---

[80] Herweijer, C., et al, 2005. Tellus A: Dyn. Meteorol. Oceanogr. 57 (4), pp.662–675. doi.org/10.3402/tellusa.v57i4.14708

Una revisión de la compensación de Bjerknes en 15 modelos del Proyecto de Intercomparación de Modelos Acoplados 5 mostró su presencia en todos ellos.[81] Sin embargo, los modelos no dicen cómo funciona el mecanismo, y los autores no tienen más remedio que decir que *"el mecanismo físico subyacente a la variabilidad multi-decenal asociada a la compensación de Bjerknes sigue sin estar claro"*.

En mi opinión, los modelos están diseñados para seguir una regla específica: mantener el transporte proporcional a los cambios en los flujos radiativos de la cima de la atmósfera y a los cambios en el almacenamiento oceánico utilizando todos los medios disponibles. Así, los modelos deben ajustar los cambios en el transporte oceánico y atmosférico para obtener el transporte total deseado. Sin embargo, hay una objeción importante a este enfoque. Gran parte del transporte oceánico es impulsado por el viento y debería variar en la misma dirección que el transporte atmosférico. Sin embargo, los modelos muestran que la parte no impulsada por el viento, esencialmente la circulación meridional de vuelco, compensa el aumento del transporte desde la atmósfera y la circulación impulsada por el viento. Esto requiere cambios masivos en la circulación de vuelco simulada por los modelos. Esto plantea una cuestión crítica: ¿cómo transferirá el océano más calor a la atmósfera para que pueda aumentar el transporte atmosférico si disminuye el transporte oceánico desde los trópicos?

En resumen

El transporte de calor hacia los polos suele pasarse por alto como causa del reciente cambio climático a pesar de su importancia y de la falta de una teoría ampliamente aceptada sobre el transporte de calor. Esto se debe a que el transporte de calor dentro del sistema climático no modifica su energía total. Además, los modelos climáticos suponen que los cambios en el transporte de calor atmosférico y oceánico se equilibran entre sí, pero esta suposición carece de apoyo empírico. Sin embargo, los cambios en el transporte de calor hacia los polos pueden contribuir al cambio climático si afectan al balance de radiación en la cima de la atmósfera modificando el albedo y la radiación térmica saliente. Es probable que esto ocurra si cambia la magnitud del transporte de calor.

---

[81] Outten, S., et al., 2018. J. Clim. 31 (21), pp.8745–8760.
    doi.org/10.1175/JCLI-D-18-0058.1

SECCIÓN 3 CUESTIONES CLAVE

Las diferencias de insolación entre el ecuador y los polos crean un gradiente latitudinal de temperatura. Este gradiente determina el estado climático del planeta, que actualmente se encuentra en una condición de "nevera". También establece un transporte de calor, humedad, nubes y momento angular desde el ecuador hacia los polos a lo largo de los meridianos, o transporte meridional.

El transporte meridional de calor es fundamental para la redistribución de la energía, pero carece de una teoría adecuada, sigue siendo poco conocido y los modelos no lo reproducen adecuadamente. La atmósfera es su principal impulsor, mientras que el transporte oceánico aporta aproximadamente un tercio del calor total transportado. El océano transfiere la mayor parte del calor transportado a la atmósfera en las corrientes limítrofes occidentales de latitudes medias. Las tormentas de latitudes medias desempeñan un papel fundamental en el transporte de calor hacia los polos.

Las fuertes variaciones estacionales en las altas latitudes dan lugar a una fuerte oscilación estacional en el transporte y la circulación atmosférica, especialmente en el hemisferio norte. El presupuesto de calor del Ártico lo configura como el mayor sumidero de calor al espacio en invierno. El vórtice polar limita fuertemente la pérdida de calor en esta época, pero se ve debilitado por la acción de las ondas atmosféricas.

El transporte meridional de calor se ignora como causa del cambio climático porque no modifica el contenido energético del sistema climático. Los modelos climáticos suponen, sin pruebas, que los cambios en el transporte de calor atmosférico y oceánico se equilibran entre sí. Sin embargo, los cambios en el transporte de calor hacia los polos pueden contribuir al cambio climático si afectan al equilibrio de la radiación en la cima de la atmósfera. Es probable que esto ocurra si cambia la magnitud del transporte de calor.

Sección 4. El Transporte de Calor por la Atmósfera y el Océano

CAPÍTULO 13
TRANSPORTE TROPOSFÉRICO

La mayor parte del calor que la atmósfera transporta hacia los polos tiene lugar en la troposfera, principalmente sobre las cuencas oceánicas. La circulación de Hadley es esencialmente una característica de la estación fría que mueve principalmente el calor hacia arriba para ser liberado como radiación saliente. Aunque transporta algo de calor sensible hacia los polos, su eficacia se ve muy reducida por el transporte de calor latente hacia el ecuador. De este modo, la responsabilidad principal del transporte de calor hacia los polos en los trópicos recae en el océano. Fuera de los trópicos, los remolinos atmosféricos, como las tormentas y los huracanes, son el principal mecanismo de transporte de calor en la troposfera. Transportan cantidades considerables de calor latente y sensible procedente de los océanos. La velocidad del viento desempeña un papel fundamental en el transporte de calor, no sólo porque determina la cantidad de transporte, sino también porque es más importante que la temperatura a la hora de determinar la cantidad de evaporación. No se conocen bien los cambios globales de la velocidad del viento a lo largo del tiempo.

Circulación meridional troposférica

En el capítulo 10, hablamos del transporte atmosférico y de cómo el transporte de calor se divide entre la atmósfera y el océano. Vimos que aproximadamente dos tercios del total del transporte meridional de calor es realizado por la atmósfera, principalmente a través de remolinos resultantes de la turbulencia atmosférica. La figura 15 (cap. 10) muestra el flujo de calor de los remolinos en su punto álgido durante el invierno boreal. La troposfera constituye el 85% de la masa atmosférica y es responsable de más del 90% del transporte de calor atmosférico. La estratosfera, en cambio, es bastante seca y, por tanto, transporta muy poco calor latente. Dado que la troposfera y la estratosfera son ambientes diferentes, en este capítulo nos centraremos en aspectos específicos del transporte meridional de calor troposférico.

La circulación troposférica se suele dividir en dos partes: la circulación zonal del viento, que se mueve paralela a las latitudes de la Tierra, y la circulación meridional del viento, que se mueve paralela a las longitudes de la Tierra. La circulación zonal está formada por los vientos del este y del oeste, mientras que la circulación meridional está formada por los vientos del norte y del sur. La intensidad de la circulación troposférica varía a lo largo del año, haciéndose más fuerte durante la estación fría, cuando hay que transportar más calor hacia los polos. Por el contrario, se debilita durante la estación cálida. Sin embargo, las circulaciones zonal y meridional están anticorrelacionadas regionalmente, ya que un aumento del predominio del viento de una dirección debe producirse a expensas de otras direcciones.

La estructura meridional de la circulación troposférica media suele describirse mediante tres células de giro (fig. 20). Las células de Hadley y Polar son impulsadas térmicamente por aire que asciende en una zona más cálida y desciende en una zona más fría. Son circulaciones bastante fuertes y producen vientos dominantes como los alisios. La célula de Ferrel, por el contrario, es impulsada mecánicamente por el aire que asciende en una zona más fría y desciende en una zona más cálida. En consecuencia, es mucho más débil y los vientos que produce son más variables.

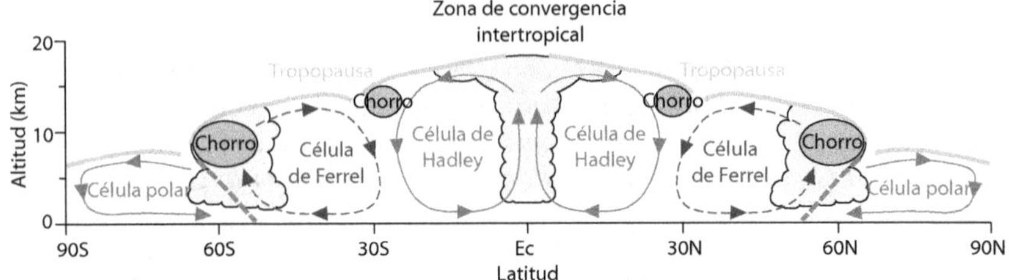

Figura 20. Representación esquemática de la circulación meridional media troposférica cerca de un equinoccio.

Sin embargo, esta descripción simétrica de la circulación troposférica con respecto al ecuador sólo es cierta para los meses cercanos a los equinoccios. Durante el resto del año, existe una fuerte célula de Hadley en el hemisferio de invierno, con aire que asciende en el hemisferio de verano y desciende en el hemisferio de invierno. La célula Hadley del hemisferio de verano es muy débil en el hemisferio sur e imperceptible en el hemisferio norte. Como resultado, durante el invierno boreal (diciembre-febrero), la célula de Hadley del hemisferio norte asciende por término medio a 12°S y desciende a 31°N. En cambio, durante el verano boreal (junio-agosto), no hay ninguna célula de Hadley perceptible en el hemisferio norte.

Los cambios en la temperatura del aire afectan a su humedad, haciendo que se formen nubes donde el aire sube e impidiendo que se formen nubes donde el aire baja. Sigamos el recorrido de un bloque de aire en la célula de Hadley para comprender su comportamiento. A medida que el bloque se desplaza por la rama ascendente, se enfría y pierde humedad. Una vez que el aire alcanza la troposfera superior, pierde energía por emisión térmica a medida que se desplaza hacia el polo a través de la rama superior. Esto ocurre porque la opacidad infrarroja es mucho menor a mayor altura en la troposfera. Este mecanismo, conocido como radiación de onda larga saliente, es la principal forma en que los trópicos pierden energía. Crea un gradiente de temperatura horizontal hacia el polo en la troposfera superior, haciendo que las superficies de igual presión se inclinen, elevándose hacia el ecuador y hundiéndose hacia latitudes más altas. Esto, combinado con el efecto Coriolis de la rotación de la Tierra, crea un viento del oeste que aumenta su velocidad con la altitud.[82] En las latitudes en las que el gradiente de temperatura es mayor, es decir, a 30° y 60°, se desarrollan dos fuertes vientos del oeste en la troposfera superior, conocidos como chorro subtropical y corriente en chorro. Sin embargo, la velocidad y la trayectoria de estos vientos están fuertemente influenciadas por las ondas atmosféricas, como se explica en el recuadro 7 (cap. 11).

Es probable que un bloque de aire procedente de la célula de Hadley se desplace hacia el este a lo largo del chorro subtropical hasta que, una vez suficien-

---

[82] Este efecto se denomina balance de viento térmico.

temente enfriado, comience a hundirse en la rama descendente. Durante este proceso, el bloque de aire pierde su contenido de humedad y se calienta adiabáticamente (sin recibir calor) a través de la compresión. Es el mismo proceso que calienta un neumático de bicicleta cuando lo inflamos. A medida que el aire desciende y se calienta, reduce su humedad relativa y suprime las nubes. Este aire muy seco y cálido que desciende a 30° de latitud es el responsable de la creación de un cinturón de desiertos en el planeta a esa latitud en ambos hemisferios. El bloque de aire acaba uniéndose a la rama inferior de la célula de Hadley y se desplaza hacia el ecuador con los vientos alisios. Al desplazarse principalmente sobre las cuencas oceánicas, gana mucha humedad por evaporación y transporta una cantidad importante de calor latente hacia el ecuador.

La célula de Hadley se convierte en un mecanismo de transporte meridional de calor ineficiente al transportar calor estático seco (calor potencial + calor sensible) hacia el polo y calor latente hacia el ecuador. Su capacidad neta de transporte es sólo de aproximadamente el 10% de su transporte de energía potencial.[83] El principal efecto de la célula de Hadley es transportar energía hacia arriba, permitiendo que se irradie como energía térmica saliente desde la troposfera superior.

Descomposición del transporte atmosférico

La figura 21 muestra la separación del transporte de calor atmosférico en dos componentes: la energía almacenada en el vapor de agua debido a sus cambios de estado, conocida como calor latente, y la energía interna de las moléculas de aire debida a su temperatura y a la energía potencial debida a su posición en el campo gravitatorio, conocida como calor estático seco. Esta separación proporciona una valiosa información sobre el clima del planeta.

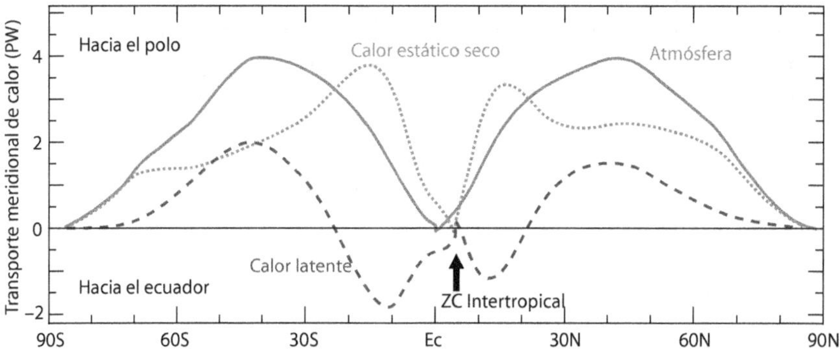

Figura 21 Descomposición del transporte meridional de calor atmosférico. El transporte total (curva continua) se descompone en el transporte de calor estático seco (curva de puntos) y el transporte de calor latente (curva de trazos). La dirección hacia los polos se considera desde el ecuador para el transporte total y desde la Zona de Convergencia Intertropical para los transportes descompuestos, donde su valor es el menor.[84]

Descomponiendo el transporte atmosférico en transporte de calor estático seco y transporte de calor latente, podemos ver que la célula de Hadley del

---

[83] Hartmann, D.L., 2016. Global physical climatology. 2nd ed. Elsevier. p.175.
[84] Figura de Yang, H., et al., 2015. Clim. Dynam. 44, pp.2751–2768.
   doi.org/10.1007/s00382-014-2380-5

hemisferio sur es mucho más fuerte que su homóloga del norte, a pesar de una cantidad neta similar de transporte de calor hacia los polos. Esta diferencia se debe probablemente a la posición media en el hemisferio norte de la Zona de Convergencia Intertropical, que divide el transporte atmosférico. También podemos observar que la naturaleza opuesta de los dos componentes del transporte de calor reduce en gran medida el transporte de calor hacia los polos a través de la atmósfera en los trópicos entre 20°S y 20°N, donde el aporte de energía solar es mayor. Esta limitación intrínseca de la circulación de Hadley en cualquier planeta con océanos significa que el océano debe transportar la mayor parte del calor hacia los polos en los trópicos. Las consecuencias son de gran alcance, y todo el fenómeno de El Niño-Oscilación del Sur responde a la necesidad de transportar calor hacia los polos en condiciones de baja eficiencia atmosférica tropical. Cuando se acumula demasiado calor en la subsuperficie ecuatorial del océano Pacífico, se convierte en el mejor pronosticador de El Niño, del que hablaremos con más detalle en el capítulo 18.[85]

El transporte de calor latente es menor en el hemisferio norte debido a la menor superficie oceánica. Sin embargo, esto se ve compensado por un mayor transporte de calor sensible procedente de remolinos atmosféricos como tormentas y huracanes, que son cruciales en el transporte de calor hacia los polos. Estos ciclones extraen grandes cantidades de calor latente y sensible del océano, especialmente a lo largo de las corrientes limítrofes occidentales (fig. 16, cap. 10), y transportan este calor hacia el polo y el este. De hecho, estos ciclones pueden alcanzar el Ártico en el hemisferio norte y son una de las principales causas del calentamiento del Ártico durante el invierno.

Recuadro 9. Evaporación y velocidad del viento

Dado que el transporte de calor latente es tan importante para la distribución del calor en el planeta, veamos cómo la atmósfera obtiene este calor a través de la evaporación. La hipótesis del efecto reforzado del CO_2 sobre el calentamiento global centra toda la atención en el efecto de la temperatura sobre la evaporación, pero esto es sólo una parte de la historia. La relación Clausius-Clapeyron especifica la dependencia de la temperatura de la presión del vapor de agua en la transición entre dos fases. En ella se establece que la capacidad de retención de agua de la atmósfera aumenta aproximadamente un 7% por cada 1 °C de aumento, lo que es importante a escala microscópica. A escala macroscópica, sin embargo, la evaporación se satura rápidamente, y resulta que la evaporación depende más de la humedad relativa del aire y aún más de la velocidad del viento que acerca el aire no saturado a la superficie. Cualquiera que tienda ropa a secar al viento sabe esto. A pesar de su importancia para la hipótesis, las observaciones no han confirmado que el vapor de agua se comporte como una fuerte retroalimentación positiva. La velocidad del viento desempeña un doble papel en el transporte de calor como proveedor de energía mecánica que mueve el calor y como causa principal de la evaporación.

---

[85] Izumo, T., et al., 2019. Clim. Dyn. 52, pp.2923–2942.
   doi.org/10.1007/s00382-018-4313-1

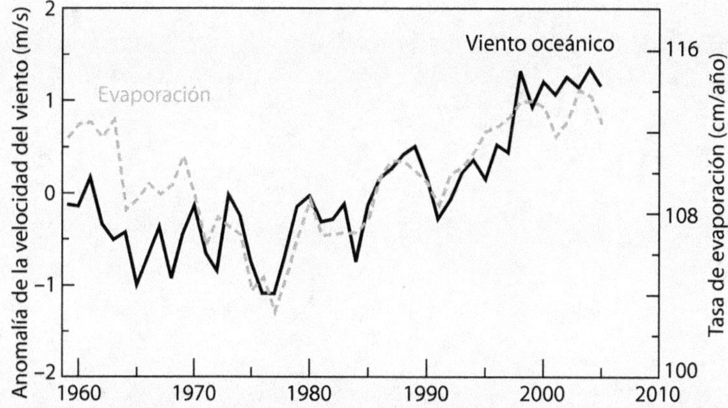

Figura R9. Evaporación y velocidad del viento. Serie temporal de la anomalía media anual de la velocidad del viento (curva negra sólida) y tasa media de evaporación en océanos sin hielo.

La correlación entre la evaporación, principal fuente de calor latente, y la velocidad del viento sobre los océanos es coherente con el importante papel del viento en la evaporación.[86] La Figura R9 muestra un aumento de la velocidad del viento oceánico y de la evaporación que resulta sorprendente por varias razones. En primer lugar, implica que la magnitud o partición de los componentes del transporte de calor cambia con el tiempo. En segundo lugar, después de 1976 se produjo un cambio en la velocidad del viento y la evaporación. En tercer lugar, las tendencias de la velocidad del viento y la evaporación en tierra son opuestas a las del océano.[87] Como era de esperar, los modelos no pueden explicar, ni siquiera reproducir, las tendencias y los cambios observados en la velocidad del viento y la evaporación, y mucho menos arrojar luz sobre su efecto en el transporte meridional de calor.

En resumen

La mayor parte del transporte de calor hacia los polos se produce a través del transporte troposférico sobre las cuencas oceánicas. Sin embargo, la circulación de Hadley es menos eficaz en el transporte de calor hacia los polos porque transporta una cantidad considerable de calor latente hacia el ecuador. En el hemisferio norte, el transporte de calor por tormentas y huracanes es crítico porque el menor tamaño de los océanos reduce su transporte de calor latente. La velocidad del viento desempeña un doble papel en el transporte de calor: proporciona la energía mecánica que mueve el calor y es una causa importante de la evaporación. Aunque la velocidad del viento oceánico y la evaporación están correlacionadas, los modelos climáticos son incapaces de explicar las tendencias multidecenales observadas en la velocidad del viento.

[86] Yu, L., 2007. J. Clim. 20 (21), pp.5376–5390. Fuente de la figura R9.
doi.org/10.1175/2007JCLI1714.1
[87] Zeng, Z., et al., 2019. Nat. Clim. Change, 9 (12), pp.979–985.
doi.org/10.1038/s41558-019-0622-6

Capítulo 14
Transporte Estratosférico

La estratosfera es una de las partes menos conocidas del sistema climático. El aire de la troposfera asciende a la estratosfera en los trópicos, donde se enfría y se seca. En la estratosfera inferior, se dirige a ambos polos, pero en la estratosfera superior, va del polo de verano al de invierno. Allí, la presencia del vórtice polar y el fuerte enfriamiento radiativo en ausencia de radiación solar dan lugar a temperaturas de –80 °C.

Las ondas atmosféricas a escala planetaria se originan en la troposfera, principalmente entre 30 y 60°N. Se desplazan verticalmente cuando los vientos estratosféricos se mueven hacia el este, proporcionando energía y momento angular en la estratosfera. Inducen un arrastre que impulsa el transporte meridional de calor, aire y sustancias, conocido como circulación de Brewer-Dobson.

Fuertes vientos rodean la Tierra por encima del ecuador. Se forman en la estratosfera media y descienden lentamente hacia la tropopausa. Unos dos años más tarde, un nuevo cinturón de vientos que soplan en dirección opuesta se desarrolla por encima del anterior en una Oscilación Cuasi-Bienal. Aunque se trata de un fenómeno tropical, esta Oscilación Cuasi-Bienal influye en el vórtice polar, la circulación estratosférica y el tiempo troposférico. La fase de vientos del este de la oscilación aumenta el efecto de las ondas atmosféricas sobre el vórtice polar, debilitándolo y provocando inviernos fríos en el norte de Europa y el este de Estados Unidos.

La estratosfera

La estratosfera es un lugar peculiar que históricamente ha sorprendido a los científicos atmosféricos y que sigue siendo poco conocido. Su importancia para la predicción meteorológica es un tema de interés, y su modelización es inadecuada. La estratosfera existe gracias al ozono, que se forma a partir del oxígeno por la radiación ultravioleta del Sol. Ningún otro planeta conocido tiene estratosfera porque ninguno tiene oxígeno libre en su atmósfera.

El ozono absorbe la energía solar en las partes UV e infrarroja del espectro, calentando la estratosfera desde arriba, a diferencia de la troposfera, que se calienta desde abajo. Como resultado, la estratosfera tiene un gradiente térmico vertical negativo y la temperatura aumenta con la altitud. Esto hace que la estratosfera esté estratificada de forma estable, como el océano. El aire frío de la parte inferior no asciende y el aire caliente de la parte superior no desciende. Debido al gradiente térmico vertical negativo, el transporte vertical en la estratosfera es muy ineficaz y un bloque de aire tarda meses en ascender unos pocos kilómetros. La tropopausa marca el límite donde el gradiente térmico vertical se vuelve cero.

El aire entra en la estratosfera a través de la tropopausa tropical, donde es aspirado por una bomba extratropical responsable del transporte meridional en la estratosfera (véase más abajo). El aire abandona la estratosfera en la tropopausa extratropical hundiéndose. Al ascender por la tropopausa tropical, el aire se expande y se enfría al disminuir la presión. Esto hace que la tropopausa tropical sea la parte más fría de la tropopausa (fig. 22). En el resto de la tropopausa, el aire más cálido desciende hacia la troposfera. El punto frío de la tropopausa tropical tiene dos efectos importantes. En primer lugar, provoca que el transporte hacia el polo en la estratosfera inferior sea en contra del gradiente de temperatura hasta alcanzar las latitudes medias. En segundo lugar, enfría el aire ascendente hasta el punto de secarlo por congelación, de modo que la mayor parte del vapor de agua precipita en forma de hielo, lo que da lugar a que el aire que entra en la estratosfera sea extremadamente seco.

Gran parte del vapor de agua de la estratosfera procede de la oxidación del metano en la estratosfera superior, y la cantidad de vapor de agua en la estratosfera aumenta con la altitud (cap. 7, fig. 9). Los científicos no comprenden bien los cambios en la cantidad de vapor de agua en la estratosfera y su efecto sobre el ritmo del calentamiento global. El vapor de agua estratosférico aumentó de 1980 a 2000 y disminuyó de 2000 a 2022, cuando la erupción de Hunga Tonga aumentó bruscamente los niveles de vapor de agua estratosférico (cap. 24). Los modelos climáticos simulan mal las tendencias de temperatura en la estratosfera inferior y no reproducen de forma coherente las temperaturas de la tropopausa tropical ni los cambios en el vapor de agua.[88]

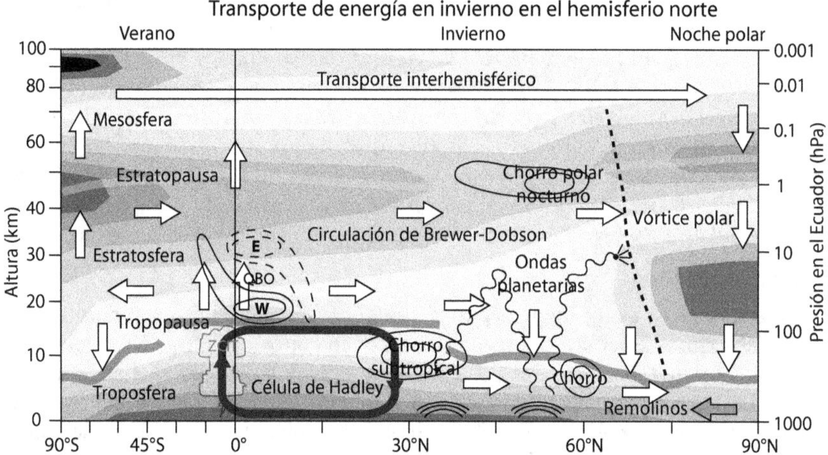

Figura 22. Circulación atmosférica en torno al solsticio de diciembre. La temperatura está codificada por tonos en incrementos de 10 °C, con una escala vertical logarítmica y una escala de latitud comprimida para el hemisferio sur. La Oscilación Cuasi-Bienal (QBO) se muestra con sus componentes este y oeste cerca del ecuador. La Zona de Convergencia Intertropical (ZCIT) se muestra como una nube alta y tormentosa. Las flechas blancas indican el transporte de calor por la circulación atmosférica.[89]

La circulación atmosférica meridional tiene una estructura diferente al aumentar la altitud. El aire asciende desde la troposfera a la baja estratosfera y se desplaza hacia ambos polos en una estructura de dos células. El descenso se produce en latitudes medias y altas. En la estratosfera superior, la circulación

[88] Solomon, S.et al., 2010. Science, 327 (5970), pp.1219–1223.
    doi.org/10.1126/science.1182488
[89] Figura de Vinós, J., 2022. Climate of the Past, Present and Future: A scientific debate.
    2nd ed. Critical Science Press.

sigue un patrón unicelular, desplazándose desde los trópicos hacia el polo en invierno. Más arriba, en la mesosfera, el aire circula desde el polo en verano hacia el polo en invierno.

Normalmente, el aire que se eleva en el polo en verano debería enfriarse, pero en la estratosfera está expuesto a la absorción UV del ozono, que lo calienta fuertemente. A la inversa, el aire que se hunde en el vórtice polar en el polo en invierno debería calentarse, pero en la estratosfera media, el fuerte enfriamiento radiativo da lugar a temperaturas tan bajas como –80°C debido a la ausencia de radiación solar.

Horizontalmente, la estratosfera se divide en tres zonas: una zona tropical de aire ascendente, una zona de latitudes medias de rompiente de ondas atmosféricas conocida como zona de oleaje y el vórtice polar.

Recuadro 10. Ondas atmosféricas

La atmósfera presenta una variedad de movimientos ondulatorios con diferentes escalas espaciales y temporales. Estas ondas pueden transportar grandes cantidades de energía y momento angular a lugares distantes en mucho menos tiempo del que tardaría el aire en desplazarse. Un ejemplo en el océano sería un tsunami, que puede transportar una gran cantidad de energía a través del océano en tan sólo unas horas. Las ondas atmosféricas en la estratosfera son responsables del transporte meridional, la circulación de Brewer-Dobson, la Oscilación Cuasi-Bienal, el transporte de ozono, las asimetrías de los vórtices polares, las temperaturas polares y los calentamientos repentinos de la estratosfera.

Las ondas se producen por la interacción entre una fuerza y un mecanismo restaurador, y en función de éstos y de su escala de tamaño (longitud de onda), se clasifican en diferentes tipos. El tipo que nos interesa para el transporte de calor estratosférico y la nueva hipótesis de cambio climático presentada en este libro es una onda de Rossby llamada onda planetaria.

La temperatura potencial es la temperatura que tendría el aire si fuera llevado a la superficie, es decir, si no se consideran los cambios debidos al movimiento vertical. A medida que nos acercamos a los polos, existe un gradiente horizontal negativo en la temperatura potencial y un gradiente positivo en el giro de las masas de aire (vorticidad) debido al aumento del efecto Coriolis con la distancia desde el ecuador. Estas dos propiedades juntas forman la vorticidad potencial, que es una propiedad conservada. Las ondas de Rossby tienen el gradiente latitudinal de vorticidad potencial como mecanismo de restauración, de modo que cuando las masas de aire se ven obligadas a moverse, su necesidad de conservar la vorticidad potencial las fuerza a cambiar su vorticidad y entrar en un movimiento ondulatorio.

Cabe destacar que las características orográficas de gran escala, los grandes remolinos y los contrastes tierra-océano producen patrones de ondas de Rossby onduladas alrededor del globo en el hemisferio norte en la banda de 30° a 60°N. Por el contrario, la escasez de orografía prominente en el hemisferio sur da lugar a un flujo más zonal con menos ondas de Rossby.

Las ondas planetarias son un tipo de ondas de Rossby con longitudes de onda muy largas que pueden propagarse verticalmente hasta la estratosfera y más arriba si son lo suficientemente grandes. Estas ondas sólo pueden propagarse hacia arriba cuando soplan vientos zonales del oeste de moderados a débiles, lo que suele ocurrir en invierno. Los vientos del este o del oeste fuertes suprimen su propagación. El número de onda de una onda planetaria expresa el número de longitudes de onda que caben en un círculo completo alrededor del globo a una latitud dada. Por ejemplo, a 60°N, una onda planetaria con número de onda 2 tiene dos crestas y dos depresiones a lo largo de 360 grados, con una longitud de onda de 10.000 km. Sólo las ondas planetarias con números de onda 1 y 2 pueden alcanzar la estratosfera.

Una vez que las ondas planetarias alcanzan la estratosfera, depositan su momento del este en el flujo zonal del oeste, ralentizándolo. Esta reducción del flujo zonal estratosférico debilita el chorro polar nocturno que rodea el vórtice polar estratosférico e impulsa el flujo meridional que transporta calor y ozono hacia el polo en el interior del vórtice. Además de impulsar el transporte de calor en la estratosfera, las ondas planetarias también desempeñan un papel importante a la hora de mantener el Ártico más caliente que la Antártida y evitar la formación de un agujero de ozono en el hemisferio norte.

Un mayor flujo de ondas en el hemisferio norte da lugar a una circulación de Brewer-Dobson más fuerte, que debilita el vórtice polar y provoca temperaturas polares más cálidas. Además, la circulación más fuerte transporta más ozono a la estratosfera polar inferior en el norte, lo que resulta en niveles de ozono más altos allí. La asimetría hemisférica en la actividad de las ondas afecta profundamente al clima y a la distribución del ozono.

La circulación de Brewer-Dobson

La circulación de Brewer-Dobson es un patrón de circulación meridional que desempeña un papel clave en el transporte de masa y calor en la estratosfera desde el ecuador a cada polo. Este patrón de circulación consta de dos células en la media anual, pero durante los solsticios, la mayor parte de la circulación en la estratosfera media y superior se dirige hacia el polo de invierno, como se muestra en las figuras 22 y 23.

Las ondas atmosféricas a escala planetaria impulsan la circulación de Brewer-Dobson. Estas ondas crean un arrastre hacia el oeste al reducir el flujo de viento hacia el este, lo que provoca una acción de bombeo hacia el polo para conservar el momento angular.[90] En otras palabras, cada onda actúa como el movimiento de un remo que impulsa un bote. Dado que la actividad de las ondas es más intensa en el hemisferio norte, la circulación estratosférica es más intensa de media en ese hemisferio (recuadro 10). Además de transportar calor hacia el polo invernal, la circulación de Brewer-Dobson es responsable del intercambio de aire estratosférico con la troposfera y del transporte y distribución de sustancias como el ozono, el vapor de agua y los halógenos antropogénicos.

---

[90] Butchart, N., 2014. Rev. Geophys. 52 (2), pp.157–184. También la fuente de la figura 23. doi.org/10.1002/2013RG000448

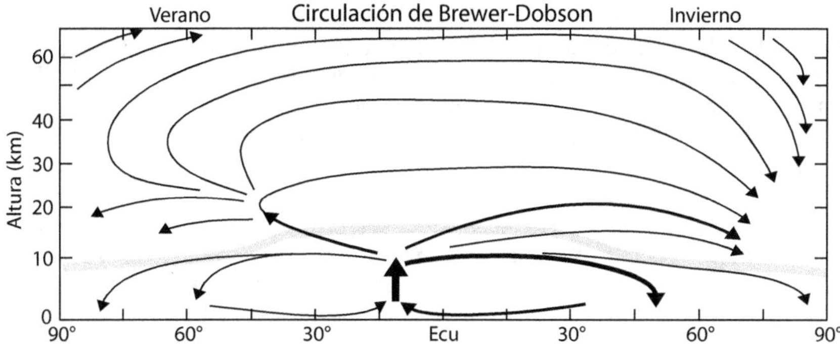

Figura 23. La circulación de Brewer-Dobson. Se trata de la circulación atmosférica meridional que tiene lugar en la estratosfera por encima de la tropopausa (línea gruesa gris). La mayor parte de la circulación se produce hacia el polo en invierno.

Los modelos predicen que la circulación de Brewer-Dobson se reforzará como consecuencia del calentamiento global. Una troposfera más cálida conduce a una elevación de la tropopausa y al rompimiento de las ondas a mayor altitud, lo que aumenta el arrastre. Sin embargo, las observaciones no apoyan esta predicción. Hasta cerca de 1995, no se produjo un fortalecimiento estadísticamente significativo de la circulación estratosférica inferior. Luego, desde 1995, se ha fortalecido en el hemisferio norte, coincidiendo con un fuerte enfriamiento de la tropopausa tropical.[91] El Proyecto de Intercomparación de Modelos Acoplados 6 de 2018, que incluye herramientas de diagnóstico para la circulación de Brewer-Dobson, confirma la discrepancia entre las observaciones y los modelos en la estratosfera media y alta.[92] Esta discrepancia es un ejemplo de predicción de la hipótesis del efecto reforzado del CO_2 que no se confirma.

La Oscilación Cuasi-Bienal

Otra sorpresa fue el descubrimiento en los años 50 de la Oscilación Cuasi-Bienal de los fuertes vientos zonales que rodean la Tierra en la estratosfera tropical. Estos vientos exhiben un ciclo de alternancia de orientación este-oeste con un periodo medio de 28 meses. Los regímenes de viento se originan en la estratosfera media y descienden a un ritmo de aproximadamente 1 km al mes hasta que se disipan en la tropopausa tropical (fig. 22). Aproximadamente dos años después de que se haya formado un régimen de vientos y haya comenzado a descender, se desarrolla un régimen de vientos opuesto por encima de él.

La Oscilación Cuasi-Bienal es un fenómeno tropical que afecta a la estratosfera global, generado por las ondas atmosféricas procedentes de la convección tropical. Afecta a los vientos, la temperatura, las ondas extratropicales, la circulación meridional del viento, el transporte de componentes químicos y la distribución del ozono. Durante las fases del este, la corriente en chorro se debilita, lo que provoca inviernos fríos en el norte de Europa y el este de Estados

---

[91] Young, P.J., et al., 2012. J. Clim. 25 (5), pp.1759–1772.
doi.org/10.1175/2011JCLI4048.1
[92] Abalos, M., et al., 2021. Atmospheric Chem. Phys. 21 (17), pp.13571–13591.
doi.org/10.5194/acp-21-13571-2021

Unidos. Los inviernos de El Niño también suelen coincidir con la fase del este. En cambio, las fases del oeste refuerzan la corriente en chorro, lo que provoca inviernos suaves y húmedos en el norte de Europa y el este de Estados Unidos. La oscilación también afecta a la frecuencia de los huracanes en el Atlántico. A pesar de sus múltiples efectos, su influencia en la meteorología troposférica no se conoce del todo.

La Oscilación Cuasi-Bienal modula el vórtice polar del hemisferio norte (cap. 11, recuadro 7), que es una zona de baja presión persistente, a gran escala, de la troposfera media a la estratosfera durante el invierno. Cuando el vórtice polar es fuerte, contiene una gran masa de aire ártico muy frío y denso; cuando es débil y desorganizado, permite que las masas de aire ártico frío se desplacen hacia el sur, provocando grandes descensos de temperatura en gran parte del hemisferio norte. Esta modulación del vórtice polar se conoce como efecto Holton-Tan y es uno de los aspectos más desconcertantes de la Oscilación Cuasi-Bienal.

Recuadro 11. El efecto Holton-Tan

Otro descubrimiento inesperado en 1980 fue la sincronización de la Oscilación Cuasi-Bienal ecuatorial con la fuerza del vórtice polar invernal estratosférico del norte. Durante la fase del este de la oscilación, los vientos del chorro polar nocturno que rodean el vórtice polar se debilitan, lo que da lugar a temperaturas del casquete polar ártico significativamente más cálidas y a alturas geopotenciales estratosféricas polares más elevadas en comparación con la fase del oeste. Holton y Tan propusieron que este efecto se debe a un desplazamiento latitudinal de 10° hacia el hemisferio invernal de la superficie límite que separa los vientos zonales del oeste y del este durante la fase del este de la oscilación. Este desplazamiento estrecha el canal de propagación de las ondas planetarias y redirige su flujo hacia el polo de invierno, ya que estas ondas sólo pueden viajar a través del viento del oeste. En esencia, la fortaleza del vórtice polar es menor durante la fase del este y mayor durante la fase del oeste de la oscilación.

A finales de la década de 1990, los investigadores descubrieron que la Oscilación Cuasi-Bienal induce una circulación meridional en las zonas extratropicales de la estratosfera inferior en el hemisferio invernal, impulsada por el arrastre de ondas planetarias similar a la circulación de Brewer-Dobson. En la fase este de la oscilación, la intrusión de vientos del este procedentes de los trópicos crea una barrera para las ondas planetarias, haciendo que converjan con más fuerza en el vórtice polar. La modulación de la propagación de las ondas planetarias por la Oscilación Cuasi-Bienal y el efecto de la circulación extratropical inducida por la oscilación sobre la convergencia de las ondas son dos mecanismos complementarios que explican el acoplamiento tropical-polar que conduce a un vórtice debilitado en el invierno del hemisferio norte durante la fase este de la oscilación.[93]

Los científicos son conscientes de este fenómeno desde hace más de 40 años, pero esta relación de largo alcance es compleja. Aunque los modelos climáticos

---

[93] Ruzmaikin, A., et al., 2005. J. Geophys. Res. Atmos. 110, D11111.
doi.org/10.1029/2004JD005382

han mejorado lentamente en su representación de la Oscilación Cuasi-Bienal, el reciente Proyecto de Intercomparación de Modelos Acoplados 6 muestra que los modelos siguen subestimando el efecto Holton-Tan, y cada modelo representa de forma diferente la relación entre la oscilación y el vórtice polar.[94] En próximos capítulos analizaremos por qué la incapacidad de los modelos climáticos para reproducir con precisión las propiedades dinámicas de la estratosfera en invierno dificulta su capacidad para resolver el rompecabezas climático o reconstruir los climas pasados de la Tierra.

En resumen

La mayor parte del calor transportado en la estratosfera fluye hacia el polo en invierno. Este transporte se ve facilitado por un sistema de circulación impulsado por el momento de las ondas atmosféricas, que actúan como una bomba. Los vientos ecuatoriales de la estratosfera cambian de dirección aproximadamente cada dos años, creando un régimen de circulación diferente que afecta significativamente a la troposfera. Durante la fase del este de esta oscilación, la actividad de las ondas atmosféricas se dirige hacia el vórtice polar, debilitándolo. Este efecto es más pronunciado en el hemisferio norte, donde la actividad de las ondas es generalmente mayor. Como consecuencia, el vórtice polar boreal se debilita y el Ártico experimenta temperaturas más cálidas durante el invierno. Un Ártico más cálido significa que se pierde más calor por enfriamiento radiativo.

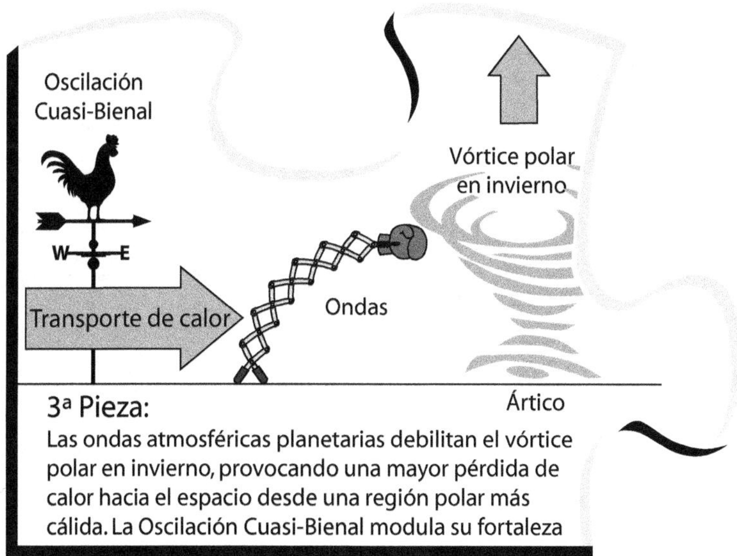

[94] Elsbury, D., et al., 2021. Geophys. Res. Lett. 48 (24), p.e2021GL094083. doi.org/10.1029/2021GL094083

Capítulo 15
Interacciones Estratosfera-Troposfera

En 1999, los investigadores hicieron el sorprendente descubrimiento de que las anomalías en la estratosfera pueden propagarse a la superficie de la Tierra. Este descubrimiento marcó el inicio de los estudios de lo que ahora se conoce como acoplamiento estratosfera-troposfera. Estos estudios han demostrado que los cambios en la estratosfera afectan significativamente a la posición de los chorros troposféricos y a las trayectorias de las tormentas, que influyen fuertemente en la presión a nivel del mar y en la meteorología de superficie durante la estación fría. Estos efectos se consiguen mediante cambios en los modos anulares, los principales patrones de variabilidad climática en la troposfera de latitudes medias y altas. Sin embargo, a pesar de toda esta investigación, las tendencias multidecadales observadas en los modos anulares aún no se han explicado adecuadamente. Curiosamente, el acoplamiento estratosfera-troposfera no sólo responde a la variabilidad climática de baja frecuencia, sino también al ciclo solar. En las dos últimas décadas, los investigadores han avanzado mucho en la comprensión de cómo responde la estratosfera a los cambios en la actividad solar y cómo estas respuestas pueden propagarse a la superficie de la Tierra.

Acoplamiento estratosfera-troposfera

Cuando en los años sesenta se desarrolló la hipótesis del efecto reforzado del CO_2 basada en modelos, y durante varias décadas después, ni siquiera se consideraba que los cambios en la estratosfera pudieran afectar significativamente al clima en la superficie de la Tierra. En 1998, sin embargo, los científicos definieron la Oscilación Ártica (también conocida como Modo Anular del Norte, recuadro 12) como un patrón circular de anomalías de presión a nivel del mar centrado alrededor del Polo Norte. También descubrieron que la Oscilación Ártica está fuertemente vinculada a la estratosfera y que las anomalías que se originan en ella pueden propagarse a la superficie. Se trataba de un hallazgo sorprendente, ya que las investigaciones anteriores no habían mostrado ninguna respuesta significativa en la troposfera inferior a los cambios en la estratosfera.[95]

En las dos décadas transcurridas desde este descubrimiento, los investigadores han descubierto que los cambios en la estratosfera afectan a la Oscilación Ártica, provocando cambios en los chorros del Atlántico y del Pacífico y en las trayectorias de las tormentas, así como cambios en la presión a nivel del mar. Estos efectos en la troposfera inferior se producen después de los cambios en la estratosfera, lo que indica una propagación descendente. Por ello, la comprensión de la meteorología estratosférica se ha convertido en un factor crítico para

[95] Baldwin, M.P. & Dunkerton, T.J., 1999. J. Geophys. Res. Atmos. 104 (D24), pp.30937–30946. doi.org/10.1029/1999JD900445

la previsión de la meteorología en superficie a medio plazo y estacional. Existen pruebas de que la localización de las corrientes en chorro troposféricas invernales, las trayectorias de las tormentas y los centros de presión en el hemisferio norte dependen de la velocidad del chorro estratosférico, que a su vez viene determinada por las propiedades de propagación en la estratosfera de las ondas planetarias.[96]

La mayoría de los estudios sobre el acoplamiento estratosfera-troposfera se centran en los cambios a corto plazo, pero una cuestión más interesante en el contexto del cambio climático es si este acoplamiento responde a la variabilidad natural o antrópica a más largo plazo. Estudios recientes sobre modelos sugieren que responde a la variabilidad multidecadal de los océanos.[97] Sin embargo, la mejor evidencia procede de los cambios multidecadales observados en la Oscilación Ártica (recuadro 12).

A lo largo del tiempo, el hemisferio norte ha experimentado varias tendencias climáticas de invierno multidecadales coherentes en la estratosfera, la troposfera, el océano y la criosfera. Estas tendencias se atribuyen generalmente al cambio climático antrópico porque hay poco interés en intentar refutar la hipótesis del efecto reforzado del CO_2, como exigiría el método científico.[98] Sin embargo, se ha propuesto una explicación alternativa en la que una oscilación de baja frecuencia acoplada estratosfera/troposfera/océano es responsable de las tendencias observadas.[99] En esta oscilación, un Modo Anular del Norte positivo y un enfriamiento estratosférico asociado inician un refuerzo termohalino retardado de la circulación de vuelco atlántica y de los giros atlánticos extratropicales, aumentando así el transporte de calor oceánico hacia los polos, lo que provoca el deshielo del hielo marino ártico, la amplificación del calentamiento ártico y el calentamiento atlántico a gran escala, que a su vez inicia el Modo Anular del Norte negativo inducido por las ondas y el calentamiento estratosférico, invirtiendo la fase de la oscilación.

Esta interpretación de los cambios oscilatorios de baja frecuencia en el acoplamiento estratosfera-troposfera es coherente con la hipótesis principal presentada en este libro y comunicada anteriormente por mí.[100]

Recuadro 12. ¿Oscilación del Atlántico Norte o Modo Anular del Norte?

Para simplificar la complejidad dinámica de la atmósfera, los científicos han identificado patrones de variabilidad que se repiten a lo largo del tiempo. Los modos anulares son los patrones más importantes de variabilidad climática en las

---

[96] Kidston, J., et al., 2015. Nature Geosci. 8 (6), pp.433–440.
doi.org/10.1038/NGEO2424

[97] Elsbury, D., et al., 2019. J. Clim. 32 (14), pp.4193–4213.
doi.org/10.1175/JCLI-D-18-0422.1

[98] Popper, K.R., 1962. Conjectures and Refutations. The growth of scientific knowledge. Basic Books, New York.

[99] Omrani, N.E., et al., 2022. NPJ Clim. Atmos. Sci. 5 (1), p.59.
doi.org/10.1038/s41612-022-00275-1

[100] Vinós, J., 2022. Climate of the Past, Present and Future: A scientific debate. 2nd ed. Critical Science Press.

latitudes medias y altas de los hemisferios norte y sur. Se refieren al desplazamiento norte-sur de un cinturón de fuertes vientos del oeste que representa entre el 20 y el 30% de la varianza hemisférica de los campos de presión y viento. Estos modos desempeñan un papel fundamental en el transporte meridional de calor, regulando el intercambio de masa atmosférica entre las regiones polares y las latitudes medias. Los cambios en los modos anulares afectan significativamente al clima, en particular durante la estación invernal en el hemisferio norte y la estación primaveral en el hemisferio sur, cuando se combinan con la variabilidad anular estratosférica.

El Modo Anular Sur se reconoce como modo anular desde 1999 porque sus tres centros de acción, uno polar y dos periféricos, actúan como un balancín entre el polo y las latitudes medias. En el hemisferio norte, el Modo Anular Norte se describió por primera vez en los años veinte como la Oscilación del Atlántico Norte entre los centros de presión sobre Islandia y las Azores. En 1998, se amplió para incluir el Ártico y el centro de presión del Polo Norte y se denominó Oscilación Ártica. Sin embargo, se debate si la Oscilación del Atlántico Norte o el Modo Anular Norte describen mejor el patrón de variabilidad de la presión. El problema es que los centros del Atlántico y del Pacífico carecieron de la coordinación necesaria durante varias décadas, aunque la mostraran en las décadas siguientes o anteriores (fig. R12). Así, a partir de principios de la década de 1970, el patrón de presión se ajustó mejor a la definición de la Oscilación del Atlántico Norte durante un periodo de unos 25 años, mientras que en los cuartos de siglo anterior y posterior mostró un patrón Anular del Norte.

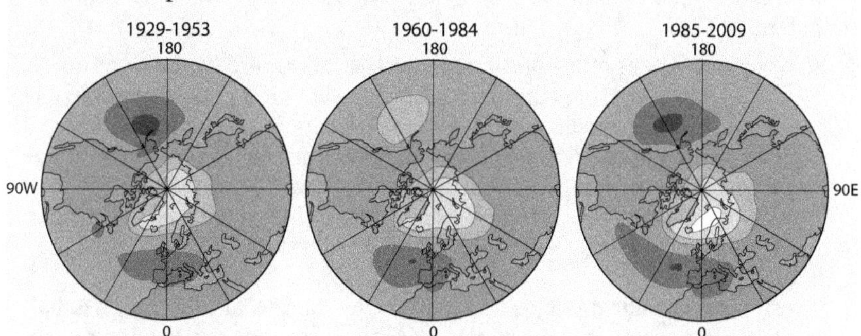

Figura R12. Anomalías de la presión media invernal a nivel del mar para tres periodos de 25 años. Los años se indican sobre los mapas. La escala de tonos es de 1,5 hPa (positivo más oscuro). NAO: Oscilación del Atlántico Norte.[101]

Durante los periodos multidecadales en los que el vórtice polar es más fuerte que la media, los sectores ártico, atlántico y pacífico muestran un verdadero comportamiento de Modo Anular Norte. Esto se caracteriza por una relación de vaivén entre las bajas de las Aleutianas y de Islandia, que restringe el transporte de

---

[101] Figura de Shi, N. & Nakamura, H., 2014. Tellus A: 66 (1), p.22660.
doi.org/10.3402/tellusa.v66.22660

calor y humedad hacia el Ártico. En cambio, durante los periodos multidecadales en los que el vórtice polar es más débil que la media, la situación se describe mejor mediante la Oscilación del Atlántico Norte. Esto se debe a la escasa variabilidad interanual de la Baja de las Aleutianas y a que el transporte hacia el Ártico está menos limitado. A pesar de las pruebas que apoyan estas conclusiones, la mayoría de los científicos que intentan explicar la reciente tendencia como una respuesta al aumento del forzamiento antropogénico aún no han reconocido la naturaleza cambiante del Modo Anular del Norte/Oscilación del Atlántico Norte.

Sin embargo, algunos científicos reconocen que el clima experimenta patrones persistentes, conocidos como regímenes climáticos, que cambian de uno a otro a través de desplazamientos climáticos. Esta perspectiva, que se analiza con más detalle en la Parte III, sección 9, es más coherente con las pruebas disponibles. Sin embargo, no es coherente con la hipótesis del efecto reforzado del CO_2.

El ciclo solar y el acoplamiento dinámico estratosfera-troposfera

Durante más de 150 años, los intentos de relacionar el ciclo solar con los cambios meteorológicos y climáticos se basaron principalmente en observaciones en la superficie o en la troposfera. Sin embargo, no fue hasta 1987 cuando Karin Labitzke descubrió una relación entre el ciclo solar, las temperaturas del Polo Norte y la fase de la Oscilación Cuasi-Bienal en la estratosfera. Este hallazgo se analiza con más detalle en el capítulo 29 (recuadro 23). Desde 1987, los avances en cuatro áreas han aportado pruebas de la influencia solar en la atmósfera:[102]

- Se observan sólidas relaciones estadísticas en el registro de datos, no sólo en la estratosfera sino también en la troposfera inferior, la superficie y las temperaturas oceánicas superiores.
- A partir de un modelo de transporte radiativo-químico, se desarrolló un mecanismo solar-ozono que podía explicar los cambios en la actividad de las ondas planetarias. Esto demostró que las ideas simplistas del balance energético del forzamiento solar, consideradas por el IPCC, pueden ser engañosas.
- Las simulaciones de modelos han reproducido una señal solar media anual global en la estratosfera superior que concuerda bien con las observaciones, pero no consiguen simular adecuadamente los patrones estacionales ni la respuesta observada en la estratosfera inferior. Se obtienen mejores resultados con los productos de reanálisis.
- Se ha avanzado considerablemente en la comprensión del mecanismo dinámico responsable de la amplificación del efecto solar. Las anomalías de circulación estratosférica asociadas al ciclo solar se desplazan hacia los polos y hacia abajo durante la estación invernal, asociadas a anomalías en el transporte de momento angular inducido por las ondas.

---

[102] Baldwin, M.P. & Dunkerton, T.J., 2005. J. Atmos. Sol. Terr. Phys. 67(1-2), pp.71–82. doi.org/10.1016/j.jastp.2004.07.018

El ciclo solar afecta no sólo a la estratosfera sino también a la superficie a través del acoplamiento estratosfera-troposfera. Este fenómeno está mediado por la respuesta del ozono a los cambios en la radiación UV. Para comprender plenamente el efecto solar sobre el clima, es fundamental entender el transporte meridional de calor y el flujo de ondas planetarias en la estratosfera del hemisferio norte en invierno.

En resumen

Estudios recientes han demostrado que la estratosfera desempeña un papel importante en la determinación de los patrones de temperatura y presión en la superficie de las latitudes medias y altas durante el invierno y en la localización de los chorros troposféricos y las trayectorias de las tormentas. La variabilidad estratosférica y la fortaleza del vórtice polar están asociadas a los modos anulares, un patrón de vientos del oeste en forma de anillo, y a las diferencias de presión norte-sur alrededor de los polos que regulan el transporte de calor hacia los polos y el intercambio de masas. Sin embargo, estos modos muestran tendencias multidecadales que los modelos no pueden reproducir plenamente. Durante el invierno, se producen cambios dinámicos en la estratosfera ártica que están fuertemente influidos por el ciclo solar a pesar de la ausencia de irradiación solar. Esto indica que un efecto solar sobre el clima debe actuar a través de cambios en la circulación atmosférica.

CAPÍTULO 16
TRANSPORTE EN INVIERNO HACIA EL ÁRTICO

La circulación atmosférica y el transporte de calor son más intensos en el hemisferio norte durante la estación fría, a pesar de que el Ártico es más cálido que el Antártico. Este fenómeno se debe a una mayor actividad de las ondas atmosféricas como consecuencia de diferencias geográficas. La actividad de las ondas aumenta el transporte estratosférico y debilita el vórtice polar boreal. El transporte invernal tiene varias consecuencias, entre ellas que la Tierra gira más deprisa en invierno y su periodo de rotación se acorta ligeramente. Además, el vórtice polar boreal se debilita y se hace más variable, por lo que el transporte de calor en invierno se ve influido por varios factores, como la Oscilación Cuasi-Bienal, El Niño-Oscilación del Sur y el ciclo solar, ya que afectan a la fortaleza del vórtice. Normalmente, la mayor parte del calor transportado al Ártico en invierno se debe a unos pocos fenómenos extremos por temporada, cuya frecuencia depende del bloqueo de la circulación provocado por la actividad de las ondas. Aunque la contribución de la estratosfera al transporte de calor es pequeña la mayor parte del año, en invierno aporta el 20% del calor transportado al Ártico, lo que le convierte en el mayor sumidero de calor del planeta, ya que el calor abandona el sistema climático en forma de radiación térmica saliente.

Transporte estacional de calor

En los capítulos anteriores se ha argumentado que la visión convencional del clima global como una media del balance anual de radiación en toda la cima de la atmósfera, en la que el transporte de calor responde únicamente a los cambios en este balance, es una simplificación excesiva. Esta visión oculta importantes asimetrías interhemisféricas y cambios estacionales. De los cuatro elementos de la energética climática (entrada de energía del Sol, absorción por el sistema climático, transporte dentro del sistema y retorno al espacio), el transporte es el más variable a escala temporal estacional. Sin embargo, los climatólogos que han contribuido a los informes de evaluación del IPCC no lo consideran un factor determinante del cambio climático reciente. En cambio, este libro sostiene que los cambios forzados en el transporte de calor son una causa significativa, y quizá la más importante, del cambio climático. Si este es el caso, entonces la contribución de los cambios antropogénicos en los gases de efecto invernadero al cambio climático reciente debe ser menor de lo que generalmente se cree.

En el hemisferio que está en invierno, la circulación atmosférica y el transporte de calor son más intensos y, sorprendentemente, a pesar de la diferencia de temperatura, llega más calor al Ártico que al Antártico (fig. 18, cap. 11). El cambio climático reciente ha sido más intenso en las latitudes medias y altas del hemisferio norte, donde el clima es más variable. La hipótesis del efecto reforzado del CO_2 atribuye este hecho a su mayor proporción de superficie terrestre y a la amplificación ártica (la Antártida no muestra amplificación polar). Sin embargo, los cambios en el transporte de calor podrían ser una explicación igualmente válida, ya que deberían ser más perceptibles en las latitudes medias y altas del hemisferio norte durante el invierno, cuando el transporte es mayor y más variable.

Para simplificar el análisis del cambio climático en este libro, nos centraremos casi exclusivamente en el transporte de calor durante la estación fría del hemisferio norte, entendiendo que los cambios en el transporte de calor durante otras estaciones y en el hemisferio sur deberían mostrar tendencias similares pero de menor magnitud.

Hemos examinado por qué el hemisferio norte experimenta tal aumento del transporte de calor durante el invierno y por qué el Ártico es el mayor sumidero de calor del planeta hacia el espacio. La geografía del hemisferio norte desempeña un papel importante, ya que sus grandes continentes y cordilleras dan lugar a una mayor actividad del flujo de ondas atmosféricas, a un Modo Anular del Norte más variable y a un vórtice polar ártico más débil y variable. Además, el océano Atlántico está conectado con el Ártico a través del amplio estrecho de Fram, que permite la entrada de aguas más cálidas en el Ártico, aumentando aún más la cantidad de calor transportado.

Cambios estacionales en la velocidad de rotación de la Tierra

Los cambios estacionales en el transporte de calor se ven impulsados por grandes variaciones en la circulación atmosférica, ya que la atmósfera es el principal medio de transporte de calor. La atmósfera también es responsable del transporte de momento angular hacia los polos (recuadro 6, cap. 9). Estos cambios estacionales en la circulación atmosférica afectan al intercambio de momento angular entre la atmósfera y la Tierra sólida, dando lugar a cambios en la velocidad de rotación de la Tierra. Los científicos miden estos cambios en la rotación de la Tierra como pequeñas diferencias en la duración del día, definida como la diferencia entre la duración medida de una revolución y 86.400 segundos internacionales estándar. Desde 1962, se utilizan relojes atómicos con una precisión de microsegundos para medir estos cambios.

El intercambio de momento angular entre la atmósfera y la Tierra sólida está estrechamente ligado a los cambios en la circulación atmosférica y provoca una oscilación semestral en la duración del día. De noviembre a enero, la Tierra se acelera unos 0,2 ms/día (lo que se traduce en días 0,2 ms más cortos). En abril, la Tierra se ralentiza en una proporción similar, antes de acelerarse en julio hasta aproximadamente 1 ms/día más rápido que la media. Esta aceleración va seguida de una desaceleración que devuelve a la Tierra a su velocidad original en noviembre. El componente semestral tiene una amplitud media de unos 0,35 ms, pero la Tierra gira más lentamente durante el invierno boreal que durante el invierno austral (fig. 24).

La distribución desigual de la tierra entre los hemisferios y la temperatura invernal más fría en el hemisferio norte (fig. R3a, cap. 5) crean una variación anual que se suma a la oscilación semestral, lo que da lugar a un mayor momento angular en la atmósfera durante el invierno boreal. Lo importante es recordar que el transporte de calor en invierno conduce a una rotación más rápida de la Tierra y a días ligeramente más cortos. En futuros capítulos, analizaremos los cambios en la duración del día como un indicador del transporte de calor invernal, específicamente el componente semestral del invierno boreal, ya que esto es consecuente con nuestro enfoque en los cambios de transporte durante esta estación.

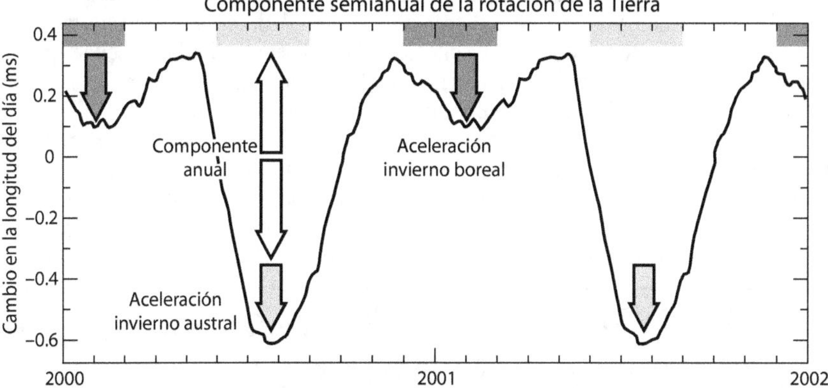

Figura 24 Cambios estacionales en la rotación de la Tierra. El componente semestral (estacional) de la tasa de rotación de la Tierra se mide como cambios en la duración del día en milisegundos. En gris oscuro el invierno boreal y en gris claro el invierno austral.[103]

El vórtice polar boreal y la actividad de ondas

Una de las razones por las que el transporte de calor en invierno hacia el Ártico es mayor que hacia la Antártida, a pesar del menor gradiente de temperatura, es que el vórtice polar boreal es más débil que el vórtice polar austral. La región polar está rodeada de fuertes vientos del oeste que forman el vórtice y actúan como barrera para el transporte meridional de calor (fig. 59, cap. 39). Como consecuencia del vórtice, la temperatura interior de la región polar es más fría de lo que sería sin el vórtice o si los vientos del oeste fueran más débiles. La fuerza de los vientos del oeste que forman el vórtice depende de la intensidad del flujo de ondas planetarias que depositan su momento angular hacia el este en la estratosfera. El debilitamiento del vórtice causado por la acción de las ondas se propaga a la estratosfera inferior.

El flujo de ondas resultante de los contrastes de temperatura entre la tierra y el océano y de los grandes complejos montañosos es mucho mayor en el hemisferio norte. Por lo tanto, el vórtice polar boreal es mucho más débil, lo que se traduce en una mayor probabilidad de que se produzcan fenómenos de calentamiento repentino estratosférico. Durante estos eventos, los vientos del vórtice viran en dirección opuesta y el vórtice se rompe. Como consecuencia, el aire es empujado hacia abajo, calentándose, y la temperatura de la estratosfera polar puede aumentar 40 °C en pocos días.

Estos fenómenos inducen una fase negativa de la Oscilación del Atlántico Norte en la troposfera, lo que provoca cambios en las trayectorias de las tormentas y temperaturas más frías en el norte de Eurasia y el este de Estados Unidos. Mientras tanto, Groenlandia experimenta temperaturas más cálidas.[104]

---

[103] Gipson, J., 2016. IVS 2016 General Meeting Proceedings: New Horizons with VGOS. p.336.

[104] Baldwin, M.P., et al., 2021. Rev. Geophys. 59 (1), p.e2020RG000708. doi.org/10.1029/2020RG000708

Estos fenómenos se producen cada dos inviernos en el hemisferio norte, pero sólo una vez cada 20 años en el hemisferio sur.

El vórtice polar boreal es más débil y variable que el austral. La fuerza del vórtice polar es un factor crucial para determinar la cantidad de calor transportada al Ártico, y varios factores, como la Oscilación Cuasi-Bienal, El Niño-Oscilación del Sur y el ciclo solar, influyen en su variabilidad. Por lo tanto, estos factores pueden influir en la cantidad de calor transportada al Ártico durante el invierno.

Además, la mayor parte del océano Ártico está cubierta de hielo marino en invierno, que es un excelente aislante térmico. Con tan sólo 1 metro de espesor, el hielo reduce 10 veces el flujo de calor del océano a la atmósfera. En invierno, el calor y la humedad llegan al Ártico principalmente a través de la atmósfera, y el océano desempeña un papel secundario.

Recuadro 13. Bloqueo atmosférico y fenómenos extremos de intrusión en el Ártico

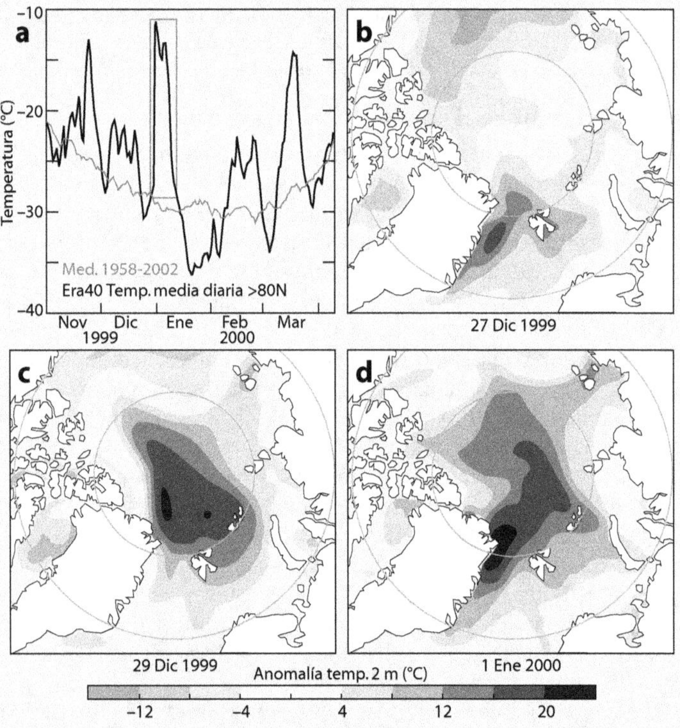

Figura R13. Evento de intrusión extrema de aire húmedo y cálido en el Ártico en invierno. a) Temperatura media diaria al norte de 80°N entre noviembre de 1999 y marzo de 2000 (línea negra) a partir del reanálisis ERA40, y la media de 1958-2002 (línea gris). Un rectángulo marca el evento. b-d) Anomalía de la temperatura del aire en la superficie del Ártico en diferentes momentos del evento de intrusión.[105]

---

[105] Figura de Woods, C. and Caballero, R., 2016. J. Clim. 29 (12), pp.4473–4485. doi.org/10.1175/JCLI-D-15-0773.1 Datos del Instituto Meteorológico Danés.

Durante el invierno, unos pocos fenómenos extremos por estación asociados a sistemas meteorológicos individuales son responsables de gran parte del calor y humedad transportados al Ártico. Los estudios han demostrado que el transporte de calor y humedad está estrechamente relacionado con el bloqueo atmosférico a gran escala que redirige las trayectorias de los ciclones hacia el polo.[106] El bloqueo se produce cuando se sobrepasa la capacidad de la corriente en chorro para el flujo de actividad de ondas (una medida de los meandros) y la circulación se estanca.

En invierno, el bloqueo sobre el Atlántico está fuertemente correlacionado negativamente con la Oscilación del Atlántico Norte. Cuando se produce uno de estos fenómenos extremos de intrusión, puede tener un gran impacto en las temperaturas del Ártico. La Figura R13 muestra el efecto de un evento de este tipo sobre las temperaturas del Ártico.

Existen tres rutas principales para el transporte de calor y humedad hacia el Ártico: el Atlántico Norte (300-60°E), el Pacífico Norte (150-230°E) y la ruta siberiana (60-130°E). Durante el invierno, las rutas sobre las dos cuencas oceánicas son más importantes para el transporte meridional de calor, siendo la ruta del Atlántico Norte la más importante. Estas rutas de transporte hacia el Ártico surgen porque se desarrollan condiciones de bloqueo a gran escala al este de cada cuenca, redirigiendo los ciclones de latitudes medias hacia el polo.

El presupuesto energético del Ártico en invierno y el principal sumidero de calor

La primera parte del libro se centra en el clima y la energía, examinando cómo se desplaza el calor dentro del sistema climático. Una de las principales conclusiones es que el Ártico en invierno es una parte única del sistema climático. Debido a su sequedad y a su escasa nubosidad, el efecto invernadero es mucho más débil que en los trópicos y las latitudes medias (fig. R4, cap. 7). Además, el balance radiativo neto en la cima de la atmósfera durante el invierno ártico es el más negativo de la Tierra (fig. 18, cap. 11). En consecuencia, el Ártico es el mayor sumidero de calor de la Tierra.

La geografía del planeta provoca una mayor actividad de ondas durante el invierno boreal, lo que hace que se transporte más calor estratosférico al Ártico, y un vórtice polar boreal más débil permite que se transporte más calor al Ártico a través de la troposfera. Además, el océano Atlántico transporta eficazmente calor al Ártico. Todos estos factores contribuyen a que el Ártico sea más cálido de lo que sería de otro modo, lo que se traduce en una mayor pérdida de energía del planeta en invierno a través de la radiación térmica saliente.

La cantidad de calor que pierde el Ártico en invierno no es constante. Varía debido a factores que afectan a la circulación atmosférica zonal, a la propagación de las ondas planetarias y a la fortaleza del vórtice polar. Entre estos factores figuran la Oscilación Cuasi-Bienal, El Niño-Oscilación del Sur y la actividad solar. Recientemente, se ha estudiado la contribución del transporte de calor estratosférico al transporte total de calor en esta región utilizando el reanálisis. Esta herramienta de

---

[106] Papritz, L. & Dunn-Sigouin, E., 2020. Geophys. Res. Lett. 47 (17), p.e2020GL089769. doi.org/10.1029/2020GL089769

investigación combina modelos con una enorme cantidad de datos sobre numerosas variables meteorológicas procedentes de múltiples fuentes.[107]

Los resultados de este estudio son relevantes para nuestro argumento de que los cambios en la cantidad de calor transportado al Ártico en invierno causan un cambio climático global. El estudio confirma que el transporte de calor atmosférico es el factor dominante en el calentamiento del Ártico, como se ha presentado anteriormente (fig. 14, cap. 10), mientras que el transporte de calor oceánico es relativamente pequeño. Aunque el transporte de calor estratosférico es una pequeña fracción del transporte total de calor atmosférico debido a la baja masa y sequedad de la estratosfera, es responsable del 20% del transporte de calor hacia los polos a 70°N en invierno, frente a sólo el 7% en verano. Es importante destacar que casi todo este calor se pierde en forma de radiación de onda larga saliente desde la cima de la atmósfera, ya que hay poco intercambio de energía sensible y latente entre la estratosfera y la troposfera. Esto pone de relieve el carácter excepcional del Ártico en invierno y la importancia de la estratosfera ártica para comprender el cambio climático.

En resumen

Durante el invierno en el hemisferio norte, aumenta la actividad de las ondas atmosféricas, lo que debilita el vórtice polar y provoca un mayor transporte de calor hacia el Ártico en la estratosfera. Esto también puede crear patrones de bloqueo en la corriente en chorro, redirigiendo las tormentas hacia el Ártico. A medida que la circulación atmosférica se vuelve más activa, aumenta el transporte de momento angular, lo que acelera la rotación de la Tierra y acorta ligeramente la duración del día. En invierno, la estratosfera aporta el 20% del calor transportado hacia el Ártico, calentando la región y provocando una mayor pérdida de energía por enfriamiento radiativo.

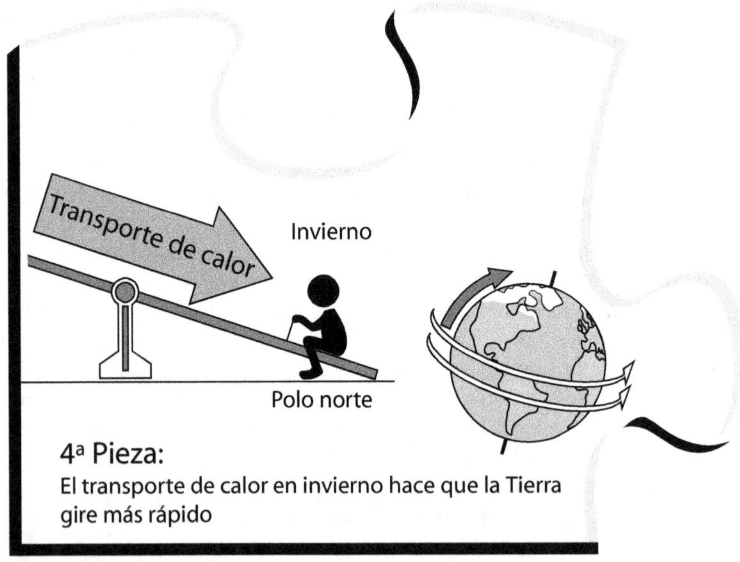

[107] Cardinale, C.J., et al., 2021. J. Clim. 34 (11), pp.4261–4278.
doi.org/10.1175/JCLI-D-20-0722.1

Capítulo 17
El Transporte de Calor por el Océano Es en Gran Parte Impulsado por el Viento

El océano es el principal responsable del transporte de calor hacia los polos en los trópicos, siendo el Pacífico tropical el océano dominante debido a su tamaño. Exporta calor a los océanos Atlántico e Índico, que son los únicos que transportan calor a través del ecuador. Sin embargo, los intercambios entre cuencas son relativamente pequeños, lo que indica que las vías marítimas globales desempeñan un papel menor en el transporte de calor. El Atlántico es excepcional por tener un transporte neto de calor exclusivamente hacia el norte debido a su circulación de vuelco meridional, que representa alrededor del 60% del calor transportado en el Atlántico Norte. El transporte oceánico de calor desde el Atlántico Norte hacia los mares nórdicos y el Ártico aumentó significativamente entre 1998 y 2002, durante un periodo de desplazamiento climático ártico y mundial.

La mayor parte del calor transportado por el océano global es transportado por aguas por encima de 10°C situadas entre 40°N y 40°S a profundidades inferiores a 500 m. Este transporte se debe principalmente a la circulación impulsada por el viento. Incluso la circulación de vuelco meridional del Atlántico es tan dependiente de los vientos como de la formación de aguas profundas en altas latitudes.

El análisis del presupuesto de calor de la crítica capa superior tropical ha revelado una notable variabilidad de 11 años asociada al ciclo solar que es diez veces mayor de lo que pueden explicar los cambios en la radiación solar. Además, los estudios de modelos de la circulación meridional atlántica muestran que el forzamiento solar es su determinante natural más importante. Estos estudios subrayan el papel fundamental del Sol en la modulación del transporte de calor oceánico al inducir cambios en la circulación atmosférica.

Transporte de calor por el océano

El océano desempeña un papel fundamental en el sistema climático de la Tierra, ya que proporciona estabilidad térmica y almacena una gran parte de la energía del sistema. Con una masa total 265 veces superior a la de la atmósfera y una capacidad calorífica 1.000 veces mayor, el océano almacena el 96% de la energía del sistema climático y recibe el 75% de la energía suministrada por el Sol a la superficie del planeta. Esta característica esencial del océano ha permitido la existencia de vida compleja. Sin embargo, debido a que la Tierra se encuentra actualmente en una edad de hielo que comenzó hace 34 millones de años (la Edad de Hielo del Cenozoico Superior), el océano ha alcanzado un estado frío con una temperatura media de unos 4 °C, y sólo la capa mixta superior es sustancialmente más cálida debido al calentamiento solar y a las turbulencias inducidas por el viento. La temperatura de la superficie marina del océano abierto está limitada a 30 °C porque la convección profunda se produce por encima de los 27 °C, lo que aumenta la evaporación y forma nubes que enfrían eficazmente la superficie. Aunque los 2,5 m superiores del océano contienen tanto calor como toda la atmósfera, su principal función en el cambio climático es absorber el calor a medida que el planeta se calienta y liberarlo cuando se enfría, proporcionando inercia térmica.

El océano contribuye en un 25% al transporte global de calor hacia los polos (cap. 10). En los trópicos, el océano es el principal transportador de calor. Su contribución es aún mayor en el hemisferio norte, donde representa alrededor del 30% del transporte de calor. Sin embargo, el Océano Atlántico tiene un patrón de transporte de calor único. El Atlántico Sur tiene un transporte neto de calor hacia el ecuador (fig. 25).

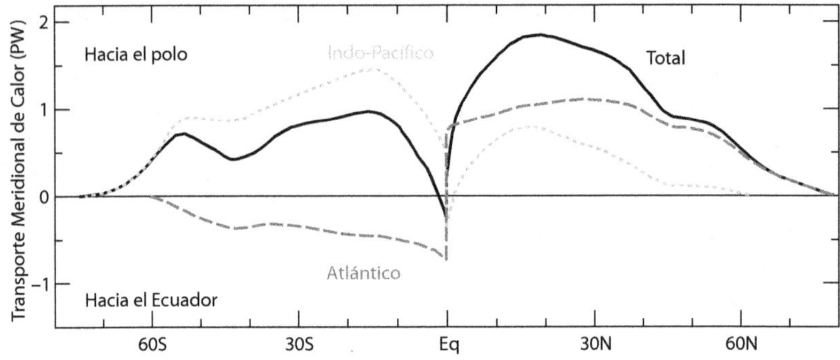

Figura 25. Transporte oceánico de calor. Transporte meridional oceánico medio de calor (en petavatios) para el océano global (sólido, negro), el Atlántico (de trazos, gris) y el Indopacífico (de puntos, gris claro).[108]

La mayor parte del calor oceánico es transportado por agua con una temperatura superior a 10 °C, principalmente en la banda del océano comprendida entre 40°S y 40°N y por encima de una profundidad de 500 m. Ésta es la razón principal por la que el transporte meridional de calor oceánico es más importante en estas latitudes, donde la célula de Hadley no es muy eficaz para transportar calor hacia los polos (cap. 13).

El transporte global oceánico de calor está dominado por la exportación de calor desde el Pacífico tropical, que tiene la mayor superficie tropical y recibe la mayor cantidad de energía solar. Sin embargo, es sorprendente hasta qué punto el Pacífico tropical domina la exportación de calor a otros océanos, exportando cuatro veces más calor del que se importa a los océanos Atlántico y Ártico. Los océanos Atlántico e Índico transportan calor hacia el norte y el sur a través del ecuador, respectivamente, pero el Pacífico proporciona este calor a través del Paso de Drake y el Flujo de Paso de Indonesia. Aunque existe cierto intercambio entre las cuencas, es relativamente pequeño, lo que sugiere que las vías globales marítimas desempeñan un papel menor en el presupuesto de calor de la Tierra.[109]

---

[108] Yang, H., et al., 2015. Clim. Dyn. 44, pp.2751–2768.
doi.org/10.1007/s00382-014-2380-5

[109] Forget, G. & Ferreira, D., 2019. Nat. Geosci. 12 (5), pp.351–354.
doi.org/10.1038/s41561-019-0333-7

Transporte de calor hacia el Ártico

El Océano Atlántico presenta un transporte de calor hacia el norte en ambos hemisferios y a través del ecuador debido a la circulación de vuelco meridional del Atlántico. Esta circulación forma parte de la circulación termohalina, que implica el flujo hacia el norte de agua más caliente y menos densa en las capas superiores del Atlántico y el flujo hacia el sur de agua más fría y densa en profundidad. Aunque las dos ramas están impulsadas mecánicamente, están vinculadas por la transformación de masas de agua cálida a fría en latitudes altas (cap. 10).

La singularidad del transporte de calor por el Atlántico se destaca en la figura 25 y está relacionada con la asimetría del gradiente latitudinal de temperatura entre los dos hemisferios. Cada año, el hemisferio sur recibe más energía solar que el hemisferio norte. Esto se debe a la actual precesión axial de la Tierra, que hace que el hemisferio sur se oriente hacia el Sol cuando la Tierra está más cerca de él. El albedo no corrige esta diferencia debido a su simetría interhemisférica (recuadro 2, cap. 3). A pesar de recibir un mayor flujo anual de energía solar, el hemisferio sur está unos 2 °C más frío que el hemisferio norte, y la Tierra mantiene un gradiente de temperatura más pronunciado hacia la Antártida, más fría, que hacia el Ártico, más cálido (fig. 13, cap. 9). La teoría del transporte establece que debería fluir más calor hacia el polo más frío, ya que las diferencias de temperatura impulsan el transporte. Sin embargo, el Atlántico transporta más calor del hemisferio sur al norte, lo que sugiere que el transporte de energía no está determinado únicamente por la producción de entropía. Más bien, está fuertemente influenciado por factores geográficos y climáticos y, por tanto, puede ser un mecanismo de forzamiento del cambio climático.

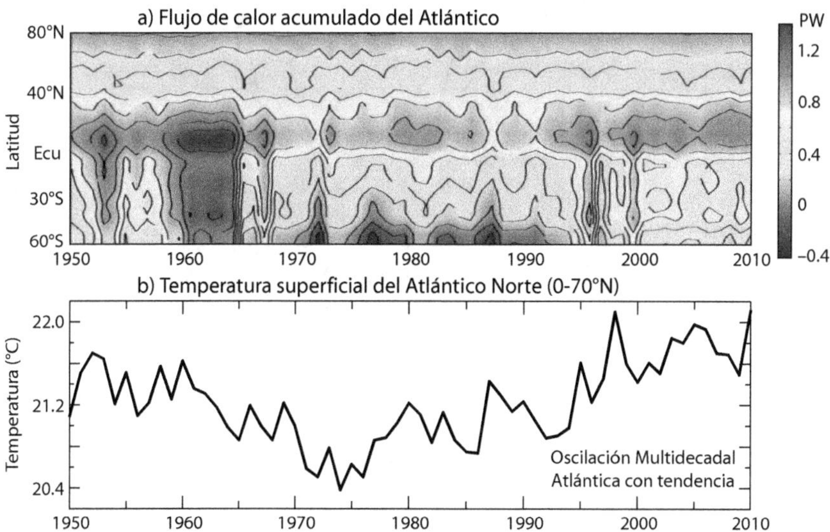

Figura 26. Transporte de calor en el Atlántico y temperatura superficial del mar en el Atlántico Norte. a) Transporte de calor meridional integrado en el Atlántico a lo largo

del tiempo en petavatios a partir de reanálisis. b) Registro de la temperatura de la superficie del mar en el Atlántico Norte durante el mismo periodo.[110]

El carácter excepcional del transporte de calor del océano Atlántico tiene importantes implicaciones para el clima de las regiones circundantes del Atlántico Norte, el Ártico y el clima mundial. La temperatura de la superficie del mar en el Atlántico Norte muestra una oscilación multidecadal que se correlaciona con la temperatura global (cap. 19).[111] El análisis del flujo de calor atlántico a lo largo del tiempo muestra una clara relación entre el transporte oceánico de calor y las temperaturas de la superficie marina del Atlántico Norte (fig. 26). Esta evidencia apoya la noción de que la oscilación de la temperatura superficial del mar del Atlántico Norte es el resultado de cambios en el transporte meridional de calor. Sorprendentemente, a pesar de estas pruebas, las oscilaciones oceánicas rara vez se consideran en términos de transporte de calor.

El transporte de aguas atlánticas hacia el Ártico se produce a través de los mares nórdicos, y el volumen y la temperatura del agua transportada influyen fuertemente en el clima del norte de Europa y del Ártico. La transformación de masas de agua cálida en fría, necesaria para la circulación de vuelco meridional del Atlántico, se produce en los mares nórdicos y en el océano Ártico. Aunque el transporte de calor oceánico es una pequeña parte del presupuesto de calor del Ártico (cap. 11 y 16), su análisis puede ser muy informativo. Un estudio reciente sobre el transporte de calor oceánico en los mares nórdicos y el océano Ártico reveló un aumento repentino del transporte. De la media de 1993-98 a la media de 2002-2016, el transporte oceánico de calor en esta importante región climática, el "barómetro" del cambio climático, aumentó en 25 teravatios (9%) entre 1998 y 2002 (fig. 27).[112]

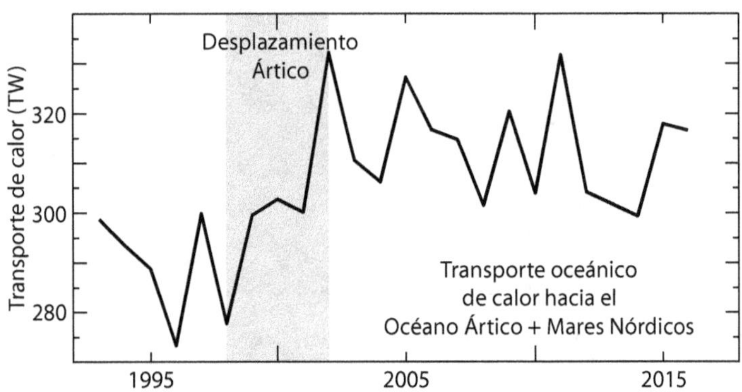

Figura 27. El desplazamiento ártico en el transporte oceánico. El transporte de calor oceánico hacia el Ártico y los mares nórdicos durante 1993-2017 muestra un cambio abrupto durante el desplazamiento ártico.

---

[110] Imagen superior de Macdonald, A.M. & Baringer, M.O., 2013. Internat. Geophys. Vol. 103, pp. 759–785. doi.org/10.1016/B978-0-12-391851-2.00029-5. Gráfica inferior, datos de NOAA.

[111] Chylek, P., et al., 2014. Geophys. Res. Lett. 41 (5), pp.1689–1697. doi.org/10.1002/2014GL059274

[112] Tsubouchi, T., et al., 2021. Nat. Clim. Change, 11 (1), pp.21–26. doi.org/10.1038/s41558-020-00941-3. Fuente de datos para la fig. 27.

Denomino "desplazamiento ártico" al periodo de rápido cambio climático en el Ártico que coincidió con el cambio en el transporte oceánico. Como veremos, el transporte de calor por la atmósfera hacia el Ártico también aumentó durante el desplazamiento ártico, no mostrando la compensación entre el transporte de calor atmosférico y oceánico que predecían los modelos (recuadro 8, cap. 12). Resultó en una aceleración del cambio climático en el Ártico en una clara demostración de cómo los cambios en el transporte conducen a profundos cambios climáticos que se atribuyen erróneamente al forzamiento antrópico. El desplazamiento ártico fue sólo una de las partes más llamativas del desplazamiento climático mundial más importante de los últimos 40 años. Esta cuestión se analiza en detalle en el capítulo 33.

Circulación impulsada por el viento y termohalina

La circulación oceánica puede dividirse en dos tipos: una circulación rápida, impulsada por la fuerza del viento y organizada en giros oceánicos, y una circulación más lenta, relacionada con los cambios de densidad del agua provocados por los cambios de temperatura y salinidad (termohalina). Estos dos tipos de circulación no son independientes, ya que el viento también afecta a la circulación termohalina. Es importante señalar que el término circulación termohalina, que se refiere a la circulación de masa, calor y sal, puede inducir a error porque las circulaciones de calor y sal son diferentes.[113] En el Atlántico, las circulaciones por el viento y termohalina contribuyen al transporte hacia los polos, mientras que en otros océanos son los giros oceánicos impulsados por el viento los que transportan la mayor parte del calor.

A pesar de su importancia para comprender el sistema climático, nuestros conocimientos sobre la estructura vertical del transporte de calor por el océano son escasos. Esta cuestión es fundamental para el debate sobre si el mezclado abisal, la formación de aguas profundas a alta latitud o los vientos controlan el transporte de calor por los océanos. Este debate ha suscitado preocupaciones injustificadas sobre la posibilidad de que la circulación de vuelco del Atlántico se interrumpa, provocando un importante enfriamiento en Europa. Investigaciones anteriores sobre la estructura vertical del transporte oceánico de calor, teniendo en cuenta la diferencia de temperatura en la interfaz entre el océano y la atmósfera, han revelado nuestra incomprensión de este proceso crucial.[114] Dichos análisis muestran que la circulación de superficie, muy sensible a la tensión del viento, domina el transporte total de calor por el océano, mientras que el mezclado abisal no tiene prácticamente ningún efecto. La formación de aguas profundas en latitudes altas contribuye en un 60% al transporte de calor del Atlántico Norte, pero el transporte por la circulación meridional también es proporcional a la tensión del viento, siendo tan sensible a los vientos como a la convección en latitudes altas.

Los resultados de estos estudios ponen en tela de juicio la concepción común del transporte oceánico de calor que se presenta en los libros y se ilustra con coloridos diagramas de cintas. Está claro que los vientos desempeñan un

---

[113] Wunsch, C., 2002. Science, 298 (5596), pp.1179–1181.
doi.org/10.1126/science.1079329

[114] Boccaletti, G., et al., 2005. Geophys. Res. Lett. 32 (10) L10603.
doi.org/10.1029/2005GL022474 Ferrari, R. & Ferreira, D., 2011. Ocean Model. 38 (3–4), pp.171–186. doi.org/10.1016/j.ocemod.2011.02.013

papel fundamental en el transporte de calor oceánico y que la cantidad de calor transportada por los océanos es linealmente proporcional a la magnitud de la tensión del viento. Estos resultados llevan a tres conclusiones controvertidas y de gran alcance sobre el cambio climático:

* La circulación atmosférica es la principal responsable del transporte de calor a escala mundial, ya sea directamente o a través de su influencia en el transporte oceánico.
* El transporte atmosférico y oceánico de calor no pueden compensarse mutuamente. Al estar fundamentalmente vinculados por la acción del viento, cualquier cambio en uno debe ir acompañado de un cambio en el otro en la misma dirección. Por consiguiente, los cambios en la cantidad de calor transportado hacia los polos no sólo son posibles, sino inevitables.
* La variabilidad en el transporte global de calor debe producirse en las escalas de tiempo de décadas típicas de la variabilidad atmosférica y del océano superficial, más que en las escalas de tiempo centenarias o más largas características del vuelco meridional profundo.

Recuadro 14. Respuesta del transporte oceánico de calor a la variabilidad solar

El transporte oceánico de calor se produce principalmente en aguas tropicales poco profundas, por lo que el presupuesto de calor de la capa superior es fundamental para el transporte oceánico global. Los estudios sobre la variabilidad de la temperatura y la presión de la superficie del mar han identificado frecuencias típicas cuasi-bienales y de El Niño-Oscilación del Sur, así como una frecuencia de 11 años. Aunque esta variabilidad de 11 años está sincronizada con el ciclo solar, su magnitud no puede explicarse por el forzamiento radiativo directo del Sol en la superficie.[115] En el océano tropical global, la temperatura en la capa superior varía en $\pm 0,1°C$ en fase con el ciclo solar, lo que requiere un cambio de $\pm 0,9$ W/m², mientras que el cambio en el forzamiento radiativo en superficie procedente del ciclo solar es un orden de magnitud demasiado pequeño, $\pm 0,1$ W/m². Por tanto, la variabilidad debe atribuirse a mecanismos océano-atmosféricos a pesar de su sincronización con el Sol.

El efecto de El Niño sobre el transporte oceánico de calor se caracteriza por el calentamiento de la capa superior del océano tropical global, que a su vez calienta la atmósfera de encima. Por el contrario, la variabilidad asociada al ciclo solar provoca el calentamiento de la atmósfera tropical global, que a su vez calienta el océano que hay debajo. Este proceso se consigue principalmente reduciendo el flujo neto de calor sensible + latente del océano a la atmósfera, ya que el aumento de la radiación solar en el océano es insuficiente. Las pruebas indican que el efecto del ciclo solar sobre el océano es indirecto y se produce a través de la atmósfera. Las afirmaciones de que el Sol no puede ser responsable del cambio climático debido al pequeño cambio en la irradiación solar total que produce su variabilidad

---

[115] White, W.B., et al., 2003. J. Geophys. Res. Oceans, 108 (C8) 3248. doi.org/10.1029/2002JC001396

ignoran las abundantes pruebas de que las variaciones solares actúan indirectamente afectando a la circulación atmosférica.

Los modelos coinciden en que la variabilidad solar tiene un impacto significativo en el transporte de calor oceánico. El modelo de circulación general atmósfera-océano totalmente acoplado del Centro Hadley de la Oficina Meteorológica del Reino Unido muestra que el forzamiento solar es el factor natural más importante que determina la respuesta multidecadal de la circulación meridional atlántica.[116] El forzamiento solar está asociado a anomalías de larga duración en la circulación atmosférica sobre el Atlántico Norte causadas por cambios en la estratosfera debidos a una irradiación solar más débil durante finales del siglo XIX y principios del XX. El modelo no capta totalmente la respuesta atmosférica a la variabilidad solar, pero muestra cambios notables en la localización de la Zona de Convergencia Intertropical, las precipitaciones en el Amazonas y las temperaturas en Europa.

En resumen

El océano desempeña un papel fundamental en el transporte de calor desde los trópicos hacia los polos. La circulación impulsada por el viento en los giros oceánicos es responsable de la mayor parte del transporte de calor, y una cinta transportadora global tiene una contribución limitada. Sin embargo, el océano Atlántico es una excepción, ya que presenta un transporte neto de calor hacia el norte con un transporte transecuatorial relevante, debido principalmente a la circulación de vuelco meridional del Atlántico, que es sensible tanto a la tensión del viento como a la formación de aguas profundas en latitudes altas.

La atmósfera, directamente a través de su circulación e indirectamente a través del efecto de la tensión del viento sobre el transporte oceánico, es la principal responsable de la mayor parte del transporte de calor hacia los polos. La oscilación multidecadal de la temperatura de la superficie del Atlántico Norte es el resultado de los cambios en el transporte de calor hacia los polos. Además, la capa superior del océano tropical muestra cambios de temperatura en fase con el ciclo solar causados por cambios en la circulación atmosférica que afectan al flujo de calor del océano a la atmósfera.

---

[116] Menary, M.B. & Scaife, A.A., 2014. Clim. Dyn. 42, pp.1347–1362.
    doi.org/10.1007/s00382-013-2028-x

SECCIÓN 4 CUESTIONES CLAVE

La troposfera transporta la mayor parte del calor hacia los polos sobre las cuencas oceánicas. La célula de Hadley es ineficaz porque transporta calor latente hacia el ecuador. Las tormentas y los huracanes son el principal mecanismo de transporte de calor fuera de los trópicos. La velocidad del viento es fundamental porque proporciona energía mecánica y afecta a las tasas de evaporación. Los modelos climáticos han sido incapaces de explicar por qué la velocidad del viento muestra tendencias multidecadales.

El transporte de calor hacia el polo a través de la estratosfera está regulado por la fortaleza del vórtice polar e impulsado por el momento de las ondas atmosféricas, que actúan como una bomba. Los vientos ecuatoriales en la estratosfera cambian de dirección aproximadamente cada dos años, creando un régimen de circulación diferente que afecta a la estratosfera y a la troposfera. La fase del este de esta Oscilación Cuasi-Bienal hace que las ondas atmosféricas debiliten el vórtice polar. Como consecuencia, el Ártico está más cálido y se pierde más calor por enfriamiento radiativo.

Las anomalías en la estratosfera se propagan a la superficie de la Tierra, afectando a los patrones invernales de temperatura y presión en superficie, a la localización de los chorros troposféricos y a las trayectorias de las tormentas. El efecto se transmite a través del vórtice polar a los modos anulares, un patrón de viento polar que regula el transporte de calor. Estos modos muestran tendencias multidecadales que los modelos no pueden explicar. El ciclo solar influye mucho en los cambios dinámicos estratosféricos que subyacen a estos efectos.

La circulación atmosférica invernal y el transporte de calor son más intensos en el hemisferio norte debido a una mayor actividad de las ondas atmosféricas, lo que da lugar a un vórtice más débil. También se crean patrones de bloqueo en la corriente en chorro que redirigen las tormentas hacia el Ártico. La intensificación de la circulación atmosférica invernal provoca una rotación más rápida de la Tierra.

El océano transporta la mayor parte del calor dentro de los trópicos, principalmente a través de la circulación impulsada por el viento en los giros oceánicos, con alguna contribución del transportador global. Sin embargo, el océano Atlántico es una excepción, con un transporte neto de calor hacia el norte debido principalmente a la circulación de vuelco meridional del Atlántico. Los cambios en el transporte de calor hacia el polo provocan la oscilación multidecadal de la temperatura superficial del mar en el Atlántico Norte. Además, el océano tropical superficial experimenta cambios de temperatura sincronizados con el ciclo solar debido a cambios en la circulación atmosférica que afectan al flujo de calor oceano-atmosférico.

PARTE II. EL CAMBIO CLIMÁTICO NATURAL

SECCIÓN 5. EL OCÉANO

Capítulo 18
El Niño

El Niño-Oscilación del Sur es un fenómeno de interacción entre el océano y la atmósfera en el Océano Pacífico que afecta al clima en todo el mundo. Durante El Niño, se extrae una gran cantidad de calor de las aguas superficiales del océano ecuatorial y se transporta hacia los polos a través del océano y la atmósfera, lo que en última instancia provoca un calentamiento de la superficie, pero también una reducción de la energía dentro del sistema climático debido al aumento de la radiación térmica saliente. Sin embargo, no existe una teoría aceptada sobre la naturaleza y las causas de El Niño. Además, los cambios a largo plazo en la frecuencia de El Niño no se comprenden del todo. Durante el periodo cálido de cinco milenios conocido como el Óptimo Climático del Holoceno, predominaron las condiciones de La Niña y los fenómenos de El Niño fueron poco frecuentes. La relación entre El Niño y la actividad solar sigue siendo controvertida, pero hay evidencias que la apoyan. Una visión más completa de El Niño-Oscilación del Sur como un fenómeno con tres fases podría permitir comprender mejor su interpretación y su relación con la actividad solar.

El Niño-Oscilación del Sur

La rotación de la Tierra hace que los vientos que soplan hacia el ecuador a través de la rama inferior de la circulación de Hadley giren hacia el oeste cuando se encuentran cerca del ecuador, procedentes de ambos hemisferios. Estos vientos se conocen como alisios, y en el hemisferio norte son del noreste, mientras que en el hemisferio sur son del sureste. Su efecto es empujar las aguas cálidas ecuatoriales hacia el lado occidental de la cuenca. En el vasto océano Pacífico, los vientos alisios crean la mayor masa de agua cálida del planeta, denominada la Piscina Cálida del Indopacífico. La acumulación de agua cálida en el Pacífico occidental hace que el aire se eleve, lo que provoca una caída de presión y una circulación de retorno con aire que desciende hacia el Pacífico oriental, aumentando allí la presión en superficie. Esta circulación de viento ecuatorial en el Pacífico se denomina circulación de Walker.

Uno de los efectos de esta intensa circulación es el fuerte afloramiento de agua fría rica en nutrientes frente a las costas de Perú y Ecuador, lo que aumenta las poblaciones de peces. Sin embargo, algunos años, los vientos alisios se debilitan y la diferencia de presión entre las dos orillas del Pacífico disminuye. Privada de su soporte, el agua cálida empuja hacia el este, reduciendo el afloramiento de agua fría y las poblaciones de peces. Los pescadores peruanos llamaban a esta situación El Niño porque a menudo les azotaba cerca de la Navidad. Otros años ocurre lo contrario, con vientos alisios más fuertes y un aumento de la diferencia de presión entre las dos orillas del Pacífico. Esto empuja el agua caliente más al oeste, aumentando el afloramiento y enfriando las aguas del Pacífico ecuatorial oriental. Esta situación se conoce como La Niña. La tercera situación son los años neutros, en los que no se da ninguna de las dos situaciones.

La Oscilación del Sur se define en términos de presión porque está asociada a las anomalías pluviométricas de los monzones. Mide la diferencia de presión entre Indonesia y el Pacífico oriental. Sin embargo, en la década de 1960, los científicos se dieron cuenta de que la Oscilación del Sur era sólo el aspecto atmosférico del fenómeno oceánico de El Niño.

El Niño-Oscilación del Sur constituye una fuente importante de variabilidad interanual del sistema climático mundial. Las condiciones cálidas de El Niño, frías de La Niña y neutras que se alternan durante este fenómeno afectan al clima global, a los ecosistemas marinos y terrestres, a la pesca y a las actividades humanas. Existen dos tipos de fenómenos de El Niño, en función de la localización de sus anomalías máximas de temperatura de la superficie del mar: el tipo del Pacífico Oriental y el del Pacífico Central. En cambio, los fenómenos de La Niña no presentan variabilidad espacial. Además, la distribución de los fenómenos de El Niño y La Niña es irregular y pueden producirse con mayor o menor frecuencia a lo largo de decenios, aspecto que aún no se comprende.

La naturaleza de El Niño sigue siendo objeto de debate, con varias opiniones enfrentadas sobre su mecanismo subyacente. Algunos lo consideran un modo oscilatorio inestable y autosostenido, mientras que otros lo ven como un modo estable desencadenado por un forzamiento estocástico. También hay quien sugiere que puede tratarse de una serie de fenómenos independientes pero acoplados.

El Niño y el transporte hacia los polos

Para comprender el fenómeno de El Niño es preciso tener en cuenta su papel en el transporte de calor hacia los polos. El principal efecto climático de El Niño es la extracción de una enorme cantidad de calor de las aguas superficiales del Pacífico ecuatorial. A continuación, el océano transporta este calor y lo libera a la atmósfera en forma de calor sensible y latente. Este proceso reduce la radiación de onda corta entrante en la región al aumentar la nubosidad. Posteriormente, la atmósfera transporta el calor fuera de los trópicos y elimina parte de él del planeta aumentando la radiación de onda larga saliente. Como resultado, la región ecuatorial del sistema climático, incluidos los 500 m superiores del océano, contiene menos calor que antes, mientras que el resto contiene más. Aunque El Niño calienta la superficie del planeta, reduce la energía dentro del sistema climático porque parte del calor se pierde a través del aumento de la radiación térmica saliente. Por lo tanto, El Niño debe entenderse como un fenómeno de enfriamiento del sistema climático, aunque tenga el efecto contrario sobre la temperatura de la superficie. La interpretación del sistema de El Niño como una bomba de calor acoplada al transporte global de calor hacia los polos no está ampliamente aceptada, pero es la conclusión obvia a partir del análisis de sus fuentes y sumideros de calor.[117] La termodinámica debería ser el principio rector del análisis climático.

La reinterpretación de El Niño en términos de transporte de calor hacia los polos arroja nueva luz sobre muchas cuestiones sin resolver acerca de este fenómeno. El Niño está ligado al invierno boreal porque el transporte de calor es

---

[117] Sun, D.Z., 2000. J. Clim. 13 (20), pp.3533–3550.
doi.org/10.1175/1520-0442(2000)013<3533:THSASO>2.0.CO;2

un balancín invernal, y la circulación atmosférica invernal del hemisferio norte es más fuerte debido a que las cuencas oceánicas son más pequeñas, la actividad de las ondas atmosféricas es mayor y el transporte de calor hacia el Ártico es mayor que hacia el Antártico (cap. 11). Los fenómenos de El Niño son más variables en el tiempo y en el espacio que los de La Niña porque responden a condiciones de transporte de calor que también son variables en el tiempo y en el espacio. Esto se debe a que hay muchas maneras de transportar el calor, pero sólo una manera de no transportarlo.

Existe un vínculo controvertido entre El Niño y la Oscilación del Atlántico Norte (recuadro 12, cap. 15), a menudo denominado teleconexión, con implicación estratosférica y troposférica.[118] El resultado es un vórtice polar más débil e inviernos más fríos sobre Norteamérica y el norte de Europa durante los inviernos de El Niño. Sin embargo, en lugar de una compleja teleconexión variable que se resiste a ser interpretada, lo que está ocurriendo es la respuesta del complejo sistema de transporte meridional global al calor inyectado en la atmósfera desde el Pacífico ecuatorial por el fenómeno Niño. Según la localización y la cantidad de calor, éste afecta de manera diferente a los distintos componentes del sistema de transporte (circulación de Brewer-Dobson estratosférica, Oscilación del Atlántico Norte, vórtice polar).

Recuadro 15. El Niño durante el Holoceno

Interpretar El Niño en términos de transporte de calor hacia los polos ayuda a explicar por qué su frecuencia ha variado tanto durante el Holoceno. De la consideración termodinámica de que los eventos de El Niño representan eventos de enfriamiento en el sistema climático, se deduce que los eventos de El Niño deberían aumentar en frecuencia durante los periodos de enfriamiento global y disminuir durante los periodos de calentamiento si los cambios en el almacenamiento de calor oceánico están implicados en el cambio de temperatura.

El análisis de sedimentos en una laguna andina nos ha permitido reconstruir la frecuencia de eventos fuertes de El Niño a lo largo del Holoceno (fig. R15).[119] Esta reconstrucción apoya nuestra interpretación. Durante el calentamiento del Holoceno inferior y la mayor parte del Óptimo Climático del Holoceno cálido, los eventos Niño fuertes fueron muy raros. Sin embargo, a partir de hace unos 7.000 años, los fenómenos de El Niño se hicieron más frecuentes a medida que el planeta se enfriaba y entraba en el periodo Neoglacial, caracterizado por el crecimiento de los glaciares en la mayor parte del mundo. Hace unos 1.200 años, a medida que el planeta se calentaba hacia el Periodo Cálido Medieval, se produjo una notable disminución de los episodios de El Niño. Por el contrario, hace unos 800 años, cuando el planeta empezó a enfriarse hacia la Pequeña Edad de Hielo, se produjo un marcado aumento de los fenómenos de El Niño.

En la actualidad, el planeta se está calentando y la frecuencia de los fenómenos de El Niño está disminuyendo drásticamente. La frecuencia de El Niño es ahora

---

[118] Domeisen, D.I., et al., 2019. Rev. Geophys. 57 (1), pp.5–47.
    doi.org/10.1029/2018RG000596
[119] Moy, C.M., et al., 2002. Nature, 420 (6912), pp.162–165.
    doi.org/10.1038/nature01194

muy baja en comparación con la media del Holoceno superior, con un fenómeno fuerte cada 20 años aproximadamente.

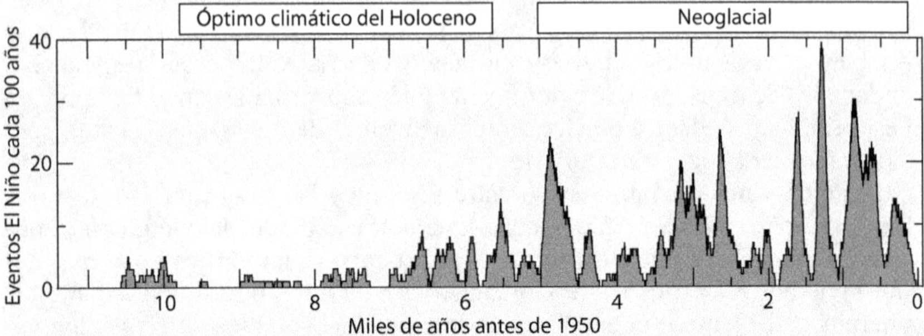

Figura R15. Actividad de El Niño-Oscilación del Sur durante el Holoceno. La actividad de El Niño (número de eventos por siglo) muestra una distribución bimodal, con baja actividad durante el Óptimo Climático del Holoceno y alta actividad durante el Neoglacial.

La respuesta de El Niño a la actividad solar

Ya hemos hablado de la correlación entre la temperatura de la capa superior del océano tropical y el ciclo solar (recuadro 14, cap. 17). Esta correlación debería afectar a El Niño, y varios estudios han señalado una relación entre el ciclo solar y El Niño.[120] Sorprendentemente, la mayoría de los expertos en El Niño pasan por alto esta conexión, e incluso las revisiones exhaustivas de El Niño-Oscilación del Sur no la mencionan.[121]

Para demostrar la relación entre El Niño y el ciclo solar, se utilizó una técnica de composición estadística denominada análisis de épocas superpuestas que reveló una correlación entre ambas series. Los datos sobre la actividad solar (manchas solares) y El Niño (índice oceánico del Niño, anomalía de la temperatura de la superficie) se dividieron en 22 intervalos basados en fracciones del ciclo solar correspondiente. Este método facilita la comparación de datos de la misma fase del ciclo solar, aunque los ciclos sean de distinta duración. En la figura 28 se muestran la media y la desviación estándar (sólo para el índice Niño) de seis ciclos solares.

Al analizar los datos de este modo, quedó claro que los valores positivos de El Niño tienden a producirse con mayor frecuencia desde el máximo solar hasta cuando la actividad solar ha caído por debajo de la media, y los valores negativos desde ese momento hasta el mínimo solar, aunque con retraso. Sin embargo, las mayores anomalías se dan para El Niño en torno al momento del mínimo solar y para La Niña a partir de entonces, cuando aumenta la actividad solar.

Para evaluar la significación estadística de los resultados, realicé un análisis de Monte Carlo sobre el periodo de 12 meses marcado con un asterisco en la figura 28, proveniente del promedio de seis ciclos solares. El valor medio del Índice Oceánico del Niño es −0,649, lo que indica condiciones de La Niña (es

[120] Ver cap. 10, secc. 10.4 de Vinós, J., 2022. Climate of the Past, Present and Future: A scientific debate. 2nd ed. Critical Science Press.

[121] Timmermann, A., et al., 2018. Nature, 559 (7715), pp.535–545. doi.org/10.1038/s41586-018-0252-6

decir, una anomalía de temperatura fría inferior a –0,5 °C en el Pacífico ecuatorial). Extraje al azar y promedié 100.000 grupos de seis periodos de 12 meses de la base de datos del índice del Niño, y sólo en el 0,7% de ellos obtuve un valor igual o inferior a –0,649. Por tanto, el caso de La Niña marcado con un asterisco en la figura 28 tiene una probabilidad del 99,3% de no deberse al azar, lo que confirma la relación entre el ciclo solar y El Niño.

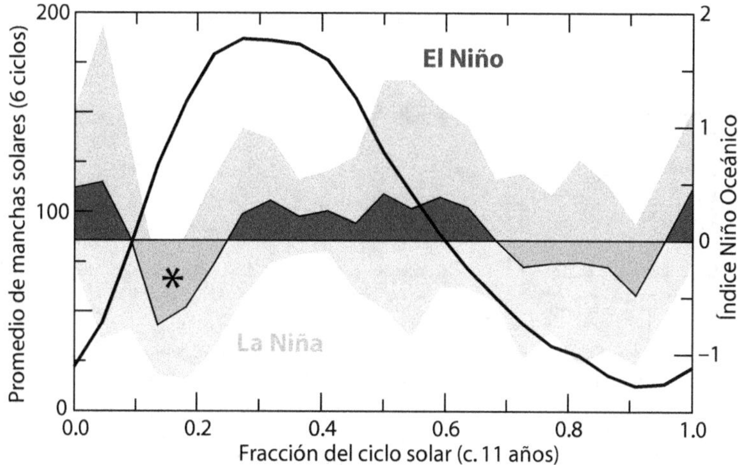

Figura 28. Análisis por épocas de la relación ciclo solar-El Niño. Número medio mensual suavizado de manchas solares (curva negra gruesa, escala izquierda) para 1950-2018. Índice oceánico medio del Niño para el mismo periodo (áreas coloreadas, valores positivos en gris oscuro y negativos en gris intermedio, escala derecha) y desviación estándar (áreas coloreadas gris claro).[122] Escala temporal relativa expresada en fracciones de ciclos solares completos de distinta duración. El asterisco indica el periodo para el que se realizó un análisis de Monte Carlo.

El Niño se considera a menudo como una oscilación entre dos estados opuestos, pero esta simplificación excesiva ignora el estado neutro que existe entre ambos. Este estado neutro es igualmente importante porque El Niño-Oscilación del Sur funciona como una bomba de calor asociada al transporte de calor hacia los polos, con tres posiciones básicas: baja, normal y alta. Analizando sus frecuencias relativas, obtenemos información valiosa. Curiosamente, resulta que lo contrario de La Niña en términos de frecuencia no es El Niño, sino Neutral. Mientras que los fenómenos de El Niño suelen producirse cada 2-3 años (con un intervalo de 1-4 años), la frecuencia de los fenómenos de La Niña y los años neutros es más variable, oscilando entre 0-4 en un periodo de 5 años. En particular, la frecuencia de los fenómenos El Niño (no mostrada en la fig. 29a) no presenta una correlación significativa con la frecuencia de La Niña o los años neutros, pero estos dos últimos muestran una clara anticorrelación, como se muestra en la figura 29a.

---

[122]Datos de WDC–SILSO, Real Observatorio de Bélgica y NOAA.

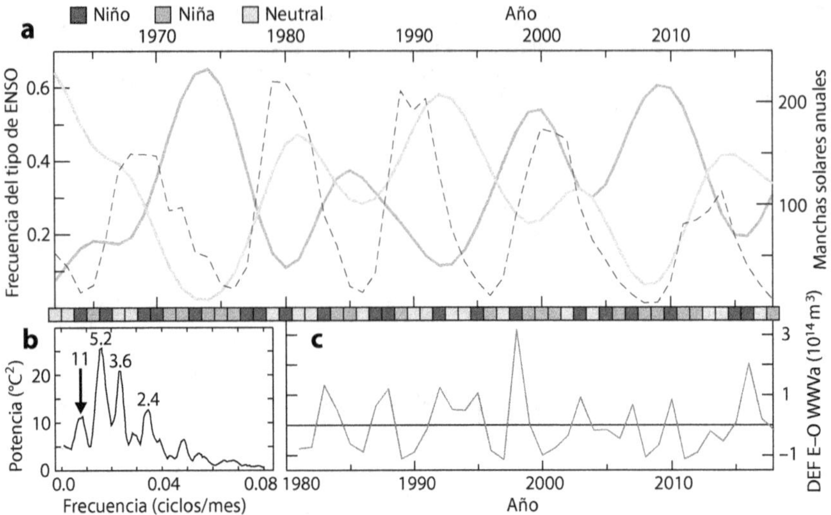

Figura 29. Modos de El Niño-Oscilación del Sur y la actividad solar. a) Frecuencia de años Niña (línea gruesa gris) y años neutros (línea gruesa gris claro), y el ciclo solar (manchas solares anuales, línea fina gris de trazos). b) Espectro de potencia de la serie temporal de anomalías de la temperatura de la superficie del mar en la región Niño-3.4 para 1900-2008.[123] Una flecha marca la frecuencia del ciclo solar de 11 años. c) Diferencia en la anomalía en el volumen de agua caliente (WWVa) por encima de la isoterma de 20 °C (media de diciembre-febrero) entre el Pacífico ecuatorial este y el oeste.[124]

La Figura 29a muestra una media móvil centrada de 5 años (con filtro gaussiano) de la frecuencia de años Niña (gris intermedio) y años neutros (gris claro) entre 1962-2018. Como puede observarse, existe una anticorrelación muy buena para todo el periodo. Los recuadros pequeños representan la clasificación modal de cada año, correspondiente al estado oficial en enero.[125] Los años Niña tienden a ser más frecuentes cuando la actividad solar es baja, normalmente con un retraso, mientras que los años neutros muestran la tendencia opuesta. La figura 29b muestra que este patrón de frecuencia aparece como un pico de 11 años en un análisis de todo el siglo XX.

Este análisis no muestra la frecuencia de los años Niño porque no siguen un patrón obvio. Los fenómenos de El Niño son más regulares y frecuentes en las décadas de 1970 y 1980 que en las de 1990 y 2000. El principal factor predictivo de un episodio de El Niño es la acumulación de agua cálida en el Pacífico oriental, lo que sugiere que es más probable que respondan a necesidades de transporte de calor que a señales solares transportadas por la atmósfera. La figura 29c muestra la diferencia en la anomalía de agua cálida entre el Pacífico ecuatorial oriental y occidental (datos sin tendencia), que identifica claramente los episodios de El Niño.

[123] Deser, C., et al., 2010. Ann. Rev. Mar. Sci. 2, pp.115–143. doi.org/10.1146/annurev-marine-120408-151453 La region Niño 3.4 es 5°N-5°S, 120-170°O.

[124] Datos de la Oficina de Proyectos TAO de NOAA/PMEL

[125] Domeisen, D.I., et al., 2019. Rev. Geophys. 57 (1), pp.5–47. doi.org/10.1029/2018RG000596

En resumen

Los resultados aquí presentados apuntan a un erróneo concepto común del fenómeno de El Niño. El Niño es un sistema de bomba de calor que extrae calor del Pacífico ecuatorial. Atraviesa ciclos de baja actividad (años de La Niña) y de actividad normal (años neutros) en respuesta al estado del transporte meridional de calor, en el que influyen diversos factores como la actividad solar. Cuando se acumula demasiada agua caliente o el planeta se está enfriando, la bomba entra en sobremarcha, dando lugar a los años de El Niño. Sin embargo, los periodos de baja actividad de El Niño pueden durar largos periodos, de décadas a milenios, porque el Niño sólo se produce cuando hay una necesidad elevada de transportar calor. Durante un episodio de El Niño, el exceso de calor en la atmósfera puede causar toda una serie de efectos meteorológicos, ya que el clima es esencialmente una manifestación del transporte de calor.

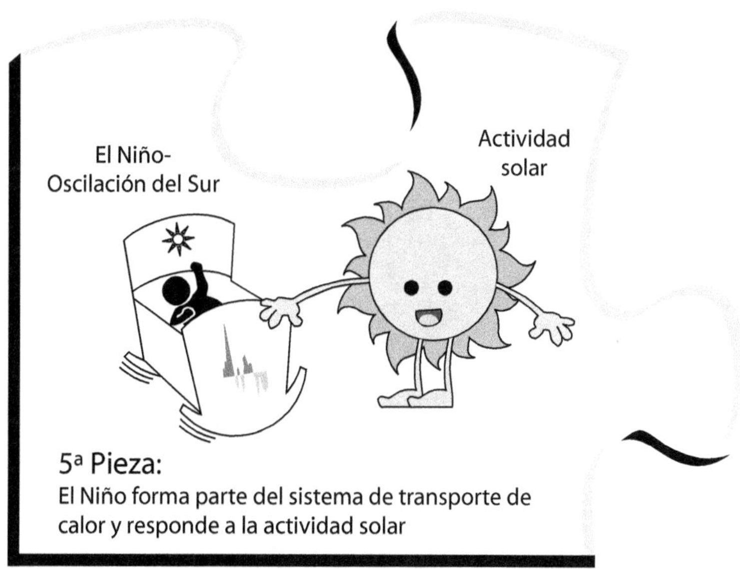

Capítulo 19
Oscilaciones Oceánicas

Tras el Primer Informe de Evaluación del IPCC, los científicos descubrieron oscilaciones de temperatura multidecadales en los océanos que revelaron nuestra incompleta comprensión del clima. Aunque su causa sigue siendo desconocida, estas oscilaciones proporcionan una explicación alternativa para el cambio de enfriamiento global a calentamiento en 1975, que fue explicado por la hipótesis del efecto reforzado del CO_2 a través de un cambio de un forzamiento predominante de enfriamiento por aerosoles a un forzamiento predominante de calentamiento por CO_2.

Las oscilaciones oceánicas multidecadales son el resultado de cambios en la magnitud y la distribución geográfica del transporte de calor hacia los polos, que se reflejan en los cambios correspondientes en las anomalías de la velocidad del viento. La Oscilación Decadal del Pacífico está vinculada a la variabilidad de El Niño-Oscilación del Sur. La periodicidad de la Oscilación Multidecadal del Atlántico sugiere que la década de 2030 podría ser más fría que la de 2020.

La Oscilación Multidecadal del Atlántico

A mediados de la década de 1980, los científicos descubrieron una oscilación multidecadal de la temperatura superficial del océano Atlántico que tenía un notable efecto sobre las precipitaciones. No fue hasta 1994 cuando se dieron cuenta de que también tenía un fuerte efecto global sobre la temperatura, algo inesperado porque no encajaba con la teoría climática de que los cambios en los GEI causan el cambio climático.[126] Para entonces, la hipótesis del efecto reforzado del CO_2 ya había explicado el enfriamiento de 1945-1975 como debido al aumento del enfriamiento por los aerosoles industriales y el calentamiento desde 1975 como debido al aumento del CO_2. Sin embargo, las fases de la Oscilación Multidecadal del Atlántico también coinciden, con una fase fría entre 1945 y 1975 seguida de una fase cálida desde 1975, lo que dificulta su conciliación con la teoría existente.

Para colmo, los modelos climáticos no muestran los modos oscilatorios observados y son incapaces de proyectar el comportamiento esperado de la oscilación. Aunque algunos defensores de la hipótesis del efecto reforzado del CO_2 consideran las oscilaciones oceánicas como una variabilidad causada por el ruido climático, esta perspectiva nos impide llegar a comprender su naturaleza y sus causas.

La Oscilación Multidecadal Atlántica es esencialmente un índice de la temperatura de la superficie del mar en el Atlántico Norte entre 0° y 70°N sin su tendencia a largo plazo. La figura 30 muestra cómo afecta esta oscilación a las temperaturas de la superficie del mar. Se trata de una regresión lineal sin unidades que muestra cuánto cambiaría la temperatura global de la superficie del mar si el

---

[126] Schlesinger, M.E. & Ramankutty, N., 1994. Nature, 367 (6465), pp.723–726.
  doi.org/10.1038/367723a0

índice aumentara en 1 °C. Sin embargo, dado que el índice sólo varía en ±0,2 °C, los cambios observados son aproximadamente un tercio de lo que muestra la figura.

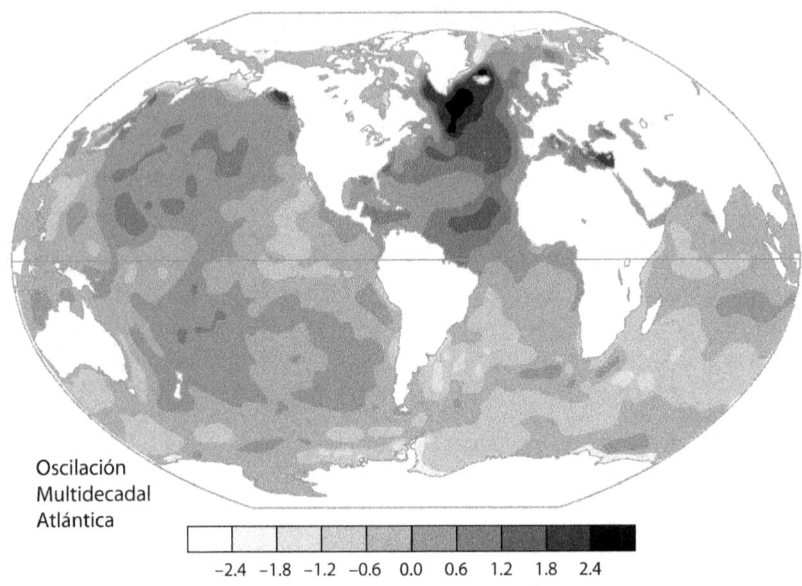

Figura 30. Patrón espacial de la Oscilación multidecadal del Atlántico. Se obtiene a partir de las anomalías de la temperatura superficial del mar en el Atlántico Norte de 1870-2008 tras restar la anomalía media global.[127]

Según la hipótesis del efecto reforzado del CO_2, las actividades humanas han sido la causa principal del cambio climático desde 1950, dejando poco margen a las oscilaciones oceánicas. El argumento es que, debido a su naturaleza oscilatoria, los cambios en direcciones opuestas deberían anularse mutuamente, dando lugar a un efecto neto nulo a largo plazo. Sin embargo, esta suposición sólo es válida si la amplitud de las oscilaciones ha permanecido invariable a lo largo del tiempo, lo que no es el caso. Las oscilaciones oceánicas no son cíclicas sino cuasiperiódicas no estacionarias, lo que significa que su periodo y la amplitud de su efecto varían con el tiempo.

Pruebas recientes sugieren que la Oscilación Multidecadal del Atlántico tuvo una amplitud menor y un periodo más corto durante al menos cinco siglos hasta aproximadamente 1850, cuando comenzó el calentamiento global moderno.[128] Esto ocurrió aproximadamente un siglo antes de que nuestras emisiones empezaran a acelerarse. Algunos científicos creen que la fase positiva de la Oscilación Multidecadal del Atlántico es responsable de hasta un tercio del calentamiento global desde 1975.[129] Si esto es cierto, desafía la explicación de

[127] Figura de Deser, C., et al., 2010. Ann. Rev. Mar. Sci. 2, pp.115–143. doi.org/10.1146/annurev-marine-120408-151453

[128] Moore, G.W.K., et al., 2017. Sci. Rep. 7 (1), p.40861. doi.org/10.1038/srep40861

[129] Chylek, P., et al., 2014. Geophys. Res. Lett. 41 (5), 1689–1697, doi.org/10.1002/2014GL059274

que casi todo el cambio climático se debe a las emisiones humanas de aerosoles y CO_2, especialmente porque las fases de la oscilación coinciden con el
enfriamiento observado antes de 1975 y el calentamiento después de 1975.

La Oscilación Decadal del Pacífico

En 1997, sólo tres años después del descubrimiento de la Oscilación Multidecadal del Atlántico, se descubrió otra oscilación en el Pacífico.[130] Esta oscilación
tiene un periodo más corto, de 20-30 años, y está asociada a cambios coordinados en el clima y la ecología del Océano Pacífico que se produjeron en 1976 y
dos veces antes en el siglo XX. Sin embargo, también tiene una periodicidad más
larga, de 50-70 años, similar pero no coincidente con la Oscilación Multidecadal
del Atlántico. La Oscilación Decadal del Pacífico puede definirse por las temperaturas de la superficie del mar o por la presión a nivel del mar y su efecto es
similar al de El Niño-Oscilación del Sur, pero con un periodo mucho más largo.
A veces se la denomina variabilidad climática de El Niño de larga duración. Las
fases de la oscilación del Pacífico están relacionadas con los cambios multidecadales en la frecuencia de El Niño que se han analizado en el capítulo anterior. Las
fases cálidas se caracterizan por una mayor frecuencia de episodios de El Niño,
mientras que ocurre lo contrario con las fases frías.

Aún se desconocen las causas de las oscilaciones oceánicas, y su potencial
para la previsión climática sigue siendo incierto. Los modelos climáticos no las
reproducen con exactitud, y aunque algunos modelos producen oscilaciones
oceánicas similares, a menudo lo hacen por razones diferentes.

Las oscilaciones oceánicas y el transporte de calor hacia los polos

La energía suministrada por el Sol en los trópicos permanece relativamente
constante cada año, lo que lleva a la hipótesis lógica de que los cambios multidecadales en el contenido energético de grandes regiones de las cuencas oceánicas deben atribuirse a cambios en el transporte de calor hacia los polos. Sin
embargo, esta perspectiva rara vez se tiene en cuenta en la literatura científica
sobre la variabilidad multidecadal.

En el capítulo anterior, analizamos cómo El Niño-Oscilación del Sur actúa
como una bomba de calor, extrayendo calor de las aguas superficiales del
ecuador y transportándolo hacia los polos. Esto nos lleva a pensar que la oscilación del Pacífico está relacionada con la intensidad del transporte hacia los
polos en el Pacífico durante periodos multidecadales. La figura 30 muestra el
calentamiento y el enfriamiento oscilantes en el Atlántico Norte, pero también
muestra el calentamiento y el enfriamiento coordinados en los demás océanos
fuera de la zona ecuatorial, lo que sugiere que las variaciones globales en el
transporte de calor hacia los polos también desempeñan un papel en esta oscilación.

La comparación de la oscilación atlántica con las anomalías de los vientos
oceánicos (fig. 31b) refuerza la idea de que las oscilaciones multidecadales
están relacionadas con el transporte de calor hacia los polos. Dado que el vien-

---

[130] Mantua, N.J., et al., 1997. Bull. Am. Meteorol. Soc. 78 (6), pp.1069–1080.
doi.org/10.1175/1520-0477(1997)078<1069:APICOW>2.0.CO;2 Minobe, S., 1997.
Geophys. Res. Lett. 24 (6), pp.683–686. doi.org/10.1029/97GL00504

to es el principal transportador de calor en el planeta, tanto directamente como a través de la circulación oceánica impulsada por el viento, la correlación entre los cambios globales del viento oceánico y los cambios en la oscilación atlántica apoya el argumento de que las oscilaciones oceánicas representan un fenómeno de transporte. Sin embargo, la interpretación de los cambios del viento en términos de transporte es complicada porque los vientos zonales (este-oeste) impiden el transporte de calor hacia los polos, mientras que los vientos meridionales (norte-sur) lo facilitan. Determinar cómo afectan los cambios observados en los vientos al transporte de calor hacia los polos es imposible sin saber si los vientos zonales o meridionales aumentan o disminuyen. No obstante, volveremos sobre este tema en futuros capítulos.

La figura 31 muestra la correspondencia entre las oscilaciones globales de temperatura (fig. 31a) y la oscilación atlántica (fig. 31b) tras quitarles la tendencia al calentamiento a largo plazo. Esto sugiere una explicación natural alternativa para la tendencia al enfriamiento de 1945-1976, que ha sido atribuida a los aerosoles industriales por la hipótesis del efecto reforzado del CO_2 y a una erupción volcánica de 1963 en los modelos climáticos.

Aunque no es sincrónica con la oscilación atlántica, la oscilación del Pacífico también desempeña un papel en esta correspondencia. Su valor acumulado puede utilizarse para determinar cuándo cambia el signo de su estado dominante (fig. 31c), lo que ocurre anticipándose al cambio de signo de la oscilación. Analizando los máximos y mínimos de los tres gráficos, se observa un patrón en "W" en el siglo XX. Este patrón muestra mínimos en las décadas de 1920 y 1970 y máximos en torno a 1900, la década de 1940 y alrededor de 2000. La importancia de estos cambios se analizará en la sección 9.

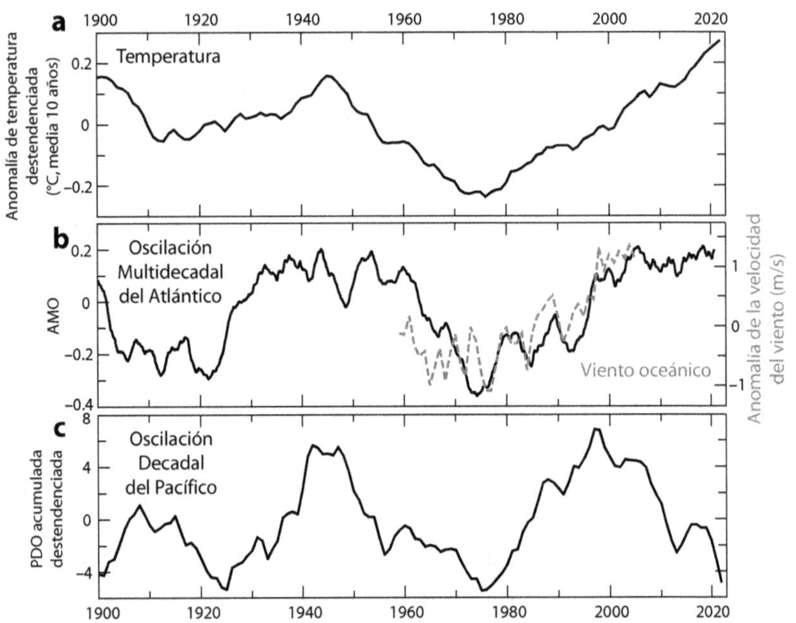

Figura 31. Variabilidad climática multidecadal. a) Media de diez años de la anomalía anual de la temperatura media global en superficie sin tendencia. b) La línea negra es la media de 4,5 años del índice de Oscilación Multidecadal del Atlántico (AMO), y la línea

de trazos gris es la anomalía global de la velocidad del viento oceánico. c) Media anual acumulada sin tendencia del índice de la Oscilación Decadal del Pacífico (PDO).[131]

Recuadro 16. La hipótesis de la ola de estadio

La correspondencia observada en la figura 31 entre las oscilaciones del Atlántico y del Pacífico sugiere que están relacionadas de algún modo. El transporte meridional de calor es un fenómeno global caracterizado por una gran variabilidad geográfica. En el hemisferio norte, hemos visto que se produce principalmente a través de dos rutas: las cuencas del Atlántico y del Pacífico, con una ruta menos significativa sobre el continente euroasiático (recuadro 13, cap. 16). La distribución del transporte de calor hacia los polos entre estas rutas parece variar con el tiempo. La variabilidad de la posición de El Niño entre el Pacífico central y el oriental es un ejemplo de variabilidad longitudinal del transporte meridional de calor a lo largo del tiempo.

Hemos hablado de las tres oscilaciones más importantes: El Niño-Oscilación del Sur y las oscilaciones multidecadales del Pacífico y del Atlántico. Sin embargo, también se han descrito otras oscilaciones atmosféricas y oceánicas de larga duración. He propuesto que todas ellas son manifestaciones de una oscilación en la distribución y magnitud del transporte global de calor hacia los polos.[132] Pero la idea de que todas ellas forman parte de una señal subyacente transmitida a través del sistema climático ya fue presentada en 2012 como la hipótesis de la ola de estadio.[133] Esta hipótesis propone que una señal climática hemisférica multidecadal se propaga a través del sistema climático, generando una secuencia de teleconexiones atmosféricas y oceánicas retardadas multianuales que dan lugar a las oscilaciones climáticas observadas. La Figura R16 muestra el comportamiento de siete oscilaciones transformadas en índices, destacando su coordinación.

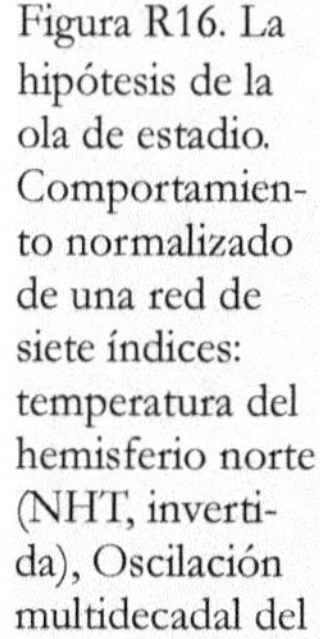
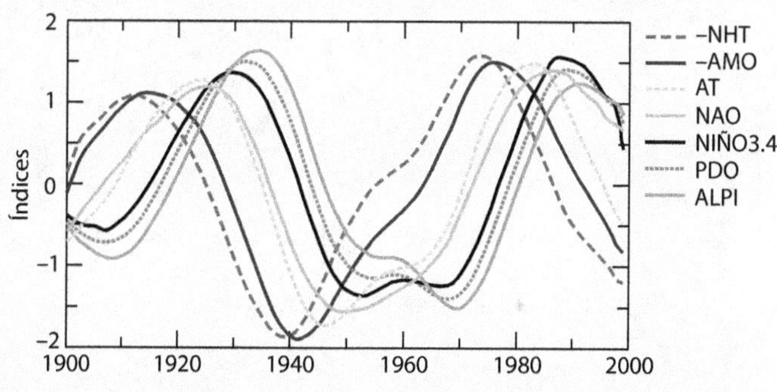

Figura R16. La hipótesis de la ola de estadio. Comportamiento normalizado de una red de siete índices: temperatura del hemisferio norte (NHT, invertida), Oscilación multidecadal del Atlántico (AMO, invertida), anomalía de transferencia de masa atmosférica (AT), Oscilación del Atlántico Norte (NAO), El Niño-Oscilación del Sur (NIÑO3.4), Oscilación Decadal del Pacífico (PDO), e Índice de la presión en la baja de las Aleutianas (ALPI).

---

[131] Datos de la figura 31: a) de la Met Office. b) de NOAA y Yu, L., 2007. J. Clim. 20 (21), pp.5376–5390. doi.org/10.1175/2007JCLI1714.1 c) de NOAA (ERSST).

[132] Vinós, J., 2022. Climate of the Past, Present and Future: A scientific debate. 2nd ed. Critical Science Press.

[133] Wyatt, M.G., et al., 2012. Clim. Dyn. 38, pp.929–949. doi.org/10.1007/s00382-011-1071-8 Fuente de la figura R16.

La hipótesis de la ola de estadio destaca por ser la primera en proponer que las oscilaciones multidecadales son un fenómeno coordinado a escala mundial, un concepto que aún no ha obtenido una aceptación generalizada. Implica la existencia de un fenómeno climático global desconocido que se produce en un segundo plano, al margen de los cambios en los GEI. Las pruebas sugieren que la causa subyacente es la variabilidad del transporte meridional de calor. La falta de interés por esta hipótesis puede atribuirse al hecho de que, en general, la comunidad climática no busca explicaciones alternativas para las observaciones que ya se han atribuido a los aumentos de los aerosoles y del CO_2.

El próximo cambio en la oscilación atlántica.

Dada la preocupación generalizada por el clima futuro, merece la pena debatir lo que podría ocurrir a continuación con la oscilación atlántica, que tiene una importante influencia en las temperaturas globales. Sin embargo, las oscilaciones oceánicas no son estacionarias, por lo que existe una gran incertidumbre sobre la próxima fase de la oscilación. Si se mantiene el periodo de la última oscilación, la Oscilación Multidecadal del Atlántico debería empezar a declinar hacia 2025 ± 1 año. Como consecuencia, las temperaturas de la superficie del mar sobre el Atlántico Norte podrían disminuir en torno a 0,4 °C a lo largo de 1-2 décadas, con un efecto menor sobre la temperatura media global de la superficie. Es posible que se produzca un efecto de enfriamiento global de 0,1-0,3 °C. Si esta proyección se mantiene, la década de 2030 podría ser ligeramente más fría que la de 2020.

En resumen

Las oscilaciones multidecadales océano-atmosféricas revelan que la variabilidad climática interna es esencialmente variabilidad en la magnitud y distribución geográfica del transporte de calor hacia los polos.

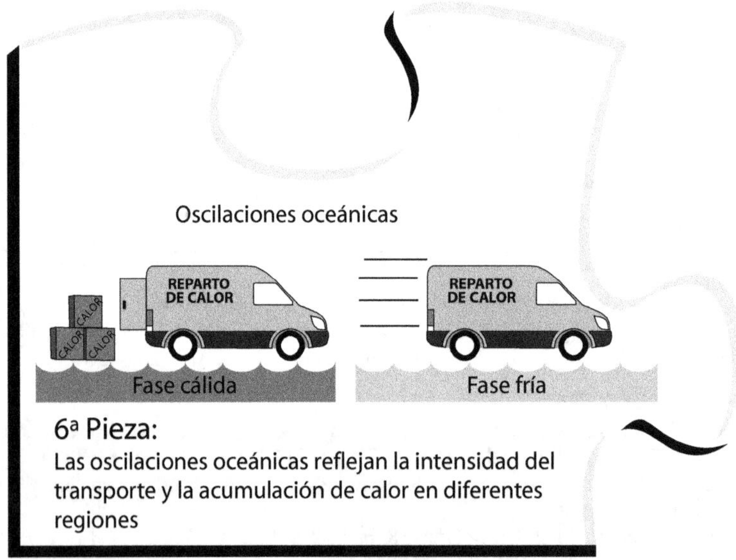

6ª Pieza:
Las oscilaciones oceánicas reflejan la intensidad del transporte y la acumulación de calor en diferentes regiones

SECCIÓN 5 CUESTIONES CLAVE

El Niño-Oscilación del Sur es una interacción entre el océano y la atmósfera que actúa como un sistema de bomba de calor en el océano Pacífico ecuatorial. Durante El Niño, el calor se extrae del océano y se transporta hacia los polos, lo que provoca un calentamiento de la superficie, pero también una pérdida de energía para el sistema climático debido al aumento de la radiación térmica saliente. La frecuencia de La Niña y de las condiciones neutras está estrechamente relacionada con el ciclo solar. A corto plazo, El Niño responde a la acumulación de agua cálida ecuatorial, mientras que a largo plazo responde a la tendencia a largo plazo de la temperatura del planeta.

Las oscilaciones oceánicas multidecadales son un descubrimiento reciente que pone de relieve nuestra incompleta comprensión del clima. Se desconoce su causa, pero influyen mucho en la evolución de la temperatura mundial. Son el resultado de cambios en la magnitud y la distribución geográfica del transporte de calor hacia los polos, que se reflejan en cambios en la velocidad del viento. La Oscilación Decadal del Pacífico está vinculada a la variabilidad de El Niño-Oscilación del Sur.

Sección 6. El Cambio Climático Natural en el Pasado

Capítulo 20
El Problema del Clima Ecuable

El planeta se encuentra actualmente en una edad de hielo, y los científicos han desarrollado modelos climáticos y teorías para explicar el clima actual. Sin embargo, en ciertas épocas del pasado, el planeta era extremadamente cálido y húmedo, con palmeras y cocodrilos incluso en las regiones polares. Este tipo de clima, caracterizado por una escasa variación de la temperatura a lo largo del globo y de las estaciones, se conoce como clima ecuable. Sigue siendo un misterio cómo fueron posibles los climas ecuables, ya que el escaso gradiente de temperatura entre el ecuador y los polos hacía imposible transportar el calor necesario para mantener calientes los polos. La respuesta no está simplemente en unos altos niveles de CO_2, sino en cambios fundamentales en la retención del calor atmosférico y el transporte. Comprender que las regiones polares actúan como radiadores refrigerantes es clave para resolver la paradoja del clima ecuable. Resulta interesante señalar que cuanto más calor se transporta a las regiones polares, más se enfría el planeta. En los últimos 50 millones de años, una serie de cambios tectónicos han transformado un planeta cálido y conservador de calor en un planeta frío y radiador de calor.

Climas de nevera y de horno

A lo largo de la historia de la Tierra, su clima ha cambiado constantemente. Aunque este libro se ocupa principalmente del cambio climático moderno, es necesario examinar los cambios climáticos del pasado para comprender por qué y cómo se producen. En esta sexta sección, el libro analiza brevemente climas y cambios específicos ocurridos en el pasado, centrándose este capítulo en el pasado remoto.

Puede resultar sorprendente, pero estamos viviendo en una edad de hielo, una de las más frías de los últimos 500 millones de años. Las edades de hielo se definen como periodos con extensas capas de hielo sobre áreas continentales, y actualmente no tenemos una, sino dos: una sobre Groenlandia y otra sobre la Antártida. Por tanto, nuestro clima puede considerarse una edad de hielo por partida doble. A pesar de los orígenes tropicales de nuestra especie, nos hemos adaptado a esta realidad, y cualquier cambio siempre trae nuevos retos.

El clima global de nuestro planeta se encuentra actualmente en un periodo de nevera (icehouse), caracterizado por una temperatura media de la superficie de unos 14,5 °C. Sin embargo, durante la mayor parte de los últimos 500 millones de años, la Tierra ha estado en un clima de invernadero, con temperaturas medias que oscilaban entre 17 y 21 °C. En el otro extremo, ha habido periodos en los que el planeta ha experimentado un clima de horno (hothouse), con temperaturas medias de 22-26 °C. Durante estos periodos, los polos estuvieron completamente libres de hielo, teniendo temperaturas medias anuales de hasta 14 °C. En cambio, los trópicos mantuvieron temperaturas similares a las actuales en un clima de horno porque el clima se volvió muy húmedo y las temperaturas no subieron mucho por encima de los 30°C debido a las abundantes precipitaciones. Sabemos que los mamíferos no pueden sobrevivir a temperaturas de bulbo húmedo (a humedad de saturación) superiores a 35 °C, por lo que podemos deducir que las temperaturas no alcanzaban ese umbral en el clima de horno.

El clima de los periodos más cálidos del mundo se define como ecuable, lo que significa que las temperaturas no variaban mucho alrededor del globo o entre las estaciones. En la figura R17, podemos observar tres periodos distintos de clima ecuable, representados por bandas verticales grises: el Triásico inferior (hace 252-238 millones de años), el Cretácico superior (hace 95-80 millones de años) y el Eoceno inferior (hace 60-50 millones de años).

Recuadro 17. La temperatura de la Tierra en el pasado remoto

Nuestro conocimiento de las temperaturas planetarias en el pasado es limitado, pero varias líneas de evidencia sugieren que los periodos cálidos y fríos se han alternado aproximadamente cada 75 millones de años. Estas pruebas proceden del estudio de las rocas (geología), los fósiles (paleontología) y los isótopos (fisicoquímica). Tres periodos fríos del eón Fanerozoico han dado lugar a edades de hielo, entre ellos el actual (Cenozoico superior) y la Edad de Hielo del Karoo, ocurrida hace 300 millones de años.

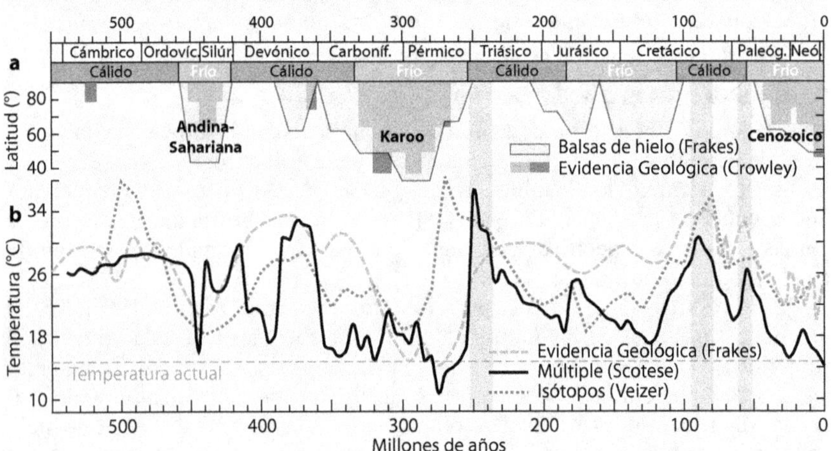

Figura R17. Temperaturas del eón Fanerozoico. a) Las evidencias de balsas de hielo y capas de hielo que llegan a latitudes más bajas desde los polos ayudan a definir cuatro periodos fríos, incluyendo tres edades de hielo. b) Existe un acuerdo generalizado entre varias reconstrucciones de temperatura sobre la alternancia de periodos cálidos y fríos. La línea gris de trazos corresponde a la temperatura actual y las bandas grises verticales marcan periodos de clima ecuable.[134]

---

[134] Datos para la figura de Crowley, T.J. & Burke, K. 1998. Tectonic boundary conditions for climate reconstructions. Oxford University Press. Frakes, L.A. & Francis, J.E., 1988. Nature, 333 (6173), pp.547–549. doi.org/10.1038/333547a0 Frakes, L.A. et al. 1992. Climate modes of the Phanerozoic. Cambridge University Press. Scotese, C.R. 2018. Phanerozoic Temperatures. Smithsonian Workshop. Veizer, J., et al., 2000. Nature, 408 (6813), pp.698–701. doi.org/10.1038/35047044

Comprender las razones de los cambios de temperatura de la Tierra en el pasado remoto es difícil, y se han propuesto varias hipótesis para explicarlos. Estas hipótesis pueden dividirse en dos grupos en función de si atribuyen la causa a factores externos o internos. Por ejemplo, una teoría de la primera categoría propone que la órbita del Sol alrededor del centro galáctico hace que la Tierra pase por diferentes regiones de densidad que afectan a los niveles de radiación cósmica, lo que provoca cambios climáticos.[135] Otra teoría popular, que pertenece a la segunda categoría, sugiere que las fluctuaciones en los niveles de CO_2 han sido el principal motor de los cambios de temperatura en el pasado.[136] También ha recibido mucha atención la idea de que los desplazamientos tectónicos y la configuración continental desempeñaron un papel importante en la conformación de los climas del pasado.[137] El mecanismo del cambio climático presentado en este libro subraya la importancia de la configuración continental de la Tierra en la determinación del clima a través de su influencia en el transporte de calor a los polos durante millones de años.

La paradoja del clima ecuable del Eoceno inferior

El Eoceno inferior, que tuvo lugar hace entre 56 y 47,8 millones de años, es el periodo más reciente y mejor estudiado de clima ecuable. En esa época, los bosques se extendían hacia el norte hasta la isla de Ellesmere (Canadá), situada a 80°N. El Ártico albergaba palmeras y cocodrilos, y la Antártida estaba cubierta de bosques. Descubrimientos recientes, entre ellos el primer fósil de rana antártica, indican que incluso el mes más frío de la península Antártica tenía en aquella época una temperatura media superior a los 3°C (fig. 32).[138] La flora y la fauna de estas regiones estaban específicamente adaptadas a la noche polar, que duraba varios meses y durante la cual las temperaturas se mantenían por encima del punto de congelación.

Los climas ecuables del pasado plantean un reto conceptual a nuestra comprensión del clima, conocido como la *paradoja del pequeño gradiente*. Como se ha explicado en capítulos anteriores, la diferencia de temperatura entre el ecuador y los polos impulsa el transporte de calor hacia los polos, manteniéndolos más calientes de lo que estarían de otro modo. Sin embargo, durante el Eoceno inferior, los polos eran unos 50 °C más cálidos que en la actualidad (14 °C en el Ártico frente a los –35 °C actuales). Mientras tanto, los trópicos experimentaron pocos cambios de temperatura, con un rango de temperatura de unos 30-35 °C. Según la teoría, el transporte de calor debería haberse reducido mucho durante este periodo. Entonces, ¿cómo es posible que los polos fueran mucho más cálidos con un transporte de calor tan reducido?

[135] Shaviv, N.J. & Veizer, J., 2003. GSA today, 13 (7), pp.4–10.
doi.org/10.1130/1052-5173(2003)013<0004:CDOPC>2.0.CO;2
[136] Royer, D.L., et al., 2004. GSA today, 14 (3), pp.4–10.
doi.org/10.1130/1052-5173(2004)014<4:CAAPDO>2.0.CO;2
[137] Eyles, N., 2008. Palaeogeogr. Palaeoclimatol. Palaeoecol. 258 (1-2), pp.89–129.
doi.org/10.1016/j.palaeo.2007.09.021
[138] Mörs, T., et al., 2020. Sci. Rep. 10 (1), p.5051. doi.org/10.1038/s41598-020-61973-5

Figura 32. El Eoceno inferior en la Antártida. Reconstrucción de un estanque del Eoceno en un bosque de la Península Antártica, con rana fósil.[139]

Los modelos climáticos se han desarrollado para simular las condiciones actuales, y tienden a funcionar mal cuando se aplican a climas muy diferentes, como los del Eoceno inferior o el Último Máximo Glacial. Esto sugiere que nuestra comprensión del clima puede no ser tan completa como pensamos. Los modelos climáticos no han logrado reproducir el Eoceno inferior, lo que ha llevado a los investigadores a la conclusión de que faltan algunos procesos climáticos importantes o no están debidamente representados. Se ha intentado adaptar los modelos al Eoceno inferior, pero aunque se consiga, no podemos estar seguros de que las simulaciones resultantes reflejen los procesos climáticos reales.[140]

Hay dos obstáculos a la idea de que los altos niveles de CO_2 fueran responsables del clima ecuable del Eoceno inferior. En primer lugar, los elevados niveles de CO_2 deberían haber incrementado las temperaturas en todo el mundo, no sólo en las latitudes altas. En segundo lugar, hay evidencias de que los niveles de CO_2 durante el Eoceno inferior eran moderados, del orden de 450-600 ppm, y ni mucho menos suficientes para explicar el clima cálido de ese periodo.[141]

Para resolver la paradoja del clima ecuable, parece que hay que tener en cuenta las diferencias en la forma en que se transportaba el calor de los trópicos a los polos, o en la capacidad de la atmósfera para absorber el calor, o ambas cosas. Sin embargo, las hipótesis de transporte requieren mecanismos diferentes que plantean problemas teóricos y carecen de pruebas de su viabilidad. En cambio, las hipótesis radiativas basadas en cambios en las nubes son más prometedoras porque se dirigen específicamente a latitudes altas y no requieren cambios significativos en el transporte de calor.[142]

---

[139] Crédito: Pollyanna von Knorring, Simon Pierre Barrette, José Grau, and Mats Wedin (CC BY-SA 3.0).

[140] Valdes, P. J., 2000. Warm Climates in Earth History. Cambridge University Press, pp.3–20. doi.org/10.1017/CBO9780511564512

[141] Steinthorsdottir, M., et al., 2019. Geology, 47 (10), pp.914–918. doi.org/10.1130/G46274.1

[142] Abbot, D.S. & Tziperman, E., 2008. Q. J. R. Meteorol. Soc. 134 (630), pp.165–185. doi.org/10.1002/qj.211

Una nueva solución a la paradoja del clima ecuable

La paradoja del clima ecuable fue un punto de inflexión en mi comprensión del cambio climático. Las paradojas suelen surgir de falsos supuestos sobre los límites del mundo físico. Una vez que abandonamos esos supuestos, podemos resolver la contradicción. En este caso, la paradoja surge de la suposición de que los polos necesitan transporte de calor para ser cálidos, cuando en realidad ocurre lo contrario. Cuanto menos calor se transporta a los polos, más se calientan el planeta y los polos. Y viceversa, cuanto más calor se transporta, más se enfrían el planeta y los polos. Esto sucede porque los polos son radiadores de refrigeración muy eficaces en invierno, similares al radiador del motor de un coche. El calor debe ser transportado por un fluido desde el motor hasta el radiador, y cuanto más calor se transporta, más frío se queda el motor. Así, la cantidad de calor irradiado en los polos en invierno determina la temperatura del planeta.

Durante el Eoceno inferior, los polos eran cálidos porque todo el planeta lo era. Cuando el invierno llegaba a los polos, el enfriamiento radiativo de la superficie provocaba una inversión térmica que enfriaba el aire húmedo cerca del suelo hasta su punto de rocío. La humedad de un océano cálido y una superficie húmeda se evaporaba en el aire, elevando el punto de rocío de la capa estable y acelerando la formación de niebla por radiación. Una niebla espesa permanente y una densa capa de nubes de aire cálido y húmedo procedente de latitudes más bajas mantuvieron calientes las regiones polares en invierno, limitando drásticamente el enfriamiento radiativo a la parte superior de la capa de nubes. La atmósfera polar se volvió muy opaca a la radiación infrarroja, y el efecto invernadero se intensificó debido a una mayor contribución del vapor de agua y del efecto de las nubes. La niebla sólo se disipó con la llegada del Sol en primavera. La cálida atmósfera polar impidió la formación de un fuerte vórtice polar troposférico, haciendo que el transporte de calor fuera más eficiente a pesar de su menor intensidad.

Este paradigma de bajo transporte/mundo cálido y alto transporte/mundo frío tiene un gran poder explicativo y resuelve muchos interrogantes sobre el cambio climático.

La formación de una edad de hielo

Ahora podemos explicar la transición del clima ecuable del Eoceno inferior a la glaciación del Cuaternario (Pleistoceno) en términos de cambios en el transporte meridional de calor. Ya no necesitamos basarnos en cambios coincidentes del CO_2 o en sucesos galácticos para encontrar una explicación. A principios del Eoceno inferior, había muy poco transporte meridional hacia el Ártico, y dominaba el transporte zonal global debido a la circulación abierta a través de las vías de paso de Panamá e Indonesia y el Mar de Tethys. Esto mantuvo el planeta caliente, calentando ambos polos. Sin embargo, una serie de cambios tectónicos (fig. 33) alteraron por completo el transporte de calor hacia los polos a través de la atmósfera sobre las cuencas oceánicas:[143]

---

[143] Lyle, M., et al., 2008. Rev. Geophys. 46, RG2002, doi.org/10.1029/2005RG000190

1. La vía de paso entre el Ártico y el Atlántico comenzó a abrirse hace unos 55 millones de años, iniciando el enfriamiento global al transportarse más calor hacia el Ártico.[144]

2. La vía de paso de Tasmania se abrió hace entre 36 y 30 millones de años, iniciando el aislamiento parcial de la Antártida y provocando su congelación.

3. El Paso de Drake se abrió hace entre 30 y 20 millones de años, completando el aislamiento de la Antártida. Esto fue malo para la Antártida pero bueno para el planeta, ya que se dirigió menos calor hacia allí. El planeta se calentó hasta alcanzar el óptimo climático del Mioceno medio.

4. El Himalaya alcanzó su altura actual hace unos 15 millones de años, lo que favoreció el transporte de calor hacia el polo por la perturbación del flujo de remolinos y el aumento del flujo de ondas planetarias. Se reanudó el enfriamiento.

5. El Flujo de Paso de Indonesia sigue abierto, pero se han producido importantes restricciones desde hace unos 11 millones de años, favoreciendo la circulación meridional.

6. El estrecho de Bering se abrió hace unos 5,3 millones de años, proporcionando otra puerta de entrada al Ártico.

7. La vía marítima de Panamá se cerró hace unos 3 millones de años, eliminando el último paso zonal tropical abierto entre cuencas.

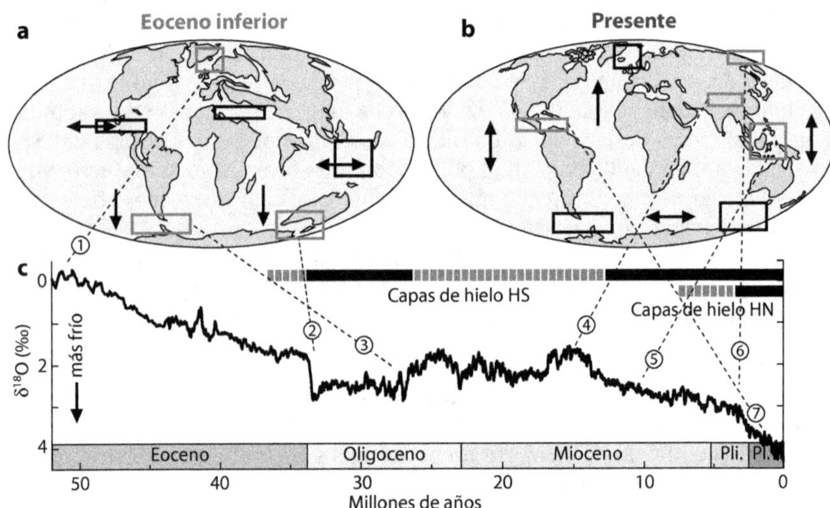

Figura 33. El transporte meridional es el principal determinante de la evolución del clima. a) & b) Circulaciones del Eoceno inferior y modernas. Las flechas horizontales indican la circulación zonal, mientras que las verticales indican la circulación meridional. Los recuadros indican las cadenas montañosas y las vías de paso oceánicas que influyen en el transporte de calor; los recuadros grises representan las mencionadas por número (véase el texto principal). c) Datos globales de $\delta^{18}O$ bentónicos como indicador

[144] Vahlenkamp, M., et al., 2018. Earth Planet. Sci. Lett. 498, pp.185–195. http://doi.org/10.1016/j.epsl.2018.06.031

indirecto de la temperatura y el hielo continental. Las barras sólidas superiores representan un volumen de hielo >50% del actual, y las barras discontinuas ≤50%.[145]

La circulación del planeta pasó de ser predominantemente zonal a predominantemente meridional, lo que ha provocado una de las glaciaciones más frías de los últimos 540 millones de años. El calor de los trópicos se disipa ahora en los polos, lo que significa que la próxima glaciación dentro de unos miles de años es inevitable debido a la configuración tectónica actual, independientemente de los niveles de CO_2.

En resumen

El Cretácico superior y el Eoceno inferior se caracterizaron por un clima cálido y ecuable, con un transporte mínimo de calor hacia los polos debido al pequeño gradiente de temperatura entre el ecuador y los polos. Durante la noche polar, que duraba meses, la atmósfera polar retenía el calor debido a un fuerte efecto invernadero dependiente del vapor de agua. Esto provocaba una densa nubosidad y niebla, mientras que el resto del cálido planeta proporcionaba suficiente calor. Sin embargo, desde el Eoceno inferior, varios cambios en la geografía del planeta han provocado que en invierno se dirija más calor hacia el Ártico. Estos cambios incluyen la apertura de la vía de paso del Ártico, el cierre de la vía de paso de Panamá y el alzamiento del Himalaya. Como consecuencia, el planeta ha ido perdiendo más calor, lo que ha provocado un enfriamiento progresivo. Independientemente de los niveles de CO_2, la configuración tectónica actual del planeta determinará la llegada de la próxima glaciación, inevitable dentro de unos miles de años.

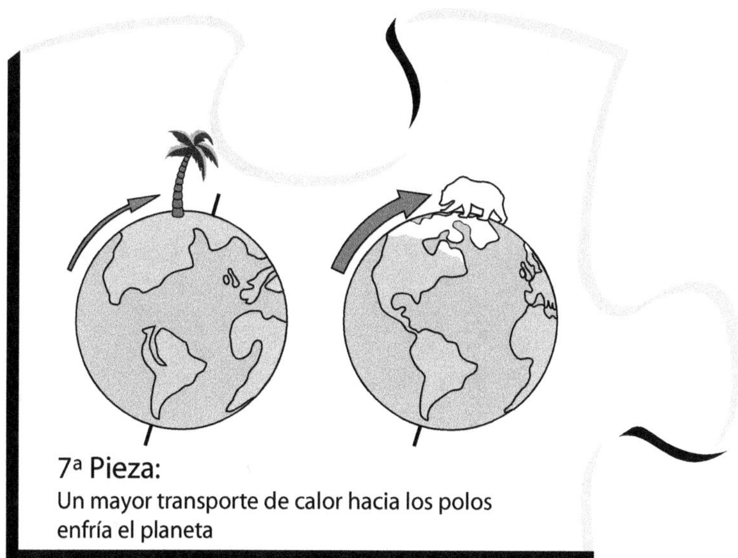

7ª Pieza:
Un mayor transporte de calor hacia los polos
enfría el planeta

---

[145] Zachos, J., et al., 2001. Science, 292 (5517), pp.686–693.
doi.org/10.1126/science.1059412

Capítulo 21
El Cambio Climático en el Pasado y los Niveles de CO_2

A menudo se afirma que el CO_2 es el principal impulsor del clima del planeta. Sin embargo, es difícil respaldar esta afirmación basándose en los cambios climáticos del pasado. La razón es que las pruebas que tenemos del pasado son limitadas e inciertas, lo que dificulta la determinación precisa de los niveles de CO_2. Sólo disponemos de registros fiables de CO_2 procedentes de núcleos de hielo de los últimos 800.000 años. Aunque en general existe una fuerte correlación entre los niveles de CO_2 y la temperatura durante el Pleistoceno, hay discrepancias. Durante algunos periodos interglaciales, las temperaturas descendieron bruscamente durante miles de años mientras los niveles de CO_2 se mantenían altos, lo que se considera imposible en las condiciones climáticas actuales. Además, en los dos últimos siglos se ha producido una discrepancia creciente entre el aumento de los niveles de CO_2 y la ausencia de calentamiento en la Antártida, donde existen los registros más largos del Pleistoceno. Esta discrepancia sugiere que las correlaciones pasadas entre CO_2 y temperatura pueden no haberse debido a que los cambios de CO_2 causaran los cambios de temperatura. Una explicación alternativa del ciclo glacial apoyada por evidencias se basa en los cambios en el transporte estival de calor y humedad hacia el polo provocados por cambios en la inclinación axial de la Tierra.

A lo largo del Holoceno, ha habido un marcado contraste entre los cambios en los niveles de CO_2 y los cambios en la temperatura. Esto significa que está claro que el CO_2 no ha sido la causa principal del cambio climático en los últimos 10.000 años. Esto plantea la posibilidad de que el escenario actual de aumento de los niveles de CO_2 que conduce al calentamiento global sea una anomalía. También podría indicar que no comprendemos plenamente todos los factores que contribuyen al calentamiento observado.

La falta de pruebas en el eón Fanerozoico

La idea de que el CO_2 atmosférico es el principal factor que controla la temperatura de la Tierra ha sido propuesta y ampliamente aceptada.[146] Si esta hipótesis es cierta, cabría esperar que las pruebas del pasado la apoyaran o, al menos, no la contradijeran. En el capítulo anterior (recuadro 17), revisamos las pruebas de las temperaturas pasadas durante los últimos 540 millones de años (el eón Fanerozoico). Encontramos un patrón general de alternancia de periodos cálidos y fríos, con tres grandes glaciaciones. Las temperaturas globales oscilaron probablemente entre 32 °C y 9 °C. Aunque algunos sugieren que las temperaturas podrían haber sido incluso más altas durante el Fanerozoico inferior, unas temperaturas tan elevadas son biológicamente inverosímiles. En un entorno muy húmedo, estas temperaturas habrían diezmado la vida animal te-

---

[146] Lacis, A.A., et al., 2010. Science, 330 (6002), pp.356–359.
   doi.org/10.1126/science.1190653

rrestre por sobrecalentamiento. Ya nos preocupa que los corales sobrevivan a un calentamiento modesto en un planeta a unos 14,5 °C, así que ¿cómo podrían haber sobrevivido en un planeta con temperaturas muy superiores a los 32 °C? En cualquier caso, las temperaturas del pasado están limitadas por los gradientes latitudinales de temperatura reconstruidos a partir de información biogeográfica y geológica.

Determinar los niveles de CO_2 en el pasado remoto es un gran reto. Hay pocas pruebas en suelos, fósiles, isótopos y restos orgánicos que nos ayuden a comprender la composición de la atmósfera en el pasado. Desde la década de 1980, los científicos se han basado en modelos geoquímicos del ciclo del carbono para estimar las concentraciones de CO_2 en el pasado. Sin embargo, el problema de estos modelos es que no podemos estar seguros de que evalúen con precisión todos los procesos importantes que han determinado las concentraciones de CO_2 en el pasado. En una revisión de 159 páginas publicada en 2001, los investigadores concluyeron que estos modelos eran inadecuados y que existía *"una disparidad considerable... entre todos los modelos y las pruebas geológicas del clima que indican gradientes climáticos cambiantes a lo largo del Fanerozoico"*.[147] Incluso en sus últimas versiones, los dos principales modelos siguen discrepando sustancialmente en sus niveles estimados de CO_2 durante los últimos 350 millones de años.

Si se observan las pruebas indirectas de los niveles de CO_2 a lo largo del eón Fanerozoico, la cita de Mark Twain sobre la ciencia resulta acertada: *"Hay algo fascinante en la ciencia. De una inversión tan insignificante en hechos se obtienen rendimientos de conjeturas al por mayor"*.[148] Un estudio reciente ha analizado los niveles de CO_2 a partir de proxies de los últimos 430 millones de años, y durante el 77% de ese tiempo, sólo hubo una media de un registro por millón de años. Durante casi la mitad de los 430 períodos de un millón de años, no hubo ningún registro.[149] Para colmo, sólo el 3% de los 430 millones de años contienen el 42% de los datos. Se podría pensar que tenemos un mejor conocimiento de los niveles de CO_2 durante estas épocas, pero no es así. Por ejemplo, durante el periodo de hace 220-201 millones de años había una media de 15 registros por millón de años, pero los valores centrales de CO_2 oscilaban entre 600 y 3.700 ppm, y el rango de su incertidumbre oscilaba entre 300 y 7.000 ppm. Los autores del estudio intentaron promediar este desbarajuste, pero sigue siendo imposible saber con una mínima certeza cuáles eran los niveles de CO_2 atmosférico en un pasado remoto.

Sorprendentemente, uno de los autores de este estudio afirmó, basándose en datos tan inadecuados, que el CO_2 era el principal impulsor del clima del Fanerozoico.[150] Si la comunidad científica climática acepta esto, es probablemente porque se ajusta al paradigma climático actual. Sin embargo, debemos recordar que la aceptación incuestionada de postulados científicos poco fundamentados es una de las principales fuentes de error científico.

---

[147] Boucot, A.J. & Gray, J., 2001. Earth Sci. Rev. 56 (1–4), pp.1–159.
doi.org/10.1016/S0012-8252(01)00066-6
[148] Mark Twain, 1883. Life on the Mississippi.
[149] Foster, G.L., et al., 2017. Nat. Commun. 8 (1), p.14845.
doi.org/10.1038/ncomms14845
[150] Royer, D.L., et al., 2004. GSA today, 14 (3), pp.4–10.
doi.org/10.1130/1052-5173(2004)014<4:CAAPDO>2.0.CO;2

Cuando se trata de estimar los niveles de CO_2 del Fanerozoico, lo más que podemos decir de los modelos o de los datos proxy es que ni apoyan ni contradicen el papel principal del CO_2 en la determinación del clima. Esto se debe a que los datos disponibles son demasiado escasos e inciertos, y los modelos ni siquiera se ponen de acuerdo. Por tanto, no está justificado hacer afirmaciones definitivas basándose en las pruebas disponibles.

Recuadro 18. El desacuerdo del Cenozoico

Los datos proxy de CO_2 del Fanerozoico adolecen de importantes problemas de calidad, un hecho que no se reconoce abiertamente cuando se estudia la relación entre el cambio climático del pasado y la variabilidad del CO_2. Sin embargo, a medida que nos acercamos al presente, la calidad de los datos mejora. En particular, nuestra comprensión de los cambios de CO_2 durante la era Cenozoica, también conocida como la edad de los mamíferos, es más fiable.

Los últimos 50 millones de años del Cenozoico revisten especial importancia por la notable transición del clima ecuable de horno del Eoceno inferior al severo clima de nevera del Pleistoceno. Durante este periodo, se produjo un descenso gradual y a veces abrupto de las temperaturas globales, acompañado del correspondiente descenso de los niveles de CO_2. Como resultado, tanto la temperatura global como los niveles de CO_2 están ahora muy por debajo de sus medias fanerozoicas.

El descenso "simultáneo" observado entre el CO_2 y la temperatura se interpreta a menudo como una prueba de que el descenso de los niveles de CO_2 provocó un descenso de la temperatura, lo que apoya la hipótesis de que el CO_2 es el principal impulsor del cambio climático. Sin embargo, un examen cuidadoso de las pruebas nos cuenta una historia diferente. El problema radica en el desacuerdo crucial que existe entre los datos sobre el momento en que se produjeron los descensos de temperatura y CO_2 en los últimos 50 millones de años, un punto que rara vez se reconoce.

La figura R18 muestra los datos de temperatura y CO_2 del Cenozoico procedentes de una publicación reciente.[151] En la figura R18a, la reconstrucción de la temperatura por los autores (mostrada por la línea gruesa negra) se basa en variaciones de isótopos de oxígeno en foraminíferos bentónicos de aguas profundas y concuerda bien con otras pruebas relacionadas con el clima. El gráfico ilustra una tendencia al enfriamiento desde el óptimo climático del Eoceno inferior hasta la transición del Eoceno-Oligoceno, marcada por la congelación de la Antártida y que dio lugar a un repentino enfriamiento global. A continuación se produjo un largo periodo de calentamiento desde mediados del Oligoceno hasta mediados del Mioceno, caracterizado por fluctuaciones en el tamaño de la capa de hielo antártica. A este periodo cálido le siguió otro de enfriamiento que duró hasta el Pleistoceno, durante el cual Groenlandia sufrió una extensa glaciación. Esto contribuyó a establecer las condiciones frías que persisten en la actualidad.

La Figura R18a también muestra la reconstrucción de los autores de los niveles

---

[151] Westerhold, T., et al., 2020. Science, 369 (6509), pp.1383–1387.
doi.org/10.1126/science.aba6853

de CO_2 (línea gris gruesa) basada en datos de varios estudios que utilizan diferentes proxies. En particular, esta reconstrucción muestra que el descenso de la temperatura no siguió sistemáticamente el descenso de los niveles de CO_2. Sorprendentemente, la mayor parte del descenso del CO_2 se produjo durante el Oligoceno.

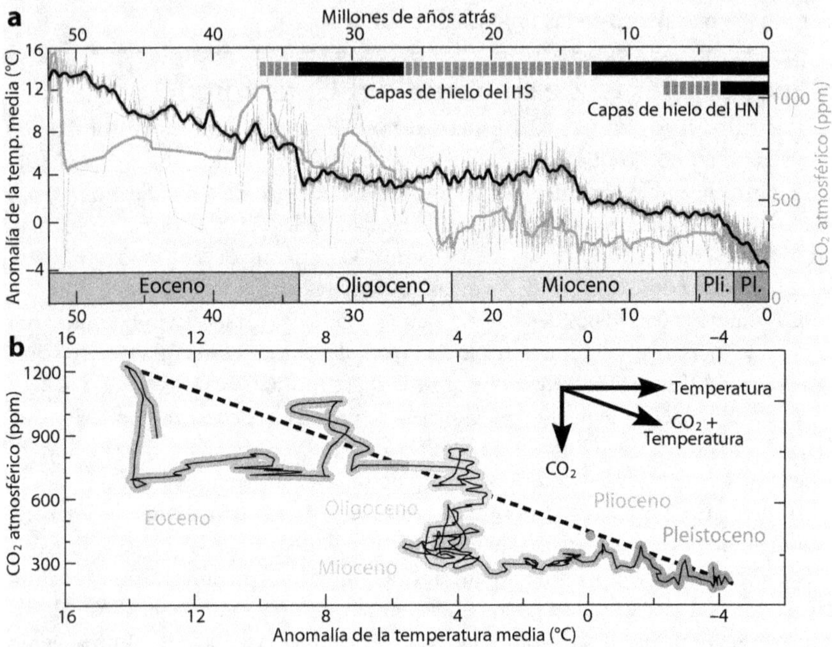

Figura R18. Relación entre temperatura y CO_2 en los últimos 52 millones de años. a) Reconstrucciones de temperatura (línea negra) y CO_2 (línea gris), con líneas gruesas que muestran datos suavizados. Las barras negras indican los periodos en los que las capas de hielo del hemisferio norte o sur tenían más del 50% de su extensión actual, y las barras grises discontinuas indican una extensión inferior al 50%. El punto gris marca el nivel actual de CO_2. b) Gráfico de dispersión de las líneas gruesas de a) con las épocas indicadas. Los cambios sincrónicos de CO_2 y temperatura deberían seguir una trayectoria diagonal. El punto gris indica el nivel actual de temperatura y CO_2.

La ilustración más clara de esta discrepancia se encuentra en la figura R18b, que corresponde a la figura 2D del artículo científico. Este diagrama de dispersión muestra la relación entre los cambios de temperatura y de CO_2. Según la hipótesis de que el CO_2 y la temperatura deberían cambiar en sincronía, los datos deberían alinearse a lo largo de una línea diagonal en el gráfico. Sin embargo, este patrón diagonal sólo aparece desde mediados del Plioceno. Durante el resto del periodo, o bien la temperatura cambia (dando lugar a un desplazamiento horizontal) o bien el CO_2 cambia (dando lugar a un desplazamiento vertical). El gráfico muestra una débil correlación entre estas dos variables. También muestra que los cambios de CO_2 preceden a los cambios de temperatura en decenas de millones de años, sin que ninguna hipótesis existente pueda explicar desfases tan largos.

Aunque cabe señalar que los datos proxy de CO_2 adolecen de problemas de calidad y que las futuras reconstrucciones pueden aportar cambios, los datos existentes ofrecen una imagen clara. Muestran que los niveles de CO$_2$ al final del Oligoceno y al final del Plioceno, que se produjo 20 millones de años más tarde, no eran significativamente diferentes. Esta observación se mantiene a pesar del gran enfriamiento que se produjo entre ambos periodos.

La situación actual está representada por un punto gris en la figura, alineado con la línea diagonal del diagrama de dispersión. Esto indica que la temperatura y los niveles de CO$_2$ actuales son los que cabría esperar desde una perspectiva cenozoica. Resulta curioso que los autores del estudio afirmen que *"si las emisiones de CO$_2$ continúan sin mitigarse hasta 2100, el sistema climático de la Tierra pasará bruscamente del estado climático Icehouse [nevera] al Warmhouse [invernadero] o incluso Hothouse [horno]"*. Sus propias pruebas no respaldan tal afirmación.

La creencia predominante, apoyada por la mayoría de los científicos y el IPCC, es que la disminución de los niveles de CO$_2$ durante la era Cenozoica fue la causa principal del enfriamiento resultante en la edad de hielo. Esta creencia también apoya la hipótesis del efecto reforzado del CO$_2$. Sin embargo, es importante reconocer que los datos disponibles no apoyan esta opinión ampliamente aceptada.

Concordancia entre CO$_2$ y temperatura en el Pleistoceno

Sólo disponemos de registros fiables de CO$_2$ procedentes de núcleos de hielo antárticos de los últimos 800.000 años. Estos registros muestran una correlación coherente entre los cambios de temperatura y de CO$_2$ (fig. 34a). Aunque algunos sostienen que el desfase entre la temperatura y el CO$_2$ al final de las glaciaciones es significativo, las diferencias son demasiado pequeñas y variables para extraer conclusiones definitivas. La causa de las glaciaciones ha sido objeto de debate desde su descubrimiento en la década de 1830. Algunos atribuyeron su causa a factores externos, como las teorías orbitales, y otros a factores internos, como el efecto invernadero. En 1976, el primer grupo se impuso al descubrirse que las glaciaciones se ajustan a las frecuencias orbitales.

Dado que el intercambio de CO$_2$ entre el océano y la atmósfera se ve afectado por la temperatura del océano, cualquier cambio en la temperatura del océano dará lugar a un cambio correspondiente en los niveles de CO$_2$. Los cambios en los niveles de CO$_2$, a su vez, afectan a la temperatura a través del efecto invernadero. Sin embargo, es importante señalar que la reducción de la capa de hielo en las terminaciones glaciales también provoca un aumento de la actividad volcánica a medida que la corteza se adapta a la pérdida de peso. Este proceso podría contribuir hasta la mitad del aumento de CO$_2$ observado.[152] En consecuencia, la relación entre el CO$_2$ y la temperatura va en ambos sentidos, y la correlación entre los registros de CO$_2$ y temperatura durante el Pleistoceno no es prueba suficiente para apoyar o refutar la hipótesis del efecto reforzado del CO$_2$.

Sin embargo, el registro también muestra que hace 120.000 años, al final del periodo interglacial anterior, la temperatura descendió 4 °C en 8.000 años, mientras que los niveles de CO$_2$ se mantuvieron elevados (fig. 34a flecha; véase la fig. 56, cap. 35, para una imagen ampliada). Esto apoya la idea de que la temperatura durante el ciclo glacial está bajo control orbital más que bajo con-

---

[152] Huybers, P. & Langmuir, C., 2009. Earth Planet. Sci. Lett. 286 (3-4), pp.479–491. doi.org/10.1016/j.epsl.2009.07.014

trol del CO_2. Como mínimo, demuestra que las temperaturas pueden disminuir sustancialmente durante miles de años a pesar de los elevados niveles de CO_2. Se trata de una consideración importante de cara al futuro.

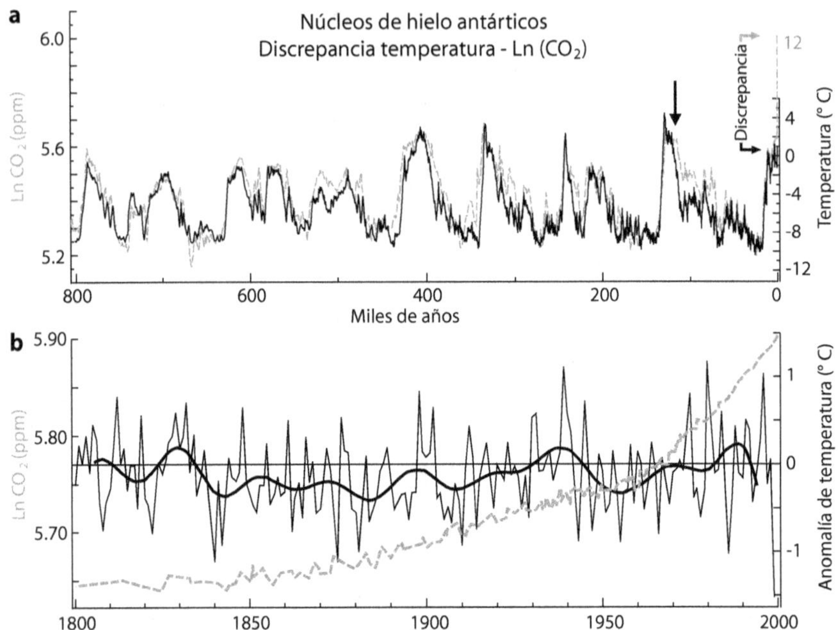

Figura 34. Discrepancia temperatura-CO_2 en la Antártida. a) Temperatura (curva negra) y logaritmo neperiano del CO_2 (curva gris) para los últimos 800.000 años a partir de núcleos de hielo antárticos, actualizados con datos de CO_2 atmosférico después de 2001. La flecha vertical señala la discrepancia de hace 123,5-115 mil años, y las horizontales, la discrepancia actual. b) Como en a) para los datos de los siglos XIX y XX. No se observa ningún cambio de temperatura en respuesta al aumento masivo de CO_2.[153]

La hipótesis del efecto reforzado del CO_2 se enfrenta a un gran desafío en la Antártida. Según la relación CO_2-temperatura del Pleistoceno (fig. 34a), los niveles actuales de CO_2 deberían corresponder a temperaturas antárticas 12 °C más altas de lo que son. Sin embargo, como muestra la figura 34b, la Antártida no se ha calentado en los últimos 200 años a pesar del aumento de los niveles de CO_2. Esta discrepancia plantea un grave problema para la hipótesis. Aunque se han propuesto explicaciones para explicar esta anomalía, lo cierto es que si la relación CO_2-temperatura no se mantiene ahora, no puede utilizarse para defender la causalidad pasada ni para predecir los resultados climáticos futuros. Por lo tanto, las afirmaciones de que nuestro clima podría llegar a ser como el del Mioceno, la última vez que los niveles de CO_2 fueron tan altos, no pueden fundamentarse.

---

[153] Datos de Jouzel, J., et al., 2007. Science, 317 (5839), pp.793–796. doi.org/10.1126/science.1141038 Bereiter, B., et al., 2015. Geophys. Res. Lett. 42 (2), pp.542–549. doi.org/10.1002/2014GL061957 datos medios anuales de CO_2 del NOAA. Schneider, D.P., et al., 2006. Geophys. Res. Lett. 33 (16), L16707. doi.org/10.1029/2006GL027057

Recuadro 19. Gradientes y transporte en un mundo glacial

La inclinación del eje del planeta (conocida como oblicuidad) varía ligeramente, de 22,1° a 24,3°, con un ciclo de unos 40.000 años. Este cambio tiene un efecto importante sobre la cantidad de radiación solar recibida en las latitudes altas a lo largo del año y las estaciones, mientras que tiene un efecto mínimo en las latitudes bajas. Estos cambios en la radiación solar provocan un cambio en la cantidad de energía que recibe cada latitud a lo largo de miles de años, lo que tiene un impacto sustancial en el clima. Cuando la oblicuidad del planeta pasa a ser superior a 23° cada 40, 80 o 120.000 años, se presenta la oportunidad de salir del habitual estado glacial y entrar en un estado interglacial, lo que no es posible cuando la oblicuidad es inferior a 23°. Durante los periodos de alta oblicuidad, los veranos en las latitudes altas son más cálidos y el hielo se funde más rápidamente. Sin embargo, la diferencia de energía de la radiación solar debida a los cambios de oblicuidad disminuye rápidamente con la latitud, y la mayor parte del planeta se ve mínimamente afectada. En consecuencia, muchos climatólogos creen que los cambios en el bamboleo del eje (precesión) son más importantes a la hora de producir un interglaciar, a pesar de las pruebas que apoyan la oblicuidad como factor principal.[154]

Aunque tiene poco efecto sobre la cantidad de radiación solar recibida en los trópicos y latitudes medias, la oblicuidad tiene sorprendentemente un efecto notable en muchos registros paleoclimáticos tropicales y subtropicales. La migración de la Zona de Convergencia Intertropical, el ecuador climático de la Tierra (recuadro 2, cap. 3), también se ve fuerte e inesperadamente influida por la oblicuidad.[155] Además, el análisis del origen de la humedad en las capas de hielo de Groenlandia y la Antártida durante los periodos glaciales indica que la oblicuidad tiene un fuerte efecto asociado a los cambios en el gradiente latitudinal de temperatura.[156]

Estas pruebas inesperadas demuestran que la oblicuidad tiene una influencia sorprendente en la circulación atmosférica, el ciclo del agua y el transporte de humedad. Esta observación puede explicarse por dos temas fundamentales en este libro: el control del gradiente latitudinal de temperatura y el consiguiente transporte de calor y humedad hacia los polos. Los cambios en el clima tropical causados por la oblicuidad se deben a los cambios que provoca en el gradiente de insolación estival.[157] Esta explicación aborda uno de los principales misterios de las glaciaciones. Debido a que las estaciones están invertidas entre los hemisferios, los cambios en la insolación estival tienen signos opuestos en los dos polos (fig. R19a). Sin embargo, las glaciaciones y los interglaciares son fenómenos simétricos, en los que todo el planeta entra o sale de la glaciación. La cantidad de insolación estacional en una

---

[154] Tzedakis, P.C., et al, 2017. Nature, 542 (7642), pp.427–432. doi.org/10.1038/nature21364

[155] Liu, Y., et al., 2015. Nat. Commun. 6 (1), p.10018. doi.org/10.1038/ncomms10018

[156] Masson-Delmotte, V., et al., 2005. Science, 309 (5731), pp.118–121. doi.org/10.1126/science.1108575

[157] Bosmans, J.H.C., et al., 2015. Clim. Past, 11 (10), pp.1335–1346. doi.org/10.5194/cp-11-1335-2015

latitud dada depende principalmente de la precesión. Sin embargo, el polo de verano está orientado hacia el Sol, y la cantidad de radiación solar en latitudes altas durante el verano varía significativamente con la oblicuidad. Cuando la oblicuidad es alta, el gradiente latitudinal de insolación en verano se aplana; cuando es baja, se acentúa (fig. R19b). Los cambios en el gradiente de insolación estival siguen casi exactamente a los cambios en la oblicuidad en ambos hemisferios, y son las condiciones estivales las que resultan críticas para el inicio y el final de una glaciación.

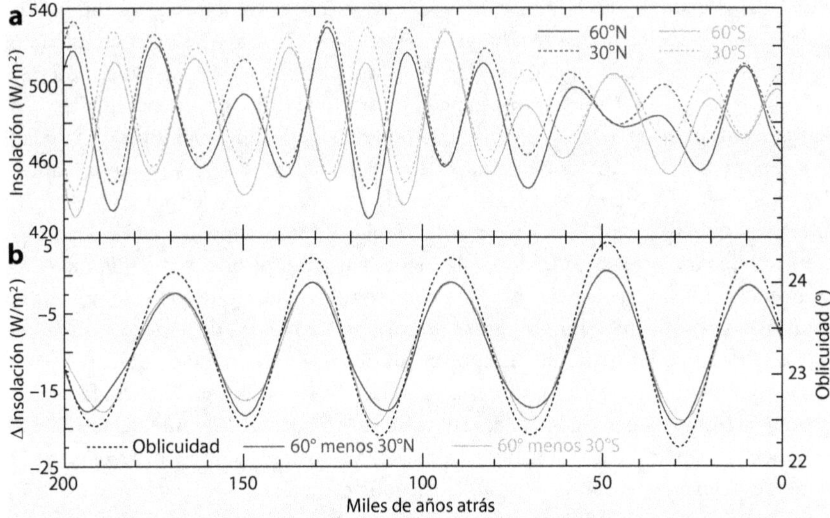

Figura R19. Cambios en el gradiente latitudinal de insolación estival en función de la oblicuidad. a) La insolación estival media depende principalmente de la precesión. Insolación en julio en los hemisferios norte (gris oscuro) y sur (gris claro) a 60° (curvas sólidas) y 30° (curvas de puntos). b) El gradiente de insolación en verano, mostrado como la diferencia de insolación entre 60° y 30°, depende de la oblicuidad (curva negra de puntos).[158]

Una oblicuidad elevada da lugar a un gradiente de insolación estival más plano, lo que favorece la conservación de energía por parte del planeta. Por el contrario, una oblicuidad baja hace que el gradiente sea más pronunciado, como indican los valores más negativos de la figura R19b. Un gradiente más pronunciado hace que fluya más energía y humedad hacia los polos, lo que provoca el enfriamiento planetario, el crecimiento del hielo y, en última instancia, la transición de periodos interglaciales a glaciales. Como se ha explicado en el capítulo anterior, un mayor transporte de calor hacia los polos provoca el enfriamiento del planeta.

Las pruebas apoyan la opinión de que el ciclo glacial-interglacial es el resultado de cambios en el gradiente latitudinal de insolación en verano, que posteriormente provocan cambios en el gradiente de temperatura. Estas variaciones, a su vez, provocan cambios en el transporte hacia el polo del calor y la humedad necesarios para la formación y la fusión de las capas de hielo. Esta interpretación del ciclo glacial sub-

---

[158] Datos de Laskar, J., et al., 2004. Astron. Astrophys. 428 (1), pp.261–285.
doi.org/10.1051/0004-6361:20041335

raya la importancia del transporte estival de calor y humedad desde los trópicos hacia los polos, un factor influido por la oblicuidad. Según esta hipótesis, los trópicos, que tienen una gran capacidad de calor y humedad, desempeñan un papel primordial en el crecimiento y la disminución de las capas de hielo, orquestados por los cambios en la oblicuidad. Otros factores, entre ellos el CO$_2$, desempeñan un papel secundario. Así pues, los cambios en el transporte de calor y humedad hacia los polos en respuesta a los cambios en los gradientes de temperatura debidos a las variaciones orbitales son firmes candidatos a ser la causa fundamental del ciclo glacial.

El enigma de la temperatura y el CO$_2$ en el Holoceno

Los registros de temperatura y CO$_2$ del Pleistoceno concuerdan bastante bien, pero discrepan completamente durante el Holoceno. Esto ha provocado un gran debate entre los climatólogos sobre las diferentes reconstrucciones de la temperatura del Holoceno. Las pruebas biológicas y glaciológicas muestran grandes cambios de temperatura en los últimos 10.000 años, mientras que los cambios de CO$_2$ han sido relativamente pequeños y en la dirección opuesta.

La Figura 35a muestra una conocida reconstrucción de la temperatura del Holoceno a partir de 73 proxies.[159] A diferencia de la versión publicada, no he alterado la datación original de los proxies, y éstos se expresan como una anomalía respecto a su media antes de promediarlos. La reconstrucción se expresa en puntuación Z, es decir, la distancia de los datos respecto a la media en desviaciones estándar, lo que ayuda a evitar atribuciones de temperatura inciertas. La reconstrucción presentada aquí termina en 1920, ya que el número de proxies es limitado a partir de esa fecha. Esta reconstrucción es coherente con un registro obtenido de forma independiente del avance de los glaciares a lo largo de los siglos,[160] lo que indica que el Holoceno se dividió en un periodo cálido de unos cinco milenios (conocido como el Óptimo Climático del Holoceno), seguido de un periodo de enfriamiento de unos cinco milenios (conocido como la Neoglaciación). Este patrón general está salpicado por varios episodios de enfriamiento bien conocidos que han dejado una fuerte huella en ambos registros, como la Oscilación Preboreal, los eventos de 8,2 y 5,2 kiloaños, y la Pequeña Edad de Hielo. La estrecha concordancia entre los dos registros globales independientes nos da confianza en que las características generales de la evolución de la temperatura en el Holoceno se reflejan en la reconstrucción.

Durante la mayor parte del Holoceno, los niveles de CO$_2$ se situaron normalmente entre 260 y 280 ppm. Curiosamente, disminuyeron durante el Óptimo Climático del Holoceno, pero aumentaron durante la Neoglaciación, lo contrario de lo que cabría esperar si el CO$_2$ fuera la fuerza impulsora de los cambios de temperatura.[161] Este desacuerdo entre los niveles de CO$_2$ y la temperatura se conoce como *"el enigma de la temperatura del Holoceno"* porque muchos modelos climáticos son tan sensibles a los cambios de CO$_2$ que repro-

---

[159] Marcott, S.A., et al., 2013. Science, 339 (6124), pp.1198–1201.
   doi.org/10.1126/science.1228026
[160] Solomina, O.N., et al., 2015. Quat. Sci. Rev. 111, pp.9–34.
   doi.org/10.1016/j.quascirev.2014.11.018
[161] Monnin, E., et al., 2004. Earth Planet. Sci. Lett. 224 (1–2), pp.45–54.
   doi.org/10.1016/j.epsl.2004.05.007

ducen una tendencia al calentamiento a lo largo del Holoceno que las evidencias contradicen.[162]

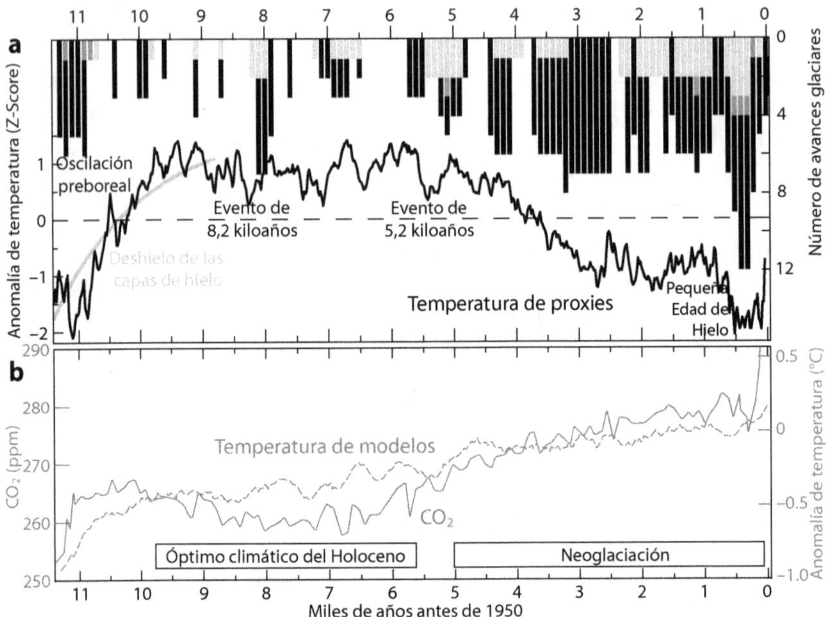

Figura 35. Evolución de la temperatura y el CO_2 en el Holoceno. a) Arriba invertido, avance global de los glaciares en 17 zonas del hemisferio norte (barras negras), hemisferio sur (barras gris claro) y latitudes bajas (barras grises) para cada siglo del Holoceno. Abajo se muestra la reconstrucción de la temperatura global del Holoceno a partir de 73 proxies, expresada como puntuación Z o distancia a la media en unidades de desviación estándar. b) Niveles de CO_2 (curva gris) medidos en un núcleo de hielo antártico y temperatura global simulada a partir de un conjunto de tres modelos (curva de trazos).

En resumen

Las pruebas del pasado no respaldan la afirmación de que los cambios en el CO_2 sean el principal motor del cambio climático. Aunque es de esperar una correlación que no probaría la causalidad, es difícil encontrarla fuera del Pleistoceno debido a problemas de calidad de los datos. Dentro del Pleistoceno, existe una correlación durante los pronunciados cambios del ciclo glacial, pero la disparidad creciente en la Antártida durante los dos últimos siglos arroja dudas sobre su interpretación. Las pruebas disponibles sugieren que el ciclo glacial está impulsado más bien por cambios en la inclinación del eje de la Tierra, que impulsan cambios en la cantidad de calor y humedad transportados hacia el polo durante los veranos. En los últimos 10.000 años, el CO_2 y la temperatura han cambiado en direcciones opuestas. La situación desde 1975, en la que el aumento de CO_2 puede haberse convertido en el principal impulsor del calentamiento global, sería la excepción, no la regla.

---

[162] Liu, Z., et al., 2014. PNAS, 111 (34), pp.E3501–E3505.
doi.org/10.1073/pnas.1407229111

Capítulo 22
Eventos Climáticos Abruptos en el Holoceno

El clima del Holoceno fue muy inestable. Los científicos han identificado mediante el análisis de proxies casi dos docenas de eventos climáticos abruptos, que se produjeron a un ritmo de dos por milenio. Esto supone un reto porque los cambios en los niveles de CO_2 durante el Holoceno han sido mínimos hasta hace poco, por lo que la causa de la mayoría de estos eventos sigue siendo un misterio. Algunos expertos sugieren que los cambios en la actividad solar o volcánica pueden haberlos desencadenado. Sin embargo, los modelos climáticos existentes y el IPCC consideran que estos factores naturales son demasiado débiles para explicar los eventos abruptos.

Cuatro de los principales eventos climáticos abruptos del Holoceno se produjeron con una cuasiperiodicidad irregular de 2.500 años. Estos acontecimientos marcaron los límites de distintos periodos paleoecológicos. Los cambios climáticos observados durante estos cuatro acontecimientos indican que se produjo un cambio en la circulación atmosférica que afectó con mayor intensidad al hemisferio norte. Esto provocó una contracción de los trópicos y una expansión de las regiones polares, aumentando el gradiente de temperatura entre el ecuador y los polos. La reorganización atmosférica resultante hizo que fluyera más calor hacia los polos, lo que provocó un enfriamiento del planeta y cambios en los patrones de precipitaciones.

El inestable clima del Holoceno

En el capítulo anterior aprendimos que durante la mayor parte del Holoceno, que abarcó más de 10.000 años, los niveles de CO_2 fluctuaron dentro de un estrecho margen de 20 ppm. Comparado con la actualidad, donde puede aumentar 20 ppm en tan sólo ocho años, este minúsculo cambio no podría haber tenido un impacto significativo en el clima. Sin embargo, los datos recogidos a lo largo del siglo pasado muestran que el clima cambió sustancialmente durante el mismo periodo.

A principios del siglo XX, los investigadores habían identificado un patrón general de cambio climático del Holoceno caracterizado por tres fases distintas: una fase de calentamiento, un periodo cálido (conocido como el Óptimo Climático del Holoceno) y una fase de enfriamiento (conocida como la Neoglaciación). Posteriormente, investigadores escandinavos dividieron el Holoceno en cinco fases basándose en estudios paleoecológicos de los cambios en la vegetación provocados por los cambios de temperatura y precipitaciones. Estos periodos incluyen la fase de calentamiento Preboreal, que fue más corta que los cuatro periodos siguientes: Boreal, Atlántico, Subboreal y Subatlántico, cada uno de los cuales duró unos 2.500 años (fig. 36). Cabe destacar que los cambios entre estos periodos fueron relativamente bruscos, como demuestra la transición del Subboreal al Subatlántico hace unos 2.800 años, descrita en el capítulo 45.

Para el clima del Holoceno, definimos un cambio en los parámetros climáticos como abrupto si se produce mucho más rápido que la tendencia a largo plazo, pero aún tarda varias décadas o incluso algunos siglos. Según esta definición, el cambio climático actual que se ha producido en los últimos dos siglos se puede calificar de abrupto.

Los eventos climáticos abruptos del Holoceno se han identificado utilizando una variedad de proxies en diferentes lugares del mundo, como la actividad de los icebergs en el Atlántico Norte, el metano atrapado en los núcleos de hielo de Groenlandia, los registros de precipitaciones de Oriente Medio y los cambios en el monzón asiático. A medida que las investigaciones han ido avanzando, el número de eventos identificados ha aumentado, y estimaciones recientes sugieren que al menos 23 eventos climáticos abruptos tuvieron lugar a un ritmo de unos dos eventos por milenio.[163] El clima del Holoceno ha sido siempre inestable, y el actual fenómeno climático abrupto es el último de una larga serie de fluctuaciones.

El problema es que no podemos determinar la causa de casi todos los fenómenos climáticos abruptos del Holoceno, salvo uno. Una vez descartado el CO_2 como factor significativo, sólo nos queda una hipótesis creíble para explicar un único acontecimiento. Se cree que la descarga repentina de un enorme volumen de agua helada procedente del deshielo de un enorme sistema de lagos glaciares de Norteamérica en el Atlántico Norte hace 8.300 años contribuyó a uno de los fenómenos abruptos más importantes del Holoceno, conocido como el evento de los 8,2 kiloaños.

No hay consenso entre los científicos sobre la causa de los numerosos eventos climáticos abruptos del Holoceno, y los modelos climáticos no han servido para explicarlos porque no pueden reproducirlos. Algunos paleoclimatólogos sostienen que fueron causados por variaciones regulares de la actividad solar y cambios esporádicos de la actividad volcánica, pero los modelos atribuyen sólo un pequeño efecto a estos forzamientos naturales.

Enfriamientos bruscos casi periódicos

Para simplificar la complejidad del cambio climático del Holoceno, vamos a centrarnos en cuatro eventos bien conocidos y estudiados con importantes efectos climáticos según los proxies. Se trata de la Oscilación Boreal (hace 10.300 años), el evento de los 5,2 kiloaños (hace 5.200 años), el evento de los 2,8 kiloaños y la Pequeña Edad de Hielo (1300-1845 d. C.). Están separados por periodos paleoecológicos identificados en estudios de polen de mediados del siglo XX, como se muestra en la figura 36. Tres de estos eventos están separados por 2500 ± 300 años, y el cuarto por el doble de tiempo, formando un cuasi-ciclo con un paso perdido. Este cuasiciclo puede ser extendido con otros eventos abruptos identificables hasta hace 20.500 años, durante el Último Máximo Glacial, sin perder otro paso.

Muchos climatólogos ven el clima como una meteorología a largo plazo, un fenómeno caótico generado internamente que cambia a medida que cambian las condiciones que afectan al flujo de energía en la cima de la atmósfera. Rechazan la posibilidad de que el clima pueda ser cíclico y estar determinado externamente a escalas más cortas que los ciclos orbitales de Milankovitch, que

---

[163] Vinós, J., 2022. Climate of the Past, Present and Future: A scientific debate. p.61. Critical Science Press.

duran decenas de miles de años. Su postura es comprensible, dado el fracaso histórico a la hora de vincular los cambios climáticos a los cambios en el Sol o la Luna. Las pruebas también son menos convincentes porque los cambios en el Sol y el clima no son estrictamente cíclicos, sino casi periódicos. Por ejemplo, la duración del ciclo solar de 11 años oscila entre 9 y 14 años, y su amplitud puede variar enormemente. A pesar de esta irregularidad, el ciclo solar está bien establecido porque se ha repetido muchas veces en los últimos 200 años. Pero un ciclo irregular que tarda 2.500 años en completarse y a veces es indetectable es más difícil de aceptar, aunque así sea como se comporta el Sol. En consecuencia, los climatólogos pueden seguir mostrándose escépticos ante las pruebas que relacionan el cambio climático con variaciones casi cíclicas de factores externos, como la actividad solar.

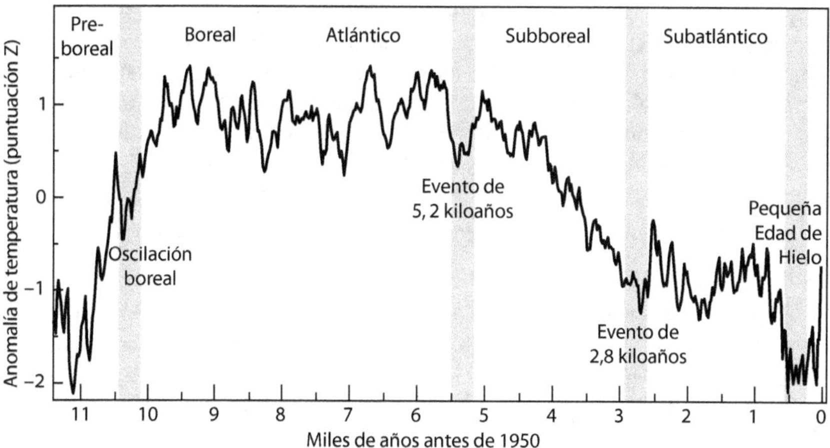

Figura 36. Cuatro grandes eventos climáticos abruptos. Se indican mediante barras verticales en una reconstrucción de la temperatura del Holoceno (cap. 21). Separan algunos periodos paleoecológicos previamente reconocidos e indicados por sus nombres en la parte superior.

Los cuatro eventos abruptos que se muestran en la figura 36 tuvieron diferentes impactos en la evolución del clima del Holoceno porque el estado climático de fondo era diferente durante cada evento. Sin embargo, hay algunos cambios que los cuatro eventos tuvieron en común y que están avalados por diversos estudios científicos.[164] Estos cambios incluyen:

* Un aumento específico de las precipitaciones en latitudes medias y altas
* Disminución de las precipitaciones en las regiones tropicales y subtropicales
* Debilitamiento de los monzones tropicales
* Aumento de la fuerza del viento en latitudes medias y altas
* Aumento de la circulación atmosférica polar
* Enfriamiento invernal
* Enfriamiento de la superficie oceánica
* Aumento de la diferencia de temperatura entre el ecuador y los polos

---

[164] Vinós, op. cit., p.106, y referencias en el capítulo 6.

- Avance de los glaciares
- Aumento de la actividad de los icebergs

Todos estos factores apuntan a un efecto atmosférico consistente con una expansión de las células polares que conduce a un desplazamiento hacia el sur de la corriente en chorro, un desplazamiento hacia el ecuador de la célula de Ferrel y del chorro subtropical, y un desplazamiento similar de las ramas descendentes de las células de Hadley en contracción. Estos cambios en los patrones de viento pueden ser responsables de los cambios en las precipitaciones y las temperaturas.

Podemos concluir que estos cuatro eventos provocaron un cambio sustancial en la circulación atmosférica del planeta, dando lugar a una circulación invernal más fuerte que impulsó más calor hacia el polo a través de un gradiente de temperatura cada vez más pronunciado. Como se ha comentado anteriormente (cap. 11-16), los efectos fueron más pronunciados en el hemisferio norte debido a la circulación invernal más fuerte y variable hacia el Ártico. Estos eventos duraron tanto y tuvieron un efecto tan profundo que, cuando terminaron y la circulación atmosférica volvió a la normalidad, el clima del planeta ya había cambiado de estado. En el próximo capítulo examinaremos las pruebas que apoyan la hipótesis de que los cambios en la actividad solar causaron estos eventos.

Recuadro 20. ¿Son las temperaturas actuales más cálidas que en los últimos 125.000 años?

El calentamiento global actual se aparta de la tendencia general al enfriamiento del periodo Neoglacial. Sin duda, la enorme cantidad de CO_2 liberada a la atmósfera por las actividades humanas está contribuyendo a este calentamiento. La mayoría de los científicos coinciden en que es la causa principal del calentamiento. Sin embargo, el calentamiento global moderno comenzó hace 180 años, mucho antes de la aceleración de las emisiones que se ha producido desde 1960. Además, el aumento de la temperatura no muestra la aceleración esperada para el aumento exponencial del CO_2 atmosférico que se está produciendo actualmente.

Mucha gente está alarmada por el flujo constante de noticias alarmantes sobre la climatología, y una pregunta clave es hasta qué punto es inusual el actual evento climático abrupto. Hemos alcanzado niveles de CO_2 atmosférico no vistos en la Tierra en los últimos 3 millones de años, desde el periodo cálido de mediados del Plioceno, que son un 60% más altos que durante el Óptimo Climático del Holoceno. Si el CO_2 es realmente el principal impulsor del clima, como muchos creen, entonces la temperatura actual, después de tanto calentamiento, debería situarse en algún punto entre esos dos periodos cálidos. Algunas reconstrucciones de la temperatura del Holoceno lo apoyan, y está expresado en el 6º Informe de Evaluación del IPCC como *"las temperaturas de la superficie de la última década fueron probablemente más cálidas que cuando comenzó la larga tendencia al enfriamiento hace unos 6500 años"*.[165]

La afirmación de que las temperaturas actuales de la superficie son más cálidas que durante el Óptimo Climático del Holoceno no es fiable. Esta conclusión se basa en la comparación de una reconstrucción basada en proxies de la temperatu-

---

[165] Gulev, S.K., et al., 2021. Climate change 2021: The physical science basis. 6th AR IPCC. p.378. doi.org/10.1017/9781009157896.004

ra del Holoceno con los datos instrumentales. Tal comparación merece varias críticas importantes. Los proxies no registran directamente los cambios de temperatura, sino que son el resultado de procesos biológicos o geológicos que responden a cambios de temperatura. La conversión de datos proxy en cambios de temperatura implica muchas incertidumbres y suposiciones no demostradas. Combinar datos marinos y terrestres para comparar los cambios de temperatura también es problemático porque no cambian de la misma manera. Las temperaturas proxy y las instrumentales son fundamentalmente diferentes y no deberían compararse cuantitativamente. Además, la construcción de una colección de proxies o de un archivo de datos de temperatura implica muchas decisiones humanas que son propensas a sesgos cognitivos involuntarios. ¿Existen otras evidencias que nos indiquen si el Óptimo Climático del Holoceno fue más cálido o más frío que el presente? Sí, tenemos dos: los glaciares y los árboles.

El Óptimo Climático del Holoceno fue el periodo de los últimos 100.000 años en el que los glaciares estuvieron en su punto más reducido, mientras que la Pequeña Edad de Hielo fue el periodo de los últimos 7.000 años en el que los glaciares estuvieron en su punto más extendido. Hace entre 8.000 y 4.000 años, los glaciares eran, en general, más pequeños que en la actualidad en la mayoría de las regiones de latitudes medias y altas del hemisferio norte. El 6° Informe de Evaluación del IPCC reconoce que la mayoría de los glaciares del hemisferio norte son ahora más grandes que antes, pero señala que requieren de un tiempo relativamente largo para adaptarse. Sin embargo, el 80% de los glaciares del mundo son muy pequeños, con una superficie de 1 km^2 o menos, y los glaciares se ven afectados por la temperatura media anual y las precipitaciones en su superficie más que por el calentamiento global.

Los glaciares tropicales han experimentado el mayor retroceso desde 1980, aunque el calentamiento ha sido menos intenso en estas zonas. Los glaciares de latitudes medias-altas, donde el calentamiento ha sido más intenso, no han retrocedido tanto.[166] Es importante señalar que el retroceso de los glaciares no se debe únicamente al aumento de la temperatura; la acumulación antrópica de carbono negro y detritos también contribuye a ello. Es probable que estos factores no climáticos agraven el retroceso actual. El hemisferio norte extratropical es el que ha experimentado el mayor calentamiento debido al calentamiento global moderno. La presencia allí de varios glaciares y pequeñas placas de hielo permanentes que no existían durante el Óptimo Climático del Holoceno es una prueba fehaciente de que el pasado fue más cálido que el presente.

Otra forma de determinar si el Óptimo Climático del Holoceno fue más cálido que el actual es fijarse en la biología. Los árboles no crecen por encima de una cierta altura sobre el nivel del mar, conocida como el límite arbóreo. La temperatura es el principal factor que determina dónde se encuentra el límite arbóreo. Como consecuencia, el límite arbóreo ha subido en muchos lugares durante el último siglo, especialmente en el hemisferio norte extratropical, donde el calentamiento en invierno ha sido especialmente intenso.

---

[166] Li, Y.J., et al., 2019. Adv. Clim. Change Res. 10 (4), pp.203–213.
  doi.org/10.1016/j.accre.2020.03.003

Numerosos estudios han demostrado que durante el Óptimo Climático del Holoceno, el límite arbóreo de los Alpes italianos, los Alpes centrales suizos (fig. R20), los Pirineos, la Escandinavia sueca y la Columbia Británica era mucho más alto que en la actualidad.

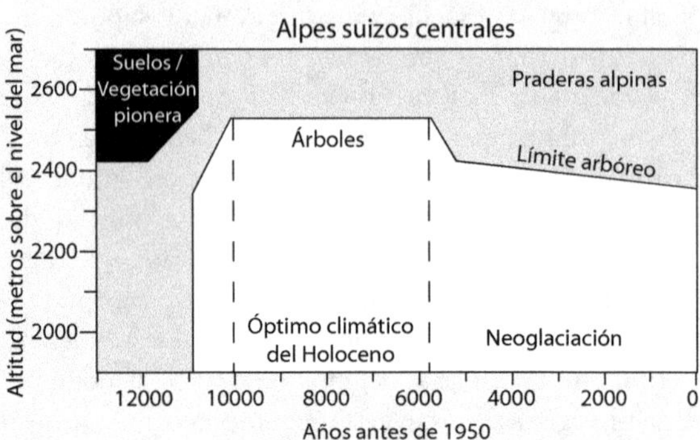

Figura R20. Fluctuaciones del límite arbóreo en los Alpes centrales suizos durante el Holoceno. Altitud en metros sobre el nivel del mar. El límite arbóreo actual de los Alpes suizos centrales se sitúa 150-200 m por debajo del límite arbóreo del Óptimo Climático del Holoceno.[167]

El hemisferio norte ha experimentado el mayor calentamiento climático de las últimas décadas. Los estudios han demostrado que muchas especies de árboles caducifolios de este hemisferio han alcanzado el equilibrio térmico, lo que significa que no pueden crecer a mayor altitud porque hace demasiado frío.[168] Sin embargo, durante el Óptimo Climático del Holoceno, estas mismas especies de árboles podían crecer mucho más allá de sus límites actuales. Esto deja claro que el planeta no puede ser más cálido ahora de lo que era entonces, independientemente de cualquier reconstrucción de proxies u homogeneización de los datos de temperatura. Si el planeta fuera más cálido en la actualidad, o bien las especies arbóreas estarían fuera de equilibrio térmico, o bien su altitud de equilibrio sería mayor de la que tenían durante el Óptimo Climático del Holoceno.

En resumen

Durante el Holoceno, el clima fue inestable y se produjeron numerosos eventos climáticos abruptos, unos dos por milenio, que no podrían haber sido causados por cambios en los niveles de CO_2. Algunos de estos eventos tuvieron una distribución casi periódica e implicaron una importante reorganización atmosférica, que dio lugar a un gradiente de temperatura más pronunciado, a la reducción de las zonas tropicales y a la expansión de las regiones polares. Esto, a su vez, incrementó el transporte de calor hacia los polos, provocando un enfriamiento global y cambios significativos en los patrones de precipitación. El actual evento climático abrupto es sólo el último de una larga cadena. A pesar del calentamiento que se ha producido, las pruebas glaciológicas y biológicas demuestran que el Óptimo Climático del Holoceno fue más cálido que el actual. Estas pruebas son más fiables que las reconstrucciones inciertas.

[167] Tinner, W. & Theurillat, J.P., 2003. Arct. Antarct. Alp. Res. 35 (2), pp.158–169. doi.org/10.1657/1523-0430(2003)035[0158:ULEAFO]2.0.CO;2

[168] Randin, C.F., et al., 2013. Glob. Ecol. Biogeogr. 22 (8), pp.913–923. doi.org/10.1111/geb.12040

CAPÍTULO 23
ACTIVIDAD SOLAR Y CLIMA EN EL PASADO

Los científicos han utilizado la datación por radiocarbono para reconstruir la actividad solar del pasado y han encontrado pruebas de que algunos de los eventos climáticos abruptos más importantes de la historia se produjeron durante grandes mínimos solares largos y profundos, en particular del tipo Spörer. Estos mínimos solares forman parte de una periodicidad solar-climática de 2.500 años conocida como ciclo de Bray, el ciclo climático más importante para frecuencias inferiores a 10.000 años. La importancia de este ciclo solar en el cambio climático se ve corroborada por la evidencia de que los mayores descensos de la población humana se han producido durante periodos de baja actividad solar prolongada.

Es importante señalar que si la actividad solar ha tenido tal efecto sobre el clima en el pasado, es probable que también lo tenga en la actualidad. Sin embargo, los modelos climáticos no incluyen actualmente un efecto significativo de la actividad solar sobre el clima, y muchos científicos rechazan esta posibilidad.

La datación por radiocarbono y la actividad solar en el pasado

La datación por radiocarbono ha supuesto un gran avance científico. Además de posibilitar la datación arqueológica, ha permitido a los científicos determinar los niveles de actividad solar en el pasado. El método se basa en la llegada de rayos cósmicos de alta energía, que producen un isótopo radiactivo llamado ^{14}C en la atmósfera. Este ^{14}C se combina con el oxígeno para producir una pequeña cantidad de $^{14}CO_2$ radiactivo en la atmósfera, mientras que la gran mayoría del CO_2 es $^{12}CO_2$ no radiactivo. Las plantas utilizan ambos tipos de CO_2, y los átomos de carbono de estas moléculas acaban en los cuerpos de todos los organismos vivos. Con el tiempo, el ^{14}C se descompone radiactivamente en ^{12}C a un ritmo constante. Por lo tanto, cuanto más antigua es una muestra orgánica, menos ^{14}C contiene. La datación por radiocarbono se basa en la determinación de la relación $^{14}C/^{12}C$ de restos orgánicos antiguos.

La datación por radiocarbono no es un método perfecto para medir el tiempo porque la relación $^{14}C/^{12}C$ de la atmósfera no es constante. Esta relación se ve afectada por los cambios en la cantidad de CO_2 en la atmósfera, que afecta a la cantidad de ^{12}C. Sin embargo, durante los últimos 11.000 años hasta 1850, los cambios en el CO_2 fueron mínimos (cap. 21), por lo que el denominador grande de ^{12}C varía muy poco durante el Holoceno, lo que facilita su ajuste.

Por otro lado, la producción de ^{14}C se ve afectada por los cambios en los campos magnéticos solar y terrestre, que afectan al número de rayos cósmicos que llegan a la Tierra. El campo magnético de la Tierra cambia lentamente a lo largo de miles de años, pero el del Sol está en constante cambio. Cuando el Sol es menos activo, su campo magnético se debilita, permitiendo que más rayos cósmicos lleguen a la Tierra y se produzca más ^{14}C. Esto, a su vez, aumenta la relación $^{14}C/^{12}C$, haciendo que las muestras más antiguas parezcan más jóvenes porque contienen más ^{14}C.

Por el contrario, cuando la actividad solar es alta, el reloj del radiocarbono corre más despacio porque la relación $^{14}C/^{12}C$ disminuye. Dado que el reloj del radiocarbono funciona de forma irregular, las fechas del radiocarbono no se corresponden linealmente con las fechas del calendario.

Los científicos del radiocarbono utilizan una curva de calibración para convertir las fechas de radiocarbono en fechas calibradas o de calendario a la hora de determinar fechas antiguas. Este proceso comenzó en la década de 1950, y el año de inicio del calendario calibrado es 1950. Por lo tanto, muchos gráficos se refieren al tiempo anterior a 1950, que se considera el presente en la mayoría de los estudios de paleodatación. La curva de calibración es un resultado científico fiable, independiente de los estudios climáticos, que se muestra en la figura 37a.

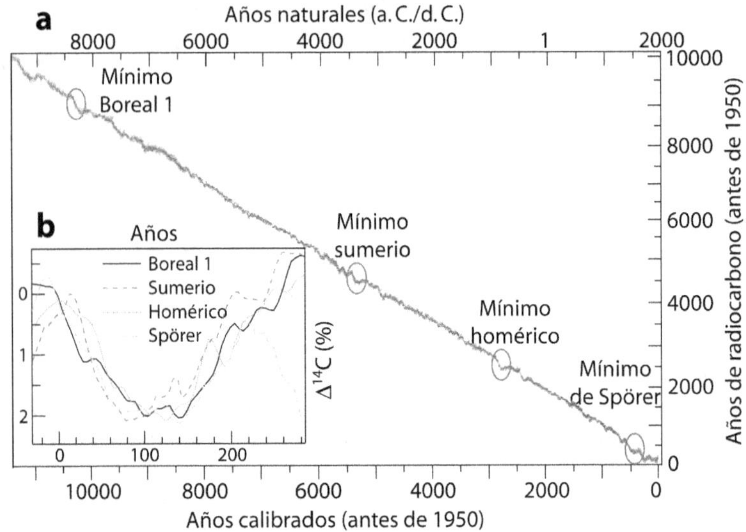

Figura 37. Datación por radiocarbono y actividad solar pasada. a) Curva de calibración del radiocarbono que permite la conversión de fechas de radiocarbono a fechas calibradas o de calendario.[169] Cuatro de las mayores desviaciones de la linealidad se indican mediante óvalos con el nombre del gran mínimo solar correspondiente. b) Superposición de los cuatro mínimos de tipo Spörer para comparar su duración y efecto sobre los niveles de ^{14}C.

La curva de la figura 37a muestra largos periodos de baja actividad solar, llamados grandes mínimos solares, que aparecen como muescas. Entre estos, hay un tipo particular de gran mínimo solar llamado tipo Spörer, que dura 200 años y tiene la actividad solar más baja, causando un aumento del 2% en el ^{14}C. Sólo hay cuatro mínimos de tipo Spörer en el Holoceno, marcados con óvalos en la figura 37a y mostrados en la figura 37b. Estos periodos están datados con precisión y corresponden a los cuatro periodos de dos siglos de menor activi-

---

[169] Reimer, P.J., et al., 2013. Radiocarbon, 55 (4), pp.1869–1887.
doi.org/10.2458/azu_js_rc.55.16947

dad solar durante el Holoceno. ¿Cuáles fueron las condiciones climáticas durante estos periodos?

Un ciclo solar y climático de 2.500 años

Para examinar la relación entre la actividad solar y el clima, podemos combinar las figuras 36 (cap. 22) y 37a en la figura 38. El resultado es bastante revelador. Los cuatro periodos de menor actividad solar durante el Holoceno coinciden con cuatro de los mayores y más conocidos eventos climáticos abruptos del Holoceno. Esta evidencia es innegable, y no se puede dudar de la dirección de la causalidad, ya que los acontecimientos en la Tierra no influyen en la actividad solar. No es de extrañar que muchos paleoclimatólogos estén convencidos de que la actividad solar, a pesar de sus pequeños cambios de energía, tiene un efecto importante sobre el clima, ya que las evidencias lo apoyan claramente. De hecho, los autores de un estudio sobre el cambio climático en el Holoceno han pedido una evaluación multidisciplinar en profundidad del potencial de modulación solar del clima a escalas centenarias.[170] Sin embargo, la mayoría de los climatólogos niegan esta clara evidencia paleoclimática. Un reciente estudio de modelización de los posibles efectos de un gran mínimo solar que se produjera en el siglo XXI concluyó que causaría una diferencia de temperatura de sólo 0,3 °C, por lo que el calentamiento global continuaría, aunque a un ritmo más lento.[171] Esto contrasta radicalmente con lo que indican las pruebas paleoclimáticas.

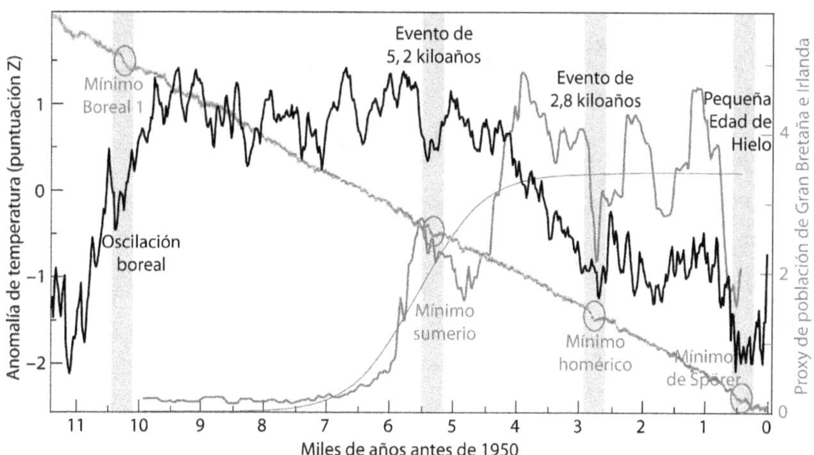

Figura 38. Correspondencia solar-climática. Cuatro grandes eventos climáticos abruptos (barras grises), indicados por una reconstrucción de la temperatura del Holoceno (curva negra, cap. 21), coinciden con los cuatro grandes mínimos solares de tipo Spörer (óvalos). Un proxy de población humana para las Islas Británicas (curva gris) indica descensos de población durante estos y otros periodos de enfriamiento.[172]

---

[170] Rohling, E.J., et al., 2002. Clim. Dyn. 18 (7), pp.587–593.
doi.org/10.1007/s00382-001-0194-8
[171] Arsenovic, P., et al., 2018. Atmospheric Chem. Phys. 18 (5), pp.3469–3483.
doi.org/10.5194/acp-18-3469-2018
[172] Bevan, A., et al., 2017. PNAS, 114 (49), pp.E10524–E10531.
doi.org/10.1073/pnas.1709190114

En el capítulo anterior hablamos de los cuatro grandes eventos climáticos abruptos que pueden haberse producido según una posible periodicidad irregular de 2.500 años. Esta observación fue realizada por primera vez por Roger Bray en 1968, quien relacionó un ciclo de 2500 años en la actividad solar con el clima.[173] Por ello, este ciclo ha recibido recientemente el nombre de ciclo de Bray.[174]

La mayoría de los climatólogos rebaten la idea de que la actividad solar tenga un efecto sustancial sobre el clima. Sostienen que el ciclo solar de 11 años sólo tiene un pequeño efecto sobre el clima y que no existe ningún mecanismo aceptado para un efecto solar más fuerte. Además, la existencia de ciclos solares más largos es problemática. Se ha desarrollado un modelo solar para explicar el ciclo conocido de 11 años, pero los ciclos más largos no tienen una causa conocida. Se han propuesto algunas hipótesis para explicar los ciclos más largos, sugiriendo que las órbitas planetarias pueden afectar a la actividad solar a través de diversos mecanismos, pero no hay evidencias que las respalden.

Las evidencias sugieren que los mínimos solares más largos del tipo Spörer tienen un mayor impacto en el clima que los mínimos más cortos del tipo Maunder, que duran unos 70 años. Esto implica que el efecto de la baja actividad solar sobre el clima se acumula con el tiempo, haciéndose más fuerte cuanto más dura el mínimo. Esto puede explicar por qué el ciclo solar de 11 años tiene un efecto relativamente modesto, ya que la actividad solar es inferior a la media sólo durante unos cinco años.

Recuadro 21. El ciclo solar milenario en los últimos 2.000 años

El análisis de la actividad solar en el pasado revela una clara frecuencia milenaria, basada principalmente en la mayor frecuencia de los grandes mínimos solares de tipo Maunder. El Mínimo de Maunder, identificado con los recién inventados telescopios, se produjo entre 1645 y 1715 y fue el último gran mínimo solar. Coincidió con la Pequeña Edad de Hielo, caracterizada por temperaturas más bajas y los mayores avances de glaciares del Holoceno. A pesar de algunos veranos cálidos en Europa, China y Norteamérica, en este periodo también se produjeron algunos de los inviernos más fríos de los que se tiene constancia.

El ciclo solar de 1000 años debe su nombre a John Eddy, el astrónomo que reavivó el interés por el Mínimo de Maunder en la década de 1970. Este ciclo es muy irregular, destacando en el registro del ^{14}C durante el Holoceno inferior y los últimos 2.000 años, pero no tanto entre ambos. Los ciclos de Bray y Eddy están casi en fase, lo que significa que sus mínimos se producen próximos en el tiempo cada 5.000 años. La última vez que esto ocurrió fue durante la Pequeña Edad de Hielo, que dio lugar a una serie de tres grandes mínimos solares en menos de 500 años, coincidiendo con el periodo más frío del Holoceno. Esta coincidencia no volverá a repetirse hasta dentro de 4.500 años, y cuando lo haga, tendrá muchas

---

[173] Bray, J.R., 1968. Nature, 220, pp.672–674. doi.org/10.1038/220672a0

[174] Vinós, J., 2022. Climate of the Past, Present and Future: A scientific debate. Critical Science Press.

posibilidades de desencadenar la próxima glaciación, si es que no ha comenzado ya.

La evidencia que relaciona la actividad solar con cambios climáticos significativos sugiere que el Ciclo de Eddy ha jugado un papel importante en los últimos 2000 años. La Figura R21 lo ilustra, mostrando el registro del ^{14}C como un proxy de la actividad solar, con una frecuencia sinusoidal de 1000 años obtenida a partir de los datos mediante filtrado de paso de banda. La figura también muestra un proxy climático, la cantidad de descarga de icebergs en el Atlántico Norte, medida por el contenido de trazadores petrológicos en núcleos bentónicos.[175] Estos trazadores son transportados por los icebergs y liberados cuando se funden. Durante los periodos fríos con mayores nevadas invernales, los glaciares costeros avanzan más y liberan más icebergs, lo que aumenta la cantidad de trazadores. Aunque las dos curvas no siempre coinciden a la perfección, su correlación general es demasiado estrecha para considerarla una coincidencia. Todo aumento de la actividad de los icebergs, indicativo de temperaturas más frías, se corresponde con una disminución de la actividad solar. Por lo tanto, la relación observada implica que la actividad solar ha sido el principal impulsor del clima en una escala temporal centenaria durante los últimos 2000 años.

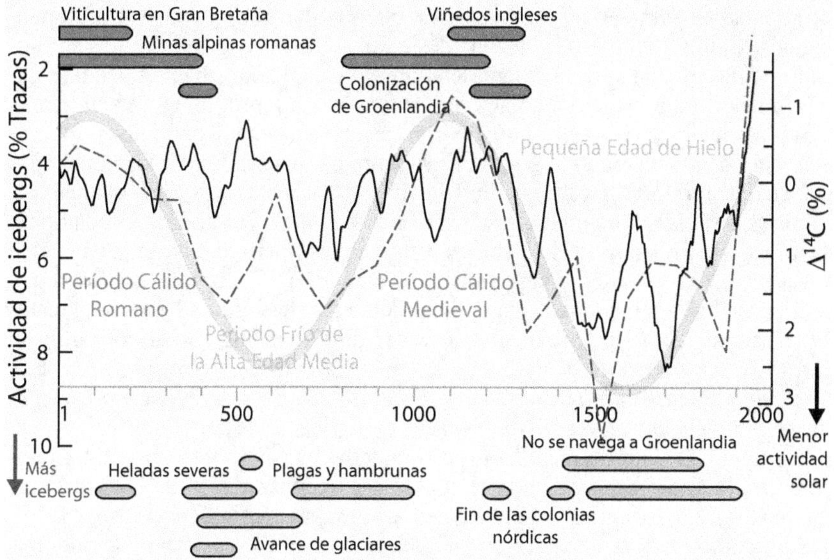

Figura R21. El ciclo solar-climático milenario durante los últimos 2000 años. La variación del ^{14}C (curva negra), un proxy de la actividad solar, se compara con la actividad de los icebergs en el Atlántico Norte (curva de trazos gris), un proxy del clima. La curva sinusoidal gris claro muestra la frecuencia milenaria de la variabilidad del ^{14}C obtenida filtrando los datos por bandas. Define dos periodos cálidos y dos fríos, respaldados por una gran cantidad de pruebas, algunas de las cuales están representadas por barras gris oscuro y claro (véase el texto principal).

[175] Bond, G., et al., 2001. Science, 294 (5549), pp.2130–2136.
doi.org/10.1126/science.1065680

El clima de los dos últimos milenios se caracteriza por cuatro fases: el Periodo Cálido Romano (que finaliza en torno al 400), el Periodo Frío de la Alta Edad Media (bipartito, con una fase temprana en torno al 500 y una fase tardía en torno al 700), el Periodo Cálido Medieval (centrado en torno al 1100) y la Pequeña Edad de Hielo (que comienza en torno al 1300). Este esquema, con su cuasi periodicidad milenaria, está bien respaldado por una gran cantidad de pruebas históricas, biológicas, geológicas y climáticas. Una publicación reciente presenta algunas de estas pruebas en forma de las barras grises que aparecen en la figura R21, donde el oscuro indica calor y el claro, frío.[176]

Sin embargo, este esquema plantea un problema para algunos científicos del clima porque se supone que la fase presente ha de ser cálida, independientemente de las emisiones, debido al aumento de la actividad solar desde el final de la Pequeña Edad de Hielo. Esto contradice los modelos climáticos y desactiva la emergencia climática, aunque el aumento de los niveles de CO_2 contribuya al calentamiento observado.

Impacto solar-climático en las sociedades humanas

Los arqueólogos utilizan la datación por radiocarbono para determinar la antigüedad de la madera y los restos orgánicos hallados en yacimientos arqueológicos. Como el número de fechas de radiocarbono recogidas por los investigadores ha aumentado considerablemente con el tiempo, han utilizado esta información para estimar poblaciones antiguas. La teoría es que yacimientos más abundantes y de mayor tamaño con más restos orgánicos indican una población más numerosa, que a su vez proporciona material para más dataciones por radiocarbono. Un estudio reciente utilizó este enfoque para evaluar los cambios de población en las Islas Británicas durante el Holoceno, revelando un descenso significativo de la población durante los periodos de baja actividad solar y cambio climático abrupto (fig. 38, línea gris). El resultado confirma que se trató de un fenómeno real y que la reducción de la actividad solar y el resultante cambio climático provocaron escasez de alimentos, con el consiguiente sufrimiento y miseria. Los autores señalan *"múltiples casos de descenso de la población humana a lo largo del Holoceno que coinciden con episodios periódicos de reducción de la actividad solar y reorganización del clima"*.[177]

La figura 38 muestra una clara relación entre las curvas de población y temperatura, lo que confirma la corrección de esta reconstrucción de la temperatura del Holoceno, respaldada también por las pruebas glaciológicas (cap. 21).

El estudio de la población humana también revela un ciclo poblacional milenario con picos cada mil años durante los últimos cuatro milenios, lo que apoya una cuasi-periodicidad climática en fase con el ciclo milenario de la actividad solar. Sin embargo, la mayoría de los climatólogos rechazan la idea de un ciclo climático milenario porque acontecimientos históricos como los periodos cálidos romano y medieval, el periodo frío de la Alta Edad Media y la Pe-

---

[176] Moffa-Sánchez, P. & Hall, I.R., 2017. Nat. Commun. 8 (1), p.1726.
doi.org/10.1038/s41467-017-01884-8

[177] Bevan, A., et al., 2017. PNAS, 114 (49), pp.E10524–E10531.
doi.org/10.1073/pnas.1709190114

queña Edad de Hielo no pueden explicarse adecuadamente con la hipótesis climática del efecto reforzado del CO_2. Algunos científicos consideran estos acontecimientos como anomalías regionales con escaso impacto global. Aceptar la periodicidad milenaria implicaría que el calentamiento debería producirse incluso sin emisiones humanas, lo que contradice los modelos climáticos. Aceptar esta periodicidad climática sería admitir que los modelos son fundamentalmente erróneos. Es poco probable que esto se admita por muchas pruebas que haya de un ciclo climático milenario, solar o de otro tipo.

En resumen

La variabilidad de la actividad solar y del clima son enormes. Si nos centramos en el tipo más largo de gran mínimo solar, vemos que las cuatro veces que se produjo durante el Holoceno coincidieron con cuatro de los eventos climáticos abruptos más pronunciados. Estos eventos siguen un ciclo de Bray irregular de unos 2.500 años. Además, el ciclo de Eddy, que se produce debido a grandes mínimos solares menos severos, sigue una frecuencia milenaria. Juntos, estos ciclos explican gran parte de la variabilidad climática del Holoceno. La periodicidad causada por estos ciclos solares ha afectado significativamente a las poblaciones humanas durante los periodos de baja actividad solar prolongada, como demuestran los registros arqueológicos e históricos. Las pruebas sugieren que si la actividad solar ha afectado al clima en el pasado, debe estar haciéndolo ahora, aunque no entendamos del todo cómo. Estas pruebas no concuerdan con nuestros modelos climáticos y ponen en duda la existencia de una crisis climática.

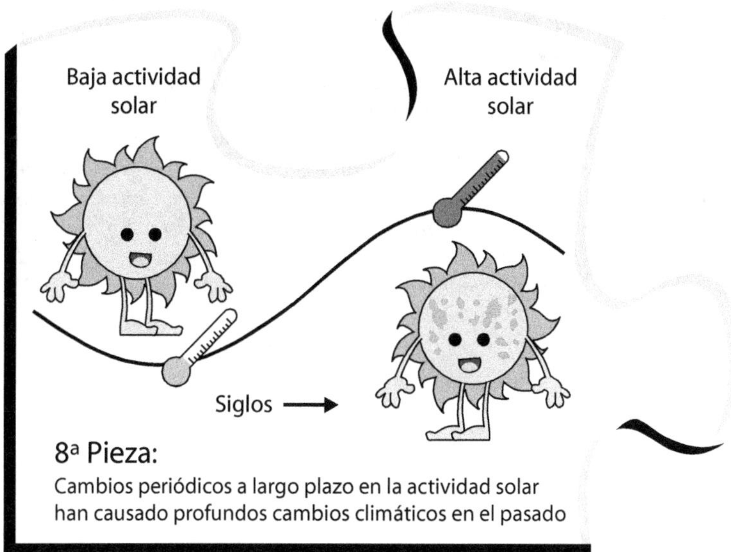

8ª Pieza:
Cambios periódicos a largo plazo en la actividad solar han causado profundos cambios climáticos en el pasado

SECCIÓN 6 CUESTIONES CLAVE

En ciertas épocas, la Tierra era extremadamente cálida y húmeda, con palmeras y cocodrilos en los polos. No podemos explicar cómo fue posible, ya que los niveles de CO_2 no pudieron causarlo, y la escasa diferencia de temperatura entre los polos y el ecuador debió provocar un transporte reducido de calor. La clave para resolver este misterio es comprender que los polos actúan como radiadores refrigerantes, y que el planeta se enfría cuanto más calor se transporta hacia ellos. La edad de hielo del Cenozoico superior (actual) es el resultado de cambios tectónicos, no de cambios de CO_2, y los últimos 50 millones de años muestran poca correlación entre el CO_2 y los cambios de temperatura.

Sin embargo, la concordancia en el registro antártico entre CO_2 y temperatura durante el Pleistoceno convenció a la mayoría de los científicos de la existencia de una estrecha relación. Esta relación se está perdiendo en el presente, ya que los niveles de CO_2 aumentan enormemente mientras que la Antártida no se calienta. La relación tampoco existe en los últimos 11.000 años, en los que ambas han cambiado en direcciones opuestas. El aumento de los niveles de CO_2 y el calentamiento simultáneo desde 1975 pueden ser la excepción y no la regla. Las pruebas glaciológicas y biológicas confirman que el Óptimo Climático del Holoceno fue más cálido que el actual, a pesar de que se diga lo contrario.

Además, el Holoceno fue testigo de muchos eventos climáticos abruptos no relacionados con el CO_2. Cuatro de los más importantes, con una periodicidad de casi 2.500 años, implicaron una fuerte reorganización atmosférica, que dio lugar a un gradiente de temperatura más pronunciado, a la reducción de las zonas tropicales y a la expansión de las regiones polares. Esto, a su vez, incrementó el transporte de calor hacia los polos, provocando un enfriamiento global y cambios significativos en los patrones de precipitación. Sorprendentemente, estos cuatro eventos coinciden con los cuatro únicos grandes mínimos solares de tipo más profundo, de 200 años de duración. Su impacto climático fue acompañado de un fuerte efecto sobre las poblaciones humanas de la época. Si la actividad solar tuvo un efecto climático tan fuerte en el pasado, no podemos descartar su contribución al cambio climático actual.

SECCIÓN 7. VOLCANES

Capítulo 24
Volcanes y Cambio Climático

En 1815, el monte Tambora explotó en la mayor erupción volcánica de los últimos mil años. Esto provocó una importante perturbación meteorológica en el hemisferio norte al año siguiente. Sin embargo, las mediciones instrumentales y los indicadores climáticos han demostrado que el impacto de las grandes erupciones sobre la temperatura es relativamente modesto y de corta duración. Por término medio, las temperaturas disminuyen sólo 0,2-0,3 °C durante 3-4 años. Los modelos climáticos suelen sobrestimar el impacto de las erupciones volcánicas y no tienen en cuenta la rápida recuperación observada en los años siguientes a una erupción. Según los datos disponibles, la actividad volcánica no parece desempeñar un papel importante como forzamiento climático en escalas de tiempo centenarias y más largas.

El Año sin Verano

La mayor erupción volcánica registrada en la historia de la humanidad se produjo en abril de 1815 en la isla indonesia de Sumbawa. La erupción del monte Tambora causó la muerte de 10.000 personas, arrasó la vegetación de la isla y provocó la muerte de al menos 50.000 personas más por enfermedades y hambre. La pluma volcánica alcanzó 43 kilómetros en la estratosfera.

En el hemisferio norte, no hubo nada inusual en la meteorología durante el año de la erupción volcánica, excepto por unas puestas de sol espectaculares. Al año siguiente, sin embargo, los acontecimientos tomaron un cariz dramático. A principios de junio de 1816, más de un año después de la erupción, empezaron a aparecer informes sobre extraños patrones meteorológicos. El final de la primavera fue extremadamente seco o extremadamente húmedo en diferentes partes del hemisferio norte, y las temperaturas cayeron en picado debido a vientos gélidos procedentes del norte. Todos los meses de verano trajeron fuertes heladas en lugares que no las habían visto antes, y en otras zonas, el cielo parecía estar constantemente nublado. Esta combinación de condiciones extremas provocó la pérdida de cosechas en muchos países, provocando escasez de alimentos y malnutrición en Irlanda, Francia, Inglaterra, China y Estados Unidos. El Año sin Verano también provocó epidemias de tifus en algunas partes de Europa y de cólera en la India, mientras las lluvias monzónicas llegaban tarde y a raudales, causando inundaciones devastadoras en el valle chino del Yangtsé.

La gente no podía relacionar los extraños patrones meteorológicos con la erupción volcánica de un año antes, sobre todo porque la mayoría ni siquiera había oído hablar de ella. No fue hasta el siglo XX cuando los científicos establecieron la conexión entre las erupciones volcánicas y el clima hemisférico. La erupción del monte Tambora fue un acontecimiento masivo, incluso mayor que la del monte Samalas en 1257. No había ocurrido nada parecido en más de mil años.

Los efectos meteorológicos de la erupción del monte Tambora fueron considerables, pero de corta duración. Los registros de los cuadernos de bitácora de la Compañía Inglesa de las Indias Orientales y los proxies muestran que las temperaturas en el hemisferio norte descendieron 0,5 °C en 1816, pero recuperaron los niveles anteriores en sólo seis años. Sin embargo, algunos modelos climáticos simulan una respuesta climática mucho mayor y más duradera a la erupción, lo que indica que no reproducen con exactitud los efectos climáticos reales de las erupciones volcánicas.[178]

Efecto de las erupciones volcánicas en el clima

Las distintas erupciones volcánicas liberan diferentes cantidades de gases. Mientras que el vapor de agua constituye el 50-90% de los gases emitidos, el resto de los gases varía de un volcán a otro. El dióxido de carbono (CO_2) puede representar entre el 1 y el 40%, el dióxido de azufre (SO_2) entre el 1 y el 25%, el sulfuro de hidrógeno (H_2S) entre el 1 y el 10%, el ácido clorhídrico (HCl) entre el 1 y el 10%, y otros gases menores. El H_2S se oxida rápidamente a SO_2, que se convierte en sulfato en la troposfera y aglutina en aerosoles. Estos aerosoles afectan a la formación de nubes y se eliminan con relativa rapidez en forma de lluvia ácida. Durante las erupciones explosivas, que se producen aproximadamente cada dos años, el SO_2 también se transporta a la estratosfera, donde la mayor parte es de origen volcánico. A lo largo de varias semanas o meses, el SO_2 estratosférico se convierte en sulfato, lo que provoca una deshidratación estratosférica y un aumento de los aerosoles estratosféricos que alcanza su máximo unos tres meses después de la erupción y persiste durante unos cuatro años.

El aumento de los aerosoles de sulfato estratosféricos tiene tres efectos climáticos importantes. El primero y más reconocido es que dispersan la radiación solar entrante, lo que provoca un enfriamiento de la superficie. El segundo efecto es que absorben la radiación infrarroja cercana entrante y la radiación infrarroja de onda larga saliente, lo que provoca un calentamiento de la estratosfera. Este calentamiento afecta a la circulación atmosférica y provoca inviernos cálidos en el hemisferio norte durante 1-2 años después de una erupción estratosférica. El tercer efecto es la destrucción muy efectiva del ozono causada por la alteración de la química y la perturbación de los índices de calentamiento. La destrucción del ozono afecta a la estratosfera, provocando cambios atmosféricos generalizados y un aumento de la radiación UV solar que llega a la superficie.

Los efectos climáticos de los volcanes son complicados porque dependen de la cantidad de SO_2 que inyectan en la estratosfera, de su latitud y de la época del año en que se producen. Estos factores afectan a la dispersión de la nube estratosférica, que a su vez puede tener un efecto global o hemisférico o no tener efecto alguno. Por ejemplo, la erupción del monte Santa Helena en 1980 fue una potente erupción volcánica sin repercusiones climáticas significativas.

En la actualidad, las emisiones volcánicas de CO_2 sólo representan alrededor del 1% de las emisiones antrópicas. Sin embargo, en un pasado lejano, los mayores niveles de actividad volcánica, especialmente de las grandes provincias ígneas, podrían haber producido grandes cantidades de CO_2. Existe un debate en curso sobre si las extinciones masivas que a veces se produjeron du-

---

[178] Brohan, P., et al., 2012. Clim. Past, 8 (5), pp.1551-1563.
    doi.org/10.5194/cp-8-1551-2012 .

rante estas épocas fueron causadas por el SO_2 y el enfriamiento o por el CO_2 y el calentamiento, siendo esta última hipótesis la más popular en la actualidad.

Los datos de las erupciones volcánicas recientes sugieren que su efecto sobre la temperatura suele ser a corto plazo, de unos pocos años como máximo. Los registros de temperatura de las erupciones de los siglos XIX y XX muestran un descenso de la temperatura de 0,2-0,3°C en 3-4 años. Los registros del hemisferio norte y de Europa también lo confirman. La Figura 39 muestra el cambio de temperatura en el hemisferio norte para ocho (barras) y 34 (líneas) grandes erupciones en los últimos siglos.

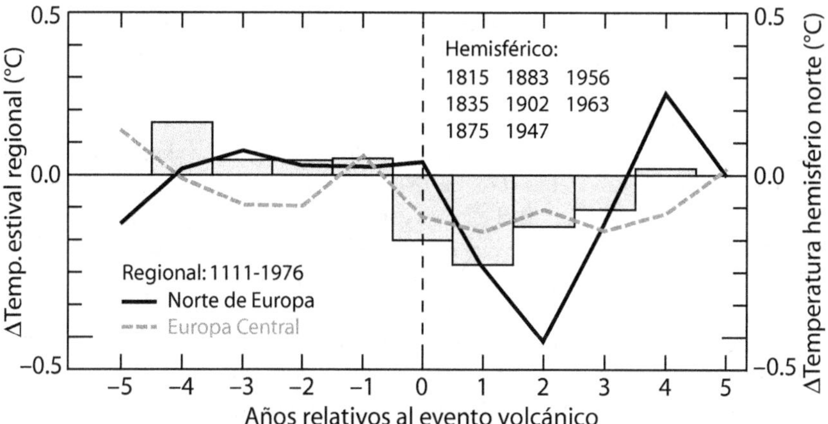

Figura 39. Efectos regionales y hemisféricos de las erupciones volcánicas sobre la temperatura. Barras grises, escala derecha, cambio de temperatura en el hemisferio norte en los años alrededor de ocho grandes erupciones. Curvas negra y gris de trazos, escala izquierda, estimación a partir de registros de anillos de árboles del cambio de temperatura en Europa del Norte (curva negra) y Europa Central (curva de trazos gris) durante los veranos alrededor de 34 grandes erupciones volcánicas entre 1111 y 1976.[179]

Las pruebas disponibles sugieren que incluso las mayores erupciones volcánicas tienen un efecto negativo relativamente modesto y temporal sobre la temperatura. Al cabo de unos cinco años, los aerosoles de sulfato desaparecen de la estratosfera y los efectos radiativos y químicos de la erupción finalizan. En este momento sólo son posibles efectos dinámicos retardados. Es difícil explicar por qué la recuperación de tales acontecimientos es tan rápida. Los aerosoles de sulfato provocan un déficit energético importante en la superficie, lo que provoca un descenso de la temperatura. Mientras tanto, la estratosfera, más caliente, irradia más energía al espacio. Cuando la situación termina, el planeta se queda con un déficit de energía resultante de estos efectos. No está claro de dónde procede la energía para el rápido calentamiento posterior. Los modelos climáticos tienen dificultades para explicar este fenómeno, probablemente porque sigue siendo desconocido para los científicos. Esta incertidumbre puede explicar por qué la recuperación de la temperatura es más lenta en los modelos en los que está mediada por el océano.

---

[179] Datos de: Self, S., et al., 1981. J. Volcanol. Geotherm. Res. 11 (1), pp.41–60, doi.org/10.1016/0377-0273(81)90074-3 y de Esper, J., et al., 2013. Bull Volcanol. 75, pp.1–14. doi.org/10.1007/s00445-013-0736-z

Recuadro 22. Actividad volcánica y ciclo glacial

En la década de 1970, los científicos especularon con la posibilidad de que las erupciones volcánicas fueran una de las causas de las glaciaciones debido a su efecto de enfriamiento. En los años 90, sin embargo, quedó claro que la relación era la opuesta a la esperada. De hecho, existía una clara anticorrelación entre vulcanismo y glaciación. Esto significa que durante la transición de periodos glaciales fríos a periodos interglaciales cálidos, se produjeron pulsos de gran actividad volcánica.[180]

En 2013, se llevó a cabo un estudio sobre la frecuencia de la actividad volcánica en el Cinturón de Fuego del Pacífico, escenario de muchas de las mayores erupciones volcánicas de la historia. El estudio utilizó un gran conjunto de datos de fechas de capas volcánicas procedentes de múltiples sitios de extracción de núcleos en zonas volcánicas a lo largo del Anillo de Fuego, que abarcan un millón de años. Los resultados del análisis de frecuencias mostraron un pico estadísticamente significativo de actividad eruptiva volcánica sólo en la periodicidad de 41.000 años asociada al ciclo de inclinación de la Tierra, una de las frecuencias de Milankovitch (fig. R22).[181] Esta frecuencia de actividad volcánica apoya la hipótesis de que los cambios en la inclinación axial (oblicuidad), más que el bamboleo axial (precesión), son el principal motor del ciclo glacial (recuadro 19, cap. 21) porque los cambios en la actividad volcánica están asociados con el aumento del movimiento de la corteza debido al rápido derretimiento de las capas de hielo cuando termina una glaciación y comienza un interglaciar.

Figura R22. Actividad volcánica y ciclo glacial. Los cambios en la frecuencia de las erupciones volcánicas se correlacionan con cambios periódicos en la inclinación del eje de la Tierra. Un espectro de potencia muestra la fracción de una señal que se encuentra en cada frecuencia.

Los núcleos de hielo y los datos volcánicos confirman que la actividad volcánica más intensa de los últimos 100.000 años se produjo hace entre 13.000 y 7.000 años (fig. 42, cap. 26).

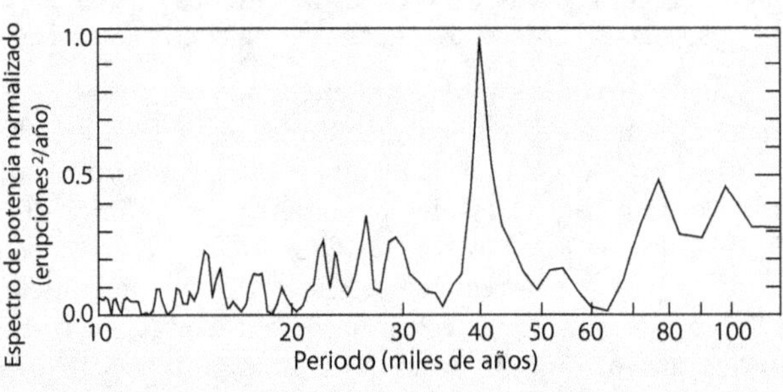

Durante este periodo, la tasa de actividad volcánica fue entre 2 y 6 veces superior a los niveles de fondo. Sin embargo, este periodo también coincidió con el mayor calentamiento de los últimos 100.000 años. Por tanto, estas pruebas cuestionan la idea de que una elevada actividad volcánica provoque un enfriamiento a largo

[180] Glazner, A.F., et al., 1999. Geophys. Res. Lett. 26 (12), pp.1759–1762. doi.org/10.1029/1999GL900333
[181] Kutterolf, S., et al., 2013. Geology, 41 (2), pp.227–230. doi.org/10.1130/G33419.1

plazo más allá de los pocos años de descenso de la temperatura tras cada gran erupción.

Algunos estudios también sugieren que hasta 40 ppm, o aproximadamente la mitad del aumento de CO_2 durante la deglaciación, podría deberse a una mayor actividad volcánica.[182] Esto implica que la actividad volcánica debe estar causando algún calentamiento más allá del enfriamiento a corto plazo.

En el capítulo 26 examinaremos la hipótesis de que la Pequeña Edad de Hielo fue el resultado de un enfriamiento inusual provocado por potentes erupciones volcánicas. El hecho de que las erupciones volcánicas sólo tengan un pequeño efecto a corto plazo sobre la temperatura y sean más una consecuencia que una causa del cambio climático hace que resulte sorprendente que esta teoría esté tan ampliamente aceptada. La única explicación plausible es que tenemos pocas causas naturales para el cambio climático y se apresuran a descartar el argumento claro y basado en pruebas de que la Pequeña Edad de Hielo fue causada por largos periodos de baja actividad solar.

La erupción del volcán Hunga Tonga en 2022

El 15 de enero de 2022, la erupción del volcán submarino Hunga Tonga fue un acontecimiento excepcionalmente inusual. Las erupciones submarinas rara vez producen plumas que alcancen la estratosfera, pero la poderosa explosión (la más fuerte en tres décadas) se produjo en aguas poco profundas e inyectó la asombrosa cantidad de 146 millones de toneladas de agua de mar vaporizada en la estratosfera. Dada la sequedad de la estratosfera (fig. 9, cap. 7), este acontecimiento provocó el brusco aumento en un 13% del vapor de agua estratosférico. Este aumento se concentró principalmente en el hemisferio sur a altitudes entre 26 y 34 km. Este vapor de agua adicional dio rápidamente la vuelta al globo mientras era transportado lentamente hacia los polos y hacia abajo por la circulación de Brewer-Dobson. Es probable que la mayor parte de esta agua permanezca en el hemisferio sur, saliendo gradualmente de la estratosfera en los próximos años.

El presupuesto de la radiación atmosférica es especialmente sensible a las variaciones de los GEI en la troposfera superior y la estratosfera. Incluso pequeños cambios en el ozono estratosférico o en el contenido de agua pueden provocar un forzamiento radiativo significativo. Esto se debe a que la mayor parte de la radiación de onda larga saliente es poco probable que sea interceptada a esta altitud debido al muy bajo contenido de vapor de agua. Así pues, los pequeños cambios en los GEI tienen un mayor impacto aquí que en la troposfera inferior húmeda, que es muy opaca a la radiación infrarroja. El aumento del vapor de agua estratosférico debería tener un efecto de calentamiento sobre la temperatura media global de la superficie.[183]

De forma similar a la erupción del monte Tambora en 1815, cuando se produjeron efectos climáticos importantes 14 meses después, en el verano de 2023

[182] Huybers, P. & Langmuir, C., 2009. Earth Planet. Sci. Lett. 286 (3-4), pp.479–491. doi.org/10.1016/j.epsl.2009.07.014

[183] Jenkins, S., et al., 2023. Nat. Clim. Change, 13 (2), pp.127-129. doi.org/10.1038/s41558-022-01568-2

se detectaron algunos cambios inusuales 17 meses después de la erupción del Hunga Tonga. En particular el hielo marino antártico se vio muy reducido debido a los fuertes vientos del norte que empujaban el hielo hacia la costa. Además, el agujero de ozono antártico comenzó a formarse bastante antes ese año. En el hemisferio norte, la Oscilación del Atlántico Norte (diferencia de presión entre la Baja de Islandia y la Alta de las Azores) fue inusualmente negativa (poca diferencia de presión), y la temperatura de la superficie del Atlántico Norte fue inusualmente alta. Globalmente, julio fue el mes más cálido jamás registrado y septiembre mostró la mayor anomalía de temperatura.

Queda por determinar si estos cambios se deben principalmente a la erupción volcánica de Hunga Tonga. Aún así, son coherentes con lo que cabría esperar, en particular el calentamiento global y el efecto del agujero de ozono, ya que el vapor de agua estratosférico participa en la destrucción del ozono. Sin embargo, cualquier efecto de la erupción debería ser temporal y desaparecer a medida que el vapor de agua inyectado abandone la estratosfera en los próximos años.

En resumen

Aunque las erupciones volcánicas pueden tener un impacto significativo en la meteorología, hay pocas pruebas de que provoquen un cambio climático sustancial. De hecho, las pruebas sugieren lo contrario. Los cambios climáticos a escala glacial afectan profundamente a la frecuencia de las erupciones volcánicas. Aunque algunos modelos exageran el impacto de las erupciones volcánicas, es difícil argumentar que sean un factor importante del cambio climático en escalas de tiempo centenarias y más largas.

Capítulo 25
Volcanes y Transporte Meridional de Calor

Cuando un gran volcán tropical entra en erupción, afecta al sistema acoplado formado por la atmósfera y el océano. Un efecto es que puede causar una respuesta similar a la de El Niño en el Pacífico ecuatorial. Otro efecto es que puede provocar un invierno más cálido en el norte de Europa y Norteamérica, lo que parece un contrasentido. Esto se debe a que la erupción refuerza el vórtice polar, lo que reduce la llegada de masas de aire frío procedentes de los polos. Además, la erupción debilita la circulación estratosférica hacia los polos al reforzar los vientos adversos.

Todos estos efectos dinámicos se combinan para reducir la cantidad de calor transportado hacia los polos, contrarrestando los efectos de enfriamiento del volcán y conduciendo a una recuperación más rápida. Sin embargo, entre dos y tres décadas después de la erupción, puede observarse cierto enfriamiento en el hemisferio norte como un misterioso eco de la explosión del volcán.

Los efectos dinámicos de las erupciones volcánicas

Cuando un volcán entra en erupción, el exceso de sulfato puede permanecer en la estratosfera durante algunos años. Este sulfato tiene efectos radiativos y químicos que provocan cambios en la estratosfera y en la superficie de la Tierra, desencadenando una compleja respuesta entre la atmósfera y el océano. Esta respuesta puede durar más que la presencia de sulfato en la estratosfera. Los efectos dinámicos de una erupción volcánica se deben a cambios en los patrones y gradientes de temperatura de la superficie y de la baja estratosfera, que afectan al transporte de calor hacia los polos. Para esta discusión, nos centraremos únicamente en las erupciones tropicales fuertes, ya que los efectos de las erupciones extratropicales son generalmente menores y diferentes.

Cuando un volcán entra en erupción, provoca un mayor enfriamiento en las latitudes más bajas, lo que reduce el gradiente de temperatura de la superficie desde el ecuador hacia los polos. En la estratosfera, sin embargo, ocurre lo contrario: el calentamiento es más fuerte en las latitudes más bajas, lo que aumenta el gradiente de temperatura. Esto hace que los vientos zonales (del este o del oeste) sean más fuertes y reduce el transporte de calor hacia los polos por la circulación de Brewer-Dobson.

Estos efectos dinámicos de los volcanes están mediados por el transporte meridional y tienen dos consecuencias principales. En primer lugar, una erupción volcánica desencadena una respuesta similar a la de El Niño en el Pacífico. En segundo lugar, refuerza el vórtice polar boreal, dando lugar a una fase positiva de la Oscilación del Atlántico Norte.

Cuando se reduce el transporte estratosférico, parte del transporte de calor hacia el polo debe redirigirse. La circulación de Brewer-Dobson desplaza el calor desde el ecuador hacia el polo invernal (fig. 23, cap. 14). Pero cuando esta circulación se reduce, puede afectar a la forma en que el calor se acumula y se distribuye en el océano ecuatorial. Esto, a su vez, aumenta la probabilidad de que se produzca un episodio de El Niño tras una erupción volcánica, ya que El Niño es una forma eficaz de eliminar el calor del Pacífico ecuatorial (cap. 18).

Al reforzarse la circulación del viento zonal estratosférico, las ondas atmosféricas no pueden alcanzar la estratosfera. Esto conduce a un vórtice polar más fuerte (recuadro 7, cap. 11; recuadro 12, cap. 15). En invierno, una corriente en chorro cerrada y fuerte atrapa el aire muy frío del Ártico. Esto da lugar a un tiempo invernal cálido en el norte de Europa y Norteamérica. Como consecuencia, no suele producirse un fuerte enfriamiento hasta pasado el invierno, como ocurrió tras la erupción del monte Tambora (cap. 24).

Las erupciones volcánicas tienen efectos dinámicos sobre el sistema climático relacionados con los cambios en el transporte de calor hacia los polos. Estos efectos ayudan a explicar por qué el planeta puede recuperarse rápidamente de una fuerte erupción en pocos años. Como vimos en el capítulo anterior, los efectos radiativos de una erupción provocan una importante pérdida de energía del sistema climático. Si no se compensara esta pérdida, cada erupción seguiría enfriando el planeta. Sin embargo, sabemos que no es así, por lo que los efectos dinámicos que actúan deben compensar la pérdida de energía.

Una de las formas en que el planeta conserva energía tras una erupción volcánica es reduciendo el transporte de calor hacia los polos. Esto se consigue ralentizando la circulación estratosférica y reforzando el vórtice polar. En invierno, las regiones polares actúan como radiadores de refrigeración, por lo que dirigir menos calor hacia ellas es una forma eficaz de compensar la pérdida de energía causada por la erupción.

Cabe señalar que la erupción del Monte Pinatubo en 1991 fue seguida de una disminución de la radiación de onda larga saliente del Ártico de unos 2 W/m^2 durante cinco años (fig. 72, cap. 43), lo que indica que este mecanismo está realmente en funcionamiento. Sin embargo, los modelos climáticos no incluyen actualmente estos efectos de transporte, por lo que tienden a sobreestimar el efecto de enfriamiento de las erupciones volcánicas y a señalar al océano como fuente de la energía compensatoria.

Los efectos retardados de las erupciones volcánicas

Entre dos y tres décadas después de una erupción volcánica se produce un desconcertante eco climático. Para ilustrar este fenómeno, podemos utilizar una reconstrucción proxy de la temperatura del hemisferio norte durante 1500 años, con resolución anual y calibrada para evitar la pérdida de varianza de baja frecuencia.[184] Las cuatro erupciones volcánicas más fuertes de este periodo, que no fueron seguidas por otra erupción volcánica muy fuerte durante los 60 años siguientes, se produjeron en 682, 1258, 1458 y 1815 d. C. La figura 40 muestra la temperatura reconstruida de -10 a +60 años para cada erupción después de restarle la tendencia y expresada como anomalías de la media sin tendencia. Nótese que el efecto de la erupción es reducido y comienza varios años antes de que tenga lugar debido a la suavización decenal aplicada por los autores del estudio, necesaria para preservar la varianza de baja frecuencia.

---

[184] Hegerl, G.C., et al., 2007. J. Clim. 20 (4), pp.650–666. doi.org/10.1175/JCLI4011.1

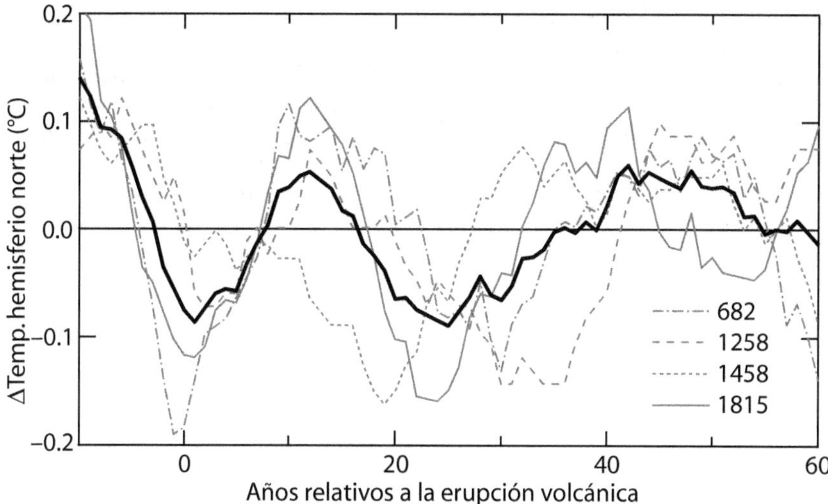

Figura 40. Respuesta retardada a las erupciones volcánicas. Reconstrucción indirecta de la temperatura media anual desde 30-90°N, con suavizado decenal, desde 10 años antes hasta 60 años después de las erupciones volcánicas indicadas (curvas grises). La curva negra gruesa es la media de las cuatro curvas grises.

La respuesta retardada a las erupciones volcánicas es un fenómeno interesante que se ha observado. Se produce una segunda fase de enfriamiento con un retraso de unos 20 años (para las erupciones de 1458 y 1815) a 30 años (para las erupciones de 682 y 1258). Existen diferentes teorías sobre este efecto retardado: algunos científicos creen que se debe a una memoria oceánica de la erupción, mientras que otros piensan que una oscilación bidecadal en la Circulación Meridional Atlántica puede causarlo.[185]

Sin embargo, la idea de que la oscilación bidecadal sea la responsable es probablemente incorrecta, ya que la reducción de la circulación de Brewer-Dobson y el fortalecimiento del vórtice polar provocados por la erupción implican una reducción del transporte de calor. Esto conduciría a un cierto calentamiento que sólo compensaría parcialmente el mayor enfriamiento debido a los efectos radiativos de la erupción. El efecto de enfriamiento tras 20-30 años sugiere un efecto opuesto sobre el transporte, que podría explicarse por los efectos dinámicos de la erupción que resetean las oscilaciones oceánicas multidecadales de 50-70 años analizadas en el capítulo 19. Así pues, 20-30 años después, podríamos encontrarnos en la fase opuesta (aumento del transporte y enfriamiento) de las oscilaciones oceánicas, y el efecto detectado es exactamente el que cabría esperar de estas oscilaciones. Esta explicación no requiere ningún mecanismo especial ni memoria oceánica.

En resumen

Se han observado efectos dinámicos tras una fuerte erupción volcánica tropical, como un episodio de El Niño, una disminución del transporte estratosfé-

[185] Swingedouw, D., et al., 2015. Nat. Commun. 6 (1), p.6545. doi.org/10.1038/ncomms7545

rico y un fortalecimiento del vórtice polar. Estos efectos pueden explicarse por una reducción del transporte de calor hacia el polo causada por la alteración de los patrones de gradiente de temperatura resultante de los efectos radiativos de los aerosoles estratosféricos. Los cambios en el transporte pueden explicar por qué el enfriamiento causado por una erupción es menor de lo esperado y por qué la recuperación es más rápida de lo previsto. El detectado eco de enfriamiento que se produce 2-3 décadas después puede atribuirse al efecto de la erupción sobre el transporte a través de las oscilaciones oceánicas multidecadales.

Capítulo 26
Contribución Volcánica a la Pequeña Edad de Hielo

La Pequeña Edad de Hielo duró 550 años, del siglo XIV al XVIII. Durante este periodo, los glaciares se expandieron por todo el mundo, alcanzando su mayor extensión en 7000 años. El enfriamiento fue más pronunciado en la región del Atlántico Norte y no fue continuo, con periodos ocasionales de calentamiento que duraron décadas. Algunas de las peores hambrunas y pandemias de la historia también marcaron la Pequeña Edad de Hielo. Los científicos siguen debatiendo su causa, ya que se han descartado los gases de efecto invernadero. Las pruebas paleoclimáticas sugieren que el Sol fue la causa principal, mientras que muchos científicos creen que los volcanes fueron los principales responsables. Es probable que ambos factores contribuyeran a la Pequeña Edad de Hielo, pero hubo periodos de varios siglos en los que la actividad volcánica fue mínima.

La Pequeña Edad de Hielo

La Pequeña Edad de Hielo fue el periodo más frío del Holoceno. Numerosos registros biológicos, históricos y climáticos documentan este enfriamiento global, aunque fue más pronunciado en el hemisferio norte, especialmente en la región atlántica. A pesar de su prominencia regional, los glaciares de la mayoría de las zonas del mundo experimentaron importantes avances entre los siglos XIV y XVIII (fig. 35a, cap. 21), alcanzando su mayor tamaño en 7.000 años. La Pequeña Edad de Hielo no fue fría de forma continua; hubo periodos de varias décadas durante los cuales se produjo calentamiento y una contracción de los glaciares, seguidos de una vuelta a épocas más frías.

La definición de la Pequeña Edad de Hielo es ambigua, lo que genera cierta confusión. Los científicos no se han puesto de acuerdo sobre cuándo comenzó, lo que hace que se estudien distintos periodos con el mismo nombre. Los proxies climáticos suelen mostrar un máximo de temperatura durante el Periodo Cálido Medieval, entre 1100 y 1150, seguido de un descenso. En el siglo XIII se produjeron tres grandes erupciones volcánicas en 56 años: en 1230, 1257 (la gran erupción del monte Samalas) y 1286. Hacia 1300, los glaciares de los Alpes crecían rápidamente, y ésta es la fecha más temprana elegida por los científicos como inicio de la Pequeña Edad de Hielo.[186]

La mayor hambruna jamás registrada en Europa fue la Gran Hambruna, que tuvo lugar entre 1315 y 1317. Fue causada por el mal tiempo, que provocó catastróficas pérdidas de cosechas durante dos años consecutivos. Treinta años más tarde le siguió la peste negra. El deterioro del clima suele ir seguido de hambrunas, que pueden debilitar el sistema inmunológico de las poblaciones y contribuir a las pandemias. En ocasiones, la escasez de alimentos puede provo-

[186] Matthews, J.A. & Briffa, K.R., 2005. Geogr. Ann. A, 87 (1), pp.17–36.
doi.org/10.1111/j.0435-3676.2005.00242.x

car migraciones de población y guerras, dando lugar a un escenario conocido como el de los Cuatro Jinetes. El Tapiz del Apocalipsis de Angers (Francia), tejido a lo largo de varios años a partir de 1377, describe cómo se sentía la gente ante las consecuencias de la Pequeña Edad de Hielo.

Un cambio climático inexplicado, abrupto y profundo

La Pequeña Edad de Hielo es el cambio climático más profundo del pasado en miles de años, y es muy reciente, aunque sus causas siguen sin conocerse bien. El hecho de que los científicos no se pongan de acuerdo sobre sus causas es un problema importante, sobre todo porque pretendemos comprender las causas del cambio climático actual. Si no entendemos la Pequeña Edad de Hielo, no podemos comprender plenamente la naturaleza del cambio climático.

La Pequeña Edad de Hielo fue el resultado de un periodo de enfriamiento que tuvo lugar entre 1100 y 1500, durante el cual las temperaturas del hemisferio norte pueden haber disminuido 0,8 °C (fig. 41). Curiosamente, el núcleo de hielo antártico de Law Dome muestra que el nivel de CO_2 en la atmósfera era el mismo en 1100 y 1500 (282 ppm) y no cambió en más de 3 ppm entre estas dos fechas. Esto sugiere que puede descartarse una contribución de los niveles de CO_2 a la Pequeña Edad de Hielo. De hecho, esta evidencia contradice la supuesta relación entre el CO_2 y la temperatura, ya que muestra que hubo un enfriamiento profundo durante 400 años sin ningún efecto sobre los niveles de CO_2. Del mismo modo, durante el anterior periodo interglacial, las temperaturas descendieron durante 8.000 años sin que disminuyeran los niveles de CO_2 (fig. 56, cap. 35). Esto significa que las temperaturas pueden cambiar durante cientos o incluso miles de años sin un cambio correspondiente en los niveles de CO_2. Así pues, no es obvio que un cambio de temperatura pueda atribuirse a un cambio de CO_2 si cambian simultáneamente, lo que pone en duda el papel del CO_2 como principal impulsor del cambio climático.

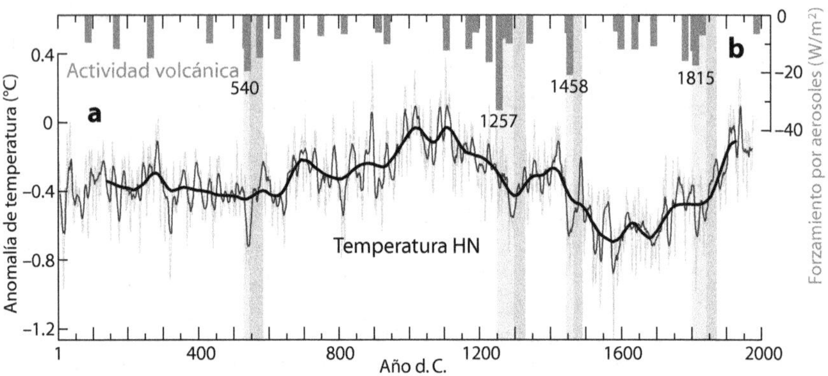

Figura 41. Efecto del forzamiento volcánico en la temperatura durante los últimos 2000 años. a) Reconstrucción de la temperatura a partir de proxies entre 1 y 1979 d. C. (línea gris claro) con una media móvil de 10 años y un componente lento (línea gruesa negra). Las barras gris claro indican los descensos de temperatura tras las cuatro grandes erupciones volcánicas. Las barras gris medio indican la posterior recuperación de la tempe-

ratura. b) Forzamiento por aerosoles de las principales erupciones volcánicas a partir de las concentraciones de sulfato en los núcleos de hielo de Groenlandia y la Antártida.[187]

Entre 1200 y 1850, la actividad volcánica aumentó en comparación con los mil años anteriores, lo que ha llevado a algunos científicos a creer que la Pequeña Edad de Hielo se debió a este aumento de la actividad.[188] Sin embargo, no hay pruebas de un enfriamiento significativo a largo plazo tras las erupciones volcánicas recientes (cap. 24 y 25). La Figura 41 muestra que un enfriamiento a corto plazo se produjo tras las mayores erupciones (barras gris claro), pero fue seguido inmediatamente por un calentamiento (barras gris medio), como se ha comentado en el capítulo anterior. En todos los casos, la tendencia centenaria anterior de la temperatura, ya fuera positiva o negativa, continuó sin cambios tras los efectos volcánicos de unos pocos años o décadas. Por ejemplo, el efecto de enfriamiento de las erupciones de 1809, 1815 (Tambora), 1822, 1835 y 1843, uno de los mayores grupos de erupciones fuertes en 2000 años, fue seguido de un calentamiento a partir de finales de la década de 1840, sólo unos pocos años después (fig. 79, cap. 46). Es difícil creer que unas pocas erupciones de menor intensidad entre 1460 y 1780 fueran responsables de las condiciones frías durante 300 de los 550 años de la Pequeña Edad de Hielo.

Algunos científicos creen que la actividad solar más baja en miles de años causó la Pequeña Edad de Hielo. Esta hipótesis está respaldada por pruebas paleoclimáticas que muestran un profundo enfriamiento y un cambio climático durante cada gran mínimo solar de 200 años del tipo Spörer en el Holoceno (cap. 23). El enfriamiento también se ha producido muchas otras veces cuando ha habido un gran mínimo solar de 70 años del tipo Maunder. La Pequeña Edad de Hielo coincidió con un gran mínimo solar de tipo Spörer y dos grandes mínimos solares de tipo Maunder. Teniendo en cuenta estas pruebas, ¿por qué no existe una creencia generalizada entre los científicos de que la baja actividad solar fue la causa principal de la Pequeña Edad de Hielo?

El principal problema del impacto de la actividad solar en la Pequeña Edad de Hielo es que no está claro cómo afecta exactamente al clima porque el cambio en la irradiación solar total es demasiado pequeño para tener un efecto significativo. Los estudios que utilizan modelos climáticos para examinar el forzamiento solar durante la Pequeña Edad de Hielo y su contribución a una señal climática derivada de proxies concluyen que la respuesta climática al forzamiento solar es débil.[189] Sin embargo, si el forzamiento derivado es incorrecto porque el Sol actúa sobre el clima a través de mecanismos indirectos, las conclusiones de estos estudios pueden ser inexactas. Esta posibilidad se ve corroborada por las evidencias paleoclimáticas que demuestran que los grandes mínimos solares de tipo Spörer tienen un fuerte efecto sobre el clima. Por lo tanto, debemos ser cautos a la hora de aceptar la conclusión de que la actividad solar no fue la causa principal de la Pequeña Edad de Hielo.

---

[187] Datos de la figura de Moberg, A., et al., 2005. Nature, 433 (7026), pp.613–617. doi.org/10.1038/nature03265 y Sigl, M., et al., 2015. Nature, 523 (7562), pp.543–549. doi.org/10.1038/nature14565

[188] Crowley, T.J., et al., 2008. PAGES news, 16 (2), pp.22–23. doi.org/10.22498/pages.16.2.22

[189] Hegerl, G.C., et al., 2003. Geophys. Res. Lett. 30 (5), 1242. doi.org/10.1029/2002GL016635

La causa de la Pequeña Edad de Hielo es aún incierta y sigue siendo un problema sin resolver que avergüenza a la ciencia climática. El CO_2 no está apoyado como su causa por ninguna evidencia o teoría, las erupciones volcánicas tienen un débil apoyo tanto de la evidencia como de la teoría, y la baja actividad solar está apoyada por la evidencia pero no por la teoría. Resulta preocupante que pretendamos ser capaces de predecir el clima de los siglos futuros y, sin embargo, no podamos explicar con certeza el clima de hace 300 años.

La Pequeña Edad de Hielo tuvo una actividad volcánica muy baja

La comparación del nivel de actividad volcánica durante la Pequeña Edad de Hielo con el del resto del Holoceno brilla por su ausencia en cualquier estudio climático que sugiera la actividad volcánica como causa de la Pequeña Edad de Hielo. Probablemente, estos estudios resultarían poco convincentes si se hiciera tal comparación.

El análisis de un núcleo de hielo de Groenlandia ha permitido cuantificar la deposición de sulfatos procedentes de la actividad volcánica del pasado.[190] La mayor concentración de señales volcánicas importantes en los últimos 110.000 años se produjo hace entre 13.000 y 7.000 años, lo que concuerda con la evidencia de que los periodos de ajuste de la corteza durante las transiciones glacial-interglaciar (caracterizadas por un calentamiento intenso) suelen ser los más activos desde el punto de vista volcánico (recuadro 22, cap. 24).

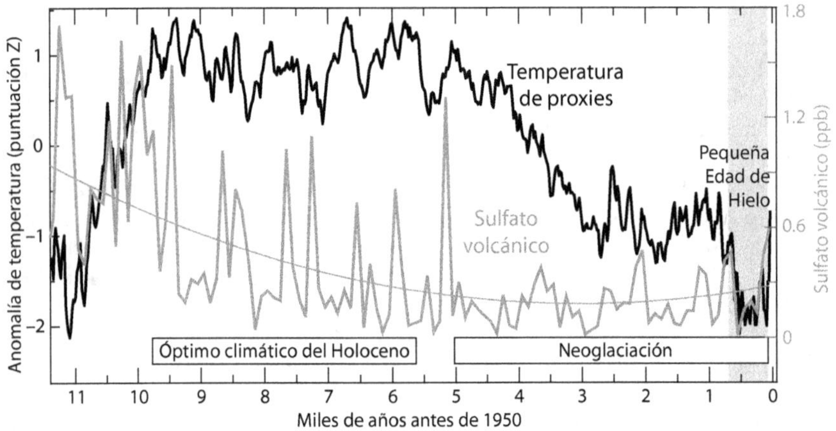

Figura 42. Actividad volcánica del Holoceno. Una reconstrucción de la temperatura global (línea negra, véase cap. 21, fig. 35) se compara con el registro centenario de sulfato volcánico de un núcleo de hielo de Groenlandia (línea gris). La barra gris marca la Pequeña Edad de Hielo.

La figura 42 muestra los datos volcánicos recogidos en este estudio, con los datos sumados en periodos de 100 años (el último punto corresponde a 1851-1950). El análisis muestra que el nivel de actividad volcánica durante el cálido Óptimo Climático del Holoceno fue de 2 a 4 veces mayor que durante el Neo-

---

[190] Zielinski, G.A., et al., 1996. Quat. Res. 45 (2), pp.109–118.
doi.org/10.1006/qres.1996.0013

glacial más frío. Sorprendentemente, la correlación a largo plazo entre la actividad volcánica y la temperatura durante el Holoceno es positiva, en lugar de la correlación negativa ampliamente aceptada. Esto sólo es posible si los efectos climáticos a largo plazo de las erupciones volcánicas son insignificantes y las temperaturas se recuperan pocos años después de la erupción, como apoyan las evidencias del capítulo 24. Además, tal y como sugieren los datos, las erupciones volcánicas no parecen tener un efecto de enfriamiento centenario. Tampoco hay pruebas de un efecto de calentamiento, como se muestra en la figura 41. Por lo tanto, se puede concluir que es poco probable que la actividad volcánica tenga un efecto climático centenario significativo.

Lo que desacredita aún más la hipótesis volcánica de la Pequeña Edad de Hielo es que la actividad volcánica fue extremadamente baja durante la mayor parte de este periodo. De hecho, el nivel de actividad fue incluso inferior a la ya baja actividad volcánica media durante el periodo Neoglacial.

El nivel de actividad volcánica fue superior a la media durante dos periodos: antes de la Pequeña Edad de Hielo (1165-1345) y después de 1765. Parece inverosímil atribuir el prolongado frío de la Pequeña Edad de Hielo durante los 420 años transcurridos entre estos periodos a una doble y potente erupción en 1452 y 1458. Si ese fuera el caso, ¿por qué el resto del Holoceno no experimentó también un frío extremo, dado que el nivel de actividad volcánica fue mucho mayor?

La falta de pruebas que relacionen la actividad volcánica con los efectos climáticos a largo plazo no ha impedido que algunos científicos la defiendan como causa de la Pequeña Edad de Hielo. Algunos sugieren que las erupciones volcánicas pueden iniciar una fuerte retroalimentación centenaria del hielo marino y provocar cambios importantes en la circulación de vuelco meridional del Atlántico (aunque los modelos discrepan sobre si aumentaría o disminuiría), pero sólo cuando la actividad solar es baja.[191]

Está claro que la Pequeña Edad de Hielo fue consecuencia de una baja actividad solar, aunque el mecanismo exacto sigue siendo desconocido. Este libro presenta una hipótesis que atribuye el enfriamiento inducido por el sol a cambios en el transporte de calor hacia los polos. El aumento de la actividad volcánica en 1165-1345 y 1765-1845 ayuda a explicar por qué el enfriamiento comenzó hacia 1200, cuando la actividad solar aún era alta, y por qué la Pequeña Edad de Hielo persistió durante varias décadas tras el final del Mínimo de Maunder.

En resumen

La Pequeña Edad de Hielo, que duró de 1300 a 1845, tuvo una dimensión mundial pero con notables variaciones regionales. Sin embargo, los científicos no han llegado a un consenso sobre su dimensión global, duración y causas subyacentes. Esta falta de acuerdo es embarazosa, dado que se trata del periodo más reciente de grandes cambios climáticos. Los niveles de CO_2 permanecieron invariables durante casi 500 años después de 1100, por lo que no pudo ser un factor contribuyente. Además, los cuatro siglos entre 1350 y 1750 tuvieron una de las actividades volcánicas más bajas del Holoceno, lo que significa

---

[191] Slawinska, J. & Robock, A., 2018. J. Clim. 31 (6), pp.2145–2167.
doi.org/10.1175/JCLI-D-16-0498.1

que sólo el enfriamiento inicial y los últimos 80 años de la Pequeña Edad de Hielo pueden relacionarse con la actividad volcánica. Sin embargo, durante la mayor parte del periodo comprendido entre 1270 y 1720, la actividad solar fue muy baja, y las pruebas paleoclimáticas apoyan que los periodos prolongados de actividad solar mínima coinciden con periodos de enfriamiento intenso. Pero esto supone un problema, porque la mayoría de los científicos no creen que la actividad solar pueda afectar al clima hasta tal punto. Además, se ha descartado la posibilidad de que la actividad solar contribuya al calentamiento actual sin conocer a fondo la cuestión.

SECCIÓN 7 CUESTIONES CLAVE

Los efectos de las grandes erupciones sobre la temperatura son relativamente modestos y de corta duración. Los modelos climáticos suelen sobrestimar su impacto y no reproducen la rápida recuperación observada. Según las pruebas disponibles, la actividad volcánica no parece desempeñar un papel importante como forzamiento climático en escalas de tiempo centenarias y más largas.

Las fuertes erupciones volcánicas tropicales muestran efectos dinámicos como un episodio de El Niño, una disminución del transporte estratosférico y un fortalecimiento del vórtice polar. Probablemente representan una reducción del transporte de calor hacia el polo como consecuencia de una alteración del gradiente de temperatura debida a los aerosoles estratosféricos. Esto podría explicar por qué el enfriamiento es menor y la recuperación más rápida de lo esperado. Un misterioso eco de enfriamiento observado 2-3 décadas después puede atribuirse al efecto de la erupción sobre el transporte a través de oscilaciones oceánicas multidecadales.

Los intentos de explicar la Pequeña Edad de Hielo en términos de actividad volcánica ignoran que los cuatro siglos entre 1350 y 1750 tuvieron una de las actividades volcánicas más bajas del Holoceno.

Sección 8. El Sol

Capítulo 27
Los Efectos de un Gran Mínimo Solar

En los últimos 6.000 años, los mayores cambios climáticos abruptos se han producido durante tres periodos concretos. Curiosamente, estos periodos coinciden con los tres únicos grandes mínimos solares de 200 años que se han producido durante este tiempo. Esta evidencia sugiere que el Sol es el principal impulsor del cambio climático del Holoceno, sólo superado por los lentos cambios resultantes de las variaciones orbitales de la Tierra a lo largo de miles de años.

Los proxies climáticos proporcionan información valiosa sobre los cambios significativos en la circulación atmosférica, el transporte oceánico, las precipitaciones y la temperatura que se producen durante dos siglos de baja actividad solar. Los cambios observados indican un aumento del gradiente de temperatura entre el ecuador y los polos, lo que se traduce en un mayor transporte de calor hacia los polos. Esto, a su vez, provoca la expansión de las regiones polares y la contracción de los trópicos. Desgraciadamente, la mayoría de los climatólogos ignoran estas pruebas del profundo cambio climático causado por la reducción de la actividad solar. Esto se debe a que consideran erróneamente que la variabilidad solar es un forzamiento climático débil basado en un razonamiento erróneo y debido al impacto relativamente pequeño del ciclo solar de 11 años.

Un pequeño cambio en la irradiación

Muchos científicos rechazan la idea de que la actividad solar contribuya significativamente al calentamiento global basándose en dos argumentos principales. El primero es que los cambios en la irradiación solar son demasiado pequeños para provocar el cambio sustancial en el flujo de energía necesario para causar el cambio climático. El segundo argumento es que las tendencias de temperatura y actividad solar no han coincidido en las últimas décadas.

Sin embargo, el razonamiento para descartar la contribución relevante de la actividad solar al calentamiento global es erróneo debido a dos presuposiciones implícitas que no se ha demostrado que sean ciertas. La primera presuposición es que los cambios en la irradiación solar total son la única forma en que la actividad solar afecta al clima. La segunda es que el efecto de la actividad solar sobre el clima debe traducirse en un cambio lineal directo de las temperaturas de la superficie.

La primera presuposición es probablemente incorrecta. Los estudios han demostrado que los cambios en la parte UV del espectro solar median en el efecto de la actividad solar sobre el clima.[192] Aunque la energía UV solar es una pequeña fracción de la energía total suministrada por el Sol, varía treinta

[192] Gray, L.J., et al., 2010. Rev. Geophys. 48 (4), RG4001.
doi.org/10.1029/2009RG000282

veces más con el ciclo solar que el resto del espectro solar. Además, la mayor parte de esta energía es suministrada a la capa de ozono estratosférico, donde tiene un enorme impacto (recuadro 1, cap. 2).

También es probable que la segunda presuposición sea errónea. El efecto de la actividad solar sobre el clima actúa de forma no lineal sobre la circulación atmosférica (como se explica más adelante). Por lo tanto, cualquier efecto sobre la temperatura es secundario y se complica por los diversos factores que afectan a la temperatura.

Descartar la actividad solar como factor determinante del clima basándose en un razonamiento erróneo es prematuro e injustificado. Tenemos evidencias de que es el segundo determinante climático más importante durante el Holoceno, después de los cambios orbitales de acción lenta. Estas evidencias establecen que los tres grandes mínimos solares de tipo Spörer de los últimos 5500 años fueron la causa de los tres principales eventos climáticos abruptos del periodo. También proporcionan abundante información sobre cómo afecta la actividad solar al clima. Sin embargo, esta información ha sido ignorada hasta hace poco, cuando por primera vez se reunieron en una sola publicación las evidencias de lo que ocurrió con el clima global durante varios grandes mínimos solares de tipo Spörer.[193] Estos acontecimientos se producen una vez cada 2.500 años, cuando el Sol entra en un periodo muy poco habitual de 200 años de actividad solar muy baja (fig. 37b, cap. 23).

La figura 43a muestra una reconstrucción de la actividad solar con los tres eventos climáticos abruptos resaltados con barras gris claro, todos los cuales coinciden con grandes mínimos solares del tipo Spörer.[194] Aunque se han producido otros grandes mínimos solares en los últimos 6000 años, ninguno ha mostrado los mismos cambios de ^{14}C que los mostrados en la figura 37b (cap. 23). A intervalos de 5.000 años, los mínimos del ciclo solar de Bray de 2.500 años y del ciclo solar de Eddy de 1.000 años coinciden (recuadro 21, cap. 23), dando lugar a un grupo de varios grandes mínimos solares que inducen un efecto climático de gran magnitud. Un acontecimiento de este tipo ocurrió hace 5500 años y de nuevo hace 500 años.

Este capítulo presenta gráficamente sólo una pequeña parte de las evidencias de los efectos climáticos de un gran mínimo solar de tipo Spörer. Existe una gran cantidad de pruebas recogidas por los científicos, algunas de las cuales se analizarán a continuación. A pesar de la disponibilidad de estas pruebas, muchos científicos han optado por ignorarlas. La razón es que se desconoce el mecanismo detallado de cómo cambia el clima durante la baja actividad solar y, por tanto, no puede programarse en los modelos climáticos. Resulta preocupante que se ignoren las evidencias que los modelos no reflejan.

Información procedente de proxies atmosféricos

En el capítulo anterior se examinó el modo en que la deposición de sulfatos en los núcleos de hielo proporciona información sobre la actividad volcánica. Otros iones presentes en los núcleos de hielo revelan otros aspectos climáticos. Por ejemplo, un aumento de la deposición de sales como el potasio se asocia

[193] Vinós, J., 2022. Climate of the Past, Present and Future: A scientific debate. Critical Science Press. pp.67–88

[194] Wu, C.J., et al., 2018. Astron. Astrophys. 615, p.A93.
doi.org/10.1051/0004-6361/201731892

actualmente a las condiciones atmosféricas invernales. Esto ocurre cuando el vórtice polar boreal se expande y la circulación meridional aumenta, dando lugar a condiciones más frías y ventosas. El sistema de altas presiones de Siberia también se refuerza, provocando condiciones gélidas en gran parte del hemisferio norte.[195] Durante los tres grandes eventos climáticos de los últimos 6.000 años, provocados por el sol, los niveles de estas sales se dispararon (fig. 43d), lo que indica un importante fortalecimiento de la circulación atmosférica polar, dando lugar a condiciones invernales extremadamente frías y ventosas en el hemisferio norte.

Otros proxies que reflejan la fuerza del viento en latitudes altas, como los obtenidos en Islandia, confirman que hubo un desplazamiento hacia el sur del frente polar durante estas épocas, lo que indica una expansión de la región ártica.[196] La Oscilación del Atlántico Norte es una medida de la diferencia de presión entre la Alta de las Azores y la Baja de Islandia. Cuando la diferencia es pequeña la oscilación se encuentra en fase negativa, lo que da lugar a una corriente en chorro más ondulada, a bloqueos atmosféricos más frecuentes y prolongados, y a un mayor desbordamiento del aire frío ártico sobre las latitudes medias. Las reconstrucciones de la Oscilación del Atlántico Norte durante el Holoceno muestran que tuvo valores muy negativos durante la Pequeña Edad de Hielo y los otros dos eventos climáticos abruptos estudiados.

Durante los grandes mínimos solares, la Oscilación del Atlántico Norte suele permanecer en fase negativa durante todo el invierno, lo que puede intensificar los efectos climáticos invernales en la región. Esto hace que la región sea especialmente sensible a los efectos de una baja actividad solar.

Información procedente de proxies oceánicos

En el capítulo 17 se analizó la importancia de la circulación de vuelco meridional del Atlántico para el transporte de calor hacia el Ártico. Varios estudios indican que la formación de aguas profundas en el Atlántico Norte se redujo significativamente durante los tres eventos climáticos abruptos de interés. Sin embargo, es discutible si la circulación de vuelco se redujo significativamente como consecuencia de ello. Existen pruebas de que la salinidad (fig. 43c) y la temperatura del agua por debajo de la termoclina (la capa de transición entre aguas más cálidas por encima y aguas más frías por debajo) aumentaron al sur de Islandia durante estos fenómenos.[197] Esto sugiere que la circulación de vuelco meridional del Atlántico se vio impulsada por un mecanismo compensatorio que implicaba un mayor aporte de aguas cálidas y saladas procedentes del giro subtropical a expensas de aguas más frías y frescas procedentes del giro subpolar. Así, la circulación siguió transportando aguas cálidas hacia el Ártico y no se detuvo.

---

[195] Mayewski, P.A., et al., 2004. Quat. Res. 62 (3), pp.243–255.
     doi.org/10.1016/j.yqres.2004.07.001
[196] Jackson, M.G., et al., 2005. Geology, 33 (6), pp.509–512. doi.org/10.1130/G21489.1
[197] Thornalley, D.J., et al., 2009. Nature, 457 (7230), pp.711–714.
     doi.org/10.1038/nature07717

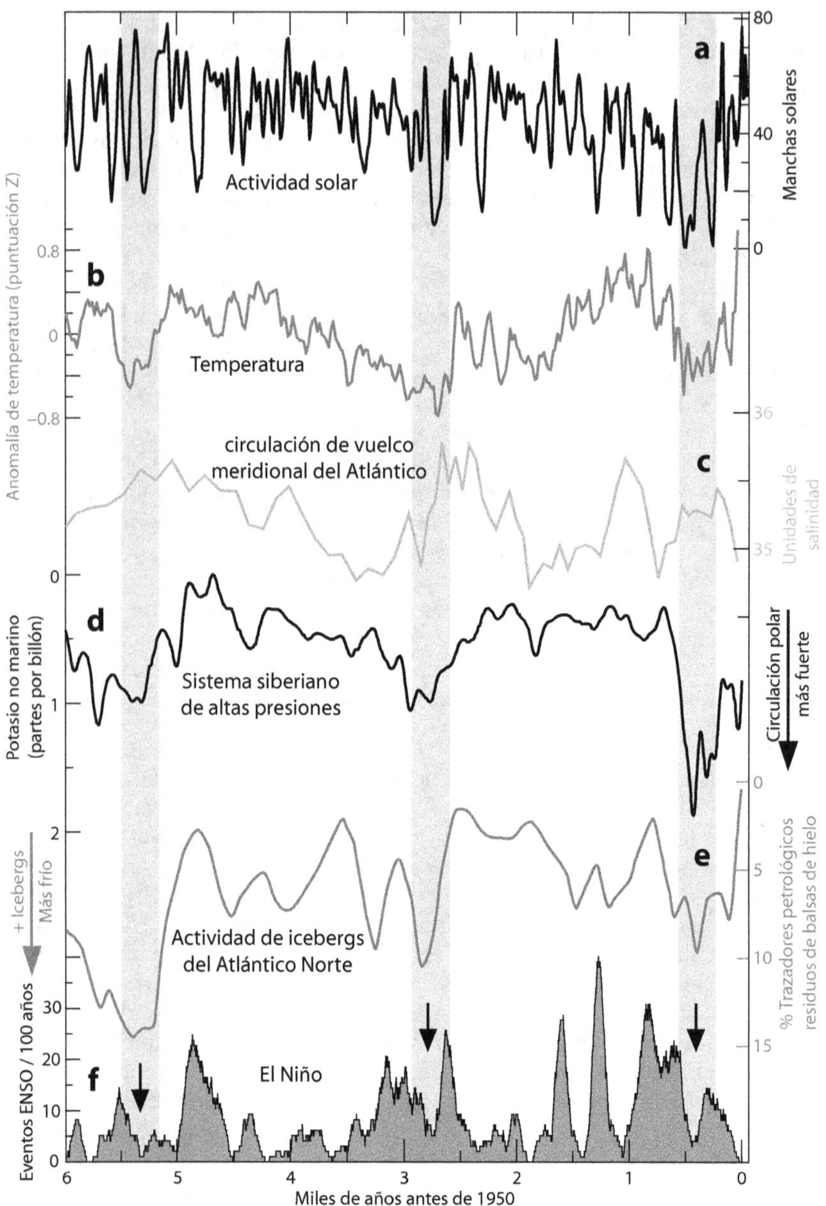

Figura 43. Efectos climáticos de un gran mínimo solar prolongado. a) Reconstrucción de la actividad solar. b) Reconstrucción mediante proxies de la temperatura global destendenciada. c) Cambios en la salinidad como proxy de la fuerza de la circulación de vuelco meridional del Atlántico. d) Contenido de potasio (invertido) en un núcleo de hielo de Groenlandia como proxy de la circulación atmosférica polar y de la fortaleza del sistema de altas presiones de Siberia. e) Trazadores petrológicos (invertidos) como proxy de la actividad de los icebergs en el Atlántico Norte. f) Frecuencia de los eventos fuertes de El Niño. Las flechas indican la supresión de El Niño durante periodos de muy baja actividad solar.

Durante los periodos de baja actividad solar comentados en este capítulo, se produjo un crecimiento extraordinario de los glaciares costeros noruegos, lo que requirió un aumento de las precipitaciones invernales. Este aumento de las precipitaciones fue posible gracias a la afluencia de más agua cálida durante condiciones invernales muy frías. La entrada de agua atlántica en los mares nórdicos se analizó en el capítulo 17 (fig. 27) en el contexto del transporte oceánico de calor. La afluencia de agua cálida se ha reconstruido a lo largo del Holoceno y muestra una fuerte periodicidad de 2.500 años, con un aumento significativo durante los periodos de baja actividad solar prolongada, incluidos los tres periodos considerados en este capítulo.[198]

En el capítulo 18 analizamos cómo El Niño-Oscilación del Sur contribuye al transporte de calor hacia los polos y mostramos su variabilidad a lo largo del Holoceno (fig. R15, cap. 18). Ahora nos centraremos en la frecuencia de los fenómenos de El Niño fuertes durante los últimos 6000 años (fig. 43f).[199] A medida que el planeta se enfrió durante la Neoglaciación, la frecuencia de los fenómenos de El Niño también aumentó, contribuyendo al enfriamiento. En consonancia con esta interpretación, se produjo un aumento de la frecuencia de los fenómenos Niño durante el enfriamiento que condujo a los tres eventos que estamos considerando. Sin embargo, cuando el gran mínimo solar de tipo Spörer alcanzó valores de actividad solar muy bajos, la actividad de El Niño fue suprimida (fig. 43f, flechas), y el Pacífico ecuatorial pasó a una condición predominante de La Niña. Este tipo de condición semipermanente de La Niña se ha observado tanto durante periodos cálidos, como el Óptimo Climático del Holoceno, como durante periodos fríos, como la parte central de la Pequeña Edad de Hielo. Esto puede indicar que, dado que la temperatura del planeta no cambia, no es necesario ajustar la intensidad del transporte de calor hacia los polos.

Información procedente de proxies hidrológicos

Los proxies de precipitación proporcionan información limitada a regiones concretas, ya que las precipitaciones pueden variar mucho de un lugar a otro. Incluso lugares cercanos pueden experimentar cambios opuestos, como se vio tras la erupción del monte Tambora, cuando algunas partes de Europa se volvieron muy húmedas mientras que otras se volvieron muy secas (cap. 24). Sin embargo, como se ha señalado anteriormente, las pruebas sugieren que las precipitaciones invernales en Noruega aumentaron durante los tres periodos considerados, lo que provocó el crecimiento de los glaciares.[200] También se han registrado picos de precipitación a escala milenaria en estas épocas en lugares de latitudes medias como Irlanda y California.

Los científicos han obtenido un registro de alta resolución de la intensidad de los monzones asiáticos analizando una estalagmita de una cueva de

[198] Giraudeau, J., et al., 2010. Quat. Sci. Rev. 29 (9-10), pp.1276–1287. doi.org/10.1016/j.quascirev.2010.02.014

[199] Moy, C.M., et al., 2002. Nature, 420 (6912), pp.162–165. doi.org/10.1038/nature01194

[200] Matthews, J.A., et al., 2005. Quat. Sci. Rev. 24 (1-2), pp.67–90. doi.org/10.1016/j.quascirev.2004.07.003

China.[201] Este registro revela episodios de debilidad monzónica o sequía durante los tres grandes mínimos solares estudiados. Tradicionalmente, muchos científicos han vinculado la mayor parte de la variabilidad centenaria y milenaria de los monzones Asiático e Indio a la variabilidad solar.

Información sobre los cambios de temperatura

En los capítulos anteriores (cap. 21-23 y 26), utilizamos una reconstrucción de la temperatura del Holoceno basada en 73 proxies globales. Después de sustraer la tendencia de enfriamiento global de la Neoglaciación en la reconstrucción de los últimos 6000 años, encontramos que los tres periodos estudiados muestran el mayor enfriamiento en miles de años (fig. 43b). Este hallazgo contradice la creencia generalizada de que las variaciones solares apenas influyen en la temperatura. De hecho, las pruebas paleoclimáticas sugieren que la actividad solar, y no el CO_2, es el principal determinante del clima en escalas de tiempo centenarias y milenarias.

La Piscina Cálida del Indo-Pacífico es la mayor masa de agua cálida del mundo, situada en los océanos Índico y Pacífico tropicales. Constituye un lugar excelente para medir la temperatura del planeta a lo largo del tiempo. Mediante el análisis de un proxy de temperatura oceánica bajo la superficie en esta región, los investigadores producen una reconstrucción de la temperatura del océano tropical durante el Holoceno similar a la reconstrucción global utilizada en este libro.[202] Este análisis también identifica los mismos tres periodos aquí considerados como considerablemente más fríos a escala milenaria en el océano tropical. Además, otro estudio centrado en las temperaturas de la superficie oceánica en la misma región reveló una clara periodicidad de 2500 años en su temperatura durante el Holoceno. Se descubrió que esta periodicidad estaba relacionada con la actividad solar.[203]

Analizando núcleos bentónicos del Atlántico Norte, los investigadores pudieron construir un registro de la actividad de los icebergs que mostraba una notable concordancia con el registro de la actividad solar (recuadro 21, cap. 23).[204] Este registro proxy ha sido muy útil para relacionar cada período frío centenario en el Atlántico Norte con el enfriamiento y los cambios climáticos bruscos fuera de la región. Este registro también es coherente con las demás pruebas que hemos presentado. Los tres periodos de cambio climático abrupto que coinciden con los tres grandes mínimos solares de tipo Spörer muestran la mayor actividad milenaria de icebergs en el Atlántico Norte (fig. 43e).

Una reorganización atmosférica de larga duración

Gracias a numerosos proxies climáticos, podemos reconstruir los cambios climáticos que se producen cuando la actividad solar se vuelve muy baja a lo largo de muchas décadas. Aunque todavía no comprendemos del todo cómo

[201] Wang, Y., et al., 2005. Science, 308 (5723), pp.854–857.
doi.org/10.1126/science.1106296
[202] Rosenthal, Y., et al., 2013. Science, 342 (6158), pp.617–621.
doi.org/10.1126/science.1240837
[203] Khider, D., et al., 2014. Paleoceanography, 29 (3), pp.143–159.
doi.org/10.1002/2013PA002534
[204] Bond, G., et al., 2001. Science, 294 (5549), pp.2130–2136.
doi.org/10.1126/science.1065680

sucede, sí sabemos qué ocurre. Sorprendentemente, los cambios inferidos a partir de los proxies no concuerdan con el efecto global que debería tener una reducción de la energía solar en la superficie. Por el contrario, indican una profunda reorganización de la circulación atmosférica, que afecta principalmente al hemisferio norte. Esta reorganización es un proceso lento que se acentúa cuanto más tiempo permanece baja la actividad solar. Sin embargo, comienza a invertirse en cuanto la actividad solar vuelve a la normalidad.

Cuando la Oscilación del Atlántico Norte se vuelve persistentemente negativa, indica un debilitamiento del vórtice polar ártico. Esto provoca un aumento del intercambio de masas de aire entre el Ártico y las latitudes medias, lo que da lugar a inviernos muy fríos en las latitudes medias del hemisferio norte.

Además, aumenta considerablemente el transporte de calor, humedad y sales hacia los polos. Esto, a su vez, provoca una circulación atmosférica polar mucho más intensa. El frente polar también se desplaza hacia el sur, provocando la expansión del Ártico.

El gradiente latitudinal de temperatura, el determinante climático más importante, se acentúa. El desplazamiento hacia el sur de la corriente en chorro y del chorro subtropical provoca una contracción de las células de Hadley. Como consecuencia de esta contracción, la sequedad producida por la rama descendente de las células de Hadley también se desplaza hacia el sur. Esto provoca un aumento de las precipitaciones en las latitudes medias y un debilitamiento del monzón.

Al dirigirse más calor del océano y la atmósfera hacia el Ártico debido a un gradiente de temperatura más pronunciado, el planeta comienza a enfriarse a medida que pierde energía. Pero el enfriamiento es desigual. El hemisferio sur experimenta menos enfriamiento, el contenido de calor de los océanos tropicales disminuye y las latitudes altas del hemisferio norte se enfrían más. La región del Atlántico Norte, principal vía de transporte de calor hacia los polos, experimenta el mayor enfriamiento y muestra un gran aumento de la actividad de los icebergs. El déficit de energía en el hemisferio norte hace que se transporte más calor a través del ecuador desde el hemisferio sur. Esto se consigue desplazando la Zona de Convergencia Intertropical varias latitudes hacia el sur para que la atmósfera transporte calor desde el hemisferio sur hacia el hemisferio norte (fig. 82, cap.47), lo contrario de la situación actual.[205]

La reorganización atmosférica inducida por el sol es un proceso gradual que se acumula con el tiempo. Cuanto más se prolongue, más profundos serán los cambios y sus efectos. Cuando la actividad solar vuelve a la normalidad, se necesita un tiempo similar para invertir los cambios, lo que explica por qué a mediados del siglo XIX, con niveles de actividad solar similares a los del siglo XX, el clima era diferente (fig. 79, cap. 46). Es razonable suponer que una actividad solar superior a la normal debería tener el efecto contrario, provocando un calentamiento a través de la reorganización atmosférica. Entre 1935 y 2005, se produjo el periodo más largo de actividad solar superior a la media en, al menos, los últimos 600 años, coincidiendo con la mayor tasa de calentamiento en, al menos, 600 años.

Los estudios muestran que la circulación de Hadley se ha ido expandiendo hacia los polos a un ritmo de 0,5° latitud/década desde al menos 1979, en gran

---

[205] Sachs, J.P., et al., 2009. Nat. Geosci. 2 (7), pp.519–525. doi.org/10.1038/NGEO554

parte debido a causas naturales.[206] Parece posible que el cambio climático que se produjo entre 1850 y el inicio de nuestras emisiones masivas hacia 1950 se debiera a la lenta recuperación de la Pequeña Edad de Hielo inducida por el sol.

Las pruebas disponibles indican que el efecto de los cambios en la actividad solar sobre el clima no se tiene debidamente en cuenta en la teoría climática ni se reproduce adecuadamente en los modelos climáticos. Por lo tanto, nuestra comprensión del clima es inadecuada para justificar cambios sociales significativos en respuesta a los cambios climáticos observados, ya que su causa es incierta.

En resumen

Los proxies climáticos demuestran que los periodos prolongados de actividad solar muy baja pueden provocar una reorganización gradual de la atmósfera. Esta reorganización provoca una contracción de los trópicos y una expansión de las regiones polares. Como consecuencia, la diferencia de temperatura entre el ecuador y los polos se acentúa, lo que conduce más calor hacia los polos. Este aumento de la pérdida de calor en las regiones polares, especialmente en el Ártico, provoca un enfriamiento global, que es más pronunciado en las latitudes medias septentrionales. Sin embargo, los modelos climáticos no pueden reproducir este efecto porque se desconoce su mecanismo, y las evidencias por instrumentos del efecto mucho menor del ciclo solar de 11 años son poco convincentes. En consecuencia, la mayoría de los científicos ignoran la evidencia de que la actividad solar es el principal motor del cambio climático del Holoceno. Esto hace que nuestra comprensión del clima sea inadecuada y poco fiable.

---

[206] Staten, P.W., et al., 2018. Nat. Clim. Change, 8 (9), pp.768–775.
doi.org/10.1038/s41558-018-0246-2

Capítulo 28
Efectos Conocidos del Ciclo Solar

Aunque el cambio en la energía solar causado por el ciclo solar es demasiado pequeño para que se detecte un efecto climático por encima del ruido, observamos sistemáticamente un cambio en la temperatura de la superficie global y en el presupuesto de calor de los océanos tropicales cuatro veces mayor de lo esperado. El patrón de los cambios de temperatura es muy irregular, con un mayor calentamiento en las latitudes medias y altas del hemisferio norte. Curiosamente, este patrón de temperatura del ciclo solar es similar al patrón de temperatura observado en las últimas décadas como consecuencia del calentamiento global.

El calentamiento provocado por el aumento de la actividad solar implica cambios en el transporte de calor hacia los polos por la circulación troposférica y estratosférica. A medida que aumenta la actividad solar, se produce una disminución del transporte de calor hacia los polos, lo que provoca una acumulación de calor en latitudes medias-altas, el enfriamiento del Ártico y un aumento del contenido de calor de los océanos tropicales. Los cambios observados en el gradiente latitudinal de temperatura apoyan esta interpretación.

El ciclo solar no debería tener ningún efecto detectable sobre el clima

El Sol proporciona el 99,9% de la energía al sistema climático, y esta energía, conocida como irradiación solar total, sólo cambia en un 0,1% a lo largo de un ciclo solar de 11 años (cap. 2). Este cambio es tan pequeño que sus efectos deberían ser indetectables entre el ruido de las variables climáticas. El calentamiento de la superficie previsto para un aumento de 1,1 W/m² es de sólo 0,025 °C, por debajo del límite de detección que es de 0,1 °C.[207]

Sin embargo, los datos de temperatura muestran sistemáticamente que la señal solar en la temperatura global es de 0,1 °C, es decir, cuatro veces mayor de lo que cabría esperar sólo a partir del cambio energético. Esta observación proporciona el primer indicio de que el efecto del Sol sobre el clima no se debe a cambios en la irradiación solar total sobre la superficie.

El efecto del ciclo solar en la temperatura de la superficie

Cuando se produce un pequeño aumento de la energía procedente del Sol, lo normal sería esperar un cambio pequeño y uniformemente distribuido de la temperatura de la superficie en función de la cantidad de insolación. Sin embargo, esto no es lo que ocurre en realidad. Por el contrario, el cambio en la temperatura de la superficie es muy desigual, y algunas regiones se enfrían a pesar del aumento de la energía solar. Estas diferencias sólo pueden explicarse por importantes cambios dinámicos en la atmósfera y los océanos, a pesar de

[207] Wigley, T.M.L. & Raper, S.C.B., 1990. Geophys. Res. Lett. 17 (12), pp.2169–2172. doi.org/10.1029/GL017i012p02169

que la emisión solar sólo varía en un 0,1%.

La figura 44a muestra un mapa de los cambios de temperatura de la superficie en una cuadrícula de 5x5° atribuidos al ciclo solar de 11 años entre el mínimo solar de 1996 y el máximo solar de 2002.[208] Aunque la temperatura media global en superficie aumenta sólo 0,1 °C durante este ciclo, el aumento es de 0,4 °C (y más de 1 °C en ciertas zonas) a 60° de latitud norte. El patrón de respuesta de la figura 44a se determina con un desfase de 1 mes. Esto significa que la respuesta climática a los cambios solares es muy rápida, y este pequeño desfase es más probable para una respuesta atmosférica que oceánica.

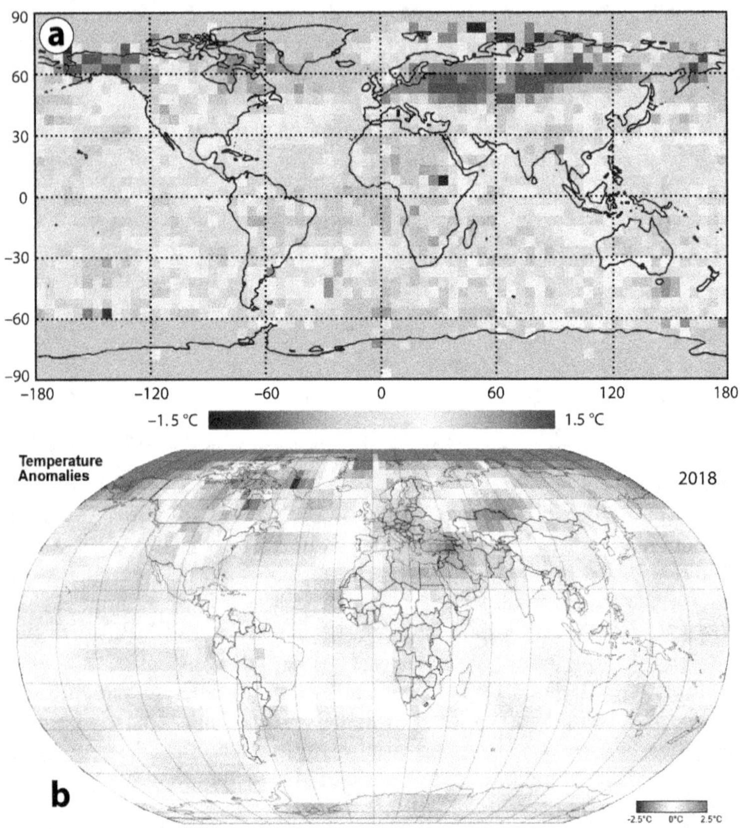

Figura 44. Cambios de la temperatura superficial debidos al ciclo solar y al calentamiento global. a) Cambios debidos al ciclo solar de 1996 a 2002. b) Anomalía de la temperatura global para 2018.

Cuando la actividad solar es alta, el patrón de aumento del calentamiento superficial en las zonas extratropicales del hemisferio norte y de menor calentamiento en los trópicos y el hemisferio sur es similar al patrón de calentamiento global reciente atribuido principalmente al aumento de los niveles de CO_2. La Figura 44b muestra un mapa de las anomalías de la temperatura global en super-

---

[208] Lean, J.L., 2017. Sun-climate connections. In: Oxford Research Encyclopedia of Climate Science. doi.org/10.1093/acrefore/9780190228620.013.9

ficie para 2018 en una cuadrícula de 5x5° basada en la media de 1991-2020.[209]

El mayor calentamiento se ha producido en las latitudes altas del hemisferio norte, con un calentamiento también asociado a la Corriente del Golfo y la Corriente de Kuroshio. En la franja 30-60°S del hemisferio sur se observa un patrón de cuatro zonas de mayor calentamiento separadas por unos 7.000 km en los océanos Atlántico, Índico y Pacífico y en el mar de Tasmania. Se cree que este patrón es el resultado de una onda atmosférica.[210] Aunque el cambio climático inducido por el sol y el calentamiento global comparten estas características, no indican el resultado de la distribución global de un efecto radiativo producido por un cambio en la actividad solar o en el CO_2. Más bien sugieren una respuesta a ambos forzamientos mediada por cambios dinámicos similares en la atmósfera y los océanos.

Este debería ser el segundo indicio de que el efecto del Sol sobre el clima no es el resultado del efecto de los cambios en la irradiación solar total sobre la superficie. En su lugar, parece estar mediado por cambios en el sistema acoplado atmósfera-océano. Por lo tanto, para comprender el efecto solar sobre el clima, debemos centrarnos en la atmósfera y no en la superficie.

Efecto del ciclo solar en el gradiente latitudinal de temperatura

La figura 45 muestra los cambios de temperatura debidos al ciclo solar en la superficie (como en la fig. 44a) y en la estratosfera inferior, calculados por círculo de latitud (media zonal). La clara relación entre ambas curvas indica un origen atmosférico también para la curva de superficie. La información mostrada en la figura 45 es crucial para comprender el efecto solar sobre el clima. Cuando la actividad solar es elevada, el calentamiento de la superficie aumenta al aumentar la latitud, alcanzando un máximo de 0,4 °C a 60°N. Sin embargo, el Ártico experimenta un enfriamiento cuando la actividad solar es alta. Obsérvese la curva negra de la figura 45, que muestra una transición brusca entre un fuerte calentamiento a 60°N y un enfriamiento a 75°N. Entre estas dos latitudes se encuentra el vórtice polar, que, cuando es fuerte, restringe fuertemente el intercambio de calor. Con el aumento de la actividad solar, se reduce el gradiente latitudinal de temperatura entre el ecuador y los 60°N, lo que provoca una reducción del transporte de calor hacia los polos.

Figura 45. Cambios de temperatura promediados zonalmente debidos al ciclo solar. Los cambios se muestran en la superficie (línea negra) y a 20 km de altitud (línea de trazos gris).[211]

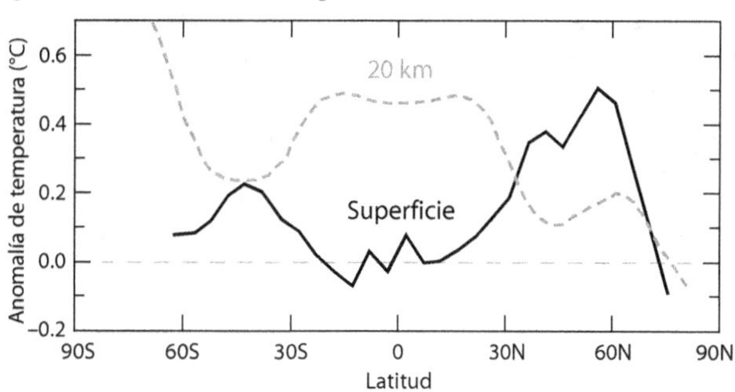

---

[209] La figura 44b proviene de la herramienta de mapeo global de NOAA.
www.ncei.noaa.gov/access/monitoring/climate-at-a-glance/global/mapping/2018

[210] Chiswell, S.M., 2021. Nat. Comm. 12 (1), p.4779.
doi.org/10.1038/s41467-021-25160-y

[211] Datos de la figura de Lean, J.L., 2017. Sun-climate connections. In: Oxford Research Encyclopedia of Climate Science. doi.org/10.1093/acrefore/9780190228620.013.9

En la estratosfera inferior, la situación es esencialmente opuesta a la de la superficie (fig. 45, línea de trazos gris). La estratosfera tropical experimenta un calentamiento significativo debido al aumento del ozono y de la radiación UV causada por el aumento de la actividad solar. Sin embargo, la mayor parte del ozono es transportado a las altas latitudes del hemisferio norte por la circulación de Brewer-Dobson, lo que la convierte en la región con mayor concentración de ozono. Esto nos lleva a esperar un mayor calentamiento allí, pero el menor calentamiento observado en las altas latitudes de la estratosfera inferior del hemisferio norte es desconcertante. Este fenómeno sólo puede explicarse por una disminución del transporte meridional con un aumento de la actividad solar. La disminución del transporte estratosférico es coherente con el aumento del gradiente latitudinal de temperatura mostrado por la línea discontinua de la figura 45, que tendría como efecto aumentar la velocidad de los vientos zonales (este-oeste) que se oponen al transporte meridional. Los dos perfiles mostrados en la figura 45 refuerzan la idea de que el aumento de la actividad solar disminuye el transporte hacia los polos tanto en la estratosfera inferior como en la troposfera.

El presupuesto de calor del océano tropical

En el recuadro 14 (cap. 17) analizamos la influencia del ciclo solar en el transporte de calor oceánico. Merece la pena repetir las principales conclusiones de los estudios científicos, que muestran que los cambios en el presupuesto de calor de los océanos tropicales tienen una frecuencia de 11 años que está sincronizada con el ciclo solar[212] El reto, sin embargo, es que los cambios en la energía solar son demasiado pequeños en un factor de cinco a diez para ser responsables de las variaciones de temperatura observadas, al igual que todos los demás efectos solares.

Si el aumento de la radiación solar no es la causa del calentamiento de los océanos, entonces ha de ser debido al calentamiento del océano subyacente por la atmósfera tropical. La única forma en que la atmósfera puede hacer esto es reduciendo la cantidad de calor sensible y latente que fluye desde la superficie del océano a la atmósfera. Esto se debe a que, aparte de la energía de onda corta procedente del Sol, el flujo neto de energía en los trópicos (y en la mayor parte del planeta) es del océano a la atmósfera. Dado que la atmósfera es la principal responsable del transporte de calor del planeta, es probable que el ciclo de 11 años en el presupuesto de calor de los océanos tropicales esté causado por una disminución del transporte de calor hacia los polos. Cuando la actividad solar es elevada, el océano tropical conserva más calor solar porque la atmósfera lo transporta en menor medida. Una disminución de la velocidad del viento podría provocar el calentamiento observado y la disminución del transporte, reduciendo tanto la transferencia de calor sensible como la evaporación (transferencia de calor latente).

Efectos dinámicos del ciclo solar

Se han constatado cambios dinámicos en la circulación atmosférica con el ciclo solar.[213] Como consecuencia del aumento de la radiación solar, la circula-

---

[212] White, W.B., et al., 2003. J. Geophys. Res. Oceans, 108 (C8) 3248. doi.org/10.1029/2002JC001396

[213] Lean, J.L., 2017. Sun-climate connections. In: Oxford Research Encyclopedia of Climate Science. doi.org/10.1093/acrefore/9780190228620.013.9

ción troposférica se altera de varias maneras. Estos cambios incluyen la expansión de la célula de Hadley, el movimiento hacia el polo de los chorros subtropicales, la estabilización del vórtice polar, la reducción de la ondulación de la corriente en chorro, el atrapamiento del aire polar y la reducción de la frecuencia de los fenómenos de bloqueo invernal. También aumenta el gradiente de presión entre la Baja de Islandia y la Alta de las Azores, lo que da lugar a la fase positiva de la Oscilación del Atlántico Norte. Estos efectos están bien documentados en la literatura científica. Pueden sonar familiares, ya que son lo contrario de los efectos a mayor escala mostrados en el capítulo anterior utilizando varios proxies climáticos durante épocas de actividad solar muy reducida debidas a un gran mínimo.

Los efectos dinámicos conocidos tienen algo en común: alteran el transporte de calor hacia los polos. Durante los periodos de alta actividad solar, el transporte meridional disminuye, lo que provoca un calentamiento en las latitudes medias y un enfriamiento en el Ártico. Por el contrario, durante los periodos de baja actividad solar, el transporte meridional aumenta, lo que provoca un enfriamiento en las latitudes medias y un calentamiento en el Ártico. Sin embargo, el transporte meridional no sólo está influido por la actividad solar. Otros factores como las erupciones volcánicas (cap. 25), la Oscilación Cuasi-Bienal (cap. 14), las oscilaciones multidecadales oceánicas (cap. 19) y El Niño-Oscilación del Sur (cap. 18) también desempeñan un papel importante. En consecuencia, no cabe esperar que los cambios en el transporte y sus efectos climáticos, incluida la temperatura de la superficie, coincidan con la actividad solar a corto plazo porque estos otros factores también influyen en ellos. Sólo a escalas centenarias, cuando todos los demás factores tienden a promediarse, los cambios en el transporte pasan a depender principalmente de la actividad solar, que presenta ciclos centenarios y milenarios que alteran sustancialmente la actividad solar durante décadas e incluso siglos, anulando todos los demás factores e induciendo un calentamiento o enfriamiento de larga duración.

Reproducción de los efectos del ciclo solar en los modelos climáticos

Hasta hace poco, los modelos climáticos no incluían la estratosfera, carecían de una Oscilación Cuasi-Bienal realista y no podían dar cuenta de la compleja respuesta del ozono a la radiación solar. En consecuencia, han sido incapaces de reproducir los efectos del ciclo solar o de comprender el impacto de un gran mínimo solar. Los modelos climáticos suelen mostrar respuestas más débiles y tardías de la temperatura a los cambios en la irradiación solar. No todos los modelos tienen en cuenta los cambios inducidos por el sol en el ozono, el vórtice polar y los cambios en la superficie. Además, los modelos suelen producir un calentamiento poco realista del Ártico en respuesta al aumento de la actividad solar, contrariamente al enfriamiento observado. Y lo que es más preocupante, la respuesta dinámica de la estratosfera a los cambios en la actividad solar no aparece en la mayoría de los modelos.[214] La principal hipótesis del forzamiento solar sobre el clima, que se analiza en el capítulo siguiente, se basa en esta respuesta. Aunque los modelos captan cualitativamente algunos efectos

---

[214] Misios, S., et al., 2016. Q. J. R. Meteorol. Soc. 142 (695), pp.928–941.
  doi.org/10.1002/qj.2695

solares sobre el clima, podemos concluir que lo más probable es que no se reproduzcan por el mecanismo correcto.

En resumen

Aunque los cambios energéticos implicados son pequeños, el sistema climático muestra un patrón característico de cambios en la temperatura superficial en respuesta al aumento de la actividad del ciclo solar. Este patrón recuerda al calentamiento observado durante las últimas décadas. El efecto del aumento de la actividad solar es mínimo en los trópicos y más débil en el hemisferio sur que en el hemisferio norte. Los cambios de temperatura observados son coherentes con el fortalecimiento observado del vórtice polar, que debería reducir el transporte de calor hacia los polos. Estos cambios de temperatura también deberían reducir el transporte de calor al disminuir el gradiente de temperatura entre el ecuador y los 60°N, la latitud de máximo calentamiento del ciclo solar. En la estratosfera inferior, los cambios observados sugieren una disminución de la circulación de transporte de calor hacia los polos. Los cambios en el contenido de calor del océano tropical implican una disminución del flujo de calor océano-atmósfera, coherente con la disminución del transporte de calor debida al aumento de la actividad solar. Los cambios dinámicos en la circulación atmosférica resultantes de los cambios en la actividad del ciclo solar son bien conocidos. Son de la misma naturaleza que los observados durante los largos grandes mínimos solares del pasado, aunque su magnitud es diferente. Los modelos climáticos reproducen débilmente los efectos observados en respuesta a los cambios del ciclo solar, con un desfase mucho mayor, y suelen carecer de la respuesta dinámica crucial de la estratosfera.

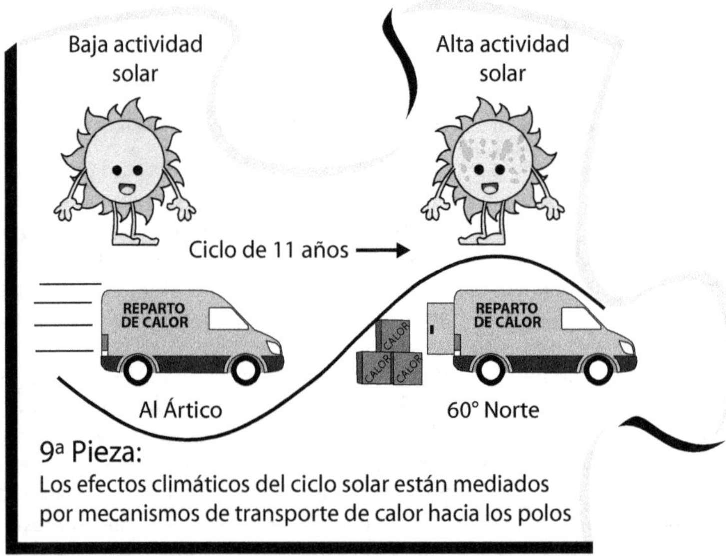

Capítulo 29
La Vía Estratosférica

Los cambios en la capa de ozono tropical causados por variaciones en la actividad solar pueden tener efectos climáticos sustanciales en la superficie. Esto ocurre a través de una vía de señalización conocida que implica cambios en la velocidad del viento y la propagación de ondas atmosféricas en la estratosfera, afectando en última instancia a la fuerza del vórtice polar durante el invierno. Estos cambios en el vórtice polar afectan directamente a los patrones de presión y a la circulación troposférica, que a su vez regulan el transporte de calor hacia los polos y el intercambio de masas de aire entre el Ártico y las latitudes medias. En consecuencia, la meteorología invernal en el hemisferio norte viene determinada en gran medida por estos procesos.

Desde hace 50 años, los científicos saben que un cierto tipo de onda atmosférica, denominada onda planetaria, podría ser responsable de la modificación del clima terrestre en respuesta a la actividad solar. Estas ondas proporcionan la energía necesaria para los cambios climáticos en respuesta a los cambios solares. Sin embargo, como las ondas planetarias están influidas por todos los factores que afectan a las condiciones estratosféricas, los efectos de la actividad solar sobre el clima de superficie no siempre son consistentes ni fáciles de detectar. A pesar de estos retos, la influencia del Sol en el clima es real, y su efecto más evidente se refleja en la frecuencia de los inviernos fríos en las latitudes medias del hemisferio norte.

Un efecto solar desde la estratosfera hasta la superficie

Los científicos llevan más de doscientos años estudiando si los cambios en las manchas solares afectan al clima y cómo lo hacen. Sin embargo, los primeros intentos de comprender este fenómeno se vieron obstaculizados por la falta de datos y conocimientos sobre la atmósfera. A los científicos les costaba encontrar pruebas del efecto en la superficie porque es secundario, muy variable y no lineal.

No fue hasta 1994 cuando los científicos descubrieron un mecanismo de cómo la actividad variable del Sol afecta al clima. Observando y modelizando los cambios que se producen en la estratosfera en respuesta al ciclo solar, pudieron identificar el proceso.[215] Desde entonces, este mecanismo descendente se ha confirmado y observado repetidamente en los reanálisis atmosféricos, que son productos de asimilación de datos climáticos.[216] Algunos modelos climáticos que representan con mayor precisión la estratosfera y la química del ozono también han reproducido en cierta medida este mecanismo.[217] Tras tres décadas de investigación, ahora comprendemos mejor cómo influye la actividad solar en el clima.

---

[215] Haigh, J.D., 1994. Nature, 370 (6490), pp.544–546. doi.org/10.1038/370544a0

[216] Mitchell, D.M., et al., 2015. Q. J. R. Meteorol. Soc. 141 (691), pp.2011–2031. doi.org/10.1002/qj.2492

[217] Kodera, K., et al., 2016. Atmospheric Chem. Phys. 16 (20), pp.12925–12944. doi.org/10.5194/acp-16-12925-2016

Durante el ciclo solar, un aumento de la actividad solar provoca un aumento relativo de la radiación UV mayor que el de la radiación total. Este aumento de la radiación UV tiene un gran impacto en la capa de ozono tropical, aumentando la producción de ozono y elevando las temperaturas en aproximadamente 1,5 °C (fig. 46) debido a la mayor absorción de radiación UV. El ozono estratosférico desempeña un papel fundamental en este proceso, actuando como receptor de la señal y amplificando el efecto.

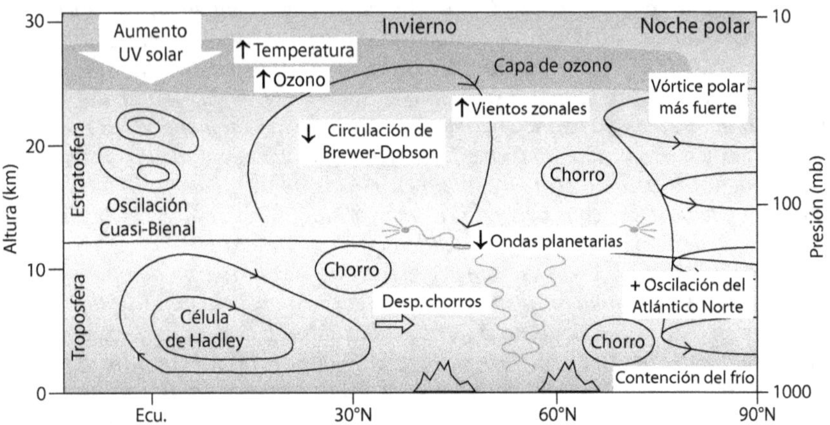

Figura 46. Mecanismo descendente del efecto solar sobre el clima. Los efectos del aumento de la actividad solar se muestran en recuadros blancos.

A medida que la capa de ozono tropical se calienta, se crea un mayor gradiente de temperatura entre la estratosfera tropical y la polar. Este gradiente afecta directamente a la velocidad de los vientos este-oeste (zonales), que depende del tamaño del gradiente. Cuanto más pronunciado es el gradiente, más rápidos son los vientos.

Las ondas atmosféricas son similares a las olas del océano y viajan a través de la troposfera, transportando energía y momento y afectando a la meteorología. Para una explicación más detallada, véase el recuadro 10 (cap. 14). Un tipo especial de onda atmosférica, llamada onda planetaria, se crea por las diferencias de temperatura entre la tierra y el mar y por los vientos que soplan sobre grandes cadenas montañosas. Las ondas planetarias son más comunes en el hemisferio norte. Estas ondas pueden alcanzar la estratosfera, pero sólo si los vientos zonales en la estratosfera no son demasiado fuertes y soplan del oeste. En caso contrario, son reflejadas de vuelta a la troposfera.

Cuando las ondas planetarias rompen, proporcionan momento angular y energía que contribuyen al transporte de calor y ozono hacia los polos mediante la circulación de Brewer-Dobson. También debilitan el vórtice polar al reducir la velocidad de los vientos que lo forman. Este efecto es especialmente notable en el hemisferio norte.

A medida que aumenta la actividad solar, los vientos zonales en la estratosfera se aceleran, lo que dificulta que las ondas planetarias alcancen la estratosfera. Como resultado, el vórtice polar se mantiene fuerte durante todo el invierno. Aunque el aumento de la actividad solar es relativamente pequeño en términos de radiación, afecta profundamente a la circulación estratosférica y a su transporte de calor y ozono hacia los polos.

A través del acoplamiento estratosfera-troposfera (cap. 15), la señal solar se transmite a la troposfera. La fuerza del vórtice polar determina el estado invernal de la Oscilación del Atlántico Norte, que se vuelve anómalamente positiva durante una actividad solar elevada. Además, la posición de la corriente en chorro se ve afectada por la fuerza del vórtice y se desplaza hacia el polo durante una actividad solar elevada. Este movimiento mantiene las masas de aire frío del Ártico en la región ártica, lo que provoca inviernos más cálidos en las latitudes medias del hemisferio norte.

En los trópicos, los cambios en la circulación atmosférica provocados por un desplazamiento hacia el polo de la corriente en chorro y una disminución de la rama ascendente de la circulación de Brewer-Dobson conducen a una expansión de la circulación de Hadley y a un desplazamiento similar del chorro subtropical. Estos cambios afectan a los regímenes de precipitaciones y provocan calentamiento a 60°N, ya que puede transportarse menos calor al Ártico a través de un vórtice polar reforzado.

Cuando la actividad solar disminuye, se producen los efectos contrarios. Este mecanismo puede explicar todos los cambios climáticos relacionados con el ciclo solar analizados en el capítulo anterior.

Estudios recientes han confirmado el papel del vórtice polar del hemisferio norte como sistema de transmisión que produce cambios en la circulación troposférica en respuesta a cambios en la actividad solar.[218]

El papel de las ondas planetarias

Hoy puede parecer sorprendente, pero en 1974, un físico atmosférico llamado Colin Hines se mostraba escéptico ante la posibilidad de que el Sol pudiera afectar al clima de la Tierra. Propuso que la única forma en que las variaciones solares podían afectar al clima era alterando la propagación de las ondas planetarias.[219] Curiosamente, sugirió que este mecanismo sería más relevante en latitudes medias y altas durante el invierno. Hines fue el primero en proponer cómo influye el Sol en el clima de nuestro planeta.

Desde hace 50 años, los científicos saben que la pequeña magnitud de los cambios en la irradiación solar total no impide que la variabilidad solar afecte al clima de nuestro planeta. Es un error centrarse en los cambios de irradiación como único forzamiento solar. Las ondas atmosféricas desempeñan un papel fundamental al transportar energía a través de la atmósfera. El Sol no proporciona directamente la energía para cambiar nuestro clima; más bien, el cambio de radiación UV en la capa de ozono inclina la balanza entre dos estados de circulación atmosférica diferentes. Las ondas planetarias proporcionan entonces la energía para cambiar la circulación.

Cuando la actividad solar es alta, llega menos energía de las ondas a la estratosfera, lo que refuerza el vórtice polar y reduce el transporte de calor a los polos, con la consiguiente conservación de la energía y calentamiento. Por el contrario, cuando la actividad solar es baja, llega más energía de las ondas a la estratosfera, lo que debilita el vórtice polar y aumenta el transporte de calor hacia los polos, con la consiguiente pérdida de energía y enfriamiento.

---

[218] Veretenenko, S., 2022. Atmosphere, 13 (7), p.1132. doi.org/10.3390/atmos13071132
[219] Hines, C.O., 1974. J. Atmos. Sci. 31 (2), pp.589–591.
    doi.org/10.1175/1520-0469(1974)031<0589:APMFTP>2.0.CO;2

Estudiar las ondas planetarias en la estratosfera es todo un reto, y la investigación sobre este tema es relativamente nueva. Sin embargo, incluso con estas limitaciones, los investigadores ya han descubierto en la estratosfera entre 55 y 75°N que la amplitud de las ondas planetarias disminuye durante los máximos solares. Por el contrario, durante los mínimos solares, los cambios en el gradiente meridional de temperatura y la cizalladura vertical del viento provocan un aumento de la amplitud de las ondas planetarias (fig. 67, cap. 42).[220] El efecto del ciclo solar sobre estas ondas es sustancial, explicando alrededor del 25% de la variabilidad en su amplitud.

Recuadro 23. La primera prueba del efecto solar sobre el clima

Las manchas solares se han observado desde la antigüedad y, debido al papel primordial del Sol en los patrones climáticos y meteorológicos, muchos científicos han intentado encontrar una conexión entre las manchas solares y el clima. William Herschel, el descubridor de Urano y de la radiación infrarroja, inició su investigación científica sobre el tema en 1801.

A pesar de la considerable cantidad de trabajo de investigación dedicado al tema, los resultados no han sido concluyentes, lo que ha dado lugar a controversias en este campo. La mayoría de los efectos encontrados fueron transitorios, estadísticamente insignificantes o inexistentes, lo que provocó una percepción negativa de la conexión entre el Sol y el clima. Esta percepción persiste en la actualidad, y muchos científicos se niegan a considerar la posibilidad de una relación, incluso cuando se les presentan pruebas, debido a la falta de confianza en el campo.

La búsqueda de la primera prueba concreta de una influencia solar en el clima terminó en 1987, cuando Karin Labitzke, investigadora alemana de la Universidad Libre de Berlín, la descubrió en la estratosfera polar durante los oscuros meses de invierno.[221] Esta falta de luz solar, donde se descubrió por primera vez el efecto solar, constituye una prueba más de que los cambios en la irradiación total no son la causa del efecto solar sobre el clima.

En 1980, los investigadores descubrieron el efecto Holton-Tan, que demostró que la Oscilación Cuasi-Bienal (un patrón de vientos estratosféricos por encima del ecuador) afecta a la circulación global en la estratosfera. Este tema se trata con más detalle en el recuadro 11 (cap. 14). Durante el invierno, el efecto de la Oscilación Cuasi-Bienal puede alcanzar el polo y cambiar la forma en que se propagan las ondas planetarias. Esto se debe a que los vientos de la oscilación cambian entre las fases este y oeste cada dos años. Cuando los vientos están en su fase del este, cambian el patrón de circulación zonal, permitiendo que más ondas planetarias lleguen al vórtice, debilitándolo y aumentando la temperatura en su interior. Lo

---

[220] Powell Jr, A.M. & Jianjun, X., 2011. J. Atmos. Sol. Terr. Phys. 73 (7–8), pp.825–838. doi.org/10.1016/j.jastp.2011.02.001

[221] Labitzke, K., 1987. Geophys. Res. Lett. 14 (5), pp.535–537. doi.org/10.1029/GL014i005p00535

contrario ocurre cuando los vientos están en su fase del oeste: el vórtice es más fuerte y las temperaturas en su interior son más frías.

La intuición de Karin Labitzke consistió en observar que el efecto solar sobre la estratosfera depende de la fase de la Oscilación Cuasi-Bienal. Durante los inviernos en la fase del oeste de la oscilación (datos en gris medio en la fig. R23), una actividad solar alta corresponde a temperaturas estratosféricas polares más altas, mientras que una actividad solar baja corresponde a temperaturas más bajas. Hay que tener en cuenta que estas diferencias se deben a efectos dinámicos sobre el vórtice en ausencia de luz solar. Sin embargo, en los inviernos durante la fase del este de la oscilación (datos en gris oscuro en la fig. R23), una actividad solar alta corresponde a temperaturas estratosféricas polares más bajas, y una actividad solar baja corresponde a temperaturas más altas.

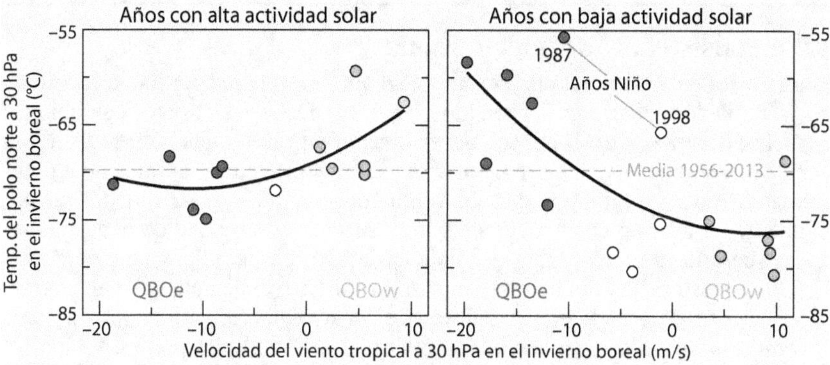

Figura R23. Efecto de la actividad solar y la Oscilación Cuasi-Bienal en la temperatura estratosférica polar invernal. Los años de alta actividad solar se muestran en el panel izquierdo y los de baja actividad solar en el panel derecho. Los años de la Oscilación Cuasi-Bienal del este se muestran en gris oscuro y los del oeste en gris. Se identifican dos años de fuerte El Niño.

En aquella época, muchos científicos estaban desconcertados por el fenómeno, ya que se desconocía el mecanismo analizado en este capítulo, que se desarrollaría diez años más tarde. Les confundía que un cambio en la dirección del viento ecuatorial pudiera invertir completamente un efecto solar. Como resultado, la mayoría de los científicos lo ignoraron, y hoy en día apenas se menciona en los libros sobre el clima, incluso en los que se centran en la atmósfera.

El efecto solar sobre el clima puede invertirse porque depende de las condiciones de propagación de las ondas planetarias en la estratosfera, que se ven afectadas por cualquier factor que modifique allí la temperatura o la velocidad del viento. Uno de esos factores es la Oscilación Cuasi-Bienal, que modula la circulación global en la estratosfera a través del efecto Holton-Tan. Cuando la oscilación se invierte, también lo hace el efecto solar sobre el clima, ya que la propagación de las ondas planetarias en la estratosfera pasa de verse facilitada por el cambio en la actividad solar a verse obstaculizada. Los episodios de El Niño también afectan a las condiciones de propagación de las ondas planetarias en la estratosfera. La Figura R23 muestra el efecto de los episodios de El Niño de 1987 y 1998 sobre la temperatura estratosférica polar invernal. Sin embargo, este comportamiento compuesto es demasiado complejo incluso para muchos científicos, por lo que generalmente se ignora.

Karin Labitzke pasó los siguientes 27 años trabajando en su descubrimiento. Identificó los cambios en la circulación troposférica invernal que se producen como consecuencia del ciclo solar y contribuyó significativamente a la comprensión de la vía de señalización solar estratosférica que se analiza en este capítulo. Su descubrimiento puso fin a 185 años de búsqueda de pruebas definitivas del efecto solar sobre el clima, pero desgraciadamente murió sin recibir el reconocimiento que merecía. Su extraordinario descubrimiento no fue bien recibido en su momento porque la comunidad científica del clima estaba abrazando la hipótesis del cambio climático por el efecto reforzado del CO_2 y veía cualquier hipótesis solar como competencia indeseable.

La inconsistencia del efecto solar

El efecto solar sobre el clima es un resultado improbable porque los cambios en la radiación solar son demasiado pequeños. Deben darse tres condiciones específicas para que el efecto sea se produzca. En primer lugar, debe existir una capa de ozono para que la señal solar se reciba y provoque cambios de temperatura en ella. En segundo lugar, los continentes no deben estar situados principalmente en los trópicos, ya que no habría suficiente actividad de ondas planetarias fuera de esta zona para producir un efecto observable en los vórtices. Este es el caso actual del hemisferio sur. Por último, el planeta debe encontrarse en una edad de hielo, ya que el vórtice polar requiere temperaturas polares invernales muy bajas para actuar como barrera eficaz al transporte de calor. La capacidad de afectar a esta barrera es un componente crítico del efecto solar.

Las condiciones actuales requeridas para el efecto solar sobre el clima son complejas. El efecto depende del gradiente latitudinal de temperatura en la estratosfera, de la velocidad de los vientos zonales en la estratosfera y de la generación de ondas planetarias en la troposfera. Varios factores influyen en estas condiciones, como la Oscilación Cuasi-Bienal, El Niño-Oscilación del Sur y las erupciones volcánicas. En esencia, la vía de señalización utilizada por el Sol no es única y se comparte con otros factores. En consecuencia, el impacto final sobre el cambio climático no se debe únicamente a la señal solar, sino que es una combinación compleja y variable de señales.

Esto significa que predecir el efecto de la actividad solar sobre el clima no es sencillo, ya que depende de una combinación de factores. Por lo tanto, no podemos prever el tiempo invernal en el hemisferio norte basándonos únicamente en la actividad solar. También debemos tener en cuenta estos otros factores. Además, los veranos se ven mínimamente afectados por los cambios solares, lo que explica por qué algunos veranos de la Pequeña Edad de Hielo fueron bastante cálidos a pesar de la menor actividad solar.

Algunas personas predijeron que las temperaturas globales descenderían porque los ciclos solares 24 y 25 tienen menos actividad. Sin embargo, muchas más personas, incluida la NASA, sostienen que el Sol tiene poco efecto sobre el clima porque este descenso no se ha producido. Pero la verdad no es tan sencilla. El efecto solar sobre el clima es real e importante, pero muy imprevisible a corto plazo. Sólo se hace patente cuando el número de inviernos fríos en el hemisferio norte supera el ruido de fondo de todos los demás factores que influyen en las condiciones estratosféricas.

El efecto climático de la baja actividad solar ya se ha observado, pues la frecuencia de inviernos muy fríos en las latitudes medias del hemisferio norte ha aumentado en las últimas décadas. Sin embargo, esta tendencia ha desconcertado a muchos científicos que no comprenden los efectos solares sobre el clima, sobre todo porque los modelos climáticos predicen lo contrario.[222] Se discute de forma poco concluyente que podría deberse a la pérdida de hielo marino en el Ártico, pero sabemos que es el resultado de la disminución de la actividad solar porque eso es exactamente lo que se espera y lo que ocurrió durante la Pequeña Edad de Hielo. En el capítulo 42 se analiza con más detalle cómo afecta al clima la baja actividad de los ciclos solares 24 y 25.

Si la actividad solar se mantiene baja durante un periodo prolongado, el porcentaje de inviernos fríos aumentaría ya que el efecto de todos los demás factores se promediaría hasta cero. Como resultado, asistiríamos a un enfriamiento global real, y el contenido de energía del sistema climático disminuiría. Sin embargo, yo preveo un aumento de la actividad solar con el ciclo solar 26, por lo que no hay que preocuparse por un enfriamiento global indebido causado por el Sol si estoy en lo cierto.

Unas palabras sobre los niveles de ozono

El efecto solar sobre el clima depende de la capa de ozono. Sin embargo, las emisiones humanas han provocado una disminución significativa de los niveles de ozono debido al aumento de sustancias que contienen cloro y bromo en la estratosfera. Esta disminución del ozono podría afectar al efecto solar sobre el clima. Esta cuestión no se ha investigado a fondo porque la mayoría de los científicos consideran que el efecto solar sobre el clima es irrelevante. Es una cuestión compleja determinar qué efecto podría tener la pérdida de ozono sobre la señal solar. No puedo predecir si provocaría una disminución o un aumento de la respuesta del clima a los cambios solares, aunque sospecho lo primero. Sin embargo, lo segundo es una posibilidad más preocupante, ya que podría hacer que el clima fuera más sensible a los cambios en la actividad solar.

En resumen

El efecto solar sobre el clima es un proceso complejo. El ozono estratosférico desempeña un papel fundamental en la recepción y amplificación de la señal solar, mientras que las ondas planetarias (no los cambios en la irradiación solar) proporcionan la energía necesaria para producir los efectos climáticos. El sistema de transmisión es el vórtice polar, que convierte la energía en cambios en la circulación atmosférica invernal. Esta vía es compartida por otros factores que también influyen en la propagación de las ondas planetarias, como la Oscilación Cuasi-Bienal, El Niño y las erupciones volcánicas. El efecto de la actividad solar sobre el clima es inconstante y difícil de identificar debido a estos factores compartidos. A corto plazo, los cambios en la actividad solar influyen en la frecuencia de los inviernos fríos en el hemisferio norte. A largo plazo, pueden alterar el contenido energético del sistema climático y provocar profundos cambios climáticos.

---

[222] Cohen, J., et al., 2020. Nat. Clim. Change, 10 (1), pp.20–29.
doi.org/10.1038/s41558-019-0662-y

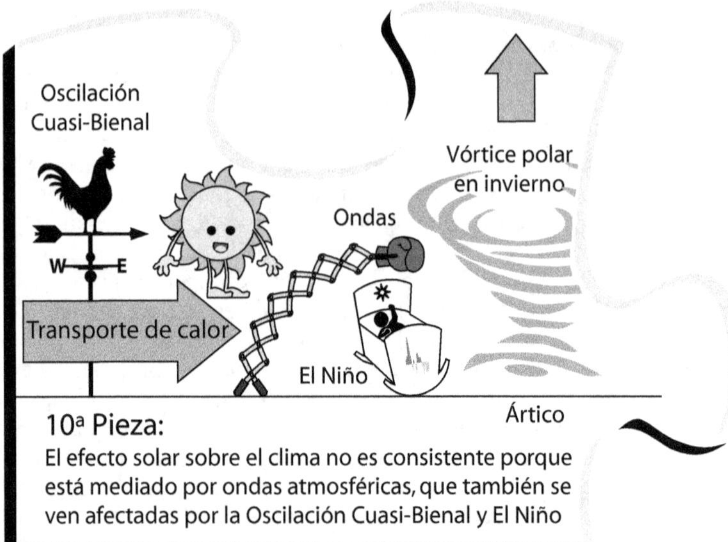

10ª Pieza:

El efecto solar sobre el clima no es consistente porque está mediado por ondas atmosféricas, que también se ven afectadas por la Oscilación Cuasi-Bienal y El Niño

CAPÍTULO 30
LA ROTACIÓN DE LA TIERRA Y EL CICLO SOLAR

Dos veces al año, la circulación atmosférica global se reorganiza para dirigir más calor hacia el polo invernal como resultado del aumento del gradiente de temperatura entre el ecuador y ese polo. Esto hace que la Tierra acelere su rotación, acortando los días en una fracción de milisegundo. Este cambio en la rotación depende de la actividad solar. Los inviernos de baja actividad solar experimentan un mayor aumento de la velocidad de rotación que los inviernos de alta actividad solar. El resultado es un ciclo de 11 años en los cambios de velocidad de rotación de la Tierra en invierno debido al efecto solar sobre la circulación atmosférica global. Los climatólogos siguen ignorando este hallazgo de hace cinco décadas y sus implicaciones.

El cambio semianual en la rotación de la Tierra

El sistema climático de la Tierra está muy influido por las estaciones. Cuando un polo pasa de estar orientado hacia el Sol (verano) a estar orientado en sentido contrario (invierno), se produce un gran aumento de la circulación atmosférica y del transporte de calor hacia ese polo. La rotación del planeta responde a estos cambios porque la atmósfera transporta momento angular (inercia rotacional) y el momento total debe conservarse. Como resultado, se observa claramente un patrón semianual en la velocidad de rotación. Los científicos utilizan cálculos radioastronómicos precisos para medir estos cambios y detectar cambios de microsegundos en la duración del día. Ya hemos hablado de los cambios estacionales en la velocidad de rotación de la Tierra en el capítulo 16 (fig. 24), donde se encuentra una explicación más detallada.

Se sabe que el cambio estacional (semianual) en la velocidad de rotación de la Tierra es el resultado del intercambio de momento entre la atmósfera y la Tierra sólida. Los científicos saben desde hace muchos años que la variación estacional de la duración del día refleja cambios en la circulación zonal de la atmósfera.[223] Mientras tanto, las variaciones interanuales están causadas por otros fenómenos atmosféricos. El componente bienal de la duración del día corresponde a cambios en la Oscilación Cuasi-Bienal, mientras que el componente de 3-4 años corresponde a la señal de El Niño-Oscilación del Sur.

El efecto de la actividad solar sobre la rotación de la Tierra

La rotación de la Tierra se ve afectada por la actividad solar. Este fenómeno se viene midiendo desde los años 60 y se documenta en publicaciones científicas cada década. El efecto nunca ha sido refutado, pero sigue siendo ignorado

---

[223] Lambeck, K. & Cazenave, A., 1973. Geophys. J. Int. 32 (1), pp.79–93. doi.org/10.1111/j.1365-246X.1973.tb06521.x

por la mayoría de los científicos. Estudios más recientes que utilizan 50 años de datos siguen confirmando este efecto.[224]

La figura 47a muestra los cambios en la duración del día (ΔLOD) en milisegundos para dos años: 2014, un año de alta actividad solar, y 2017, un año de baja actividad solar. A medida que el invierno se instala en el hemisferio norte, la circulación atmosférica se intensifica para transportar más calor hacia el Ártico. Como resultado, la Tierra gira más rápido y el día se hace una fracción de milisegundo más corto (indicado por las flechas grises). Sin embargo, durante el año de baja actividad solar, la circulación atmosférica aumenta aún más, lo que indica un mayor transporte de calor hacia los polos. El capítulo 42 aporta pruebas adicionales de esta conexión.

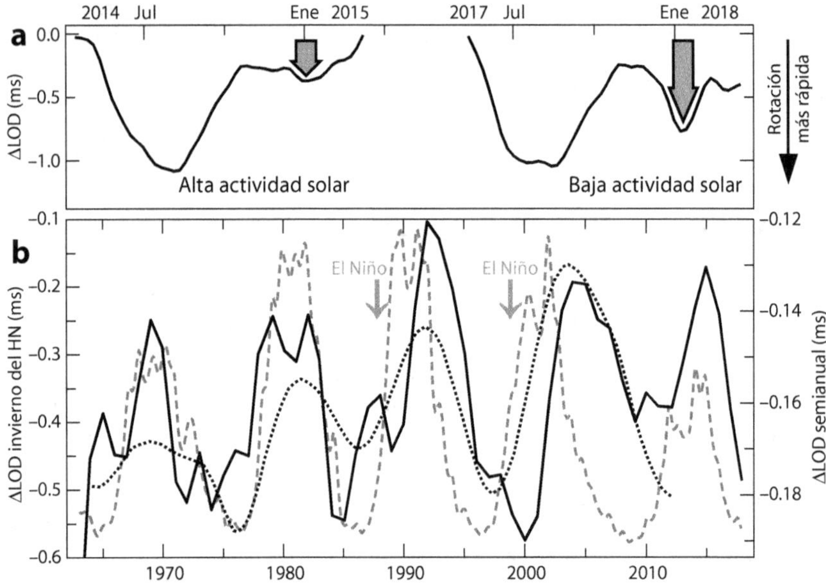

Figura 47. La actividad solar afecta a la rotación de la Tierra. a) Cambios en la duración del día en milisegundos para 2014 y 2017. Las flechas grises indican la aceleración de la rotación durante el invierno del hemisferio norte. b) Aceleración de la rotación invernal del hemisferio norte (línea negra, media de tres años). La línea de trazos gris es el ciclo solar, mientras que la línea de puntos (escala derecha) procede de uno de los varios estudios que confirman este efecto.[225] Las flechas indican episodios de El Niño.

La curva sólida negra de la figura 47b representa la aceleración de la rotación de la Tierra en los inviernos del hemisferio norte. A lo largo de 56 años de datos, esta curva muestra un ciclo de 11 años en los cambios de circulación atmosférica invernal sincronizados con el ciclo solar (fig. 47b, curva de trazos gris). Los inviernos con baja actividad solar muestran una mayor aceleración

[224] Le Mouël, J.L., et al., 2010. Geophys. Res. Lett. 37 (15), L15307.
doi.org/10.1029/2010GL043185

[225] Barlyaeva, T., et al., 2014. Ann. Geophys. 32 (7), pp.761-771.
doi.org/10.5194/angeo-32-761-2014

de la rotación que los inviernos con alta actividad solar, lo que se traduce en unos días unos 0,35 milisegundos más cortos.

Aunque existe una clara correlación entre los cambios en la rotación de la Tierra durante el invierno y la actividad solar, se sabe que otros fenómenos atmosféricos también pueden afectar a esta variable. Como se ve en la figura 47b, los efectos de los episodios de El Niño de 1987 y 1998 son visibles (indicados con flechas). Esta anomalía también es evidente en las temperaturas estratosféricas polares analizadas en el capítulo 29 (fig. R23, recuadro 23), ya que están relacionadas. Debido a estos factores adicionales, no esperamos un ajuste perfecto entre los cambios invernales en la rotación de la Tierra y la actividad solar.

Significado de la relación entre el ciclo solar y la rotación de la Tierra

Los cambios en la circulación zonal de la Tierra se reflejan en la variación estacional de la duración del día porque los vientos zonales son responsables de la transferencia de momento angular entre la atmósfera y la Tierra sólida. En 1976, un estudio halló una relación entre los cambios multidecadales de la duración del día y los cambios climáticos.[226] Se observó que la tendencia de varios índices climáticos coincidía con la tendencia de los cambios en la duración del día. Este estudio predijo incluso la tendencia al calentamiento que comenzó inmediatamente después. Los resultados del estudio se han reproducido más recientemente utilizando índices actualizados.[227]

El aumento invernal de la circulación atmosférica se debe a un aumento del gradiente de temperatura entre el ecuador y el polo, donde la baja radiación solar y el fuerte enfriamiento radiativo provocan las temperaturas más frías del hemisferio. Este cambio de gradiente conduce a un mayor transporte de calor hacia el polo, que es aún más fuerte durante la baja actividad solar, lo que resulta en un mayor aumento de la velocidad de rotación de la Tierra. Podemos confirmar esta interpretación porque la alta actividad solar está asociada con el enfriamiento del Ártico, mientras que la baja actividad solar está asociada con el calentamiento del Ártico (fig. 45, cap. 28; fig. R23, cap. 29). La baja actividad solar aumenta la frecuencia de inviernos fríos porque el aire cálido que llega al Ártico se eleva por encima del aire frío y lo empuja hacia las latitudes medias de los continentes. Este intercambio provoca tendencias de temperatura opuestas en el Ártico y las latitudes medias de los continentes durante el invierno, con una región que se calienta y la otra que se enfría.

El efecto de la actividad solar sobre la rotación de la Tierra suele ser ignorado o desconocido por la mayoría de los climatólogos. Sin embargo, es evidente que los cambios en la actividad solar afectan a la rotación de la Tierra. Lo sabemos porque la actividad solar no puede verse afectada por cambios en la rotación de la Tierra, y el cambio en la irradiación solar total es demasiado pequeño para causar un cambio en la rotación. Por tanto, debe concluirse que la actividad solar afecta a la circulación atmosférica global de forma que provoca cambios en la rotación.

---

[226] Lambeck, K. & Cazenave, A., 1976. Geophys. J. Int. 46 (3), pp.555–573. doi.org/10.1111/j.1365-246X.1976.tb01248.x

[227] Mazarella, A., 2013. Nat. Sci. 5 (1A), pp.149–155. doi.org/10.4236/ns.2013.51A023

Sin embargo, esto tiene algunas implicaciones incómodas. Dado que la actividad solar afecta a la velocidad de rotación de la Tierra, es incorrecto afirmar que los cambios solares son demasiado pequeños para afectar al clima o que comprendemos plenamente cómo afecta la actividad solar al clima. También sugiere que a los modelos climáticos les falta un elemento de información crucial que afecta a su fiabilidad. Muchos climatólogos prefieren ignorar esta verdad incómoda antes que admitir que su campo puede estar construido sobre unos cimientos endebles. Admitirlo sería admitir una profunda ignorancia de un importante problema social, lo cual es poco probable.

En resumen

La actividad solar afecta a la velocidad de rotación de la Tierra modificando la intensidad de la circulación meridional, responsable del transporte de calor hacia los polos. En años de baja actividad solar, la circulación atmosférica aumenta más, haciendo que la Tierra gire más rápido y dirigiendo más calor al Ártico en invierno. Como resultado, el Ártico experimenta un invierno más cálido mientras que las latitudes medias se vuelven más frías. Varios estudios aportan pruebas de que la actividad solar modifica la circulación atmosférica y cambia el transporte de calor a escala hemisférica. Sin embargo, esta conclusión contradice la representación actual del clima de la Tierra en los modelos y nuestra comprensión del cambio climático, lo que sugiere que el conocimiento del efecto solar es muy escaso.

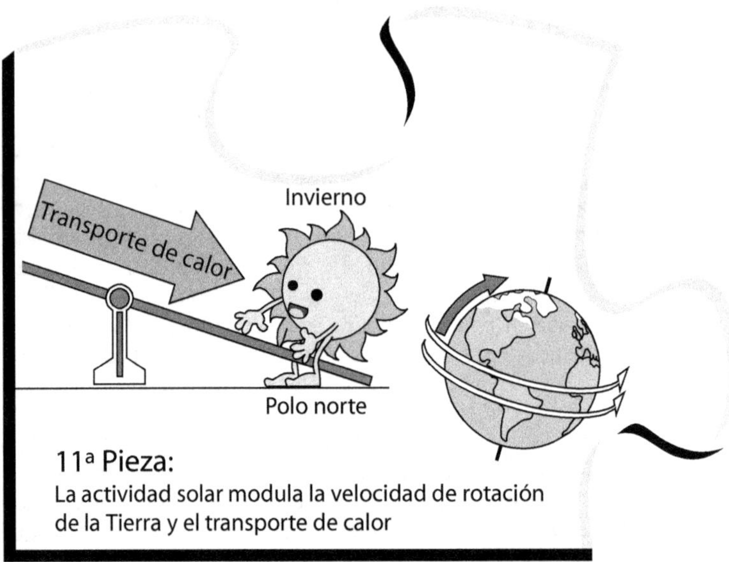

SECCIÓN 8 CUESTIONES CLAVE

En los últimos 6.000 años, tres grandes cambios climáticos abruptos coincidieron con tres grandes mínimos solares de 200 años. Los indicadores climáticos apuntan a que los periodos prolongados de baja actividad solar provocan una reorganización atmosférica que encoge los trópicos y expande las regiones polares. Esto intensifica el gradiente latitudinal de temperatura, impulsando más calor hacia los polos. El aumento de la pérdida de calor, especialmente en el Ártico, provoca un pronunciado enfriamiento global, que afecta principalmente a las latitudes medias boreales. A pesar de esta evidencia, los modelos climáticos no pueden reproducir este efecto porque se desconoce el mecanismo, y el ciclo solar de 11 años tiene un efecto mucho menor.

El pequeño cambio energético del ciclo solar afecta a la temperatura de la superficie y al presupuesto de calor de los océanos tropicales cuatro veces más de lo esperado. A medida que aumenta la actividad solar, disminuye el transporte de calor hacia los polos, lo que provoca la acumulación de calor en las altas latitudes boreales, el enfriamiento del Ártico y el aumento del contenido de calor en los océanos tropicales. Los cambios en la dinámica de la circulación atmosférica durante el ciclo solar son similares a los observados durante los pasados grandes mínimos solares, aunque a menor escala.

El ozono estratosférico recibe y amplifica la señal solar, y las ondas planetarias proporcionan la energía para los efectos climáticos. El vórtice polar convierte la energía de las ondas en cambios en la circulación atmosférica invernal influidos conjuntamente por la actividad solar, la Oscilación Cuasi-Bienal, El Niño y las erupciones volcánicas. La actividad solar a corto plazo afecta a la frecuencia de los inviernos fríos en el hemisferio norte. Los cambios a largo plazo pueden alterar el contenido de energía del sistema climático, provocando profundos cambios climáticos.

La actividad solar afecta a la velocidad de rotación de la Tierra a través de cambios en la circulación meridional, responsable del transporte de calor hacia los polos. Durante los años de baja actividad solar, la circulación atmosférica se intensifica, haciendo que la Tierra gire más deprisa y dirigiendo más calor hacia el Ártico en invierno. Como resultado, el Ártico experimenta inviernos más cálidos mientras que las latitudes medias se vuelven más frías.

PARTE III. La Hipótesis del Portero de Invierno

SECCIÓN 9. REGÍMENES Y DESPLAZAMIENTOS CLIMÁTICOS

1976 ES EL AÑO EN QUE CAMBIÓ EL CLIMA

El periodo más reciente de calentamiento global comenzó en 1976, tras un periodo de enfriamiento entre 1945 y 1975. Además, las emisiones de CO_2 anteriores a 1950 no fueron lo suficientemente grandes como para tener un efecto destacado en la temperatura de la Tierra. En 1976, se produjo un repentino desplazamiento climático en el Océano Pacífico en el momento en que se producían importantes cambios en la atmósfera terrestre. Este acontecimiento dio lugar a un estado de circulación zonal reforzada, que probablemente redujo el transporte de calor a través de la atmósfera hacia los polos, afectando a la tendencia de la temperatura global. Este acontecimiento climático es evidente en diversas variables relacionadas con el clima, pero los modelos climáticos han sido incapaces de reproducirlo. Además, el IPCC no ofrece ninguna explicación para este fenómeno ni para el periodo de enfriamiento que se produjo entre 1945 y 1975.

Las décadas anteriores y posteriores a 1976

Antes de 1940, los niveles atmosféricos de CO_2 aumentaban lentamente, con un incremento anual inferior a 0,5 ppm y sin aceleración. Entre 1940 y 1950, los niveles se mantuvieron estables, pero esto no se sabía entonces porque las mediciones sistemáticas no empezaron hasta 1958. A principios de la década de 1960, se hizo evidente que los niveles de CO_2 estaban aumentando. Pero a pesar del aumento de CO_2, la superficie del planeta se había estado enfriando desde 1945. En consecuencia, los científicos creían que algún otro factor estaba teniendo un mayor efecto sobre la temperatura del planeta. No obstante, la mayoría de los científicos atmosféricos estaban convencidos de que el aumento del CO_2 acabaría provocando un calentamiento global. En 1967 se desarrolló el primer modelo climático basado en estos conocimientos.

En 1975, los niveles de CO_2 habían aumentado 15 ppm, o un 5%, en sólo 17 años, lo que indicaba una aceleración significativa del ritmo de aumento. Sin embargo, a pesar de este aumento, no se detectó ningún calentamiento, sino sólo un enfriamiento.

El punto de inflexión en el clima de la Tierra se produjo en 1976, cuando las mediciones empezaron a mostrar una tendencia al calentamiento que se acentuó a principios de la década de 1980. Para los científicos, el punto de inflexión se produjo en 1985, cuando los datos del núcleo de hielo de Vostok confirmaron el importante papel del CO_2 en el clima del Pleistoceno. La concordancia entre las mediciones y los datos del pasado convenció a la mayoría de los científicos del denominado consenso climático.

Desde 1976, la superficie de la Tierra ha experimentado una tendencia al calentamiento sin un periodo de enfriamiento significativo, mientras que los niveles de CO_2 han aumentado exponencialmente. En la década de 1970, los niveles de CO_2 crecían a un ritmo de 1 ppm/año, pero ahora aumentan a 2,5 ppm/año, un incremento del 150%. Sin embargo, este aumento exponencial de los niveles de CO_2 no ha tenido un efecto significativo en la tasa de calentamiento, que no ha cambiado significativamente en los últimos 45 años a pesar del gran aumento de la tasa de crecimiento del CO_2.

Aunque 1976 no fue un año notable en términos de CO_2, marcó un punto de inflexión en la tendencia de la temperatura.

¿Qué ocurrió en 1976?

Los científicos tardaron 15 años en darse cuenta de lo que ocurrió con el clima en 1976. En 1991, se publicó un estudio que mostraba un cambio drástico en 40 variables medioambientales del clima del Pacífico ese año. Estas variables incluían las temperaturas del aire y del agua, la Oscilación del Sur, la clorofila, los gansos, el salmón, los cangrejos, los glaciares, el polvo atmosférico, los corales, el dióxido de carbono, los vientos, la capa de hielo y el transporte a través del estrecho de Bering. Los cambios sugerían que uno de los mayores ecosistemas de la Tierra sufre ocasionalmente desplazamientos bruscos.[228]

Los cambios repentinos en la circulación atmosférica invernal del hemisferio norte que se produjeron en 1976 se asemejaron a un episodio debilitado y casi permanente de El Niño. El evento de 1976 comenzó cuando el sistema océano-atmósfera no se había recuperado totalmente de El Niño de 1976-77, y el cambio se describió como un cambio en el estado climático de fondo.[229]

Tras este descubrimiento, los científicos examinaron más detenidamente los datos climáticos y pesqueros anteriores del Pacífico Norte. Descubrieron que el desplazamiento de 1976 no era un hecho aislado, sino que formaba parte de una oscilación climática de 50-70 años que denominaron Oscilación Decadal del Pacífico. Esta oscilación ya había provocado desplazamientos bruscos en el pasado.[230]

Los acontecimientos de 1976 y 1977 no fueron un cambio gradual, como cabría esperar de una oscilación, sino un cambio repentino. Comenzó con El Niño de 1976-77, visible en el índice de la Oscilación Decadal del Pacífico (fig. 48a), y fue seguido por un aumento de la temperatura global en superficie (fig. 48f). A continuación se produjo un cambio en la atmósfera que provocó un cambio notable en el clima del planeta.

El par de fricción es el par ejercido sobre la superficie por la fricción del viento. Las anomalías del par de fricción están asociadas a anomalías de la presión a nivel del mar en latitudes altas y contribuyen a las subsiguientes anomalías del par de montañas.[231] El par de montañas es el par ejercido por una diferencia de presión a ambos lados de las montañas, y sus cambios están asociados a cambios en la circulación zonal (este-oeste) del viento.

---

[228] Ebbesmeyer, C.C., et al., 1991. Proceedings of the Seventh PACLIM Workshop, April 1990. Interagency Ecological Studies Program Technical Report, 26 pp.115–126. hdl.handle.net/1834/22168

[229] Graham, N.E., 1994. Clim. Dynam. 10, pp.135–162. doi.org/10.1007/BF00210626

[230] Mantua, N.J., et al., 1997. Bull. Am. Meteorol. Soc. 78 (6), pp.1069–1080. doi.org/10.1175/1520-0477(1997)078<1069:APICOW>2.0.CO;2

[231] Weickmann, K., 2003. Mon. Weather Rev. 131 (11), pp.2608–2622. doi.org/10.1175/1520-0493(2003)131<2608:MTGFTA>2.0.CO;2

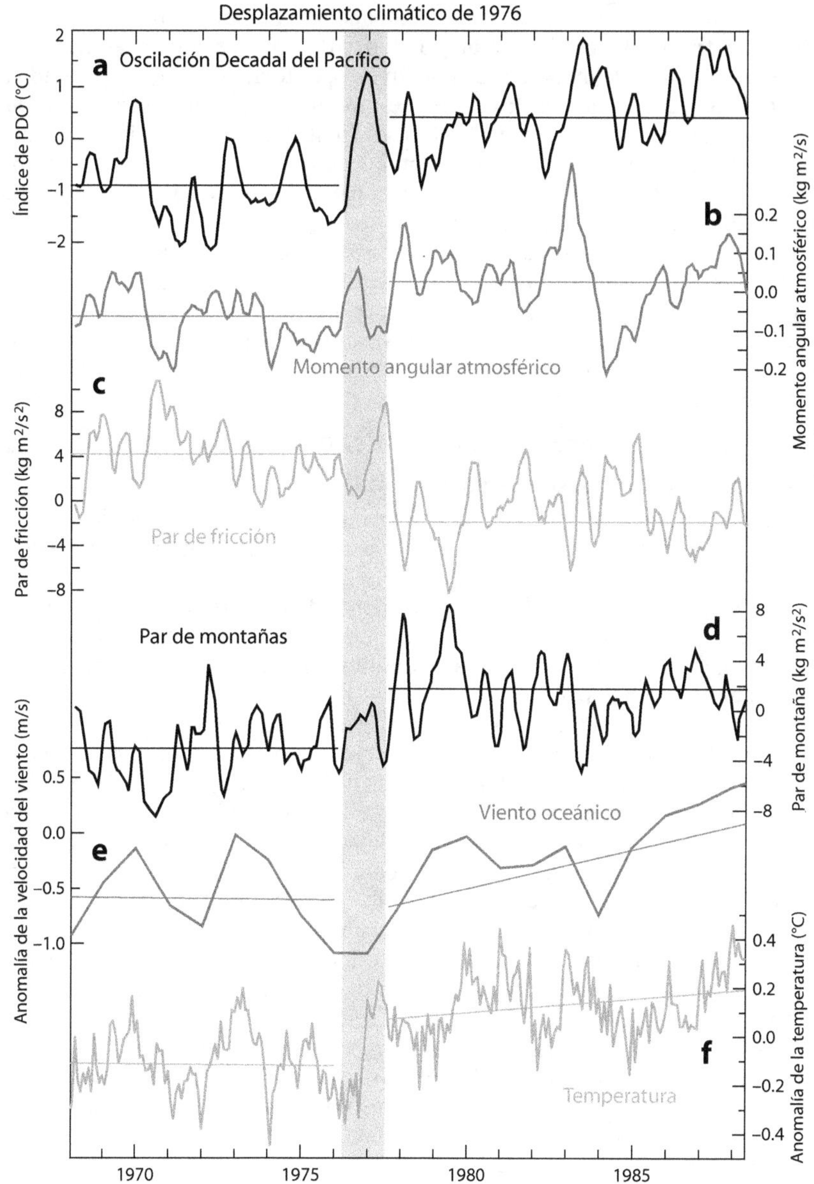

Figura 48. El desplazamiento climático de 1976. Los cambios en las variables indicadas se muestran como líneas gruesas. Las líneas finas son el valor medio a cada lado del desplazamiento climático (indicado por la barra gris), excepto en e) y f), donde las líneas finas son las respectivas tendencias a largo plazo.[232]

---

[232] Datos de la figura de Marcus, S.L., et al., 2011. J. Geophys. Res. 116 D03107. doi.org/10.1029/2010JD015032 Yu, L., 2007. J. Clim. 20 (21), pp.5376–5390. doi.org/10.1175/2007JCLI1714.1 y base de datos de temperatura HadCRUT5 de UK MetOffice.

Tras El Niño de 1976-77, apareció una anomalía en el par de fricción (fig. 48c), que fue compensada por un cambio en el par de montañas de signo opuesto (fig. 48d), de modo que se mantuvo el par total. Sin embargo, debido a los cambios persistentes en los pares, se produjo un aumento persistente del momento angular atmosférico (fig. 48b). El cambio en la anomalía de la velocidad del viento responsable de los cambios de par (fig. 48e) ya se ha tratado en el capítulo 19 (fig. 31) en relación con el papel de las oscilaciones oceánicas en el transporte de calor hacia los polos.

Así pues, en 1976 se produjo un cambio brusco en la circulación atmosférica invernal, que dio lugar a un fortalecimiento de la circulación zonal del viento y a un debilitamiento de la circulación meridional del viento, responsable del transporte de calor hacia los polos. Estos cambios implican que el transporte meridional de calor disminuyó en esa época, coincidiendo con el inicio del calentamiento global.

Silencio oficial sobre el desplazamiento climático que desencadenó el calentamiento global

Para cuando se identificaron el desplazamiento de 1976 y la Oscilación Decadal del Pacífico, el IPCC ya había publicado su Primer Informe de Evaluación. El informe apoyaba la idea de que la causa principal del calentamiento global de la superficie era el continuo aumento de CO_2 debido a las emisiones humanas. Todo lo que no fuera de origen humano se calificaba de "natural" o "variabilidad interna" y no se le atribuía ningún papel en la tendencia de la temperatura a largo plazo.

Los informes del IPCC no ofrecen ninguna explicación sobre el periodo de enfriamiento entre 1945 y 1975. Algunos científicos especulan con que pudo deberse al rápido aumento de las emisiones de azufre procedentes de la industria y la quema de combustibles fósiles, que tienen un efecto de enfriamiento. Estas emisiones alcanzaron su punto álgido a principios de la década de 1970, cuando varios países promulgaron leyes para limitarlas. Estos científicos creen que en 1976, el efecto de calentamiento del aumento de los niveles de CO_2 superó al efecto de enfriamiento de las emisiones de azufre. Sin embargo, esto contradice los modelos climáticos y los informes del IPCC, que sugieren que el forzamiento antrópico siempre ha sido positivo, lo que significa que el periodo de enfriamiento de 1945 a 1975 no pudo tener una causa humana.

Los modelos climáticos no han sido capaces de reproducir ni el calentamiento de principios del siglo XX ni el enfriamiento de mediados del siglo XX, ya sea utilizando todos los forzamientos o sólo los naturales. La figura 49 (de la figura SPM.1 del 6º Informe de Evaluación) muestra que los modelos climáticos (línea gris oscura) simulan un ligero calentamiento a finales de los años 40 y 50, seguido de un efecto de enfriamiento debido a la erupción del monte Agung en 1963 y, a continuación, una tendencia continua al calentamiento.[233] Sin embargo, el punto de inflexión climática de 1976, que ha sido ampliamente estudiado por decenas de científicos y ha provocado cambios significativos en el clima del Pacífico, no se refleja en los informes del IPCC ni en los modelos climáticos. Según los modelos climáticos, el cambio de tendencia de la tempe-

---

[233] IPCC, 2021: Resumen para responsables políticos.
    doi.org/10.1017/9781009157896.001

ratura se produjo en la erupción de 1963, es decir, 13 años antes del desplazamiento de 1976.

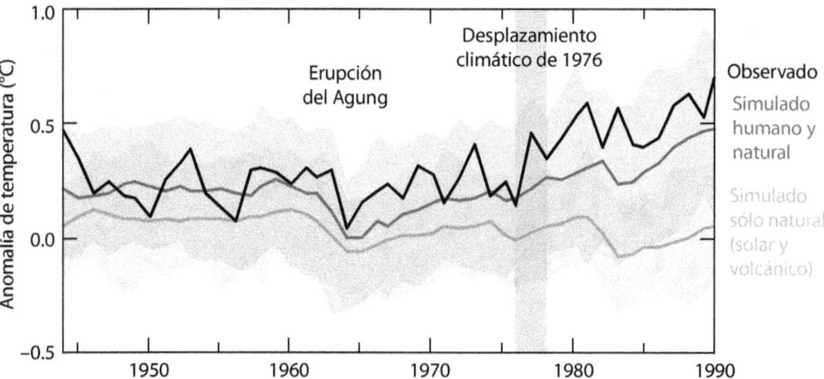

Figura 49. Cambios de la temperatura global en superficie y causas propuestas. Esta figura del 6° Informe de Evaluación ha sido recortada y anotada. Los cambios observados se muestran en negro, las simulaciones de modelos climáticos con la respuesta tanto a factores humanos como naturales se muestran en gris oscuro, y los factores exclusivamente naturales se muestran en gris intermedio.

El periodo de enfriamiento de 1945 a 1975 está bien documentado y no fue causado por la erupción del monte Agung en 1963. Mucha gente aún recuerda los fríos inviernos de principios de los años setenta, y este periodo de enfriamiento terminó con un brusco desplazamiento climático atmosférico en 1976. La incapacidad de los modelos climáticos para reproducir este periodo de enfriamiento o el desplazamiento climático de 1976 plantea dudas sobre su capacidad para predecir con exactitud el clima futuro.

En resumen

En 1976, un desplazamiento climático global tuvo un gran impacto en el Océano Pacífico y marcó el inicio de la actual tendencia al calentamiento. Este cambio se ha estudiado exhaustivamente y es evidente en muchas variables relacionadas con el clima. Las pruebas disponibles sugieren que el desplazamiento se debió a cambios en la circulación atmosférica, con un aumento de los vientos zonales y una disminución de los meridionales, lo que condujo a una fase de calentamiento en las oscilaciones oceánicas multidecadales debido a la reducción del transporte de calor hacia los polos. A pesar de estar bien documentados, el periodo de enfriamiento de 1945-1975 y el desplazamiento climático de 1976 no tienen explicación en los modelos climáticos ni en el IPCC, por lo que se ignoran.

Capítulo 32
Regímenes y Desplazamientos Climáticos

Los cambios climáticos abruptos periódicos se producen en todas las escalas temporales. A escalas multidecadales, se caracterizan por desplazamientos climáticos que separan regímenes climáticos que duran unas pocas décadas. Aunque hay pruebas sustanciales de la existencia de estos regímenes y desplazamientos climáticos, siguen siendo controvertidos. Dado que se desconoce la causa de estos fenómenos, se los denomina variabilidad climática intrínseca de baja frecuencia. Sin embargo, su manifestación está vinculada a cambios en la circulación atmosférica global. Estos desplazamientos deben representar cambios persistentes en los modos de flujo de energía, que probablemente indican regímenes distintos de transporte de calor hacia los polos.

Cambios climáticos abruptos en diferentes escalas temporales

El clima cambia constantemente, pero a veces lo hace mucho más rápido de lo habitual. Este tipo de cambio climático se denomina abrupto. Según este criterio, el cambio climático actual puede clasificarse como abrupto.

La constatación de que el clima puede cambiar de forma tan brusca que sea perceptible en el transcurso de una década es un descubrimiento relativamente reciente. Se hizo a mediados de los años ochenta al estudiar los núcleos de hielo de Groenlandia, en los que se identificaron picos de calentamiento abrupto de frecuencia milenaria que se produjeron durante la última glaciación. La tasa de calentamiento calculada para estos eventos es de 1,4 °C/década en el norte de Europa, diez veces superior a la actual.

En una escala temporal diferente, la transición de un periodo glacial a un interglaciar, conocida como deglaciación, es un cambio relativamente rápido dentro de la escala temporal de decenas de miles de años del ciclo glacial. Durante la última deglaciación, el nivel del mar subió a un ritmo medio de 1,2 cm al año durante 8.000 años, cuatro veces más rápido que en la actualidad.

En el capítulo 22, cuando revisamos las pruebas de eventos climáticos abruptos durante el Holoceno, los caracterizamos como periodos de uno o dos siglos durante los cuales el clima cambió mucho más rápidamente que el cambio medio milenario.

En el capítulo anterior, observamos que hay casos de cambios climáticos abruptos, o desplazamientos climáticos, que se producen en el plazo de uno a pocos años, separados por unas pocas décadas.

El clima puede compararse a una estructura fractal que se comporta de forma similar en todas las escalas temporales, con periodos de cambio climático rápido intercalados con periodos más largos de menos cambio. Cuanto más largo es el marco temporal, mayor es el impacto de los cambios abruptos.

Los cambios climáticos abruptos marcan el comienzo y el final de distintos periodos en los que el sistema climático muestra una menor variabilidad en su contenido energético y sus flujos. Esto puede observarse en los periodos glaciales e interglaciales, que permanecen estables durante cierto tiempo antes de volver a su estado anterior. Esta propiedad se conoce como metaestabilidad. Por ejemplo, los interglaciares tienden a permanecer estables durante una media de 14.000 años, mientras que los eventos milenarios de Groenlandia, conocidos como interestadiales, duran siglos. Los eventos abruptos del Holoceno duran sólo uno o dos siglos antes de revertir, mientras que los desplazamientos climáticos separan regímenes climáticos distintos que duran varias décadas. Cabe señalar que los desplazamientos climáticos también pueden revertir.

Regímenes y desplazamientos climáticos

Antes del descubrimiento del desplazamiento climático de 1976, los ecólogos habían desarrollado un concepto teórico para explicar las transiciones rápidas entre estados estables alternativos, principalmente en los ecosistemas de pradera. En 1989, un estudio utilizó este concepto para explicar la alternancia de los regímenes de sardina y anchoa que se producía simultáneamente en el Pacífico y otros océanos, posiblemente como respuesta al cambio climático.[234] El estudio ya había identificado en los años centrales de la década de 1970 un cambio de régimen de la anchoa a la sardina (fig. 50). Estos estudios sobre pesquerías condujeron finalmente al descubrimiento del desplazamiento climático de 1976 y de la Oscilación Decadal del Pacífico. Se identificaron otros desplazamientos climáticos en 1925 y 1946, separando periodos en los que las temperaturas superficiales del mar a largo plazo mostraban una anomalía predominantemente más cálida o más fría. Estos periodos de menor variabilidad se denominaron regímenes climáticos.

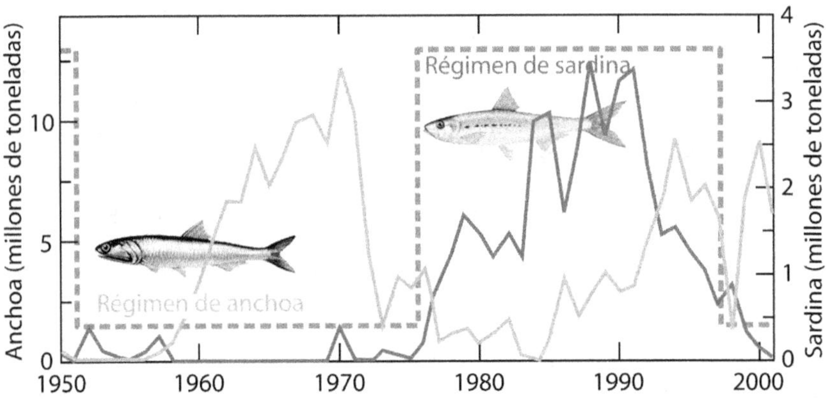

Figura 50. Alternancia entre un régimen frío de anchoa y un régimen cálido de sardina en el Océano Pacífico. Los datos indican las capturas respectivas desembarcadas en Perú. La alternancia de regímenes, indicada por la línea discontinua, coincide con desplazamientos climáticos conocidos.[235]

La existencia de regímenes y desplazamientos climáticos es un tema muy debatido entre los científicos. La meteorología y el clima son muy variables, y

[234] Lluch-Belda, D., et al., 1989. S. Afr. J. Mar. Sci. 8 (1), pp.195–205. doi.org/10.2989/02577618909504561

[235] Figura de Chavez, F.P., et al., 2003. Science, 299 (5604), pp.217–221. doi.org/10.1126/science.1075880

para dar sentido a esta complejidad y predecir cambios futuros, los investigadores buscan patrones espaciales a gran escala y tendencias en los datos climáticos a lo largo del tiempo. Estos patrones se conocen como modos intrínsecos
de variabilidad climática, y los científicos prestan especial atención a sus teleconexiones, que son relaciones detectables entre diferentes modos de variabilidad. Un ejemplo de modo de variabilidad de baja frecuencia es la Oscilación
Decadal del Pacífico, que opera a escala interdecadal. Los cambios que se producen a escalas temporales más largas tienden a tener mayores efectos porque
la variabilidad a escalas más pequeñas se promedia con el tiempo.

Muchos científicos creen que los regímenes y desplazamientos climáticos
son reales porque provocan cambios significativos en múltiples variables en
poco tiempo.[236] Sin embargo, otros científicos que se centran en una sola variable pueden considerar estos cambios como ruido de fondo, que abunda en el
sistema climático. Sin embargo, la aplicación de técnicas de reducción de ruido
sugiere que los cambios climáticos del Pacífico son algo más que ruido.[237]

Modos atmosféricos relacionados con el transporte de calor

En el capítulo anterior analizamos el efecto atmosférico global del desplazamiento climático de 1976. También examinamos la correspondencia entre los
cambios en las tendencias globales de temperatura, la Oscilación Decadal del
Pacífico y la Oscilación Multidecadal del Atlántico que analizamos en el capítulo 19 (fig. 31). Basándonos en esta información, podemos concluir que estamos ante un cambio atmosférico global que tiene su mayor impacto en el hemisferio norte. Este cambio da lugar a una variabilidad espaciotemporal, que se
manifiesta como diferentes modos de variabilidad climática de baja frecuencia
y sus teleconexiones.

Parece que los cambios se deben a la influencia de la atmósfera sobre el
océano, como indican las variaciones del momento angular atmosférico y de la
presión a nivel del mar. Además, los cambios se producen en poco tiempo (un
solo invierno), lo que no concuerda con los largos desfases que suelen producirse en la comunicación entre las distintas cuencas oceánicas.

El clima es el resultado de los flujos de energía que actúan sobre la materia
del sistema climático. Los diferentes regímenes climáticos requieren diferentes
flujos de energía. Dado que estos regímenes son metaestables y se alternan,
esto sugiere que también existen modos metaestables de flujo de energía en el
sistema climático. En el capítulo 19, analizamos que las oscilaciones oceánicas
multidecadales se deben probablemente a variaciones en la intensidad del
transporte de calor hacia los polos. La existencia de regímenes y desplazamientos climáticos que abarcan al menos un hemisferio apoya esta explicación.

Los modelos climáticos están diseñados para representar los flujos de energía dentro del sistema climático, pero tienen dificultades para representar con
precisión la variabilidad de baja frecuencia y pasan completamente por alto los
desplazamientos climáticos. Dado que la variabilidad del transporte de calor
hacia los polos se conoce mal y carece de una teoría válida (cap. 12), ésta puede ser una de las principales deficiencias de los modelos climáticos.

---

[236] Hare, S.R. & Mantua, N.J., 2000. Prog. Oceanogr. 47 (2-4), pp.103–145.
doi.org/10.1016/S0079-6611(00)00033-1
[237] Rodionov, S.N., 2006. Geophys. Res. Lett. 33 (12), L12707.
doi.org/10.1029/2006GL025904

Puntos de inflexión

En los últimos años se ha prestado mucha atención a la posibilidad de que existan puntos de inflexión en el sistema climático.[238] Pero, ¿cumplen los cambios abruptos descritos para cada escala temporal climática los criterios de los puntos de inflexión? La respuesta depende de cómo definamos los puntos de inflexión. Si definimos un punto de inflexión como un gran cambio resultante de pequeños cambios iniciales, entonces todos los cambios abruptos mencionados al principio de este capítulo pueden considerarse puntos de inflexión. Esto significa que el clima sufre un punto de inflexión cada pocas décadas por razones que no tienen nada que ver con el aumento del CO_2.

Pero los cambios climáticos abruptos no son puntos de no retorno porque no tienen consecuencias irreversibles una vez traspasado el umbral. Más bien, estos cambios pueden revertirse, y de hecho lo hacen, con el tiempo. A algunos científicos les preocupa que los cambios atmosféricos inducidos por el hombre puedan empujar el clima más allá de un umbral crítico y llevarlo a una trayectoria diferente, provocando un calentamiento más severo, pero esos temores suelen basarse en evidencias limitadas.[239] Cabe señalar que el catastrofismo siempre ha existido, y la tendencia a catastrofizar es una distorsión cognitiva común.

Consideremos algunos posibles cambios climáticos abruptos. Los cambios climáticos multidecadales se producen periódicamente sin que apenas se adviertan. Los eventos climáticos abruptos centenarios son más graves (fig. 38, cap. 23), pero como tienen un efecto de enfriamiento, somos menos vulnerables a ellos en nuestra actual situación tras el calentamiento reciente. Durante la última glaciación se produjeron grandes eventos de calentamiento abrupto, pero requieren condiciones específicas que no se dan fuera de las glaciaciones.

El Holoceno se acerca a la duración media de los interglaciares de los últimos 800.000 años. Pensar que podemos evitar la próxima glaciación gracias a nuestras elevadas emisiones de CO_2 se basa en suposiciones infundadas.[240] De las pruebas disponibles se desprende claramente que el principal riesgo climático en nuestro futuro lejano es la vuelta a las condiciones glaciales. Ningún período interglacial ha durado mucho después de que la oblicuidad (la inclinación del eje de la Tierra) descienda por debajo de 23°, lo que ocurrirá dentro de 3.400 años.

Los cambios en el sistema climático de los últimos 45 años no indican una aceleración sustancial del calentamiento observado, y podrían continuar durante mucho tiempo sin alcanzar un punto de inflexión. Si los científicos no estuvieran constantemente advirtiéndonos sobre el cambio climático, quizá no nos preocupáramos mucho por él. Además, el cambio climático tiende a invertir su curso con el tiempo. Como hemos visto antes, el clima se enfrió significativamente durante miles de años hace 124.000 años y durante cientos de años después de 1100 d. C., a pesar de que no hubo cambios en los niveles de CO_2 at-

[238] Lenton, T.M., et al., 2019. Nature, 575 (7784), pp.592–595.
doi.org/10.1038/d41586-019-03595-0
[239] Steffen, W., et al., 2018. PNAS 115 (33), pp.8252–8259.
doi.org/10.1073/pnas.1810141115
[240] Vinós, J., 2022. Climate of the Past, Present and Future: A scientific debate. Critical Science Press. pp.239–253.

mosférico. Aunque no deberíamos descartar la posibilidad de que esto vuelva a ocurrir, muchos científicos lo descartan y sólo temen un mayor calentamiento si no se reducen las emisiones de CO_2.

En resumen

El sistema climático presenta cambios abruptos en todas las escalas temporales que dan lugar a regímenes climáticos distintos, de larga duración y caracterizados por diferencias en los flujos y el contenido de energía. A escalas multidecadales, por ejemplo, estos cambios se observan como fases oceánicas multidecadales separadas por desplazamientos climáticos. Estos cambios abruptos no guardan una relación clara con las variaciones de los niveles atmosféricos de CO_2, sino que parecen estar relacionados con cambios en el transporte de calor. Sin embargo, los modelos climáticos no pueden reproducir con precisión las oscilaciones de baja frecuencia y no reproducen los desplazamientos climáticos. Como los desplazamientos climáticos abruptos son reversibles y su escala temporal climática determina su intensidad, no pueden clasificarse como puntos de no retorno.

CAPÍTULO 33
1997, EL CLIMA VOLVIÓ A CAMBIAR

El año 1998 se cita a menudo como el comienzo de una controvertida "pausa" en el calentamiento global. Lo que mucha gente no sabe es que poco después de 1997 se produjeron cambios importantes y bruscos en varias variables climáticas. Estos cambios hicieron de 1997 el desplazamiento climático más importante en décadas, afectando no sólo a las temperaturas globales sino también a los patrones climáticos del Océano Pacífico y a la circulación atmosférica global. Este cambio provocó variaciones en la extensión de los trópicos, la nubosidad, la velocidad del viento y la velocidad de rotación de la Tierra. Aún más desconcertantes fueron los cambios inexplicables en la estratosfera, entre ellos un cambio en su tendencia al enfriamiento y una disminución del vapor de agua, lo que sugiere un aumento del transporte de calor hacia los polos. Desgraciadamente, los científicos aún no comprenden plenamente estos cambios, y la importancia del desplazamiento climático de 1997 sigue sin ser reconocida.

La Pausa

En 1997-98 se produjo un episodio de El Niño en el Océano Pacífico. Ocho años después, un científico publicó en un periódico que no se había producido ningún calentamiento desde El Niño y puso en duda que las emisiones humanas fueran las únicas responsables del cambio climático.[241] Esto desató la polémica, ya que otros científicos argumentaron que ocho años era demasiado poco tiempo para sacar conclusiones. En 2012, sin embargo, muchos científicos reconocieron una pausa en el calentamiento global y empezaron a investigar su causa. En 2014, dos revistas científicas publicaron conjuntamente un número especial dedicado a la pausa, que incluía varios artículos con diferentes explicaciones. A pesar de las muchas explicaciones propuestas, aún no hay consenso sobre la causa de la pausa.[242]

El gran fenómeno de El Niño de 2015-16 marcó el final de la pausa en el calentamiento global observada entre 1998 y 2014. Posteriormente, se introdujeron cambios en varios registros de temperatura, transformando la pausa en un periodo de calentamiento global continuado en los datos de temperatura superficial. Aunque algunos científicos defendieron en 2016 que la pausa era real, ya no se menciona en las publicaciones.[243] Como resultado, el concepto de pausa en el calentamiento global ya no se reconoce en la corriente principal de la ciencia climática.

Sin embargo, la pausa en el calentamiento global fue solo uno de los efectos de un importante desplazamiento climático que se produjo en 1997. No obstante, los climatólogos aún no han explicado o reconocido plenamente muchos de estos otros efectos porque no responden a sus expectativas.

---

[241] Carter, R.M., There IS a problem with global warming... it stopped in 1998. The Telegraph, 09 April 2006.

[242] Springer Nature (2014) Focus: Recent slowdown in global warming. www.nature.com/collections/sthnxgntvp

[243] Fyfe, J.C., et al., 2016. Nat. Clim. Change, 6 (3), pp.224–228. doi.org/10.1038/nclimate2938

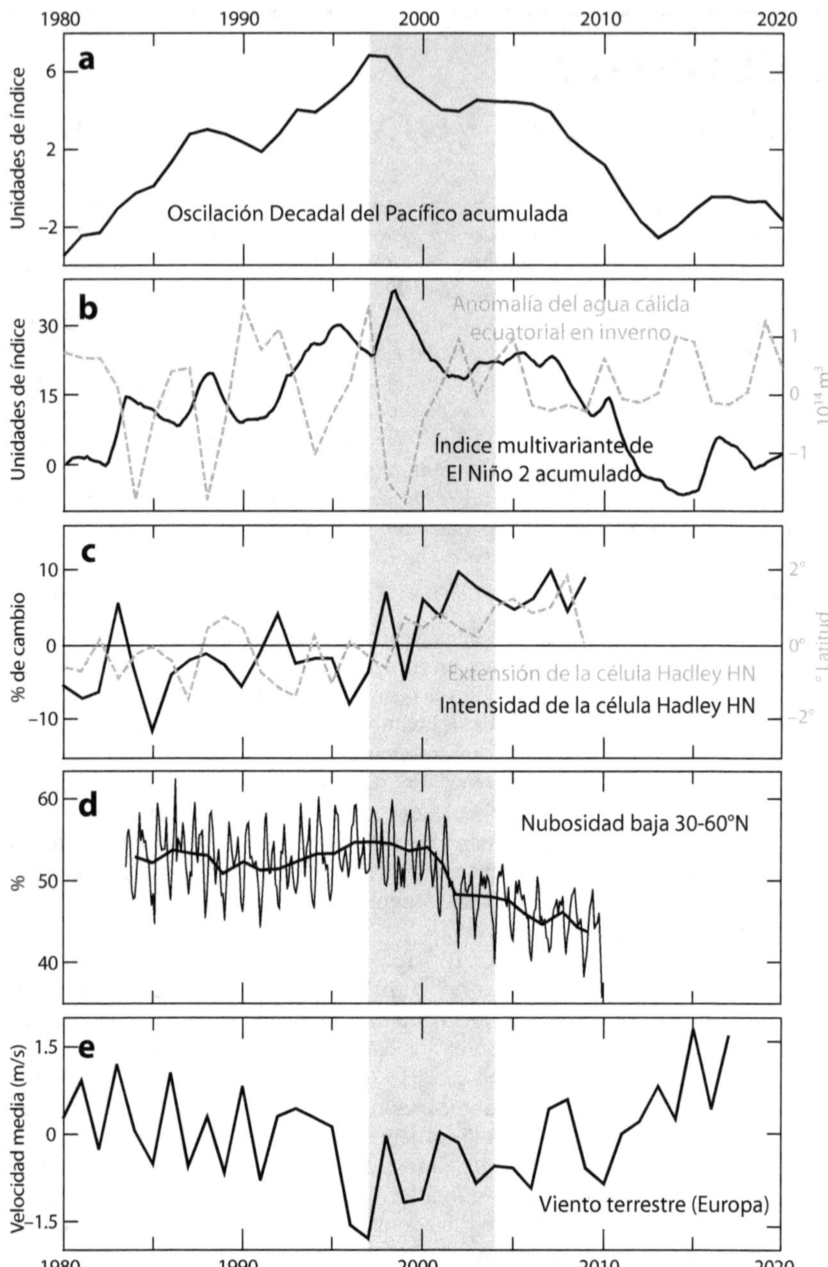

Figura 51. Algunos cambios en el momento del desplazamiento climático de 1997. La barra gris vertical marca el intervalo 1997-2004, cuando se produjeron la mayoría de los cambios abruptos observados.

Cambios en todas partes

Al igual que el desplazamiento climático de 1976, el de 1997 provocó un cambio de fase en la Oscilación Decadal del Pacífico, pero con un signo diferente. El cambio es más evidente en el valor acumulado de su índice (fig. 51a), donde se observa un pico cuando las anomalías frías de la temperatura superficial del Pacífico se hacen más frecuentes que las anomalías cálidas a partir de 1997.[244] Los investigadores advirtieron el cambio de la Oscilación Decadal del Pacífico a partir de 1997, aunque presentaba algunas diferencias con respecto al cambio de 1976 y no se trataba simplemente de una inversión.[245]

Dado que la Oscilación Decadal del Pacífico funciona de forma similar a un patrón de larga duración de El Niño, podemos observar tendencias similares en el Índice Multivariante de El Niño acumulado (fig. 51b, curva negra).[246] El índice muestra que tras El Niño de 1997-98 se produjo un aumento de los episodios de La Niña, tendencia que se ha mantenido hasta principios de la década de 2020.

El carácter de los episodios de El Niño también ha cambiado, con un aumento de la frecuencia de los episodios de El Niño en el Pacífico Central y una disminución de los episodios de El Niño en el Pacífico Oriental. Estos cambios son evidentes en las regiones oceánicas del Pacífico ecuatorial, donde el volumen de agua por encima de 300 m de profundidad con temperaturas superiores a 20 °C mostró un cambio notable. Después de 1998, dejaron de observarse las frecuentes anomalías negativas asociadas a los fenómenos de El Niño en el Pacífico oriental, que reducían significativamente el volumen de agua cálida (fig. 51b, línea de trazos gris).[247] Estos resultados indican que no sólo ha cambiado la frecuencia de los fenómenos de El Niño, sino también su carácter.

El desplazamiento climático de 1997 tuvo un impacto global en la circulación atmosférica que se extendió más allá del Pacífico. Las células de Hadley, responsables de los patrones meteorológicos en los trópicos, se intensificaron y expandieron (fig. 51c).[248] La expansión de las células de Hadley provocó un desplazamiento hacia el polo del chorro subtropical, causando cambios en los patrones de precipitación y en la circulación atmosférica.

Los cambios en la circulación también han afectado a la nubosidad. En particular, la nubosidad baja en las regiones extratropicales del hemisferio norte disminuyó notablemente después del año 2000 (fig. 51d).[249] Sin embargo, es difícil determinar el efecto de esta disminución en los flujos radiativos porque las tendencias de la nubosidad pueden variar con la altitud, el hemisferio y la región, y estas variaciones pueden contrarrestar los efectos de los cambios.

---

[244] Datos anuales de la Oscilación Decadal del Pacífico ERSST v5 de NOAA, sus valores acumulados se destendenciaron.

[245] Litzow, M.A., 2006. ICES J. Mar. Sci. 63 (8), pp.1386–1396.
doi.org/10.1016/j.icesjms.2006.06.003

[246] Multivariate ENSO Index v2 datos de NOAA.

[247] Datos de la Oficina de Proyectos TAO de NOAA.

[248] Nguyen, H., et al., 2013. J. Clim. 26 (10), pp.3357–3376.
doi.org/10.1175/JCLI-D-12-00224.1

[249] Datos de EUMETSAT CM SAF dataset. Dübal, H.R. & Vahrenholt, F., 2021. Atmosphere, 12 (10), p.1297. doi.org/10.3390/atmos12101297

Los cambios en la velocidad del viento pueden ser responsables de los cambios observados en la cobertura de nubes. A finales del siglo XX, los vientos sobre tierra llevaban décadas ralentizándose, lo que suscitaba preocupación sobre la futura producción de energía eólica (fig. 51e). Mientras tanto, los vientos oceánicos aumentaban su velocidad. Sin embargo, tras el desplazamiento climático de 1997, los vientos terrestres y oceánicos invirtieron sus tendencias, y los vientos terrestres empezaron a aumentar su velocidad de nuevo, aliviando las preocupaciones.[250] Aún así, los científicos siguen desconcertados por estos cambios. La tendencia inicial y la inversión posterior fueron sorprendentes y no pueden explicarse como una simple respuesta al aumento del CO_2.

De forma similar al desplazamiento climático de 1976, los cambios durante el desplazamiento de 1997 afectaron al momento angular atmosférico. Después de 1997, se produjo una disminución del momento similar en magnitud al aumento posterior a 1976. Como resultado, la Tierra aceleró su rotación entre 1998 y 2004, acortando la duración del día en dos milisegundos.

A diferencia del desplazamiento climático de 1976, el de 1997 no fue tan repentino. Algunos cambios se produjeron a lo largo de siete años entre 1997 y 2004, mientras que otros tardaron aún más. Además, algunas variables climáticas afectadas por el desplazamiento de 1976 no se vieron afectadas en 1997.

Mientras que los cambios analizados hasta ahora son difíciles de explicar en términos de cambio climático antrópico, los cambios observados en la estratosfera son aún más problemáticos. Quizás sorprendentemente, la estratosfera respondió con fuerza al desplazamiento climático de 1997, subrayando la naturaleza global de estos cambios.

Cambios estratosféricos difíciles de explicar

Tras el desplazamiento climático de 1997, el cambio más llamativo se observó en la estratosfera. La tendencia al enfriamiento observada desde el inicio del registro por satélite en 1979 se debilitó considerablemente e incluso se detuvo por completo en la estratosfera inferior (fig. 52a y b).[251] El enfriamiento de la estratosfera se atribuye al aumento de los niveles de CO_2 y vapor de agua causado por el efecto invernadero potenciado y se considera una de las huellas del cambio climático inducido por la humanidad. Algunos han argumentado que este enfriamiento es una prueba de que el calentamiento no está causado por el aumento de la actividad solar, ya que dicha actividad debería tener un efecto de calentamiento en la estratosfera. Sin embargo, este argumento ignora los cambios dinámicos que la actividad solar puede provocar en la estratosfera.

Los modelos climáticos han sido incapaces de reproducir los cambios observados en la estratosfera en las condiciones actuales. Estos modelos predecían que la tendencia al enfriamiento continuaría, por lo que los cambios inesperados han desconcertado a los científicos, que consideran el fenómeno un misterio.[252] Algunos científicos han sugerido que los cambios podrían deberse a la recuperación del ozono, lo que provocaría un calentamiento de la

---

[250] Zeng, Z., et al., 2019. Nat. Clim. Change, 9 (12), pp.979–985.
doi.org/10.1038/s41558-019-0622-6

[251] Seidel, D.J., et al., 2016. J. Geophys. Res. Atmos. 121 (2), pp.664–681.
doi.org/10.1002/2015JD024039

[252] Thompson, D.W., et al., 2012. Nature, 491 (7426), pp.692–697.
doi.org/10.1038/nature11579

estratosfera.[253] Sin embargo, este argumento no explica el claro punto de ruptura en la tendencia de la temperatura observado en 1997 ni otros cambios repentinos observados en la estratosfera en ese momento y poco después.

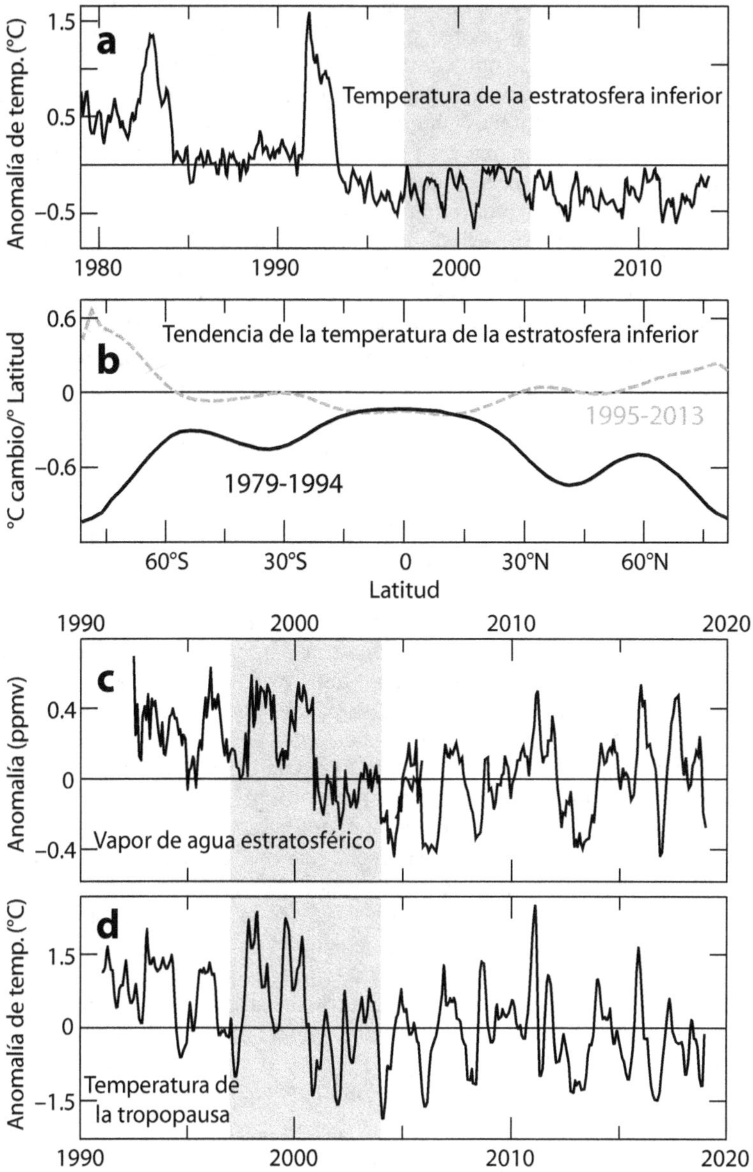

Figura 52. Cambios en la estratosfera tras el desplazamiento climático de 1997. Los fuertes picos de calentamiento de la temperatura estratosférica visibles en el panel superior corresponden a erupciones volcánicas.

[253] Maycock, A.C., et al., 2018. Geophys. Res. Lett. 45 (18), pp.9919–9933. doi.org/10.1029/2018GL078035

La circulación de Brewer-Dobson es responsable del lento transporte del aire estratosférico hacia los polos. Por ello, los cambios en la circulación pueden tardar varios años en hacerse patentes en las distintas regiones de la estratosfera. En 2001, se observó un descenso inesperado del contenido de vapor de agua estratosférico, cuyos valores disminuyeron un 10% (fig. 52c).[254] Esto contradice la suposición de que el aumento de los niveles de CO_2 debería provocar un aumento del vapor de agua estratosférico. Aunque el vapor de agua estratosférico es mucho menos abundante que su homólogo troposférico, sus emisiones radiativas tienen una gran influencia en el efecto invernadero porque a esta altitud no están enmascaradas. El enfriamiento de la estratosfera por el vapor de agua debería provocar un calentamiento de la superficie, como se explica en el capítulo 7. Se estima que la disminución del 10% del vapor de agua estratosférico observada en 2001 redujo el efecto de calentamiento del CO_2 en un 25% durante la década siguiente.[255] El aumento del 13% del vapor de agua estratosférico como consecuencia de la erupción del Hunga Tonga en 2022 (cap. 24) debería tener un efecto de calentamiento significativo sobre la temperatura global de la superficie, aunque debería desaparecer en pocos años.

¿Cuál es la causa de la disminución del vapor de agua? La mayor parte del vapor de agua entra en la estratosfera a través del punto frío tropical de la tropopausa, donde la circulación de Brewer-Dobson actúa como una bomba que succiona aire de la troposfera. El enfriamiento radiativo y el enfriamiento por expansión del aire provocan una liofilización muy eficaz, eliminando la mayor parte de su contenido en agua al entrar en la estratosfera. La disminución del vapor de agua estratosférico en 2001 fue consistente con un enfriamiento abrupto simultáneo de aproximadamente 1 °C en el punto frío tropical de la tropopausa (fig. 52d). Estos acontecimientos se han explicado como un aumento repentino de la fuerza de la circulación de Brewer-Dobson, ya que éste es el efecto que resultaría de un aumento de su acción de bombeo.[256] Esta explicación se ve apoyada por las pruebas de los cambios en el ozono y la actividad de las ondas planetarias, que indican que la circulación de Brewer-Dobson experimentó un aumento significativo a principios de siglo.

Un hallazgo interesante, muy relevante para la tesis de este libro, es que los cambios en la actividad solar pueden afectar al vapor de agua en la estratosfera inferior.[257] La explicación más sencilla de este efecto es que la actividad solar regula la fuerza de la circulación de Brewer-Dobson. Esta regulación está respaldada por la información presentada en los capítulos 28 y 29, que aporta pruebas a favor de la hipótesis que se discute en la sección 11. Además, si comparamos la tendencia de la temperatura de la estratosfera inferior entre 1979 y 1995, caracterizada por una actividad solar superior a la media, como se muestra en la figura 52b con una línea negra, con el efecto de un máximo de ciclo solar sobre las temperaturas de la estratosfera inferior por latitud a 20 km

---

[254] Datos de las figuras 52c y d, de Randel, W. & Park, M., 2019. J. Geophys. Res. Atmos. 124 (13), pp.7018–7033. doi.org/10.1029/2019JD030648

[255] Solomon, S. et al., 2010. Science, 327 (5970), pp.1219–1223. doi.org/10.1126/science.1182488

[256] Randel, W.J., et al., 2006. J. Geophys. Res. Atmos. 111, D12312. doi.org/10.1029/2005JD006744

[257] Schieferdecker, T., et al., 2015. Atmos. Chem. Phys. 15 (17), pp.9851–9863. doi.org/10.5194/acp-15-9851-2015

de altura, como se muestra en la figura 45 (cap. 28) con una línea de trazos gris, observamos una notable similitud, especialmente en el hemisferio norte. Esta similitud puede implicar que la actividad solar desempeña un papel en las importantes tendencias de la temperatura estratosférica.

Todos los cambios en la estratosfera a partir del desplazamiento de 1997 son coherentes con un aumento del transporte de calor en la estratosfera hacia el polo por la circulación meridional de Brewer-Dobson. Los cambios en la tendencia de la temperatura en la estratosfera inferior aumentan con la latitud y son mayores en los polos (fig. 52b), lo que sugiere un mayor transporte de calor y ozono a través de un vórtice debilitado. Sin embargo, los científicos desconocen la razón de estos cambios y de su temporalidad. Los modelos climáticos no ayudan a comprender el transporte de calor hacia los polos, y sus simulaciones pueden confundir a los científicos sobre la naturaleza de los cambios.

¿Cómo es posible que esto haya pasado desapercibido?

En este capítulo, sólo hemos arañado la superficie de la gran cantidad de pruebas de un importante desplazamiento climático en 1997. En el próximo capítulo examinaremos las pruebas de los cambios que se produjeron en el Ártico tras ese cambio. Lo que resulta desconcertante es que los científicos no reconozcan este importante desplazamiento climático como un fenómeno global que ha afectado a muchas zonas del sistema atmósfera-océano en un corto periodo de tiempo. Cuando es posible, atribuyen los cambios al creciente impacto de las actividades humanas sobre el clima. Alternativamente, se buscan explicaciones específicas para cada cambio en lugar de una común. La incapacidad para vincular los cambios es preocupante.

El hecho de que la mayoría de los climatólogos no se hayan percatado de un cambio tan abrupto es increíble, dada la atención que se presta al clima. Demuestra que cuando la creencia generalizada en una hipótesis científica va acompañada de la desaprobación de quienes buscan explicaciones alternativas, el método científico se desvanece.

En resumen

Los cambios que se produjeron tras el desplazamiento climático de 1997 fueron sustanciales y de carácter global, afectando incluso a la estratosfera. El Océano Pacífico, la tendencia de la temperatura de la superficie y la tendencia de la temperatura estratosférica inferior experimentaron los efectos más fuertes. Si se consideran todos estos cambios abruptos como parte de un único fenómeno, parece probable que se produjera un cambio en el sistema global de transporte de calor, que dio lugar a un aumento brusco de la magnitud del transporte hacia los polos. Sin embargo, a pesar de la magnitud de estos cambios, los científicos y los modelos climáticos no pueden explicar su causa como resultado del aumento del CO_2 atmosférico. En consecuencia, este desplazamiento climático ha pasado desapercibido y está siendo ignorado.

Capítulo 34
El Calentamiento del Ártico no Es una Amplificación

Hace cien años, el Ártico experimentó un periodo de intenso calentamiento. Desde 1997 se ha producido un fenómeno similar, pero esta vez los científicos tienen una explicación diferente. Los modelos climáticos sugieren que el aumento de los niveles de CO_2 amplifica el efecto de calentamiento en el Ártico. Sin embargo, esta amplificación del Ártico no se observó durante las dos décadas de calentamiento global de 1976 a 1997. En cambio, el calentamiento del Ártico en el siglo XXI se ha producido sobre todo en invierno. Se debe principalmente a un aumento del transporte de calor hacia la región y no a un cambio en la retroalimentación hielo-albedo. El calentamiento del Ártico se ha utilizado para enmascarar el hecho de que el resto del planeta se está calentando más lentamente que antes.

El calentamiento del Ártico, una consecuencia del desplazamiento de 1997

El capítulo 11 nos mostró que la circulación atmosférica y el transporte de calor hacia los polos son mucho más robustos en el hemisferio que está en invierno. Además, el vórtice polar restringe el transporte de calor a las regiones polares durante esta estación. En el capítulo 16, descubrimos que la actividad de las ondas atmosféricas aumenta durante los inviernos del hemisferio norte. Esta actividad debilita el vórtice polar, creando patrones de bloqueo en la corriente en chorro que redirigen las tormentas hacia el Ártico. Estas tormentas son la principal fuente de calor durante el invierno ártico.

El concepto de "amplificación polar" surgió de los primeros modelos climáticos en 1975. Se refiere al mayor aumento de la temperatura de superficie en latitudes más altas, que en los modelos estaba causado inicialmente por el retroceso de los límites de la nieve y la menor estabilidad térmica troposférica, que limitaba el calentamiento convectivo.[258] Con el tiempo, el término se cambió a "amplificación ártica" porque quedó claro que la Antártida, salvo la pequeña península, no se estaba calentando.

Como se muestra en el capítulo 9 (fig. 13), es evidente que a medida que el planeta se calienta a lo largo de millones de años, los trópicos experimentan un calentamiento mínimo. Sin embargo, el calentamiento aumenta a medida que nos acercamos a los polos. Por ejemplo, durante el Eoceno inferior, hace 50 millones de años, las regiones polares presentaban condiciones tropicales (fig. 32, cap. 20), mientras que los trópicos no eran mucho más cálidos que en la actualidad. En el largo plazo, las pruebas apoyan el concepto de amplificación polar.

---

[258] Manabe, S. & Wetherald, R.T., 1975. J. Atmos. Sci. 32 (1), pp.3–15.
doi.org/10.1175/1520-0469(1975)032<0003:TEODTC>2.0.CO;2

Hace aproximadamente un siglo, el Ártico experimentó un intenso calentamiento que fue bien documentado por los científicos y los periódicos de la época (fig. 53 superior). Este calentamiento del Ártico de principios del siglo XX es conocido por los científicos actuales (fig. 53 inferior).[259] Pero ellos no tienen una explicación clara. En aquella época, las emisiones humanas eran mucho menores y no podían haber causado un efecto de calentamiento tan fuerte. Además, la actividad solar era baja en los años veinte. Todo esto sugiere que no entendemos bien por qué se está calentando el Ártico.

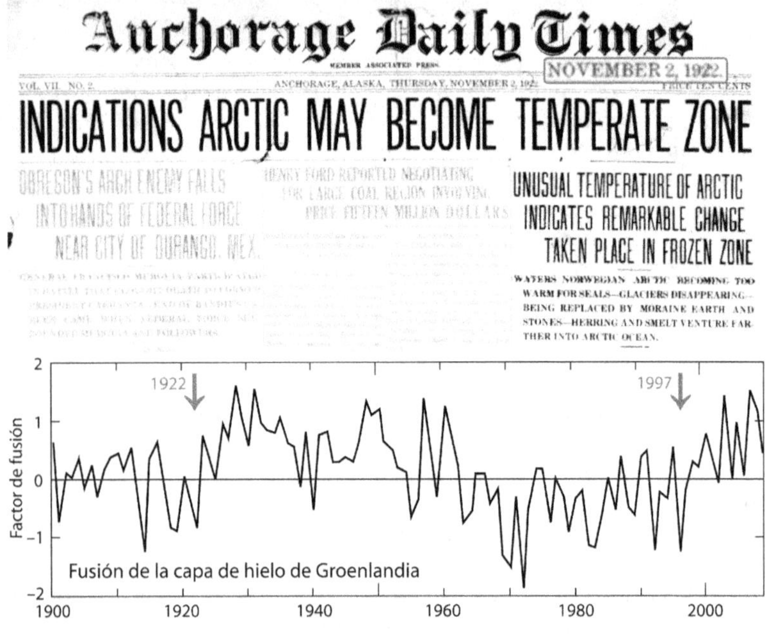

Figura 53. Calentamiento del Ártico a principios del siglo XX. Se publicó en los periódicos en 1922 y puede verse en datos de estudios recientes. El periódico dice: "Indicios de que el Ártico puede convertirse en zona templada".

Es bastante sorprendente que en 1995 se hubiera producido muy poca amplificación del Ártico, teniendo en cuenta todo el calentamiento global que tuvo lugar desde finales de los años 70 hasta principios de los 90. Aunque ahora tendemos a pensar que la amplificación del Ártico es una consecuencia natural del calentamiento global, las pruebas sugieren lo contrario. De hecho, es posible que se produzcan de forma independiente, aunque los modelos climáticos sugieren que la amplificación del Ártico es un efecto no retardado del calentamiento global. Ya en 1996, los expertos del Ártico afirmaban que *"la relativa falta de calentamiento observada y el retroceso relativamente pequeño del hielo pueden indicar que [los modelos climáticos] están exagerando la sensibilidad del clima a los procesos de latitudes altas"*.[260]

---

[259] Frauenfeld, O.W., et al., 2011. J. Geophys. Res. Atmos. 116, p.D08104.
   doi.org/10.1029/2010JD014918

[260] Curry, J.A., et al., 1996. J. Clim. 9 (8), pp.1731–1764.
   doi.org/10.1175/1520-0442(1996)009<1731:OOACAR>2.0.CO;2

En 1997, mientras el resto del planeta experimentaba una ralentización del calentamiento global, el Ártico empezó a calentarse a un ritmo mucho más rápido. Los científicos vieron con alivio el inicio de la amplificación del Ártico y se apresuraron a atribuirlo a las emisiones humanas de CO_2. Sin embargo, el impacto climático del desplazamiento de 1997 en el Ártico fue repentino y abrupto, típico de los cambios naturales, en lugar de la esperada respuesta gradual al aumento continuado de los niveles de CO_2.

Recuadro 24. Cómo solucionar la Pausa

El inicio del calentamiento del Ártico y la Pausa del calentamiento global (cap. 33) se produjeron simultáneamente a raíz del desplazamiento climático de 1997. Esto brindó la oportunidad de compensar la falta de calentamiento en otras regiones del mundo en los registros de temperatura mediante la inclusión de un mayor calentamiento del Ártico, que anteriormente había estado infrarrepresentado debido al limitado número de mediciones disponibles.

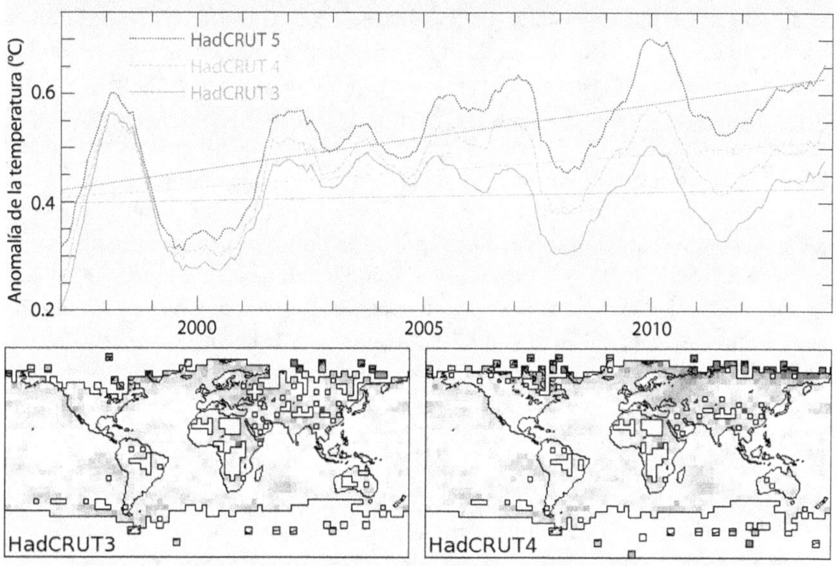

Figura R24. Eliminación de la Pausa en los registros HadCRUT.

El registro de datos de temperatura HadCRUT3 del Centro Hadley de la Oficina Meteorológica del Reino Unido fue sustituido en 2012 por la versión 4, que convirtió la Pausa en un periodo de calentamiento al incluir estaciones adicionales de las latitudes altas del hemisferio norte, que era la única región que experimentaba un calentamiento en aquel momento (fig. R24). En 2021, la actualización a HadCRUT5 eliminó la Pausa al revisar el método utilizado para contabilizar el calentamiento del Ártico en grandes áreas que carecían de observaciones. Los autores declararon que *"el aumento del calentamiento es el resultado de una mejor representación del calentamiento del Ártico"*, y las revisiones pusieron a HadCRUT en consonancia con otros registros de temperatura global en superficie.[261] Parece que si todo el mundo lo hace…

Cambiar la forma de representar el calentamiento del Ártico está justificado por razones geográficas. Sin embargo, es problemático porque convierte el registro de temperaturas en una mezcla de manzanas y naranjas. Las regiones polares son únicas en el sentido de que su atmósfera se vuelve extremadamente seca en invierno (véase el recuadro 4, cap. 7). La humedad limita los cambios de temperatura porque el vapor de agua libera calor latente cuando el aire se enfría y lo absorbe cuando se calienta. Con poco vapor de agua, incluso una pequeña cantidad de energía puede provocar grandes cambios en la temperatura del aire. Una sola tormenta invernal puede elevar la temperatura del Ártico en 20 °C durante más de una semana (fig. R13, cap. 16). El uso de anomalías de temperatura agrava este problema porque las anomalías del Ártico son enormes, por lo que el efecto del calentamiento del Ártico sobre la media mundial se magnifica enormemente, dando lugar a un resultado poco realista. Nos lleva a creer que el planeta se está calentando significativamente cuando, en realidad, está transfiriendo una pequeña fracción de su energía al Ártico durante el invierno. Tras influir en las lecturas de los termómetros, esta energía abandona el planeta por enfriamiento radiativo.

Los cambios introducidos en los conjuntos de datos de temperatura son inadecuados, como demuestra el hecho de que, antes de estas revisiones, las tendencias de las temperaturas de la superficie y de la baja estratosfera eran opuestas. El enfriamiento estratosférico a medida que se calienta la superficie es importante porque es el comportamiento esperado del calentamiento por efecto invernadero. Sin embargo, desde 1997, la estratosfera inferior ha dejado de enfriarse (cap. 33). Con los cambios en los conjuntos de datos, el registro de la temperatura de la superficie muestra ahora un calentamiento. Esto plantea un problema: no se pueden tener las dos cosas. O bien hay poco calentamiento en superficie y la conexión física entre la superficie y la estratosfera permanece intacta, o bien el calentamiento en superficie es mayor y la conexión física se rompe. Elegir esta última opción requiere una explicación artificiosa de por qué la estratosfera inferior no se enfría como debería.

Otro problema de los cambios introducidos en los conjuntos de datos de temperatura es que muestran que el Ártico contribuye más al calentamiento en el siglo XXI, aunque el planeta se esté calentando a la misma velocidad. Dada la aceleración de la tasa de aumento de los niveles de CO_2, esto contradice la hipótesis del efecto reforzado del CO_2, ya que el planeta debería estar aumentando su velocidad de calentamiento (cap. 46).

Además, si los cambios hubieran enfriado el registro en lugar de calentarlo, es muy probable que no se hubieran introducido. Esto ilustra el sesgo científico que, por desgracia, se ha impuesto en la climatología.

---

[261] Morice, C.P., et al., 2021. J. Geophys. Res. Atmos. 126 (3), p.e2019JD032361. doi.org/10.1029/2019JD032361

El calentamiento del Ártico es el resultado de un cambio en el transporte de calor en invierno

Después de 1997, se produjo un gran aumento de las temperaturas invernales en el Ártico central, pero las temperaturas estivales permanecieron invariables (fig. 54a).[262] Esto se debe a que el calor estival se utiliza principalmente para fundir el hielo una vez que la temperatura supera el punto de fusión. Como consecuencia, la extensión del hielo marino estival en el Ártico disminuyó bruscamente a partir de 1997, lo que hace temer un Ártico sin hielo en un futuro próximo (fig. 54b).[263] También se produjo un aumento del deshielo en Groenlandia, lo que incrementó el flujo de agua dulce hacia el océano Ártico y provocó un balance de masas del casquete de hielo más negativo (fig. 54c).[264] Sin embargo, la mayoría de las tendencias abruptas del Ártico se han estabilizado un poco después de los primeros años, para disgusto de quienes predijeron una rápida desaparición del hielo marino ártico.

Durante el invierno polar, el Ártico experimenta una oscuridad casi total durante varios meses, lo que significa que no se produce calor. Cualquier calor presente en otoño no persiste durante el invierno debido al fuerte enfriamiento radiativo. Como se explica en el capítulo 7, el efecto invernadero es débil en las regiones polares en invierno. Cuando el gradiente térmico vertical se vuelve negativo debido a una inversión de temperatura, puede incluso tener un efecto de enfriamiento, como se observa en la estratosfera. Por lo tanto, está claro que el calentamiento invernal en el Ártico procede de latitudes más bajas, y es necesario un aumento del transporte de calor hacia los polos para que el Ártico muestre un mayor calentamiento invernal.

Los estudios han encontrado evidencias de un aumento del transporte de calor hacia el Ártico tras el desplazamiento climático de 1997. Esto se debe a los fenómenos de bloqueo atmosférico, que detienen temporalmente la circulación zonal y envían tormentas hacia el Ártico. Desde el año 2000, la frecuencia de estos fenómenos de bloqueo ha aumentado considerablemente (fig. 54d).[265] Además, el transporte de calor invernal a escala planetaria hacia el Ártico también ha aumentado desde 2000 (fig. 54e).[266] El transporte de calor por el océano hacia el Ártico también ha aumentado desde 1997 (fig. 27, cap. 17). La disminución del albedo puede haber amplificado el calentamiento del Ártico, pero el albedo no importa en invierno, cuando no hay luz solar en el Ártico. En general, parece claro que el reciente calentamiento del Ártico se debe a un cambio en el transporte.

---

[262] Datos del Instituto Meteorológico Danés.

[263] Datos del National Snow & Ice Data Center.

[264] Datos de Dukhovskoy, D.S.,et al., 2019. J. Geophys. Res. Oceans, 124 (5), pp.3333–3360. doi.org/10.1029/2018JC014686 Mouginot, J., et al., 2019. PNAS, 116 (19), pp.9239–9244. doi.org/10.1073/pnas.1904242116

[265] Datos de Lupo, A.R., 2021. Ann. N.Y. Acad. Sci. 1504 (1), pp.5–24. doi.org/10.1111/nyas.14557

[266] Datos de Rydsaa, J.H., et al., 2021. Q. J. R. Meteorol. Soc. 147 (737), pp.2281–2292. doi.org/10.1002/qj.4022

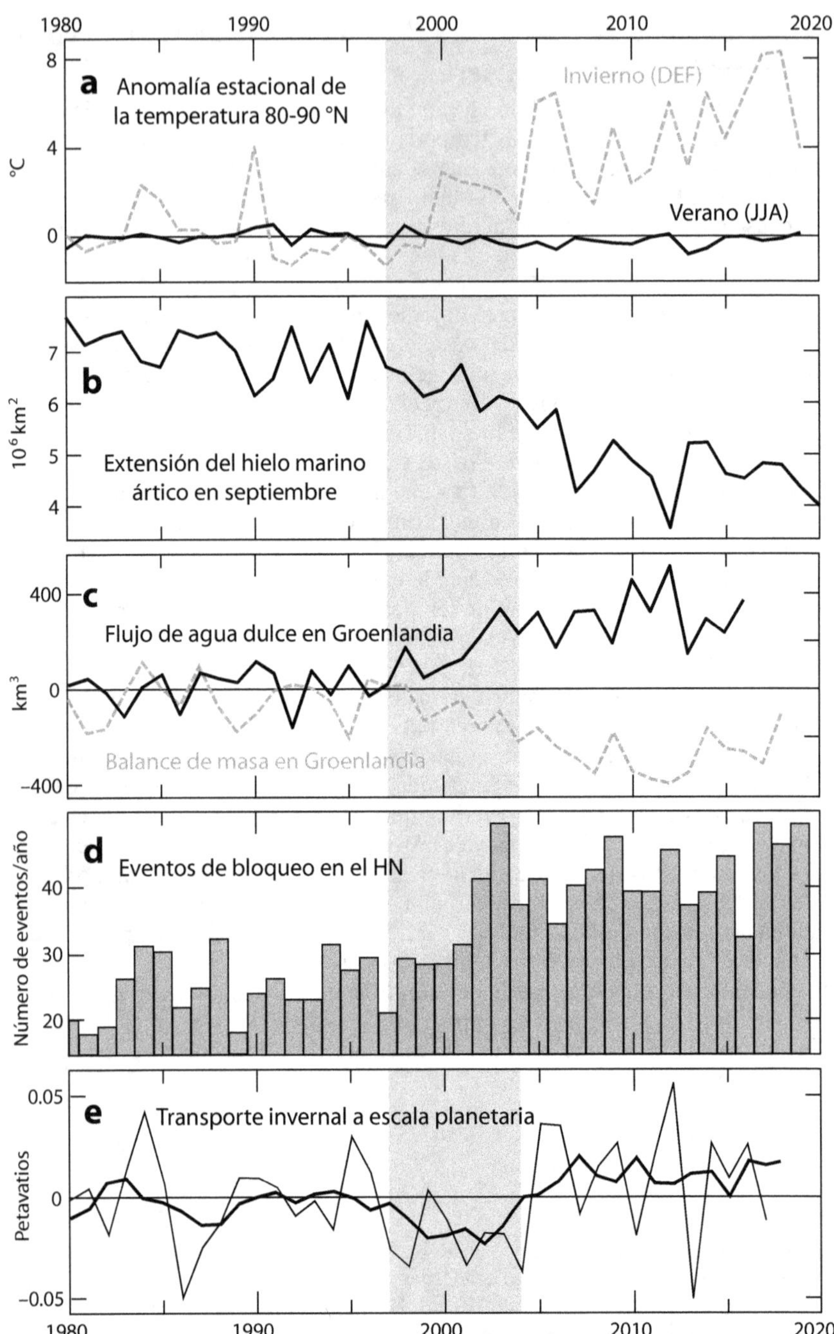

Figura 54. El Desplazamiento Ártico de 1997. La barra gris vertical marca el intervalo 1997-2004, cuando se produjeron la mayoría de los cambios abruptos observados.

En las últimas décadas, el Ártico se ha calentado más que el resto del planeta. Esto ha provocado una disminución de la diferencia de temperatura entre el ecuador y el Polo Norte, reduciendo el gradiente latitudinal de temperatura. Sin embargo, en lugar de una disminución del calor transportado a lo largo de este gradiente, se ha observado un aumento, contrariamente a lo esperado. Esta observación cuestiona la teoría predominante del transporte meridional, que propone que el transporte de calor está impulsado por la máxima producción de entropía (fig. 19, cap. 12). Por el contrario, demuestra que el transporte de calor puede aumentar incluso cuando el gradiente disminuye. Sugiere que un factor no identificado desempeña un papel importante en la determinación del transporte meridional de calor independientemente del gradiente de temperatura, lo que apoya la nueva hipótesis de cambio climático de este libro.

Regímenes climáticos y desplazamientos no reconocidos de origen desconocido

Las pruebas presentadas sobre el calentamiento del Ártico y anteriormente sobre el resto del planeta demuestran que los regímenes climáticos son estados distintos de la circulación atmosférica con diferentes niveles de transporte de calor hacia los polos. En lugar de cambiar gradualmente, estos regímenes pueden cambiar abruptamente de un estado a otro. Al igual que los períodos interglaciales varían y se producen a intervalos irregulares, estos regímenes climáticos multidecadales pueden ser imprevisibles y producirse a intervalos diferentes. Puede que no sigan el ciclo perfecto que cabría esperar.

El problema es que los desplazamientos climáticos abruptos descritos no forman parte de nuestra comprensión científica del cambio climático. No encajan con la idea de un clima cambiante que responde al aumento gradual de los niveles de CO_2. Además, muchos de los cambios originados por el desplazamiento climático de 1997 se han atribuido al aumento de las emisiones humanas. Como resultado, los desplazamientos y regímenes climáticos suelen recibir poca atención porque se consideran variabilidad no forzada o se ignoran por completo. Y lo que es más, los modelos climáticos no consiguen reproducir esos desplazamientos, lo que agrava el problema. La ciencia del clima depende en gran medida de estos modelos (tabla 2, cap. 50), por lo que no es una opción reconocer que puedan pasar por alto aspectos cruciales del clima.

La incapacidad para identificar con precisión los desplazamientos climáticos y los regímenes dificulta nuestra capacidad para estudiar sus causas y entenderlos como fenómenos globales y no regionales. Algunos científicos han propuesto que están relacionados con el caos sincronizado, pero esto no está ampliamente aceptado.[267] Como comentamos en el capítulo 19, existen pruebas de que las oscilaciones oceánicas tuvieron un periodo diferente durante la Pequeña Edad de Hielo. Por tanto, los regímenes climáticos están influidos por diferentes condiciones y factores que han cambiado con el tiempo. Esto significa que su papel en el calentamiento reciente no puede descartarse como un comportamiento cíclico que se equilibra con el tiempo.

---

[267] Tsonis, A.A., et al., 2007. Geophys. Res. Lett. 34, L13705.
doi.org/10.1029/2007GL030288

Recuadro 25. ¿Para cuándo el próximo desplazamiento climático?

Los científicos han identificado cuatro desplazamientos climáticos anteriores en el Océano Pacífico, que se produjeron en 1925, 1946, 1976 y 1997. Los intervalos variables entre estos cambios (20-30 años) hacen difícil predecir cuándo se producirá el siguiente.

El capítulo 18 trata del efecto de la actividad solar sobre El Niño-Oscilación del Sur, mientras que los capítulos 29 y 30 tratan de su efecto sobre las temperaturas estratosféricas polares en invierno y la rotación planetaria, respectivamente. Todos estos fenómenos están relacionados con el transporte de calor, por lo que consideré la posibilidad de que el forzamiento solar externo también pudiera desempeñar un papel en el desencadenamiento de los desplazamientos climáticos. Curiosamente, los cuatro desplazamientos climáticos identificados en el Océano Pacífico durante el siglo XX se produjeron entre 1 y 3 años después de un mínimo solar. Esto sugiere que los regímenes climáticos del siglo pasado han durado 2-3 ciclos solares.

En el capítulo 14 (recuadro 11), analizamos el efecto Holton-Tan, que vincula la fase de la Oscilación Cuasi-Bienal tropical con la fortaleza del vórtice polar a través de la propagación de ondas planetarias. Investigaciones recientes han demostrado que este efecto es más pronunciado durante los mínimos solares. Sin embargo, el efecto Holton-Tan se debilitó considerablemente durante el periodo de reducción del transporte polar entre 1976 y 1997, que analizaremos con más detalle en el capítulo 39. Esto sugiere que los acoplamientos estratosfera tropical-polar y estratosfera-troposfera son más fuertes durante los inviernos de mínimos solares, lo que los convierte en un momento apropiado para cambios coordinados en la intensidad del transporte hacia los polos.

Existe un mecanismo altamente especulativo que podría determinar el mínimo solar apropiado para un desplazamiento climático abrupto. Se trata de la frecuencia de 9,1 años de las oscilaciones multidecadales del Atlántico y el Pacífico, que según algunos científicos tiene su origen en las mareas lunisolares.[268]

La diferencia de frecuencia entre este ciclo lunisolar de mareas de 9,1 años y el ciclo solar de 11 años hace que pasen de estados correlacionados a anticorrelacionados, lo que podría dar lugar a interferencias constructivas y destructivas que coinciden con la periodicidad oceánica multidecadal. La figura R25b muestra las frecuencias cuasi-decenales del ciclo solar y la Oscilación Multidecadal Atlántica (AMO) y su correlación cambiante. La curva de correlación tiene una apariencia similar a la curva de la Oscilación Decadal del Pacífico.

Se podría especular que el cambio periódico en la intensidad del transporte que conduce a los desplazamientos climáticos observados podría estar causado por la interacción entre los efectos de las mareas oceánicas y atmosféricas sobre el componente troposférico del transporte meridional y los efectos del ciclo solar sobre

---

[268] Muller, R.A., et al., 2013. J. Geophys. Res. Atmos. 118, 5280–5286.
doi.org/10.1002/jgrd.50458

su componente estratosférico. Esta conjetura se apoya en la presencia de las frecuencias de 9 y 11 años en el análisis de Fourier de los datos diarios de la Oscilación del Atlántico Norte.[269]

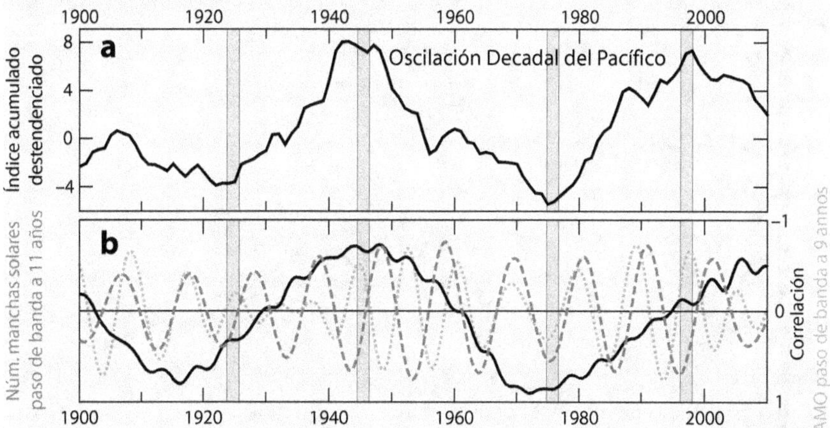

Figura R25. Conjetura sobre la determinación de los regímenes y cambios climáticos según los ciclos solares y lunares. a) Oscilación Decenal del Pacífico acumulada con los desplazamientos climáticos identificados marcados con barras grises. b) Filtrado por bandas de los datos de manchas solares (línea de trazos gris) y de la Oscilación Multidecadal del Atlántico (línea de puntos gris clara) mostrando sólo sus frecuencias de 11 y 9 años, respectivamente. La línea negra es la correlación (invertida) entre ambas frecuencias.

Según esta conjetura, si asumimos su validez y la ausencia de cualquier desplazamiento climático tras el final del ciclo solar 24, cabe esperar que el próximo desplazamiento climático se produzca en los tres años siguientes al final previsto del ciclo 25, lo que nos da una fecha comprendida entre 2031 y 2035. Este cambio podría reducir el transporte hacia los polos y provocar un enfriamiento del Ártico, contrariamente a nuestras expectativas actuales (fig. 93, cap. 51).

En resumen

El calentamiento del Ártico en el siglo XXI difiere de la amplificación ártica prevista por los modelos climáticos en respuesta al calentamiento global. Comenzó 20 años más tarde y fue causado por un desplazamiento climático en 1997 que aumentó el transporte de calor desde latitudes más bajas hacia el Ártico. Este cambio abrupto en el transporte de calor provocó tanto la Pausa en el calentamiento global como el calentamiento del Ártico. Sin embargo, los registros mundiales de temperatura superficial no han podido reflejar con exactitud estos cambios debido a los ajustes realizados en el peso relativo de las anomalías de temperatura del Ártico en la media mundial. El próximo cambio climático podría producirse entre 2031 y 2035 y, de ser así, podría reducir el calentamiento del Ártico a pesar de las expectativas contrarias.

[269] Alvarez-Ramirez, J., et al., 2011. Adv. Space Res. 47 (4), pp.748–756.
    doi.org/10.1016/j.asr.2010.09.030

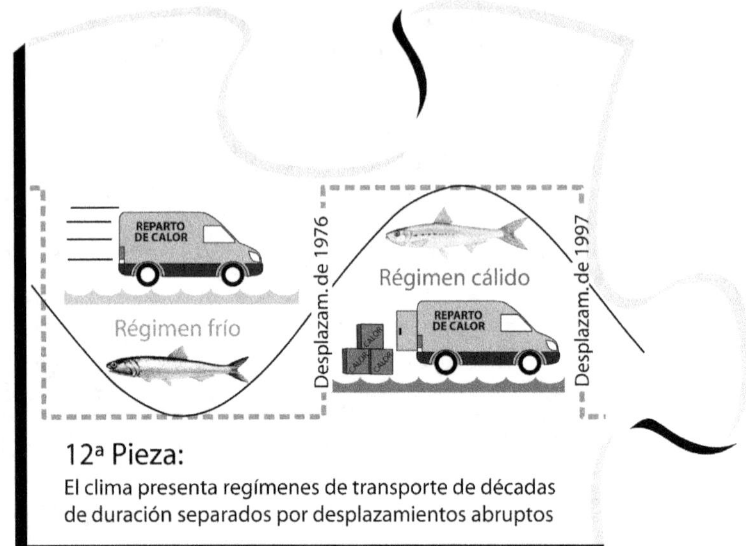

12ª Pieza:

El clima presenta regímenes de transporte de décadas de duración separados por desplazamientos abruptos

SECCIÓN 9 CUESTIONES CLAVE

El reciente calentamiento global comenzó en 1976 con un repentino desplazamiento climático en el océano Pacífico que aumentó la circulación atmosférica zonal y disminuyó el transporte de calor hacia los polos, afectando a la tendencia de la temperatura global. Como consecuencia, las oscilaciones oceánicas multidecadales pasaron de una fase fría, que había dado lugar al periodo de enfriamiento de 1945-1975, a una fase cálida.

El brusco desplazamiento climático de 1976 reveló la existencia de regímenes climáticos multidecadales separados por transiciones abruptas. Son el resultado de cambios en la circulación atmosférica mundial que establecen regímenes distintos de transporte de calor hacia los polos. Los modelos climáticos no pueden reproducir con precisión las oscilaciones de baja frecuencia y no reproducen los desplazamientos climáticos.

En 1997 se produjo un nuevo cambio que afectó a las temperaturas globales, a los patrones climáticos del Océano Pacífico y a la circulación atmosférica global. Provocó cambios en la extensión de los trópicos, la nubosidad, la velocidad del viento e incluso la velocidad de rotación de la Tierra. La estratosfera se vio especialmente afectada, cambiando sus tendencias de enfriamiento y vapor de agua, lo que indica un aumento del transporte de calor hacia los polos. El desplazamiento climático de 1997 sigue sin ser reconocido por la mayoría de los científicos.

Hace cien años, el Ártico experimentó un período inexplicable de intenso calentamiento. El desplazamiento climático de 1997 ha dado lugar a un nuevo periodo de intenso calentamiento del Ártico. Se ha producido principalmente en invierno. Se ha confundido con una amplificación del Ártico debida a la retroalimentación del aumento de CO_2, pero las pruebas apoyan que se debe principalmente al aumento del transporte de calor a la región.

Sección 10. La Necesidad de una Nueva Teoría

Capítulo 35
Explicar el Presente Oscurece el Pasado

La hipótesis del "efecto reforzado del CO$_2$" fue originalmente un intento fallido en el siglo XIX de explicar las glaciaciones por cambios en el CO$_2$. Hoy, la hipótesis propone que las emisiones humanas de gases de efecto invernadero que calientan y de aerosoles que enfrían, con una pequeña contribución de factores naturales, explican el cambio climático de las últimas décadas. Según la hipótesis, la mayor parte del calentamiento se debe a retroalimentaciones que responden al calentamiento causado por el aumento de CO$_2$. Esto hace que el clima sea muy sensible al calentamiento o enfriamiento de cualquier origen, ya que se produce casi el doble de calentamiento en respuesta al calentamiento inicial. Aunque la hipótesis explica bastante bien el calentamiento reciente desde 1976, no explica los cambios climáticos del pasado. El enfriamiento de mediados del siglo XX, el calentamiento de principios del XX, la Pequeña Edad de Hielo, la evolución de la temperatura en el Holoceno, los eventos climáticos abruptos durante el Holoceno y el Eoceno inferior de hace 50 millones de años siguen sin explicación. Por lo tanto, necesitamos una teoría del cambio climático que pueda explicar todos los cambios climáticos, no sólo algunos.

Sobre teorías e hipótesis

Una teoría científica es una explicación plausible basada en nuestro conocimiento científico actual, aunque todavía incompleto, del mundo físico. La aceptación de una teoría no la hace correcta, y su rechazo no la hace incorrecta. Por ejemplo, la teoría incorrecta de Bohr de que los electrones orbitan alrededor del núcleo de un átomo fue aceptada incluso por Einstein. En cambio, la teoría de Milankovitch, que explica el ciclo glacial mediante variaciones orbitales, fue rechazada inicialmente por la mayoría de los científicos durante décadas hasta que finalmente fue aceptada en 1976. Del mismo modo, la teoría de la evolución de Darwin cayó en desgracia a finales del siglo XIX antes de volver a ser popularizada por la síntesis moderna en la década de 1940. A medida que los conocimientos científicos se amplían con el tiempo, las teorías pueden modificarse o rechazarse. Aunque las ideas centrales de la teoría de la evolución de Darwin y la teoría orbital de Milankovitch siguen considerándose correctas, han sufrido cambios significativos con el paso del tiempo.

Las hipótesis científicas son proposiciones tentativas basadas en observaciones y respaldadas por evidencias. El trabajo diario de un científico experimental (como yo) consiste en hacer observaciones, elaborar hipótesis que se ajusten a las pruebas y diseñar ensayos inteligentes que revelen si la hipótesis es errónea o la apoyen. Como la realidad es increíblemente compleja y nuestras mentes son limitadas, la mayoría de las hipótesis son erróneas. Como dijo Thomas Henry Huxley en 1870, la gran tragedia de la ciencia, "el asesinato de una bella hipótesis por un feo hecho", se representa constantemente ante los ojos de los científicos. Sin embargo, si una hipótesis no es refutada por nuevas pruebas, con el tiempo puede incorporarse a teorías más amplias o convertirse en una teoría por derecho propio.

Los resultados de los modelos climáticos no son pruebas

La climatología no es una ciencia experimental, lo que dificulta la comprobación de las hipótesis. Sin experimentación, las hipótesis sólo pueden ponerse a prueba con evidencias de las que no se disponía cuando se propusieron. A veces se pueden encontrar nuevas evidencias que apoyen o contradigan una hipótesis, como los núcleos bentónicos que apoyaron la teoría de Milankovitch en 1976, haciendo que las hipótesis alternativas sean muy poco probables. Sin embargo, este proceso puede ser lento e incierto. Por ello, los climatólogos han desarrollado modelos informáticos que incorporan gran parte de lo que se sabe sobre el clima. Utilizan estos modelos para poner a prueba sus hipótesis.

Hablaremos de los modelos climáticos en la sección 15, pero es importante señalar que son un producto de la mente humana y que, a pesar de su complejidad, están sujetos a las limitaciones del entendimiento humano. Los modelos climáticos no reflejan la realidad, por lo que no constituyen evidencia científica. Esto es algo que los científicos del clima pueden olvidar y merece la pena repetirlo. <u>Los resultados de los modelos climáticos no son evidencias científicas</u>. Los resultados de los modelos climáticos son sólo un apoyo teórico dentro del marco teórico utilizado para construir el programa. Los modelos climáticos nunca darán una respuesta que requiera algo que no esté en su código. Por lo tanto, son razonamientos circulares y no prueban nada, salvo su coherencia interna.

La hipótesis del efecto reforzado del CO_2

Es una hipótesis proponer que las emisiones humanas de aerosoles que enfrían y gases de efecto invernadero que calientan, con una pequeña contribución de factores naturales, pueden explicar los cambios climáticos observados en las últimas décadas. En esta hipótesis, la causa principal del cambio climático es la variación de los niveles de CO_2, y se cree que la mayor parte del efecto procede de retroalimentaciones climáticas que no pueden medirse. Por tanto, es correcto referirse a ella como la "hipótesis del efecto reforzado del CO_2".

En cierto sentido, ésta es la única hipótesis climática que se está probando experimentalmente. Como señalaron en 1957 dos destacados climatólogos: *"Los seres humanos están llevando a cabo ahora un experimento geofísico a gran escala de un tipo que no podría haber ocurrido en el pasado ni reproducirse en el futuro"*.[270] Aunque los resultados de este experimento determinarán en última instancia si la hipótesis es correcta, no podemos permitirnos esperar décadas o siglos para averiguarlo, sobre todo porque la hipótesis ha recibido una gran atención y está dando lugar a importantes cambios sociales y de nuestro sistema energético basados en la suposición de que es correcta. Por lo tanto, es esencial poner a prueba la hipótesis con nuevas pruebas disponibles que no se utilizaron para construirla.

Los capítulos 7 y 8 explican la diferencia entre la hipótesis del efecto reforzado del CO_2 y la teoría del efecto invernadero. Estos dos conceptos suelen

---

[270] Revelle, R. & Suess, H.E., 1957. Tellus, 9 (1), pp.18–27.
doi.org/10.3402/tellusa.v9i1.9075

utilizarse indistintamente por error. La teoría del efecto invernadero se basa en la idea de que un aumento de los niveles de gases de efecto invernadero hará que la atmósfera se vuelva más opaca a la radiación infrarroja, lo que provocará un cierto calentamiento de la superficie. Sin embargo, la teoría no especifica cuánto calentamiento se producirá, ya que esto depende de varios factores dentro del sistema climático que aún no se comprenden del todo. La teoría del efecto invernadero es ampliamente aceptada por la comunidad científica, incluidos los escépticos ante la hipótesis del efecto reforzado del CO_2.

La hipótesis del efecto reforzado del CO_2 es una extensión de la teoría del efecto invernadero. Propone que los cambios en el CO_2 atmosférico han sido la causa principal del cambio climático en todas las épocas geológicas del planeta, incluida la actual. Sin embargo, si la hipótesis del efecto reforzado del CO_2 resulta ser falsa, no desacreditaría la teoría del efecto invernadero.

La hipótesis del efecto reforzado del CO_2 se desarrolló originalmente para explicar los periodos glaciales, pero la teoría de Milankovitch la refutó como su causa en 1976. En la década de 1960, la hipótesis obtuvo cierto apoyo como causa importante del cambio climático debido al aumento de los niveles de CO_2 y a los primeros modelos climáticos. Sin embargo, durante el periodo de enfriamiento observado en aquella época, muchos científicos creyeron que otros factores desempeñaban un papel más importante. No fue hasta que el calentamiento global se hizo evidente y el primer núcleo de hielo profundo de la Antártida aportó pruebas de una estrecha correlación entre la temperatura y los niveles de CO_2 a lo largo del Pleistoceno (fig. 34a, cap. 21) que la hipótesis obtuvo una aceptación generalizada.

Como ya se ha señalado, la popularidad de una hipótesis no determina su veracidad. Un consenso científico a favor o en contra de una hipótesis no demuestra que sea correcta o incorrecta. Sólo las evidencias pueden apoyar o refutar una hipótesis. Sin embargo, aunque las evidencias apoyen una hipótesis, ésta no puede considerarse definitivamente correcta porque pueden surgir evidencias adicionales que la contradigan. Por ejemplo, siglos de evidencia indicaban que los cisnes eran todos blancos, pero el descubrimiento de cisnes negros en Australia en el siglo XVIII refutó esta noción.

La versión original de la hipótesis del CO_2 proponía que la teoría del efecto invernadero podía explicar las glaciaciones. A finales del siglo XIX, los científicos intentaban comprender por qué se habían producido glaciaciones en un pasado lejano, pero no pensaban que el cambio climático fuera un problema relevante en aquel momento. En la década de 1930, la hipótesis resurgió en un intento de explicar el inusual calentamiento que se produjo a principios del siglo XX. Aunque este intento fracasó, la hipótesis empezó a considerarse relevante para explicar los cambios climáticos recientes.

Una hipótesis desarrollada para explicar el calentamiento reciente por los cambios en el CO_2

Según la teoría del efecto invernadero, los cambios en los niveles de CO_2 tienen por sí mismos un efecto pequeño. Para que se produzca un calentamiento o enfriamiento sustancial, el clima debe ser muy sensible a estos cambios y responder con fuerza al calentamiento (o enfriamiento) provocado por el cambio de CO_2. Esta respuesta incluye el vapor de agua, principal gas de efecto invernadero del planeta, y los cambios en la nubosidad y el albedo del hielo.

Juntos, estos factores amplifican el efecto del CO_2, dando lugar a la hipótesis del efecto reforzado del CO_2 propuesta en 1896 y desarrollada en la década de 1960.

La hipótesis del efecto reforzado del CO_2 ha ganado popularidad porque explica eficazmente todo el calentamiento desde 1976. Esto se debe al reclutamiento de otros factores climáticos como realimentación de la señal del CO_2. Sin embargo, la hipótesis tiene un inconveniente: implica que el clima es muy sensible al calentamiento o al enfriamiento, sea cual sea la causa. Esto se debe a que las retroalimentaciones responden positivamente al calentamiento o enfriamiento de cualquier origen, no a los cambios en los niveles de CO_2.

Sin embargo, el clima es un sistema estable que ha mantenido temperaturas que permiten la vida durante más de 500 millones de años, incluso ante impactos de asteroides y erupciones de provincias ígneas enteras. Esto sugiere un sistema dominado por retroalimentaciones negativas que lo estabilizan más que por retroalimentaciones positivas que lo desestabilizan.

Nuestro conocimiento actual de los factores naturales del cambio climático es extraordinariamente pobre. La popularidad de la hipótesis del efecto reforzado del CO_2 no ayuda porque exige que los factores naturales produzcan sólo pequeños cambios de temperatura para que los cambios de CO_2 expliquen el cambio climático en un sistema que, según la hipótesis, es muy sensible a los cambios de temperatura.

Por ejemplo, los cambios en la radiación solar son muy pequeños, y sin tener en cuenta los cambios dinámicos causados por la actividad solar (analizados en los capítulos 27-30), el efecto solar puede descartarse fácilmente por insignificante. Las erupciones volcánicas también plantean un reto, ya que los modelos tienden a exagerar sus efectos de enfriamiento con respecto a las observaciones (cap. 24). Sin embargo, si las erupciones volcánicas fueron lo suficientemente frecuentes en el pasado como para elevar los niveles de CO_2, pueden utilizarse para explicar un calentamiento.

Sin embargo, el valor de una hipótesis se juzga por lo que no puede explicar, no sólo por lo que puede, ya que una hipótesis suele ser coherente con las evidencias a partir de las cuales se creó. El principal problema de la hipótesis del efecto reforzado del CO_2 es que, al explicar el calentamiento reciente, hace imposible explicar cambios climáticos pasados. Esto demuestra que la hipótesis es inadecuada o incompleta en su forma actual.

Cambios climáticos pasados se vuelven inexplicables

No tenemos que mirar muy atrás en el tiempo para apreciar este problema. Como se discutió en el capítulo 31, la hipótesis del efecto reforzado del CO_2 no puede explicar el periodo de enfriamiento entre 1945 y 1975. Durante este periodo, se produjo un forzamiento antrópico neto positivo que debería haber provocado calentamiento, pero en su lugar se produjo enfriamiento. La Figura 55, tomada del 6° Informe de Evaluación del IPCC, muestra el efecto combinado sobre la temperatura de las emisiones humanas de gases de efecto invernadero y aerosoles entre 1900 y 1990 (línea gris oscuro).[271] En lugar de mostrarlos por separado, esta figura modificada muestra su efecto conjunto según la

---

[271] Eyring, V., et al., 2021. Climate Change 2021: The Physical Science Basis. 6th AR IPCC. pp. 515–516. doi.org/10.1017/9781009157896.005

media de simulaciones multimodelo. Cabe señalar que ni siquiera las causas naturales, según la hipótesis, pueden ser responsables, ya que deberían haber tenido un efecto positivo sobre la temperatura durante todo el periodo, salvo unos pocos años tras la erupción del monte Agung en 1963.

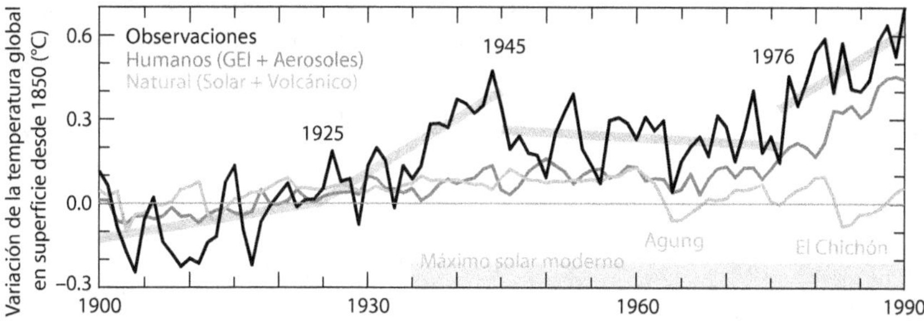

Figura 55. Cambio de la temperatura global en superficie y sus causas en el 6° Informe de Evaluación. Las observaciones (línea negra) se comparan con simulaciones de modelos climáticos del efecto sobre la temperatura de los forzamientos humanos (línea gris oscura) y naturales (gris clara). Las líneas de tendencia de las observaciones (líneas rectas grises gruesas) corresponden a períodos separados por desplazamientos climáticos conocidos en el Océano Pacífico. Se indican el período del Máximo Solar Moderno y dos erupciones volcánicas.

Según la hipótesis y los modelos climáticos, los forzamientos netos antrópicos y naturales eran pequeños antes de la década de 1970. Esto sugiere que el único resultado posible era un aumento gradual de la temperatura desde la década de 1910 hasta la de 1970, con un calentamiento acelerado a partir de entonces. Sin embargo, las pruebas demuestran que no fue así. Por el contrario, el clima global experimentó un intenso calentamiento a principios del siglo XX y un claro enfriamiento a mediados del siglo XX. Así pues, la hipótesis del efecto reforzado del CO_2 no puede explicar el cambio climático anterior a 1976. Dado que nuestra comprensión del cambio climático sigue siendo limitada, no es prudente aceptar una hipótesis incompleta o defectuosa, especialmente cuando va unida a llamamientos urgentes para que se produzcan cambios significativos en la sociedad y en el sistema energético.

La hipótesis del efecto reforzado del CO_2 se enfrenta a un problema similar en relación con el clima de los últimos 11.700 años, tal y como se analiza en el capítulo 21. Los modelos climáticos proyectan una tendencia gradual al calentamiento a lo largo del Holoceno, sin captar el periodo Neoglacial de enfriamiento que está bien documentado por el crecimiento global de los glaciares (fig. 35, cap. 21). Los modelos tampoco reproducen fenómenos de enfriamiento notables como la Oscilación Boreal, los eventos de 5,2 y 2,8 kiloaños, y sólo reproducen débilmente la Pequeña Edad de Hielo. Como resultado, los modelos climáticos no reproducen adecuadamente los patrones climáticos históricos, lo que hace difícil confiar en su capacidad para proyectar con precisión los climas futuros. Sorprendentemente, los informes de evaluación del IPCC rara vez abordan la clara discrepancia entre los niveles de CO_2 y los cambios de temperatura en los últimos 11.000 años, centrándose sobre todo en la concordancia del Pleistoceno.

Sin embargo, se producen discrepancias significativas en aproximadamente la mitad de las transiciones interglaciar-glaciación del Pleistoceno. Muestran una fase de enfriamiento considerable a pesar de no haber cambios concomitantes en los niveles de CO_2. Un ejemplo notable se observa al final del último periodo interglacial, hace unos 124.000 años. Durante este periodo, las temperaturas disminuyeron gradualmente a lo largo de 8.000 años, alcanzando aproximadamente la mitad de la diferencia entre los niveles interglaciales y glaciales, mientras que los niveles de CO_2 permanecieron invariables (fig. 56).[272]

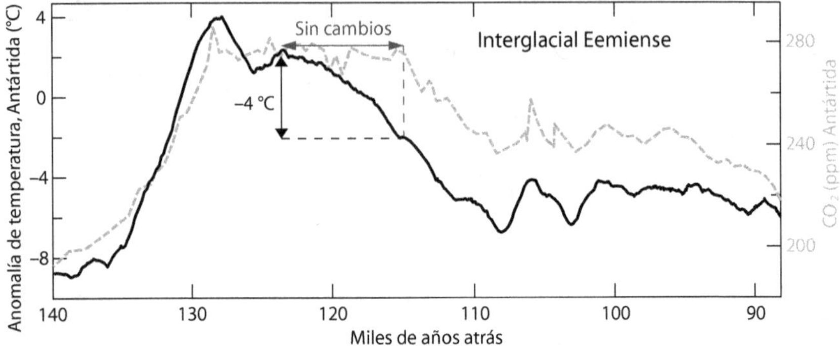

Figura 56. El CO_2 no interviene en el final de un interglaciar.

Una fase de enfriamiento sustancial sin una reducción correspondiente de los niveles actuales de CO_2 se considera en general imposible y no se observa en las simulaciones de modelos bajo las condiciones actuales. De hecho, los expertos en el ciclo glacial afirman que el inicio de un nuevo período glacial no es posible hasta dentro de decenas de miles de años. Sin embargo, hay pruebas de que las glaciaciones han comenzado varias veces en el pasado, impulsadas por cambios orbitales, sin que se hayan observado cambios en los niveles de CO_2.

La hipótesis del efecto reforzado del CO_2 tiene dificultades para explicar la diferencia de temperatura de 5 °C entre finales del Oligoceno y mediados del Plioceno. Esto es particularmente difícil porque ambos periodos, separados por 20 millones de años, tuvieron niveles de CO_2 similares por debajo de los actuales (fig. R18, cap. 21).

Por último, la hipótesis del efecto reforzado del CO_2 y los modelos climáticos no proporcionan una explicación satisfactoria del clima ecuable observado durante el Eoceno inferior, caracterizado por condiciones tropicales en las regiones polares. Sorprendentemente, esto ocurrió a pesar de que los niveles de CO_2 no eran muy superiores a los actuales (cap. 20). Además, si estos modelos no pueden explicar las condiciones climáticas del Eoceno inferior, que se produjo hace 50 millones de años, resulta evidente que son inadecuados para explicar la transición de estas condiciones climáticas a las glaciales condiciones del Pleistoceno, que abarca nuestro actual periodo interglacial. Si seguimos sin estar seguros de las causas del clima del Eoceno inferior, es evidente que carecemos de los conocimientos necesarios para comprender las condiciones que tuvieron que cambiar para el inicio del enfriamiento de la era glacial.

---

[272] Datos de Jouzel, J., et al., 2007. Science, 317 (5839), pp.793–796. doi.org/10.1126/science.1141038 Bereiter, B., et al., 2015. Geophys. Res. Lett. 42 (2), pp.542–549. doi.org/10.1002/2014GL061957

La hipótesis actual del efecto reforzado del CO_2 sólo puede explicar el periodo de calentamiento desde 1976, pero no puede explicar la mayor parte de los cambios climáticos del pasado. Por lo tanto, necesitamos una teoría que pueda explicar tanto los cambios climáticos del pasado como los del presente. Para ello, necesitamos formular mejores hipótesis que sustituyan a la actual, que es defectuosa. Promover nuevas hipótesis es necesario para avanzar en nuestra comprensión del clima.

En resumen

Necesitamos nuevas hipótesis climáticas que puedan explicar los numerosos cambios climáticos del pasado que son incompatibles con las variaciones de CO_2. La hipótesis actualmente predominante atribuye una sensibilidad excesiva a la respuesta climática a los cambios de temperatura, mientras que atribuye una influencia mínima a las causas naturales de la variabilidad climática. En consecuencia, se basa excesivamente en los cambios de CO_2 y hace inexplicable cualquier cambio climático sin el correspondiente cambio de CO_2. Sin embargo, hay ejemplos de importantes cambios climáticos en el pasado que se produjeron en ausencia de variaciones significativas de CO_2. Muchas de las dificultades para explicar tales cambios se derivan de la suposición de que la hipótesis del efecto reforzado del CO_2 es correcta. El limitado poder explicativo de esta hipótesis, restringido principalmente al reciente calentamiento desde 1976, subraya la urgente necesidad de nuevas hipótesis. Desgraciadamente, el desaliento activo de la búsqueda de explicaciones alternativas dificulta avanzar en esta búsqueda.

Capítulo 36
La Variabilidad Interna No Se Comprende Bien

La variabilidad natural interna se debe a la redistribución de la energía dentro del sistema acoplado atmósfera-océano, lo que da lugar a oscilaciones en regiones y periodos específicos. Estas oscilaciones, denominadas modos de variabilidad, son numerosas y los científicos desconocen sus causas o por qué cambian de una fase a otra. Los modelos climáticos las reproducen hasta cierto punto como "paseos aleatorios" estocásticos, pero no dan cuenta de las tendencias multidecadales ni de su respuesta a causas naturales como el ciclo solar. La mayoría de los climatólogos y modelos climáticos no atribuyen a la variabilidad interna un papel significativo en el cambio climático, pero algunos científicos discrepan. La falta de comprensión de los orígenes de estas oscilaciones y la incapacidad de reproducir sus características esenciales ponen en duda nuestra comprensión de la variabilidad climática interna y su impacto en el cambio climático.

Variabilidad interna y modos de variabilidad

La variabilidad natural se refiere a los cambios en el clima que se producen dentro del sistema climático o como resultado de factores externos que afectan al equilibrio radiativo de la Tierra. Entre los factores externos al sistema climático se incluyen los cambios en la órbita de la Tierra, las variaciones en la cantidad de energía solar recibida o las grandes erupciones volcánicas. Sin embargo, los cambios orbitales significativos requieren largos periodos de tiempo y muestran cambios mínimos a lo largo de un siglo o dos, teniendo poco efecto sobre los cambios de temperatura durante este tiempo. En el capítulo 38, exploraremos cómo la hipótesis del efecto reforzado del CO_2 interpreta los efectos de las variaciones solares y las erupciones volcánicas.

La variabilidad interna natural se refiere a la redistribución de la energía dentro del sistema climático. Según el IPCC, se manifiesta sobre todo en las variaciones regionales más que globales de la temperatura de la superficie. Sin embargo, este punto de vista fue cuestionado en 1994 por un artículo científico emblemático que introdujo la Oscilación Multidecadal Atlántica y la identificó como *"Una oscilación en el sistema climático global de periodo 65-70 años"*.[273] En los últimos 30 años, numerosos científicos han reconocido la influencia global de las oscilaciones multidecadales oceánicas, lo que no se refleja en la preferencia del IPCC por tratarlas como manifestaciones regionales.

Los científicos tratan de identificar patrones recurrentes dentro del sistema climático para reducir la complejidad de la variabilidad interna. Estos patrones tienen características espaciales, estacionalidad y escalas temporales inherentes. A estos patrones recurrentes los denominan modos de variabilidad, pero en

---

[273] Schlesinger, M.E. & Ramankutty, N., 1994. Nature, 367 (6465), pp.723–726. doi.org/10.1038/367723a0

este libro nos referimos a ellos como oscilaciones. Algunos de estos patrones, como El Niño-Oscilación del Sur (cap. 18) y las oscilaciones multidecadales del Atlántico y el Pacífico (cap. 19), ya se han tratado anteriormente. Los informes del IPCC sugieren que estos patrones son el resultado de propiedades dinámicas de la circulación atmosférica y de las interacciones entre el océano, la atmósfera y las superficies terrestres, incluido el hielo marino. Sin embargo, los científicos siguen esforzándose por explicar cómo estos modos de variabilidad con patrones espaciales regionales parecen afectar a partes distantes del mundo. Estos efectos remotos se denominan teleconexiones.

La variabilidad interna no es un paseo aleatorio

Los científicos carecen de una comprensión integral de los mecanismos subyacentes que generan los modos climáticos de baja frecuencia. Según el último informe del IPCC, la variabilidad climática regional es el resultado de una compleja interacción de procesos físicos locales, como las retroalimentaciones termodinámicas, retroalimentaciones entre la tierra y la atmósfera, y fenómenos no locales más amplios.

Un ejemplo notable de las limitaciones de los modelos climáticos es su incapacidad para predecir la ralentización del calentamiento global en la década de 2000. Este fallo se ha atribuido a un cambio de fase en la Oscilación Decadal del Pacífico y, en última instancia, a las importantes anomalías de los vientos alisios que se produjeron en torno al año 2000.[274] Sin embargo, el origen exacto de estas anomalías de los vientos sigue siendo desconocido, al igual que la verdadera naturaleza del desplazamiento climático de 1997 analizado en el capítulo 33.

Para ilustrar los retos que plantea la comprensión de los orígenes de los distintos modos de variabilidad, la Oscilación Decadal del Pacífico ya no se considera un modo físicamente acoplado que surja de las interacciones entre el océano y la atmósfera. En cambio, ahora se piensa que es el resultado de tres procesos distintos: el ruido atmosférico interno en el Pacífico Norte, la dinámica oceánica de latitudes medias mediada por las ondas de Rossby y el forzamiento tropical transmitido a las latitudes medias a través de un puente atmosférico.

Dada esta complejidad, no se espera que los modelos climáticos reproduzcan con precisión cambios específicos en estos modos de variabilidad. En su lugar, se centran en captar las características estadísticas de estos patrones. Desde esta perspectiva, los modelos han avanzado mucho en la representación de la variabilidad interna. Sin embargo, este punto de vista plantea un problema fundamental.

La interacción atmósfera-océano se reconoce como el motor fundamental de la variabilidad interna en escalas de tiempo decenales y más largas. En este marco, la atmósfera caótica es una fuente estocástica de ruido blanco, similar al ruido estático de la televisión analógica, con la misma potencia en todas las frecuencias. A medida que el océano integra este ruido, produce un espectro con una potencia creciente en las frecuencias más bajas, conocido como ruido rojo. El resultado de este proceso global suele denominarse "paseo aleatorio", que representa una trayectoria conformada por un proceso estocástico en el que el comportamiento futuro es independiente de la historia pasada. El IPCC ofrece la siguiente descripción de este fenómeno:

---

[274] Farneti, R., 2016. WIREs Clim. Change, 8 (1), p.e441. doi.org/10.1002/wcc.441

"Otra forma de imaginar la variabilidad natural y la influencia humana es pensar en una persona paseando a un perro. La trayectoria del paseante representa el calentamiento inducido por el hombre, mientras que su perro representa la variabilidad natural".[275]

La figura 57 muestra datos procedentes del gráfico que acompaña a esta afirmación en el 6° Informe de Evaluación del IPCC. Las finas líneas grises muestran los efectos de la variabilidad natural en tres simulaciones diferentes de un gran conjunto del Community Earth System Model 1 (CESM1), que ilustran las variaciones decenales de la temperatura global en superficie en ausencia de calentamiento antrópico (es decir, sin la tendencia a largo plazo). Estas simulaciones proporcionan ejemplos de paseos aleatorios en la variabilidad natural, sin ningún patrón o tendencia discernible en sus periodos y amplitudes máximas. Las demás curvas de la figura corresponden a fuentes distintas.[276]

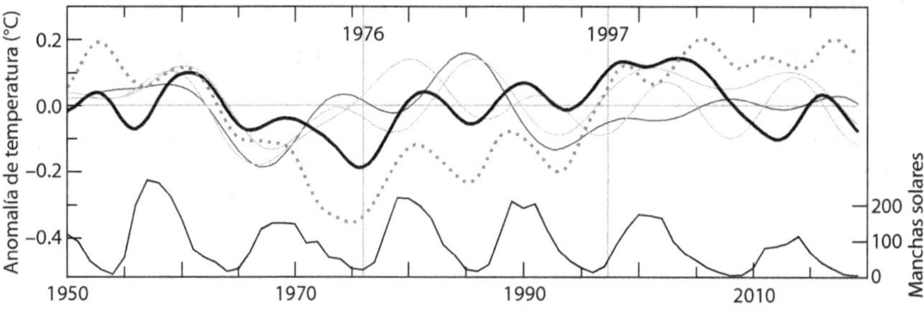

Figura 57. Variabilidad climática interna y actividad solar. Temperatura media global en superficie con suavizado gaussiano (línea gruesa negra) y Oscilación Multidecadal Atlántica (línea de puntos gris), tres simulaciones de modelos de variaciones decadales de la temperatura global (líneas finas grises) y número de manchas solares (línea fina negra). En todas las curvas de temperatura se ha sustraido la tendencia. Se indican los desplazamientos climáticos de 1976 y 1997.

El IPCC reconoce la existencia de tendencias multidecenales e incluso centenarias en los modos de variabilidad. Por ejemplo, la Oscilación del Atlántico Norte estuvo dominada por valores positivos a principios del siglo XX. Sin embargo, hubo una tendencia negativa entre 1920 y 1970, seguida de una recuperación hasta alcanzar valores sistemáticamente altos entre 1970 y principios de la década de 1990. Este comportamiento, caracterizado por largos periodos de valores positivos o negativos, no es reproducido por los modelos y pone en duda la hipótesis del paseo aleatorio de la variabilidad interna.

La línea de puntos representa los datos de la Oscilación Multidecadal del Atlántico, suavizados con un filtro gaussiano.[277] El comportamiento de estos

---

[275] Eyring, V., et al., 2021. Climate Change 2021: The Physical Science Basis. 6th AR IPCC. pp. 517–518. doi.org/10.1017/9781009157896.005

[276] La línea gruesa negra es el registro HadCRUT4 de la temperatura global en superficie, sin tendencia y filtrado gaussiano. La línea de puntos roja es el conjunto de datos de la Oscilación Multidecadal Atlántica de NOAA con suavizado gaussiano. La línea negra delgada es el número de manchas solares de SILSO.

[277] Se utiliza un filtro gaussiano para reducir el ruido y suavizar los datos. Utilizado a menudo para difuminar imágenes, presenta la mejor combinación de supresión de altas frecuencias y minimización de la dispersión espacial y es el más utilizado por el autor.

datos es similar al de los datos de la temperatura global en superficie, lo que indica que se trata de una oscilación del sistema climático global. Esta oscilación presenta cambios abruptos, como los de 1976 y 1997.

Se sabe que el ciclo solar tiene un efecto sobre las temperaturas globales de aproximadamente ±0,1 °C y se muestra en la parte inferior de la figura 57. La variabilidad interna observada tiende a estar en fase con el ciclo solar, especialmente durante los ciclos más activos. Esta interacción entre variabilidad natural interna y externa es esperable, pero los modelos climáticos son incapaces de reproducirla. La respuesta de las simulaciones al ciclo solar es débil, lo que sugiere que la variabilidad modelizada procede de alguna otra fuente.

Las tendencias a largo plazo de la variabilidad interna, que cambian de signo tras desplazamientos abruptos, y la respuesta a la variabilidad natural externa indican que la hipótesis del IPCC y de los modelos climáticos de que la variabilidad interna es un paseo aleatorio es incorrecta.

La variabilidad interna es un fenómeno global que afecta al cambio climático

Los informes del IPCC no atribuyen ninguna importancia a la variabilidad interna en el cambio climático. Se trata como un ruido que se produce con frecuencias decenales o multidecadales y se supone que no influye en la tendencia a largo plazo.

Algunos científicos no están de acuerdo y sugieren que alrededor de un tercio del calentamiento reciente se debe a la Oscilación Multidecadal del Atlántico.[278] Sugieren que los modelos climáticos sobrestiman el calentamiento debido al aumento de los GEI. Compensan el exceso de calentamiento simulado sobreestimando el efecto de enfriamiento de los aerosoles, lo que conduce a una sobreestimación de la influencia humana en el clima.

La variabilidad interna surge de una combinación de procesos físicos locales y fenómenos no locales a gran escala. En consecuencia, cada modo de variabilidad se considera de forma independiente, mientras que sus interacciones se representan mediante teleconexiones. Sin embargo, como se describe en el recuadro 16 (cap. 19), las oscilaciones en diferentes regiones del hemisferio norte parecen cambiar de forma coordinada en lo que se denomina la "hipótesis de la ola de estadio" (fig. R16, cap. 19).[279]

Parece que las oscilaciones (modos de variabilidad) son una respuesta local a un fenómeno global en lugar de generarse localmente e interactuar posteriormente a través de teleconexiones. Este cambio de perspectiva elimina la necesidad de considerar una amplia gama de teleconexiones complejas, simplificando así el estudio de la variabilidad interna. En lugar de múltiples causas, ahora nos encontramos con que el mismo fenómeno global causa todos los modos de variabilidad, mientras que sus características específicas se determinan localmente. Como ya sabemos que las oscilaciones oceánicas son el resultado de cambios en el transporte de calor hacia los polos, no necesitamos buscar una causa subyacente diferente para cada oscilación.

---

[278] Chylek, P., et al., 2014. Geophys. Res. Lett. 41 (5), pp.1689–1697.
doi.org/10.1002/2014GL059274

[279] Wyatt, M.G., et al., 2012. Clim. Dyn. 38, pp.929–949.
doi.org/10.1007/s00382-011-1071-8

En resumen

La hipótesis de un efecto reforzado del CO_2 es un obstáculo para comprender la variabilidad climática interna. Las oscilaciones climáticas naturales no son el resultado de procesos estocásticos aleatorios. Los climatólogos y sus modelos carecen de una comprensión fundamental de las causas y mecanismos que subyacen a estas oscilaciones o a sus transiciones de fase. Estas oscilaciones no se tienen en cuenta como fuerza impulsora del cambio climático y se tratan como fenómenos separados vinculados por teleconexiones. Sin embargo, las tendencias multidecadales y los cambios de fase sincronizados entre hemisferios sugieren que son manifestaciones regionales de un factor global subyacente. Para mejorar nuestra comprensión, es crucial desarrollar nuevas hipótesis que exploren las causas de la variabilidad climática interna y su relación con el cambio climático.

Capítulo 37
Se Descuida la Variabilidad del Transporte Meridional

La mayoría de los climatólogos creen que los cambios en el transporte meridional solo redistribuyen calor y no causan directamente un cambio climático. En consecuencia, estos cambios en el transporte se pasan por alto en los informes del IPCC. Sin embargo, es crucial reconocer que los cambios en el transporte de calor desempeñan un papel importante a la hora de explicar el calentamiento del Ártico y son responsables de las oscilaciones oceánicas multidecadales con implicaciones globales. Son, por tanto, de inmensa importancia para comprender la dinámica climática. El potencial de los cambios en el transporte de calor como factor causal del cambio climático debería investigarse a fondo en lugar de descartarse prematuramente sobre la base de suposiciones no demostradas. Uno de los principales problemas es la incapacidad de los modelos climáticos para reproducir con fiabilidad las variaciones en la intensidad del transporte o sus patrones históricos. Estos modelos asumen compensaciones globales entre los cambios en el transporte oceánico y atmosférico a pesar de las pruebas que demuestran lo contrario. Es importante reconocer que los cambios globales en el transporte de calor son uno de los principales determinantes del comportamiento del clima a lo largo de décadas.

El transporte de calor no se tiene en cuenta en los informes del IPCC

En el primer capítulo del 6° Informe de Evaluación, el IPCC ofrece una explicación clara del cambio climático, definiendo sus causas de la siguiente manera:

"Los factores naturales y antrópicos responsables del cambio climático se conocen hoy como 'impulsores' o 'forzadores' radiativos. El cambio neto en el presupuesto de energía en la cima de la atmósfera, resultante de un cambio en uno o más de estos impulsores, se denomina 'forzamiento radiativo'". [280]

Según el IPCC, el transporte de calor no se considera un forzamiento radiativo y, por tanto, no es una causa del cambio climático global. Sus efectos sólo contribuyen a la variabilidad interna o regional. Esta perspectiva se refleja en la escasa atención prestada al transporte de calor en los informes del IPCC. En el enorme 6° Informe de Evaluación, de 2.391 páginas, el transporte de calor sólo se menciona brevemente en una subsección de 5 páginas sobre el contenido de calor de los océanos. [281]

En esta subsección, aprendemos que el cambio climático se debe a la adición de calor, mientras que los cambios en la circulación oceánica causan re-

---

[280] Chen, D., et al., 2021. Climate Change 2021: The Physical Science Basis. 6th AR IPCC. p.178. doi.org/10.1017/9781009157896.003

[281] Fox-Kemper, B., et al., 2021. Climate Change 2021: The Physical Science Basis. 6th AR IPCC. pp.1228–1233. doi.org/10.1017/9781009157896.011

distribución del calor. La subsección reconoce brevemente el aumento del transporte de calor oceánico hacia el Ártico en las últimas décadas, como se destaca en el capítulo 17 (fig. 27). A continuación, explica que el debilitamiento de la circulación de vuelco meridional del Atlántico reduce el flujo de calor oceánico hacia el norte en el Atlántico Norte y atribuye el aumento del transporte de calor al fortalecimiento de los giros oceánicos impulsados por el viento.

El transporte de calor es una característica fundamental del clima. La meteorología y el clima que experimentamos fuera de los trópicos vienen determinados por las diferencias de insolación y las cantidades variables de calor y humedad transportadas hasta nuestro lugar. La atmósfera desempeña el importante papel de transportar la mayor parte del calor y la humedad de la Tierra, incluso impulsando el transporte oceánico somero, como los giros oceánicos impulsados por el viento. Sin embargo, los informes del IPCC tienden a pasar por alto el transporte atmosférico y no asignan importancia al transporte oceánico. Esto se debe probablemente a las limitaciones de los modelos climáticos, que luchan por reproducir adecuadamente los cambios en el transporte y los patrones históricos de calentamiento de los océanos.[282]

Existe una contradicción importante en la visión del IPCC sobre el calentamiento del Ártico. Da por sentado que la amplificación del Ártico es consecuencia únicamente del calentamiento global debido a diversas retroalimentaciones. Sin embargo, la causa principal del calentamiento del Ártico desde 1997 es el aumento del transporte de calor y humedad a la región tanto por la atmósfera como por el océano. Según la hipótesis de compensación de Bjerknes (recuadro 8, cap. 12), los cambios en el transporte atmosférico deberían equilibrarse con cambios opuestos en el transporte oceánico. Sin embargo, éste no es el caso en el Ártico, donde la atmósfera y el océano han contribuido simultáneamente a aumentar el transporte de calor a pesar del descenso del gradiente de temperatura. Los cambios en el transporte, más que la influencia de las retroalimentaciones, son el principal motor del calentamiento del Ártico porque el cambio en el transporte y el inicio del aumento del calentamiento del Ártico se produjeron simultáneamente tras el desplazamiento climático de 1997.

La opinión del IPCC, que comparten muchos científicos del clima, tiene dos problemas principales. En primer lugar, ignora la importancia de la redistribución del calor en el cambio climático. Sin embargo, paradójicamente, hace hincapié en el calentamiento del Ártico como prueba crucial del calentamiento global provocado por el hombre, a pesar de que los cambios en la redistribución del calor lo están causando. Para apoyar esta afirmación, se han ajustado los registros de temperatura media global en superficie para incluir el calentamiento adicional del Ártico.[283] Esto crea una clara contradicción al descartar la redistribución del calor como algo sin importancia y, al mismo tiempo, utilizar sus efectos como prueba de calor adicional en el sistema climático.

---

[282] Bronselaer, B. & Zanna, L., 2020. Nature, 584 (7820), pp.227–233. doi.org/10.1038/s41586-020-2573-5

[283] Morice, C.P., et al., 2021. J. Geophys. Res. Atmos. 126 (3), p.e2019JD032361. doi.org/10.1029/2019JD032361

El segundo problema radica en que el IPCC no tiene en cuenta los efectos de la redistribución del calor en un planeta donde el efecto invernadero no es uniforme. Mientras que el CO_2 puede estar uniformemente mezclado, el vapor de agua no lo está. El 75% del efecto invernadero se debe al vapor de agua cuando se incluye la influencia de las nubes (tabla 1, cap. 7). Sin embargo, durante el invierno ártico, el vapor de agua es mínimo y hay pocas nubes (fig. R4, cap. 7). Como resultado, el efecto invernadero en el invierno ártico podría ser hasta cuatro veces más débil que en los trópicos. En consecuencia, cualquier cambio en el transporte de calor hacia el Ártico provocaría cambios en los flujos radiativos en la cima de la atmósfera, lo que pone de relieve el papel del transporte de calor hacia los polos como factor generador de cambio climático.

La variabilidad climática interna refleja cambios en el transporte de calor

Este libro argumenta profusamente que las oscilaciones oceánicas, también conocidas como modos de variabilidad, reflejan cambios en el sistema global responsable del transporte de calor hacia los polos. Los capítulos 17, 19, 31-34 y 36 aportan abundantes evidencias en apoyo de esta afirmación. De hecho, hay tantas pruebas que se podría dedicar un libro entero a ello.

Consideremos el caso de las células subtropicales del Pacífico, que son células meridionales poco profundas que conectan zonas tropicales de surgencia con zonas subtropicales de subducción en ambos hemisferios. Estas células son importantes porque han demostrado que las variaciones lentas de la temperatura superficial del Océano Pacífico tropical pueden afectar al clima mundial. La Oscilación Decadal del Pacífico engloba el patrón espacial de estas células.

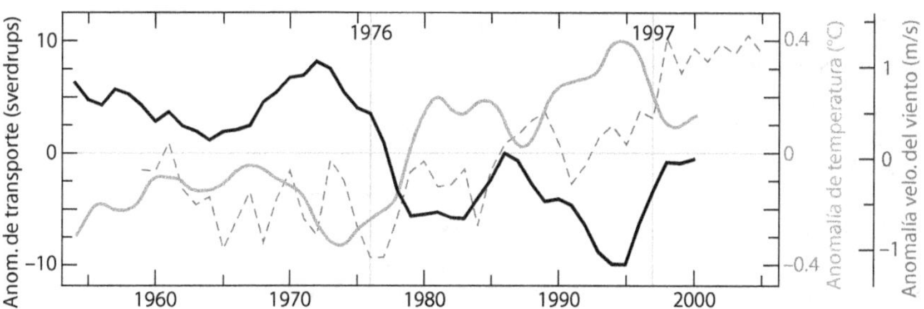

Figura 58. Cambios de transporte en las células subtropicales del Pacífico. La línea negra muestra los cambios en la cantidad de agua transportada en la región tropical del Pacífico central y oriental. La línea gris corresponde a los cambios en la temperatura de la superficie del mar en la misma región. La línea discontinua representa los cambios en la velocidad del viento oceánico global.

A mediados de la década de 1990, se descubrió que las células subtropicales experimentaron una importante ralentización tras el desplazamiento climático de 1976. Esta ralentización redujo el transporte en 13 sverdrups (millones de metros cúbicos por segundo), más de la mitad del transporte medio de 21,8 sverdrups (fig. 58, línea negra).[284] Esta ralentización de la circulación meridional vino acompañada de un aumento de la temperatura de la superficie del mar

---

[284] Zhang, D. & McPhaden, M.J., 2006. Ocean Model. 15 (3-4), pp.250–273.
   doi.org/10.1016/j.ocemod.2005.12.005

de unos 0,8 °C en el Pacífico tropical central y oriental (fig. 58, línea gris). Estos cambios en la temperatura del océano y en la circulación de nutrientes tuvieron efectos correspondientes en las poblaciones de peces del Pacífico (fig. 50, cap. 32).[285]

Tras el desplazamiento climático de 1997, se produjo una notable inversión del transporte que condujo a un posterior descenso de la temperatura. Cabe señalar que los datos presentados en el estudio han sido suavizados por los autores, lo que desplaza ligeramente la cronología de los cambios observados. Sin embargo, los autores asocian correctamente estos cambios con los desplazamientos climáticos identificados en numerosos estudios.

Comparando los datos de este estudio con los datos de los vientos oceánicos globales presentados anteriormente (fig. R9, cap. 13), queda claro que los cambios en el transporte de la célula subtropical pueden atribuirse a variaciones en los vientos que lo impulsan (fig. 58, línea de trazos).[286] El aumento observado en los vientos oceánicos está asociado a una mayor circulación zonal atmosférica (este-oeste). Esta mayor circulación zonal de los vientos tiene dos efectos importantes: en primer lugar, reduce la intensidad de la circulación meridional (norte-sur), responsable del transporte de calor hacia los polos, lo que provoca el calentamiento de las latitudes medias; en segundo lugar, hace que la Tierra gire más deprisa, acortando así la duración del día.

Curiosamente, la observación de que la velocidad de rotación de la Tierra se había acelerado a principios de la década de 1970 fue la única predicción basada en datos de que el clima empezaría pronto a calentarse.[287] Este mecanismo del cambio climático, impulsado por cambios en el transporte de calor, no tiene nada que ver con los GEI.

Conocimientos por incorporar a la teoría y la modelización

La Oscilación Decadal del Pacífico, junto con otros modos de variabilidad, es la expresión de regímenes meridionales de transporte de calor forzados por la atmósfera sobre el océano. Esta explicación sencilla y completa se apoya en una serie de pruebas, como los estudios de las circulaciones atmosférica y oceánica, los ecosistemas marinos e incluso la rotación de la Tierra.

La hipótesis del cambio climático basada en los cambios de CO_2 es insuficiente para explicar los importantes desplazamientos climáticos que observamos, como el notable periodo de intenso calentamiento de 1976 a 1997, que puede atribuirse, al menos en parte, a las variaciones del transporte meridional de calor. Por desgracia, los modelos climáticos no pueden reproducir con exactitud la variabilidad del transporte de calor porque se basan en la premisa errónea de que los cambios en el transporte atmosférico y oceánico deberían anularse mutuamente. Está claro que necesitamos una nueva hipótesis que pueda explicar eficazmente el impacto crucial de los cambios en el transporte de calor sobre el clima.

---

[285] Chavez, F.P., et al., 2003. Science, 299 (5604), pp.217–221. doi.org/10.1126/science.1075880

[286] Yu, L., 2007. J. Clim. 20 (21), pp.5376–5390. doi.org/10.1175/2007JCLI1714.1

[287] Lambeck, K. & Cazenave, A., 1976. Geophys. J. Int. 46 (3), pp.555–573. doi.org/10.1111/j.1365-246X.1976.tb01248.x

En resumen

Los cambios de transporte en las células subtropicales que forman parte de la circulación meridional somera del Pacífico indican que los cambios globales en el transporte de calor hacia los polos son el principal motor de la variabilidad climática interna multidecadal. Estos cambios son el resultado de modificaciones en la circulación atmosférica mundial. Cuando el componente este-oeste (zonal) de la circulación se refuerza, se produce una aceleración de la rotación de la Tierra, una reducción del transporte de calor hacia los polos a través de la atmósfera y el océano, y un calentamiento de la superficie fuera de las regiones polares. Lo contrario ocurre cuando la circulación atmosférica global se refuerza en dirección norte-sur (meridional).

Estos cambios en el transporte tienen un impacto directo en las tendencias climáticas. Sin embargo, los modelos climáticos no logran reproducir con exactitud ninguna de estas observaciones, lo que indica que la hipótesis predominante del efecto reforzado del CO_2 no explica adecuadamente una propiedad fundamental del clima: el transporte de calor hacia los polos.

Capítulo 38
La Cuestión Solar sin Resolver

Según los informes del IPCC, el impacto de los cambios en la actividad solar sobre el clima se considera mínimo. Sin embargo, esta evaluación se basa principalmente en pequeñas variaciones de la irradiación solar total. No tiene en cuenta un importante conjunto de evidencias sobre los efectos indirectos de la actividad solar, que apuntan a una influencia solar significativa en la circulación atmosférica en invierno. Además, las pruebas paleoclimáticas implican fuertemente a la variabilidad solar como motor principal de la variabilidad climática a escalas centenarias. En particular, los periodos del pasado con actividad solar marcadamente baja coinciden con algunos de los mayores eventos climáticos abruptos. Estos convincentes hallazgos han llevado a muchos paleoclimatólogos a sostener que la variabilidad solar desempeña un papel fundamental en la configuración del clima, una perspectiva que contradice la postura de los informes del IPCC. Si consideramos que los cambios en la actividad solar sólo tienen un impacto menor, resulta difícil explicar la ocurrencia de la Pequeña Edad de Hielo. Esto se debe a que no hubo cambios coincidentes en los niveles de CO_2 durante el período inicial de enfriamiento de 400 años ni erupciones volcánicas notables durante la mayor parte de la Pequeña Edad de Hielo.

El efecto de la actividad solar sobre el clima, según los informes del IPCC

Según el IPCC, el consenso científico predominante es que las variaciones de la actividad solar, ya sean a corto o largo plazo, tienen un efecto insignificante sobre el clima de la Tierra. Por el contrario, se cree que el efecto de calentamiento provocado por el aumento de los niveles de gases antrópicos de efecto invernadero es mucho mayor que cualquier influencia de las variaciones recientes de la actividad solar.

Los satélites llevan más de 40 años observando la emisión de energía del Sol y han constatado variaciones inferiores al 0,1%. Basándose en estos datos, el IPCC estima que el efecto de calentamiento de los GEI emitidos por las actividades humanas desde 1750 es más de 270 veces superior al pequeño calentamiento adicional aportado por el propio Sol durante el mismo periodo.

En su 6º Informe de Evaluación, el IPCC reconoce que la actividad solar en la segunda mitad del siglo XX superó la del 90% de los últimos 9.000 años. Sin embargo, se calcula que el aumento del forzamiento radiativo desde el Mínimo de Maunder (1645-1715) hasta la segunda mitad del siglo XX fue de sólo 0,09-0,35 W/m².[288]

El efecto de las variaciones solares sobre el clima se considera tan insignificante que, a pesar de una actividad solar muy elevada en comparación con la media del Holoceno, los modelos climáticos producen un enfriamiento en la

---

[288] Forster, P., et al., 2021. Climate Change 2021: The Physical Science Basis. 6th AR IPCC. pp.957–958. doi.org/10.1017/9781009157896.009

segunda mitad del siglo XX en ausencia de calentamiento antrópico (fig. 55, cap. 35). Esto se debe a la suposición de que la influencia combinada de tres erupciones volcánicas de intensidad moderada (Agung en 1963, El Chichón en 1982 y Pinatubo en 1991) superó los efectos del gran máximo solar del siglo XX.

Los efectos solares indirectos se ignoran

Los informes del IPCC y los modelos climáticos tienen en cuenta los efectos de las pequeñas variaciones de la irradiación solar total, tal y como se expone en el capítulo 2. Sin embargo, ignoran pruebas convincentes de que el Sol influye en el clima a través de mecanismos indirectos que implican cambios dinámicos en la circulación atmosférica. Desgraciadamente, estos efectos indirectos no se han incorporado adecuadamente a los modelos climáticos, lo que limita su representación.

He aquí algunas evidencias notables de la existencia de un importante efecto solar indirecto sobre el clima que es improbable que resulte de pequeños cambios en la insolación superficial:

- La señal del ciclo solar sobre la temperatura global asciende a 0,1°C. Esta señal es cuatro veces mayor de lo que cabría esperar sólo de los cambios de energía (cap. 28).
- Los cambios de temperatura inducidos por el ciclo solar muestran un patrón muy irregular en la superficie de la Tierra, con ciertas regiones cerca de 60°N que experimentan aumentos de temperatura de más de 1°C, mientras que otras regiones experimentan un enfriamiento (fig. 44a, cap. 28).
- El presupuesto de calor de los océanos tropicales muestra fluctuaciones de temperatura relacionadas con el ciclo solar que son casi diez veces mayores que las causadas únicamente por los cambios en la irradiación solar total (recuadro 14, cap. 17).
- Se han observado importantes efectos dinámicos asociados al ciclo solar en la atmósfera, que influyen en diversos fenómenos como la célula de Hadley, los chorros subtropicales, el vórtice polar, la corriente en chorro, los fenómenos de bloqueo invernal y el gradiente de presión entre la Baja de Islandia y la Alta de las Azores, entre otros (cap. 28).
- El Niño-Oscilación del Sur, una importante oscilación climática, muestra una respuesta al ciclo solar, especialmente en la determinación y frecuencia de los fenómenos de La Niña (figs. 28 y 29, cap. 18).
- La estratosfera polar experimenta variaciones de temperatura de hasta 10 °C como consecuencia del ciclo solar. Este efecto es particularmente pronunciado en invierno, cuando no hay radiación solar directa en esta región (fig. R22, cap. 29).
- El ciclo solar afecta a la velocidad de rotación de la Tierra, lo que no puede atribuirse únicamente a pequeños cambios en la irradiación solar total (fig. 47, cap. 30).

Una gran cantidad de evidencias documentadas en numerosos trabajos científicos apoyan la conclusión de que la influencia solar sobre el clima es principalmente de naturaleza atmosférica. Este efecto no puede atribuirse únicamente a pequeños cambios en la irradiación de la superficie. Por el contrario, las pruebas sugieren claramente que el acoplamiento estratosfera-troposfera es la fuente de origen de esta influencia. Se cree que los cambios en la radiación UV solar y su efecto sobre la capa de ozono inician la compleja vía de señalización que se analiza en detalle en el capítulo 29.

Los modelos climáticos no suelen reproducir correctamente estos efectos, en parte debido a su representación inadecuada de los fenómenos relacionados con el ozono y la estratosfera. Desgraciadamente, las evidencias científicas de estos efectos indirectos son ignoradas en los informes del IPCC. La conclusión del IPCC de que las variaciones de la actividad solar desempeñan un papel mínimo en el clima de la Tierra está influida por una selección sesgada de las evidencias. Una evaluación científica más neutral reconocería la abundancia de pruebas de que el Sol influye en el clima a través de vías indirectas que siguen estando mal caracterizadas pero que podrían tener efectos importantes.

Una consideración importante es que si aceptamos que el Sol tiene una mayor influencia en el clima, esto requeriría una reducción de la influencia de los GEI y aerosoles. Esto implica que la hipótesis de un efecto potenciado del CO_2 sobre el clima, tal como se propone actualmente, es errónea y debería revisarse en consecuencia.

La evidencia paleoclimática identifica la variabilidad solar como uno de los principales motores del cambio climático

Los informes del IPCC se basan en proxies paleoclimáticos para afirmar que el cambio climático actual es muy inusual y que las temperaturas actuales son probablemente las más altas desde hace mucho tiempo. Sin embargo, al examinar las consecuencias paleoclimáticas de variaciones pasadas en la actividad solar, los informes del IPCC consideran que la evidencia de los proxies es poco concluyente.

La evidencia no es en absoluto poco concluyente. En los últimos 11.700 años, ha habido cuatro periodos distintos de 200 años de menor actividad solar. Se conocen como grandes mínimos solares de tipo Spörer. Aunque estos periodos representan menos del 7% del Holoceno, coinciden con cuatro de sus eventos climáticos abruptos más notables. Estos eventos se caracterizaron por un enfriamiento sustancial y cambios importantes en los patrones de precipitación (cap. 23). Si la reducida actividad solar durante estos periodos desempeñó un papel en las extraordinarias condiciones climáticas que se produjeron, no podríamos excluir la posibilidad de que la elevada actividad solar observada durante la segunda mitad del siglo XX haya influido en la tendencia al calentamiento observada desde 1976.

Los científicos paleoclimáticos reconocen abiertamente una influencia solar significativa en el clima, un punto de vista que no se refleja adecuadamente en los informes del IPCC. Citemos algunas de sus perspectivas para enfatizar aún más este punto.

"A la vista de estos hallazgos, pedimos una evaluación multidisciplinar en profundidad del potencial de modulación solar del clima a escalas centenarias".[289]

"A escala centenaria, los sucesivos acontecimientos climáticos que jalonaron todo el Holoceno en el Mediterráneo central coincidieron con acontecimientos de enfriamiento asociados a afluencias de la desglaciación en la zona

---

[289] Rohling, E.J., et al., 2002. Clim. Dynam. 18 (7), pp.587–593.
   doi.org/10.1007/s00382-001-0194-8

del Atlántico Norte y a descensos de la actividad solar durante el intervalo de hace 11.700-7000 años, y a una posible combinación de circulación de tipo NAO y forzamiento solar desde hace aprox. 7000 años en Adelante".[290]

"Nuestros resultados implican que pequeñas variaciones en la irradiación solar indujeron cambios cíclicos pronunciados en los ambientes boreales de altas latitudes. También proporcionan pruebas de que los cambios a escala centenaria en el clima del Holoceno fueron similares entre las regiones subpolares del Atlántico Norte y el Pacífico Norte, posiblemente debido a los víncu-los Sol-océano-clima".[291]

La creencia de que las pruebas paleoclimáticas apoyan firmemente una influencia sustancial de las variaciones solares en el cambio climático a escalas de tiempo centenarias está muy extendida en este campo. Los tres influyentes trabajos citados anteriormente incorporan la experiencia de 50 autores muy respetados en el campo de la paleoclimatología. De los 28 trabajos que presentan pruebas indirectas del ciclo climático de 2.500 años analizado en el capítulo 23, 16 atribuyen explícitamente los cambios en el forzamiento solar como causa probable, mientras que sólo un estudio rechaza esta posibilidad.[292]

El IPCC practica una selección de pruebas con sesgo antisolar al no incluir estas evidencias paleoclimáticas y opiniones de expertos en sus informes.

Se necesita un gran efecto solar para explicar la Pequeña Edad de Hielo

Los patrones climáticos observados en los últimos 2000 años son coherentes con un ciclo milenario de actividad solar (fig. R21, cap. 23). El inicio de la Pequeña Edad de Hielo no puede atribuirse a cambios en los niveles de GEI, ya que el CO_2 permaneció invariable entre 1100 y 1500 d.C., cuando se produjo la mayor parte del enfriamiento. Tampoco las erupciones volcánicas pueden explicar la Pequeña Edad de Hielo, ya que no hubo erupciones volcánicas notables durante trescientos años, de 1460 a 1765. Sin reconocer el importante impacto de la baja actividad solar, las causas de la Pequeña Edad de Hielo siguen sin explicación.

La evidencia que pone de manifiesto este problema de explicabilidad procede de la aplicación de técnicas de identificación causal dentro de la teoría de sistemas. Estas técnicas permiten una comparación entre la identificación forzada, que utiliza forzamientos especificados por el IPCC, y la identificación libre, en la que no se asumen forzamientos específicos. Este análisis concluye que la actividad solar contribuye significativamente a explicar tanto el Periodo Cálido Medieval como la Pequeña Edad de Hielo. En consecuencia, se refuta la hipótesis del IPCC de una baja sensibilidad del clima a la actividad solar.[293]

[290] Magny, M., et al., 2013. Clim. Past, 9 (5), pp.2043–2071.
doi.org/10.5194/cp-9-2043-2013
[291] Hu, F.S., et al., 2003. Science, 301 (5641), pp.1890–1893.
doi.org/10.1126/science.1088568
[292] Vinós, J., 2022. Climate of the Past, Present and Future: A scientific debate. Critical Science Press. pp.67–88.
[293] de Larminat, P., 2016. Annu. Rev. Control, 42, pp.114–125.
doi.org/10.1016/j.arcontrol.2016.09.018

Cuatro razones para buscar una hipótesis mejor sobre el cambio climático

En los últimos cuatro capítulos hemos examinado a fondo los principales defectos de la hipótesis del efecto reforzado del CO_2 sobre el cambio climático, que en última instancia la convierten en una explicación insatisfactoria.

1. La hipótesis hace demasiado hincapié en los cambios de CO_2 como fuerza impulsora del cambio climático y, por tanto, no explica numerosos casos de variaciones climáticas pasadas que se produjeron independientemente de las fluctuaciones de CO_2. Esta limitación reduce gravemente su poder explicativo y la limita a explicar eficazmente sólo la tendencia de calentamiento más reciente observada desde 1976.

2. La hipótesis del efecto reforzado del CO_2 también contribuye a la confusión con respecto a la variabilidad climática interna al despreciar su importancia y presentarla como un proceso estocástico de paseo aleatorio. Sin embargo, este enfoque no reconoce la presencia de tendencias multidecadales, conocidas como regímenes climáticos, ni los cambios de fase sincronizados entre hemisferios. Estas observaciones sugieren que los modos regionales de variabilidad tienen su origen en un factor global subyacente. Además, la hipótesis ignora convenientemente el desplazamiento climático de 1997, que contradice sus premisas, al tiempo que atribuye selectivamente distintas explicaciones a algunos de sus efectos.

3. Otro defecto notable de la hipótesis del efecto reforzado del CO_2 es que ignora el papel fundamental de los cambios en el transporte de calor hacia los polos para explicar el calentamiento del Ártico e influir en las oscilaciones oceánicas multidecadales a escala mundial. Estos cambios en el transporte de calor han alterado las tendencias climáticas y han contribuido a un calentamiento pronunciado del Ártico, similar al que se produjo en la década de 1920. Aunque la hipótesis atribuye el calentamiento del Ártico únicamente a la amplificación ártica impulsada por factores de retroalimentación positiva, hay pruebas convincentes que indican que el aumento sustancial del transporte de calor hacia el Ártico desde 1997, y no sólo los factores de retroalimentación, es el principal impulsor de este fenómeno de calentamiento.

4. La hipótesis ignora flagrantemente la evidencia sustancial de que las variaciones solares ejercen una influencia significativa en el clima, mucho más allá de lo que cabría esperar sólo por la energía implicada. Esta influencia no se debe a que el clima sea excesivamente sensible a tales cambios, sino a que la variabilidad solar opera a través de un mecanismo indirecto y no lineal dentro de la atmósfera. Aunque los detalles de este mecanismo aún no se conocen del todo, numerosas pruebas, como los cambios en la velocidad de rotación de la Tierra, apoyan firmemente su existencia.

Lamentablemente, los informes del IPCC favorecen claramente la hipótesis del efecto reforzado del CO_2 sobre el cambio climático, omitiendo selectivamente las pruebas que la contradicen y restando importancia a las dudas e incertidumbres sobre sus principales afirmaciones.

En resumen

La evaluación de la influencia solar en el clima se queda corta en los informes del IPCC porque no se consideran adecuadamente importantes efectos indirectos y se ignoran importantes pruebas paleoclimáticas de una fuerte influencia solar. Desgraciadamente, los modelos climáticos son de poca ayuda para comprender estos mecanismos indirectos debido a los limitados conocimientos de sus vías asociadas y a las deficiencias en la representación de la estratosfera. Además, la hipótesis del efecto reforzado del CO_2 tiene dificultades para explicar la multitud de cambios climáticos que se han producido independientemente de variaciones sustanciales del CO_2. No reconoce la existencia de distintos regímenes y desplazamientos climáticos que influyen en las tendencias de la temperatura, que están estrechamente vinculados a los cambios en el transporte de calor hacia los polos, y definen las fases de los modos internos de variabilidad climática. En particular, la hipótesis erróneamente afirma que el reciente calentamiento del Ártico se debe únicamente a la amplificación del Ártico impulsada por la retroalimentación, en lugar de reconocer que se trata de un fenómeno relacionado con el transporte, como apoyan evidencias sustanciales.

SECCIÓN 10 CUESTIONES CLAVE

Al hacer que el clima sea excesivamente sensible al calentamiento o enfriamiento por cualquier causa mediante una gran respuesta de retroalimentación, la hipótesis del efecto reforzado del CO_2 consigue que los cambios en el CO_2 sean el principal motor del cambio climático a pesar de su pequeño efecto directo sin retroalimentación. Esto requiere que las causas naturales tengan un efecto pequeño sobre las temperaturas; de lo contrario, la respuesta de retroalimentación a ellas también sería muy grande. Como resultado, esta hipótesis no puede explicar muchos cambios climáticos del pasado que sucedieron sin cambios significativos en los niveles de CO_2.

La hipótesis del efecto reforzado del CO_2 trata la variabilidad climática interna como el resultado de procesos estocásticos aleatorios, sin reconocer la existencia de regímenes climáticos multidecadales con cambios de fase sincronizados entre hemisferios. Ignora el desplazamiento climático de 1997, que contradice sus premisas, y atribuye erróneamente sus efectos a otras explicaciones.

Esta hipótesis ignora el papel fundamental de los cambios en la circulación atmosférica mundial y el transporte de calor hacia los polos para explicar el calentamiento del Ártico e influir en las oscilaciones oceánicas multidecadales a escala mundial. Descarta el papel de los cambios en el transporte de calor como causa del cambio climático global basándose en suposiciones no demostradas.

Esta hipótesis ignora de forma flagrante las pruebas sustanciales de que las variaciones solares ejercen una influencia significativa en el clima, mucho más allá de lo que cabría esperar sólo por la energía implicada. Esta influencia no se debe a que el clima sea excesivamente sensible a tales cambios, sino a que la variabilidad solar opera a través de un mecanismo indirecto y no lineal dentro de la atmósfera.

La hipótesis predominante no explica adecuadamente una propiedad fundamental del clima, el transporte de calor hacia los polos. Se necesitan nuevas hipótesis que sí lo hagan.

Sección 11. La Hipótesis del Portero de Invierno

CAPÍTULO 39
UN REINO DE HIELO CON MURALLAS DE VIENTO

Cada invierno, el vórtice polar se forma en la atmósfera alrededor de las regiones polares, creando una región extremadamente fría donde el calor debe ser transportado desde latitudes más bajas. Dentro del vórtice, la atmósfera se vuelve muy transparente a la radiación infrarroja. Los vientos que forman el vórtice polar son excepcionalmente fuertes y actúan como una barrera que restringe fuertemente el transporte de calor. La fuerza del vórtice determina la cantidad de calor transportado al Ártico durante el invierno y, por tanto, la cantidad de calor que pierde el sistema climático a través de la radiación de onda larga saliente. Las pruebas científicas demuestran que entre 1976 y 1997, el vórtice polar fue más fuerte, caracterizado por vientos circundantes más rápidos, lo que provocó un enfriamiento invernal en el Ártico. Desde 1997, sin embargo, el vórtice se ha debilitado, provocando un calentamiento invernal acelerado en el Ártico en relación con el resto del planeta.

El Ártico en invierno

A medida que se acerca el invierno en el Ártico, las horas de luz disminuyen rápidamente, provocando un descenso de las temperaturas. El aire más frío hace que la humedad de la atmósfera se condense. Debido a la rotación de la Tierra, los vientos cercanos a los polos tienden a circular siguiendo un patrón ciclónico (en sentido contrario a las agujas del reloj en el hemisferio norte). Esta circulación está impulsada por el transporte de momento angular a través de la atmósfera (recuadro 6, cap. 9). Como resultado, los vientos soplan en la misma dirección que la rotación de la Tierra cuando están más cerca del polo. A finales del otoño, el contraste de temperaturas entre los trópicos y el Ártico se intensifica, acelerando los vientos del oeste. Este proceso conduce a la formación del vórtice polar.

Los vórtices polares son un fenómeno natural en todos los planetas en rotación con atmósfera. En la Tierra se producen dos vórtices polares en invierno, uno en la troposfera y otro en la estratosfera, como se explica en el recuadro 7 (cap. 11). El vórtice troposférico está influido por los cambios en el vórtice estratosférico, lo que indica su acoplamiento.

Durante la transición del otoño al invierno, el Ártico experimenta un enfriamiento progresivo. Como consecuencia, la superficie se congela, liberando el calor latente almacenado en el agua desde el anterior deshielo primaveral. Sin embargo, este calor se pierde ahora hacia el espacio a través de un proceso denominado enfriamiento radiativo. Las emisiones infrarrojas continúan en la oscuridad polar, favorecidas por la sequedad de la atmósfera.

Debido a la falta de vapor de agua en el aire, el cielo de la noche polar permanece mayoritariamente despejado durante todo el invierno. Las nubes y las nevadas suelen producirse cuando tormentas procedentes de latitudes más bajas alcanzan las regiones polares. Sin embargo, los cielos despejados se restablecen rápidamente gracias a dos factores clave: las inversiones térmicas, que hacen que la superficie se enfríe más que el aire que hay sobre ella, y el fuerte enfriamiento radiativo desde la parte alta de las nubes.

En invierno, las regiones polares parecen una región de otro planeta. La atmósfera es excepcionalmente transparente a la radiación infrarroja, como en ningún otro lugar de la Tierra en los últimos 540 millones de años. Comprender las extraordinarias condiciones de estas regiones es fundamental para entender el cambio climático en nuestro planeta. En invierno, el Ártico no recibe luz solar y la atmósfera contiene cantidades mínimas de vapor de agua, lo que provoca un efecto invernadero muy disminuido. Como consecuencia, se produce un pronunciado enfriamiento radiativo que provoca la disipación del calor. La principal fuente de calor se encuentra en latitudes más bajas, pero para ser transportado debe atravesar el muro de viento del vórtice polar.

Una barrera de viento limita el transporte de calor

La figura 59, tomada de un estudio reciente sobre la correlación entre la actividad solar y la circulación atmosférica a través del vórtice polar estratosférico, pone de relieve dos aspectos relacionados de este fenómeno.[294] La figura 59a muestra los fuertes vientos que forman las paredes del vórtice. Estos vientos pueden alcanzar velocidades sostenidas de 160 km/h, creando una barrera formidable que restringe la circulación hacia el polo responsable del transporte de calor y humedad. Las velocidades negativas indican vientos del este.

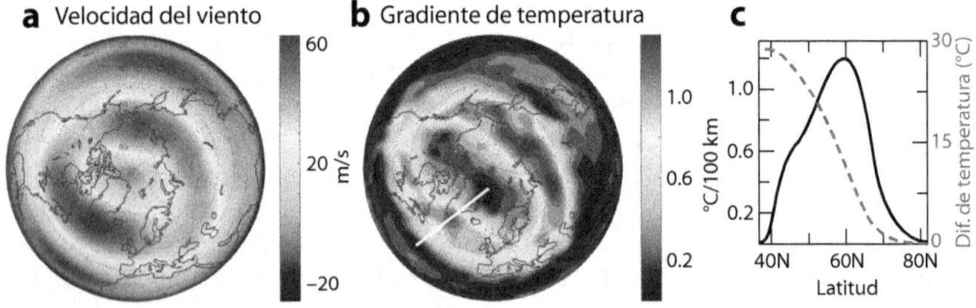

Figura 59. El vórtice polar. a) Velocidad del viento estratosférico en enero de 2005. Las velocidades de viento positivas corresponden a vientos del oeste. b) Gradiente de temperatura en la estratosfera en enero de 2005. c) Gradiente de temperatura (línea negra) y diferencia de temperatura (línea de trazos gris) correspondientes al transecto blanco en b).

El efecto barrera es evidente en la Figura 59b, donde el gradiente de temperatura es mayor que en cualquier otra parte del hemisferio. Este gradiente separa abruptamente el aire extremadamente frío del interior del vórtice del aire mucho más cálido del exterior. La pared de viento del vórtice actúa como una barrera formidable, bloqueando la entrada de aire más cálido en las regiones polares.

La figura 59c representa gráficamente los valores correspondientes al transecto blanco indicado en la figura 59b. El gráfico muestra el prominente gradiente de temperatura (línea negra) que alcanza su punto máximo a 60°N. Este

---

[294] Figura de Veretenenko, S., 2022. Atmosphere, 13 (7), p.1132.
doi.org/10.3390/atmos13071132

gradiente de temperatura mantiene una diferencia de temperatura de 30°C entre los dos lados del vórtice (línea de trazos gris).

La importancia del vórtice polar se hace evidente cuando consideramos las consecuencias de su debilitamiento. En tales casos, el aire cálido procedente de latitudes más bajas penetra en la región ártica y se eleva por encima del aire polar frío. Este desplazamiento provoca la expulsión de importantes masas de aire frío del Ártico hacia las latitudes medias del hemisferio norte. Como resultado, estas regiones experimentan condiciones invernales inusualmente frías. Este fenómeno se ha hecho cada vez más frecuente durante las dos primeras décadas del siglo XXI.

Pero para comprender plenamente el cambio climático, también deberíamos observar el vórtice polar desde la perspectiva opuesta: cómo afectan sus cambios a las condiciones dentro del vórtice. Durante el invierno, el Ártico carece de una fuente de calor y depende del calor transportado a través de la atmósfera desde el exterior del vórtice polar. Esto se debe principalmente a la contribución limitada del océano al presupuesto energético del Ártico en invierno (cap. 10 y 16). Una vez que la mayor parte del océano queda cubierta por el hielo marino, su capacidad para transferir calor a la atmósfera se reduce considerablemente. Como el Ártico recibe más calor de las latitudes medias que la Antártida, se convierte en la región del planeta con mayor pérdida neta de energía. A lo largo de este libro, nos hemos referido a ella como el mayor sumidero de calor hacia el espacio.

El Ártico se calienta más en invierno con un vórtice polar debilitado debido al aumento en la entrada de calor. Como consecuencia, emite más energía infrarroja al espacio, lo que provoca una mayor pérdida de energía del sistema climático. Este efecto es inevitable y no puede compensarse en otros lugares porque el efecto invernadero en el Ártico es considerablemente más débil en invierno que en otras regiones. Dado que el efecto invernadero más débil aumenta la eficacia del enfriamiento radiativo infrarrojo, el transporte de más calor hacia el Ártico en invierno conduce inevitablemente a una mayor reducción del contenido energético del sistema climático.

El transporte de calor hacia el Ártico durante el invierno desempeña un papel crucial en la dinámica del cambio climático, y el vórtice polar actúa como una formidable barrera a esta transferencia de calor. Sin embargo, es importante señalar que la fuerza de este muro de viento varía de un invierno a otro, como una puerta que puede estar más abierta o más cerrada.

Transporte de calor estratosférico y troposférico

Durante el invierno, el calor se transporta al Ártico a través de la estratosfera y la troposfera. Los capítulos 13-16 ofrecen una visión completa del transporte hacia los polos en ambas capas. En concreto, la estratosfera aporta el 20% del transporte de calor atmosférico hacia los polos a partir de los 70°N durante el invierno.[295] Sin embargo, la mayor parte de este calor se pierde en forma de radiación de onda larga saliente. Del mismo modo, una fracción sustancial del calor transportado por la troposfera se pierde por el mismo mecanismo debido al balance energético negativo del Ártico en invierno.

---

[295] Cardinale, C.J., et al., 2021. J. Clim. 34 (11), pp.4261–4278.
doi.org/10.1175/JCLI-D-20-0722.1

La figura 60 muestra cómo se transporta el calor al Ártico en invierno a través de las dos capas de la atmósfera. Aunque estos transportes en la estratosfera y la troposfera están influidos de forma diferente por diversos factores, no son completamente independientes. El acoplamiento ascendente se produce en la tropopausa tropical, donde la mayor parte del aire estratosférico procede del movimiento ascendente de la circulación de Brewer-Dobson. Además, las ondas planetarias (recuadro 10, cap. 14) desempeñan un papel en el impulso de la circulación de Brewer-Dobson, debilitando el vórtice polar y contribuyendo a un acoplamiento ascendente adicional. Por otro lado, los cambios en el vórtice polar conducen a un acoplamiento descendente.

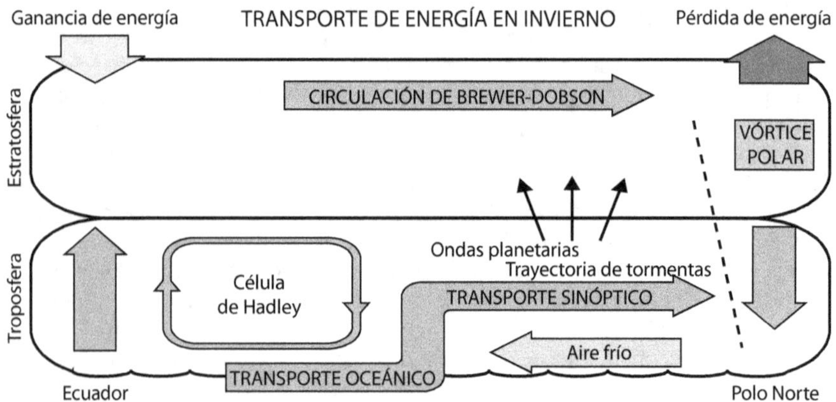

Figura 60. Esquema del transporte meridional en invierno (I). La mayor ganancia neta de energía del sistema se produce en los trópicos, mientras que la mayor pérdida neta de energía se produce en las regiones polares en invierno. Las flechas en gris medio representan el transporte de calor entre estas dos zonas.

Gran parte del calor transportado por los océanos tropicales se transfiere a la atmósfera más allá de la posición de la célula de Hadley. A partir de esta latitud, los sistemas meteorológicos a gran escala (sinópticos) desempeñan un papel crucial en el transporte de calor hacia los polos a través de las rutas de tormentas.

El transporte meridional de calor está vinculado a la fuerza del vórtice

Comprender el complejo proceso de cómo se desplaza el calor desde los trópicos hacia los polos es una tarea ardua. Implica muchas variables, lo que explica por qué nuestra comprensión científica de este aspecto vital del sistema climático es tan pobre. Sin embargo, una cosa está clara: para que el calor llegue al Ártico en invierno, la mayor parte debe atravesar la barrera creada por el vórtice.

La fuerza del vórtice varía de un invierno a otro. En algunos inviernos, los vientos zonales responsables del mantenimiento del vórtice se debilitan, haciendo que la corriente en chorro serpentee. Estos meandros permiten una mayor entrada de aire cálido en el Ártico, lo que provoca la liberación de más aire frío. El resultado son unas duras condiciones invernales en las latitudes medias boreales. Sin embargo, al igual que otros aspectos del transporte de calor, la fuerza del vórtice muestra tendencias a largo plazo que duran décadas. Estas tendencias en la fortaleza del vórtice desempeñan un papel crucial en la configuración de la evolución de las temperaturas invernales del Ártico a lo largo del tiempo.

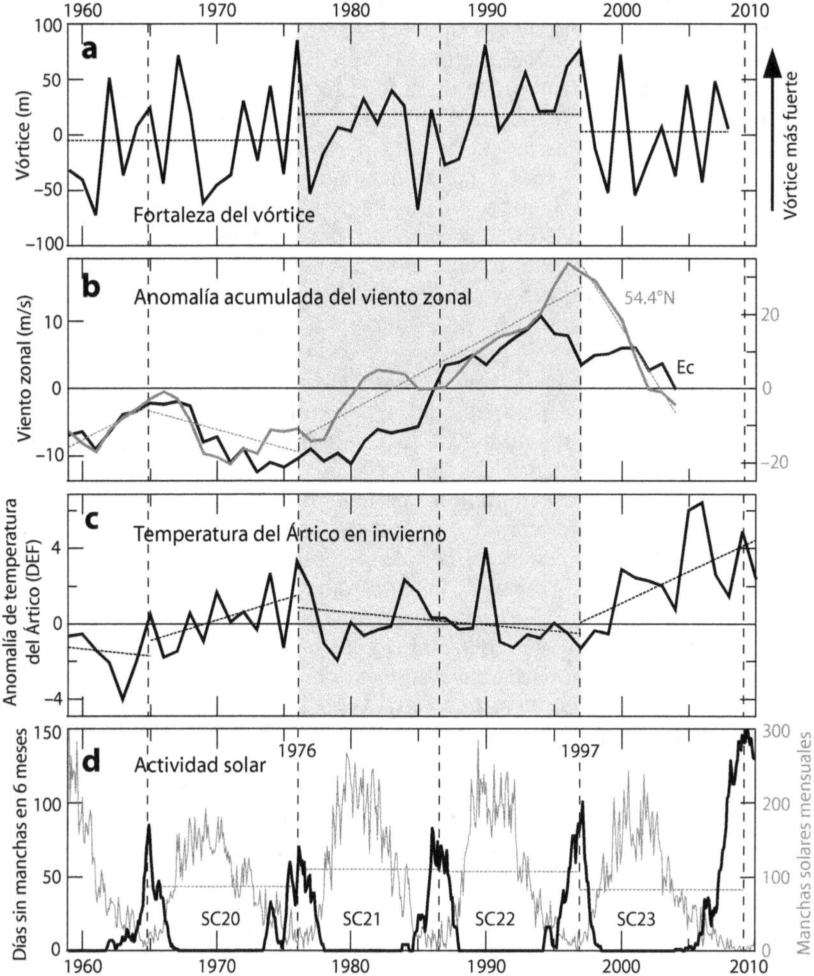

Figura 61. Vórtice polar, viento zonal, temperatura ártica y ciclo solar. Las líneas verticales discontinuas corresponden a los mínimos del ciclo solar. La zona gris corresponde al régimen climático de bajo transporte entre 1976-1997. Las líneas de puntos corresponden a las tendencias lineales, o a los valores medios si son horizontales, de los distintos periodos considerados.

La figura 61a ofrece un análisis de la fortaleza interanual del vórtice invernal. El gráfico muestra un claro cambio de patrón bianual, como señala el autor del estudio.[296] En particular, también muestra un periodo entre 1976 y 1997 en

---

[296] Datos de reanálisis de NCEP en Christiansen, B., 2010. J. Clim. 23 (14), pp.3953–3966. doi.org/10.1175/2010JCLI3495.1

el que el vórtice tuvo una fortaleza media superior, indicada por las líneas de puntos del gráfico. En consecuencia, los inviernos con vórtices débiles fueron menos frecuentes durante este periodo. Desde 1997, sin embargo, se ha producido un debilitamiento medio del vórtice, lo que ha dado lugar a un resurgimiento de los inviernos con vórtices débiles. Este fenómeno arroja luz sobre el aumento de la frecuencia de los inviernos fríos, que ha desconcertado a los climatólogos porque los modelos climáticos predicen lo contrario.[297]

El vórtice polar fue más fuerte durante el régimen climático de 1976-1997 (fig. 61, zona gris). Esto se atribuyó a vientos zonales más rápidos, lo que indica una menor actividad de las ondas atmosféricas. En particular, entre 1976 y 1997, la velocidad del viento zonal se mantuvo sistemáticamente por encima de la media durante la mayor parte de los inviernos. Esta tendencia queda ilustrada por el valor acumulado de la anomalía de la velocidad del viento zonal, que aumentó continuamente durante esos años. Sin embargo, se produjo un cambio significativo después de 1997, cuando la velocidad del viento zonal fue predominantemente inferior a la media durante la mayor parte de los inviernos (fig. 61b).[298]

Cuando el vórtice polar se fortalece debido a la mayor velocidad de los vientos, se produce un enfriamiento del Ártico en invierno. Esto ocurre porque el reforzado vórtice supone un mayor obstáculo para que el calor penetre en la región ártica. Como resultado, la anomalía de la temperatura de superficie en la región 80-90°N disminuyó durante el periodo 1976-1997, que se caracterizó por la mayor fortaleza del vórtice. Sin embargo, se produjo un cambio significativo después de 1997, cuando el vórtice se debilitó, lo que provocó un fuerte aumento de la anomalía invernal de la temperatura superficial (fig. 61c).[299]

Los años 1976 y 1997 mostraron una actividad solar mínima, lo que sirvió de separación entre dos ciclos solares. Esto queda patente en el número de días sin manchas solares (fig. 61d). Cabe destacar que el régimen climático de alto transporte de 1976 a 1997 tuvo una actividad solar media más alta que el periodo posterior a 1997.[300]

Implicaciones de los cambios en el transporte invernal de calor hacia los polos para el desequilibrio energético de la Tierra

Este libro presenta una hipótesis de cambio climático centrada en el efecto de las variaciones en la cantidad de calor que llega al Ártico durante el invierno. Las condiciones invernales distinguen a los polos del resto del planeta porque facilitan que el calor escape al espacio a través de la radiación de onda larga saliente. A pesar de ser regiones extremadamente frías, experimentan una pérdida sustancial de energía porque la emisión infrarroja es proporcional a la temperatura en la escala absoluta (Kelvin). La temperatura media de la superficie de la Tierra en la escala Kelvin es de 287,65 K (14,5 °C), mientras que el

---

[297] Cohen, J., et al., 2020. Nat. Clim. Change, 10 (1), pp.20–29.
doi.org/10.1038/s41558-019-0662-y
[298] Lu, H., et al., 2008. J. Geophys. Res. Atmos. 113, D10114.
doi.org/10.1029/2007JD009647
[299] Datos del Instituto Meteorológico Danés.
ocean.dmi.dk/arctic/meant80n_anomaly.uk.php
[300] Datos de SILSO. www.sidc.be/SILSO/home

Ártico tiene una temperatura invernal media de 243,15 K (–30 °C), sólo un 15% inferior. Algunos científicos están preocupados por la duplicación de CO_2 en la atmósfera, ya que se piensa que el CO_2 contribuye en un 19% al efecto invernadero (tabla 1, cap. 7). Sin embargo, el efecto directo de este aumento por sí solo supondría un pequeño aumento del efecto invernadero total, ya que el efecto del aumento de CO_2 disminuye logarítmicamente con su concentración. Por otra parte, el efecto invernadero en el Ártico durante el invierno es inferior a la mitad de la media mundial debido a la mínima presencia de vapor de agua y, en consecuencia, de menos nubes.

El aumento o la disminución del calor transportado al Ártico durante el invierno afecta directamente a la cantidad de energía irradiada hacia el exterior por el sistema climático. Cuando se transporta más calor, se pierde más energía. A la inversa, cuando se transporta menos calor, se conserva más energía. Este fenómeno constituye la base de esta nueva hipótesis, conocida como "hipótesis del portero de invierno". La hipótesis tiene en cuenta la variabilidad del transporte de calor hacia las regiones polares. La mayor parte de este transporte debe atravesar una barrera, el vórtice polar. Varios "porteros" influyen en la cantidad de calor que atraviesa esta barrera, a menudo trabajando en direcciones opuestas. La hipótesis se desarrolló inicialmente a partir de la evidencia de que los cambios en la cantidad de calor transportado al Ártico estaban implicados en algunas características inexplicables del cambio climático. Pronto quedó claro que esta vía era compartida por varios factores causales, entre los que destacaban los cambios en la actividad solar.

Dado que el transporte de calor de los trópicos a los polos es uno de los aspectos más complejos y menos comprendidos del clima de la Tierra, serán necesarios varios capítulos para explicar la hipótesis en detalle. La información científica necesaria para comprender su complejidad se ha proporcionado en los capítulos anteriores.

Una de las principales deficiencias de las teorías actuales sobre el cambio climático es que pasan por alto la importante heterogeneidad del efecto invernadero en nuestro planeta. Esta variabilidad es el resultado de los cambios en la concentración del principal gas de efecto invernadero, el vapor de agua, que oscila entre el cero y el tres por ciento en la troposfera inferior entre las regiones polares en invierno y los trópicos. Debido a esta importante variabilidad del efecto invernadero, el transporte de cantidades variables de calor de los trópicos a los polos no mantiene la neutralidad climática. Por el contrario, actúa como un motor ignorado del cambio climático al alterar el flujo radiativo en la cima de la atmósfera. En consecuencia, los cambios en el transporte de calor provocan cambios en el desequilibrio energético de la Tierra, lo que en última instancia conduce al cambio climático.

¿Qué importancia tiene este efecto de forzamiento? Las pruebas paleoclimáticas analizadas en los capítulos 44 y 45 sugieren que es muy importante y probablemente el principal impulsor del cambio climático. Para utilizar una analogía sencilla, aumentar los niveles de CO_2 podría ser como instalar doble acristalamiento en las ventanas de una casa, mientras que cambiar el transporte de calor a las regiones polares podría ser como tener una ventana abierta o cerrada todo el tiempo en invierno. Antes de sustituir la calefacción de gas de la casa por una bomba de calor eléctrica, sería buena idea revisar esa ventana.

En resumen

Durante el invierno, las regiones polares presentan características únicas, sobre todo en lo que se refiere a su débil efecto invernadero. El calor se transporta desde latitudes más bajas hasta estas regiones, donde se irradia eficazmente al espacio. Sin embargo, la formación del vórtice polar actúa como una importante barrera, limitando la pérdida de calor del sistema climático. En consecuencia, el vórtice polar desempeña un papel fundamental en la regulación del cambio climático. Las pruebas científicas sugieren que los distintos regímenes climáticos, como el periodo comprendido entre 1976 y 1997, se caracterizan por diferentes grados de fortaleza del vórtice polar, que se corresponden con el nivel de transporte de calor a los polos que define cada régimen.

La hipótesis del portero de invierno sobre el cambio climático se basa en la idea de que el transporte variable de calor en invierno hacia las regiones polares provoca cambios en el flujo radiativo en la cima de la atmósfera. En apoyo de esta hipótesis, las pruebas paleoclimáticas indican que es el principal motor del cambio climático en todas las escalas temporales.

Capítulo 40
Múltiples Porteros

Varios factores influyen en el transporte de calor en invierno hacia el Ártico a través del vórtice polar. Entre ellos se encuentran las erupciones volcánicas, la Oscilación Cuasi-Bienal, El Niño-Oscilación del Sur, las oscilaciones oceánicas multidecenales y la actividad solar. Estos factores actúan como "porteros" que regulan el paso del calor a través del vórtice polar. Los cambios en el transporte hacia el Ártico en invierno afectan a la cantidad de energía que la Tierra emite al espacio. Por tanto, estos porteros constituyen forzamientos climáticos que pueden modificar el clima. Sin embargo, interactúan entre sí, afectando al transporte y modificando sus efectos, a veces reforzándose u oponiéndose entre sí y al transporte de calor. Es importante señalar que el impacto climático de cada portero varía en diferentes escalas temporales. Las erupciones volcánicas, la Oscilación Cuasi-Bienal y El Niño-Oscilación del Sur tienen efectos a corto plazo. En cambio, las oscilaciones oceánicas multidecadales establecen regímenes climáticos que duran décadas, y los cambios en la actividad solar pueden durar décadas o incluso siglos.

Múltiples modulaciones del transporte de calor hacia los polos

La circulación global del océano y la atmósfera es muy compleja, con múltiples modos de variabilidad, oscilaciones, teleconexiones y modulaciones. Sin embargo, en el fondo, esta complejidad se debe a una causa subyacente sencilla: el transporte variable de energía desde su punto de entrada hasta su punto de salida. Esta variable climática fundamental es decisiva para determinar el gradiente latitudinal de temperatura y, en última instancia, si el planeta atraviesa un periodo glacial, interglacial o de horno.

Para comprender el impacto de los cambios en el transporte de calor hacia el Ártico sobre el clima global, es esencial estudiar las causas de la variabilidad del transporte meridional. La atmósfera desempeña un papel clave en este proceso, transportando calor a través de dos vías interconectadas: la estratosfera y la troposfera. Sobre las cuencas oceánicas, tanto la atmósfera como el océano contribuyen a este transporte. Estas dos vías atmosféricas están estrechamente acopladas, y el acoplamiento más fuerte se produce en invierno. Es entonces cuando los contrastes de temperatura y la generación de ondas atmosféricas en la troposfera son más intensos, dando lugar al desarrollo del vórtice polar y a pronunciados gradientes de temperatura en la estratosfera.

El transporte de calor en la estratosfera está influido por varios factores que afectan a los gradientes de temperatura en función de la latitud y altitud. Estos factores incluyen el ozono, la actividad solar, los aerosoles volcánicos y la Oscilación Cuasi-Bienal. Todos ellos afectan a la fortaleza de la circulación zonal del viento y desempeñan un papel en la determinación del grado de transmisión de las ondas planetarias que impulsan el transporte de calor en la estratosfera.

El Niño-Oscilación del Sur interviene en el transporte troposférico y se ve influido por sus condiciones. Sin embargo, también actúa como regulador del transporte estratosférico al influir en la fuerza de la circulación de

Brewer-Dobson.[301] Esta implicación en la dinámica estratosférica contribuye al acoplamiento entre el transporte estratosférico y el troposférico. Además, los científicos han observado interacciones entre la actividad solar, la Oscilación Cuasi-Bienal y El Niño-Oscilación del Sur, que influyen colectivamente en las condiciones estratosféricas que determinan el transporte meridional.[302]

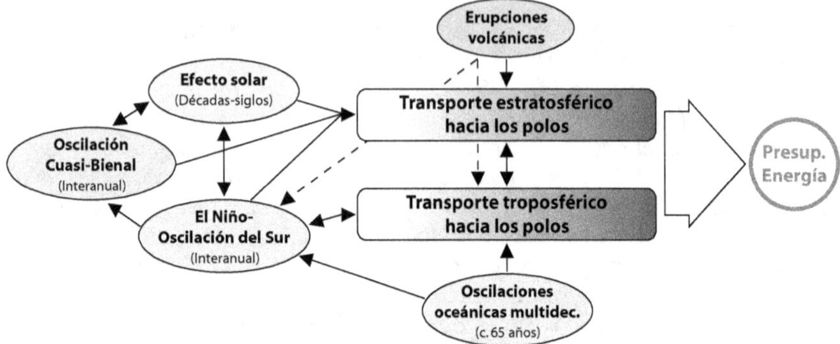

Figura 62. Diagrama de transporte de calor hacia el polo. Los óvalos son los factores porteros que modulan el transporte de calor y determinan la cantidad de calor que llega al Ártico en invierno, afectando al presupuesto energético planetario. Las flechas sólidas indican interacciones conocidas y las discontinuas, interacciones indirectas.

Como se discute en el capítulo 25, las erupciones volcánicas tienen varios efectos dinámicos, principalmente afectando directamente al transporte de calor hacia los polos en la estratosfera e indirectamente en la troposfera. Así, las fuertes erupciones volcánicas tropicales pueden provocar un calentamiento en invierno en el hemisferio norte. Esto se produce al reforzar el vórtice polar y al mismo tiempo inducir las condiciones de El Niño en el Pacífico.

Las oscilaciones oceánicas multidecadales son los principales modos de variabilidad interna. Estas oscilaciones experimentan cambios de fase coordinados (recuadro 16, cap. 19), estableciendo distintos regímenes climáticos (cap. 31-34). Estos regímenes se caracterizan por intensidades de transporte y fortalezas de vórtice medias específicas, como se ha comentado en el capítulo anterior (fig. 61, cap. 39). Su impacto sobre el clima es sustancial, ya que el transporte de calor troposférico hacia el polo a través del sistema acoplado atmósfera-océano representa la mayor parte del transporte de calor hacia el Ártico en invierno. Las oscilaciones oceánicas multidecadales fueron responsables del calentamiento a principios del siglo XX y del enfriamiento a mediados del siglo XX. También han contribuido al calentamiento a finales del siglo XX y siguen influyendo en el régimen climático a principios del siglo XXI.

---

[301] Domeisen, D.I., et al., 2019. Rev. Geophys. 57 (1), pp.5–47. doi.org/10.1029/2018RG000596

[302] Labitzke, K., 1987. Geophys. Res. Lett. 14 (5), pp.535–537. doi.org/10.1029/GL014i005p00535 Calvo, N. & Marsh, D.R., 2011. J. Geophys. Res. Atmos. 116, D23112. doi.org/10.1029/2010JD015226 Salby, M. & Callaghan, P., 2000. J. Clim. 13 (2), pp.328–338. doi.org/10.1175/1520-0442(2000)013<0328:CBTSCA>2.0.CO;2 Taguchi, M., 2010. J. Geophys. Res. Atmos. 115, D18120. doi.org/10.1029/2010JD014325

Interacción entre los porteros del transporte ártico

El transporte de calor a través del vórtice polar es un proceso complejo en el que influyen muchos factores, como se muestra en la figura 62. Estos factores pueden considerarse los porteros del vórtice polar, que influyen en él regulando la generación y propagación de las ondas planetarias. La propagación de estas ondas depende de la velocidad zonal del viento en la estratosfera, que está fuertemente influenciada por los gradientes latitudinales y verticales de temperatura, así como por la fase de la Oscilación Cuasi-Bienal.

Los cinco porteros del vórtice están interconectados y se influyen mutuamente. Sin embargo, en un invierno determinado, pueden tener efectos opuestos sobre el transporte de calor. La integración espacial y temporal de sus señales es muy compleja y requerirá un esfuerzo considerable por parte de los científicos para desentrañarla. Para ilustrar sus efectos a través de las latitudes, podemos incluirlos en el diagrama de transporte presentado en el capítulo anterior (fig. 60).

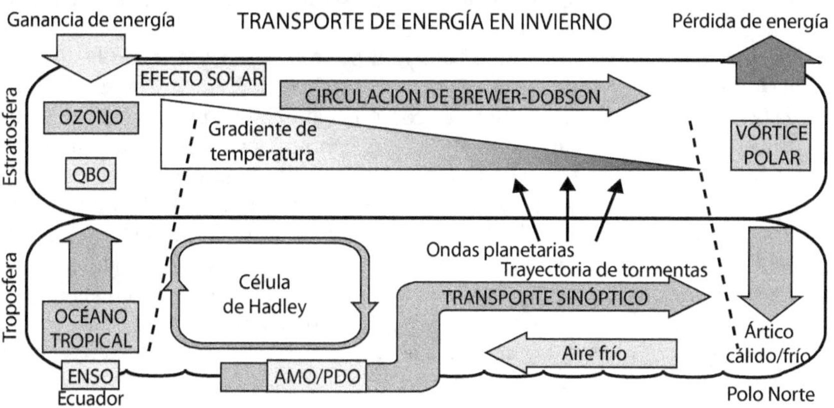

Figura 63. Esquema del transporte meridional en invierno (II). La capa de ozono y el océano tropical definen los principales puntos de entrada de energía en términos de transporte de calor, y la región delimitada por el vórtice polar es el principal punto de salida neta. El efecto solar resultante de la interacción ozono-UV, la Oscilación Cuasi-Bienal (QBO), El Niño-Oscilación del Sur (ENSO) y las oscilaciones oceánicas multidecadales, representadas por la Oscilación Multidecadal del Atlántico (AMO) y la Oscilación Decadal del Pacífico (PDO), son los principales moduladores del transporte de calor que determinan la cantidad de calor que llega al Ártico y actúan como porteros del vórtice polar.

La energética climática pone de relieve tres lugares críticos para el transporte de calor. En primer lugar, la capa de ozono de la estratosfera tropical recibe la mayor parte de la energía ultravioleta. En segundo lugar, el océano tropical recibe la mayor parte de la energía solar entrante. Por último, en invierno, la región situada en el interior del vórtice polar constituye el principal sumidero neto de energía, tal y como se ha comentado en el capítulo anterior.

El calor del océano tropical se transporta a los polos de tres maneras. En primer lugar, la convección transporta parte del calor hacia la estratosfera, formando la rama ascendente de la circulación de Brewer-Dobson. En segundo lugar, la circulación de Hadley transporta otra parte a través de la troposfera. Por último, el propio océano contribuye al transporte. El estado de El Niño-Oscilación del Sur modula la distribución de esta energía. Durante La Niña, el transporte oceánico se ve favorecido, mientras que las condiciones neutras aumentan el transporte atmosférico. Por el contrario, El Niño dirige una cantidad importante de calor oceánico hacia la estratosfera y la troposfera. Los científicos han estudiado extensamente el efecto portero de El Niño sobre el vórtice polar, que es evidente en las temperaturas estratosféricas polares mostradas en la figura R23 (cap. 29).[303]

Aunque la capa de ozono absorbe algo más del 1% de la energía solar total (la parte UV), representa el 5% de la absorción de energía por la atmósfera. Cabe destacar que su absorción varía treinta veces más con la actividad solar que la del espectro visible. Esta variabilidad contribuye a importantes cambios radiativos y dinámicos en la estratosfera a lo largo del ciclo solar. Dado que la estratosfera tiene una densidad media 25 veces menor que la troposfera, el efecto de la energía solar absorbida sobre la temperatura estratosférica es enorme. Sin ozono, la estratosfera sería 50 °C más fría y la tropopausa no existiría. Curiosamente, la capa de ozono es una característica única de la Tierra, ya que ningún otro planeta conocido la posee.

La presencia de ozono en la estratosfera permite la absorción de la energía solar, lo que a su vez conduce al establecimiento de un gradiente de temperatura. Este gradiente depende de factores como la cantidad de energía ultravioleta, la cantidad de ozono y su distribución. Los cambios en la actividad solar desencadenan una respuesta del ozono, que afecta a este gradiente de temperatura y da lugar a un efecto solar en la estratosfera: el portero solar. Durante el invierno, la circulación zonal del viento, caracterizada por los vientos del oeste, responde a las variaciones de este gradiente de temperatura provocadas por los cambios en la actividad solar. Esto afecta a la propagación de las ondas planetarias en la estratosfera (fig. 67, cap. 42). Estas ondas planetarias desempeñan un papel clave en el impulso de la circulación de Brewer-Dobson y ejercen un efecto de debilitamiento del vórtice.

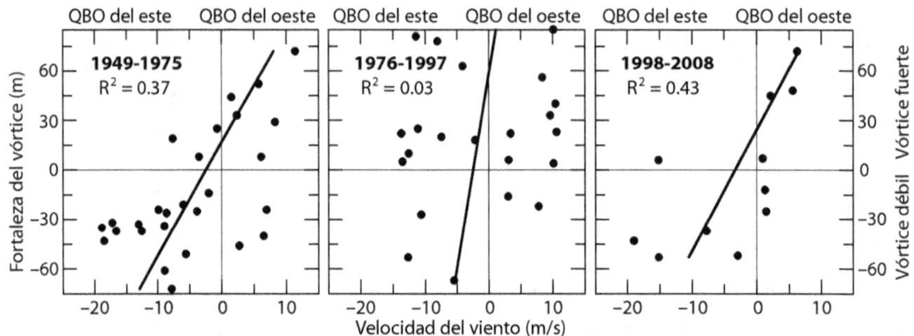

Figura 64. Efecto de la Oscilación Cuasi-Bienal en la fortaleza del vórtice para diferentes regímenes climáticos. El vórtice polar es más débil durante la fase del este de la Oscilación Cuasi-Bienal, excepto durante un régimen de bajo transporte (1975-1997, panel central), cuando el vórtice permanece fuerte durante la mayoría de los inviernos.[304]

---

[303] Garfinkel, C.I. & Hartmann, D.L., 2007. J. Geophys. Res. Atmos. 112, D19112. doi.org/10.1029/2007JD008481

[304] Datos de QBO de NOAA. Datos de Fortaleza del vortex de reanálisis NCEP en Christiansen, B., 2010. J. Clim. 23 (14), pp.3953–3966. doi.org/10.1175/2010JCLI3495.1

La Oscilación Cuasi-Bienal ejerce una importante influencia dependiente de fase sobre el vórtice polar, conocida como efecto Holton-Tan (recuadro 11, cap. 14). Durante los regímenes climáticos caracterizados por un mayor transporte de calor hacia los polos, como el periodo comprendido entre 1945 y 1975 y desde 1998, la fase del este de la Oscilación Cuasi-Bienal debilita el vórtice polar. Sin embargo, en los regímenes climáticos caracterizados por una reducción del transporte de calor hacia los polos, como el período comprendido entre 1976 y 1997, el vórtice polar se mantiene fuerte en la mayoría de los inviernos, incluso durante la fase del este de la oscilación (fig. 64; véase también fig. 61a, cap. 39).

Las erupciones volcánicas tropicales que liberan grandes cantidades de sulfato en la estratosfera provocan un calentamiento significativo de la estratosfera y una disminución del ozono. Estos cambios contribuyen a reforzar el vórtice polar en el invierno siguiente. Además, afectan indirectamente al transporte troposférico porque los aerosoles volcánicos reducen más la radiación solar en los trópicos que en las latitudes medias y altas. Este cambio en el gradiente latitudinal de temperatura reduce el transporte. El resultado es un invierno más cálido en las latitudes medias del hemisferio norte después de la erupción, a pesar de la reducción de la radiación solar.

Integración de esta complejidad en una explicación del cambio climático

Los numerosos porteros que influyen en la fortaleza del vórtice polar y en el calor transportado al Ártico añaden complejidad a nuestra comprensión del cambio climático. Es importante reconocer que el calentamiento del Ártico no es únicamente una consecuencia del cambio climático inducido por el hombre, sino más bien un mecanismo del planeta que aumenta su pérdida de energía. Es necesario examinar la influencia de los distintos porteros a lo largo de diferentes escalas temporales para formular una hipótesis global del cambio climático que abarque esta complejidad.

Las erupciones volcánicas con efectos climáticos significativos son poco frecuentes. En el siglo XX sólo se produjeron tres erupciones de este tipo, y en lo que va del siglo XXI no se ha observado ninguna, si excluimos la inusual erupción submarina Hunga Tonga de 2022. Lo que sabemos de estas erupciones pasadas es que sus efectos perceptibles tienden a desvanecerse después de los primeros años. Las pruebas históricas, incluida la erupción del Monte Tambora en 1815, apoyan esta interpretación (cap. 24). Así pues, aunque el forzamiento volcánico puede ser intenso, no debe exagerarse debido a su naturaleza transitoria.

La fase de la Oscilación Cuasi-Bienal desempeña un papel crucial en la determinación de la fortaleza del vórtice durante un invierno dado. Un análisis de los datos del periodo 1949-2008 reveló que el 75% de los inviernos con vórtices débiles se produjeron cuando la oscilación estaba en su fase del este (fig. 64). Este hallazgo pone de manifiesto la significativa influencia de la Oscilación Cuasi-Bienal en la circulación estratosférica global, teniendo en cuenta los diversos factores que influyen en la fuerza del vórtice. Sin embargo, el efecto se invierte cuando la fase cambia uno o dos años más tarde, con un 72% de los inviernos durante la fase del oeste de la oscilación mostrando un vórtice fuerte (fig. 64). Así pues, la Oscilación Cuasi-Bienal no tiene por sí sola un efecto directo sobre el clima. Sin embargo, aumenta la sensibilidad del vórtice a otros porteros, como la actividad solar, durante su fase del este (fig. R23, cap. 29).

El Niño-Oscilación del Sur tiene un impacto climático global, se produce cada 2-7 años y puede persistir durante 2-3 inviernos consecutivos. Durante los inviernos de El Niño, el vórtice polar se debilita y las temperaturas de la estratosfera polar aumentan (fig. R23, cap. 29), mientras que los inviernos de La Niña tienen el efecto contrario.[305] Aunque los efectos a corto plazo de El Niño-Oscilación del Sur no influyen en el cambio climático a largo plazo, los fenómenos de El Niño tienen una distribución irregular, con periodos de varias décadas durante los cuales su frecuencia cambia significativamente. Estas variaciones en la aparición de El Niño están asociadas a la fase de la Oscilación Decadal del Pacífico.

A lo largo de varias décadas, las oscilaciones oceánicas multidecadales (modos de variabilidad) desempeñan un papel crucial en el establecimiento de diferentes regímenes climáticos y en el desencadenamiento de cambios entre ellos. Estas oscilaciones afectan sobre todo a la troposfera, responsable de transportar la mayor parte del calor hacia los polos. En consecuencia, los regímenes climáticos determinados por estas oscilaciones coordinadas a escala mundial dominan sobre otros factores.

Durante el periodo comprendido entre 1976 y 1997, se produjo un régimen de bajo transporte, lo que condujo a un debilitamiento del efecto Holton-Tan. Como resultado, la influencia de la Oscilación Cuasi-Bienal sobre el vórtice polar disminuyó (fig. 64, panel central). Además, las condiciones de bajo transporte condujeron a una mayor acumulación de calor en la capa superficial de los océanos tropicales, lo que facilitó la intensificación de El Niño-Oscilación del Sur y aumentó la frecuencia de los episodios de El Niño.

A principios del siglo XX, un régimen climático caracterizado por un bajo transporte explica la tendencia al calentamiento del planeta desde la década de 1910. Este calentamiento se produjo a pesar de la baja actividad solar. Más tarde, cuando la actividad solar aumentó en los años 30, contribuyó aún más al pronunciado calentamiento de ese periodo. Entre 1945 y 1975 se produjo un régimen climático caracterizado por un transporte elevado, lo que explica el periodo de enfriamiento de mediados del siglo XX. Este periodo de enfriamiento se produjo a pesar de la presencia de una elevada actividad solar. Probablemente, el enfriamiento habría sido aún más pronunciado si la actividad solar hubiera sido baja durante este periodo.

Las oscilaciones multidecadales de los océanos, aunque no se reconocen como una fuerza climática natural, desempeñan un papel importante en la configuración de nuestro clima. Estas oscilaciones se producen durante largos periodos y, cuando provocan un aumento del transporte de calor hacia los polos, provocan una mayor pérdida de energía del sistema climático. Como resultado, el planeta experimenta un enfriamiento o un menor calentamiento. Por el contrario, los periodos de escaso transporte tienen el efecto contrario, provocando un mayor calentamiento.

El impacto de estas oscilaciones oceánicas multidecadales supera con creces el de los forzamientos climáticos reconocidos, como las erupciones volcánicas.

---

[305] Garfinkel, C.I. & Hartmann, D.L., 2007. J. Geophys. Res. Atmos. 112, D19112. doi.org/10.1029/2007JD008481

Aunque la causa de estas oscilaciones sigue siendo desconocida, es importante no suponer que la alternancia de fases implica la ausencia de efectos a largo plazo. Varios estudios han demostrado que la Oscilación Multidecadal del Atlántico, por ejemplo, no es estacionaria. Desde 1850, ha mostrado una fuerte amplificación que coincide con la tendencia al calentamiento observada durante la era industrial.[306]

En el próximo capítulo, analizaremos el papel de la variabilidad solar como forzador climático dentro de la hipótesis del portero de invierno.

En resumen

Las variaciones en el transporte de calor en invierno hacia el Ártico generan cambios climáticos. Los cambios en el transporte de calor al Ártico están vinculados a cambios en la fortaleza del vórtice polar. Durante un invierno determinado, varios factores pueden contribuir a debilitar el vórtice, lo que se traduce en un mayor calentamiento del Ártico y en condiciones invernales más severas para las latitudes medias continentales del hemisferio norte. Estos factores incluyen la fase del este de la Oscilación Cuasi-Bienal, un episodio de El Niño o una baja actividad solar. Por el contrario, las condiciones opuestas o una erupción volcánica tropical pueden reforzar el vórtice y provocar inviernos más suaves. Sin embargo, para observar cambios climáticos notables se requiere un efecto sostenido a lo largo de varios inviernos. Esto sólo puede lograrse mediante regímenes climáticos inducidos por oscilaciones oceánicas multidecadales o cambios sostenidos en la actividad solar media.

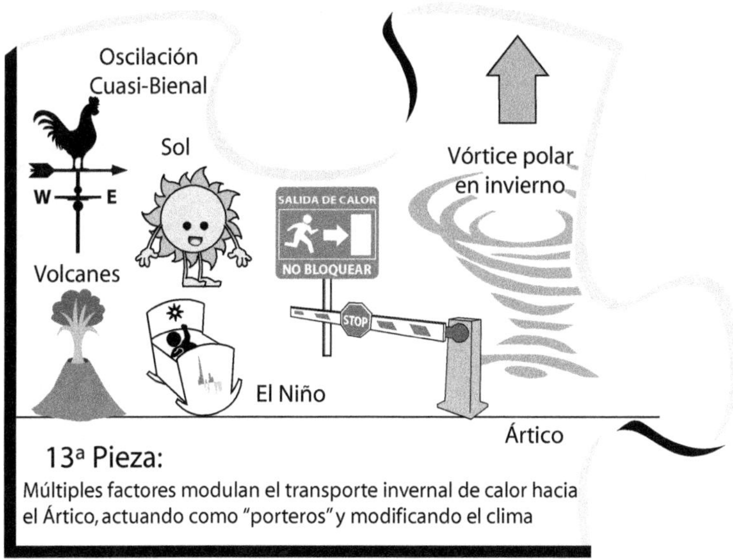

13ª Pieza:
Múltiples factores modulan el transporte invernal de calor hacia el Ártico, actuando como "porteros" y modificando el clima

[306] Moore, G.W.K., et al., 2017. Sci. Rep. 7 (1), p.40861. doi.org/10.1038/srep40861

Capítulo 41
El Sol como Portero Secular

En lugar de hacer suposiciones sobre cómo afecta la actividad solar al clima, deberíamos basarnos en décadas de investigación. Los científicos saben desde hace tiempo que la actividad solar afecta a la fuerza del vórtice, a la rotación planetaria y a la circulación atmosférica en invierno. El mecanismo que subyace a estos efectos se propuso hace 50 años y ha sido ampliamente estudiado por muchos científicos. Algunos modelos incluso lo han reproducido, como reconoce el IPCC.

La hipótesis del portero de invierno vincula este mecanismo a la capacidad de modificar el clima cambiando el flujo radiativo en la cima de la atmósfera. Una actividad solar elevada provoca una reducción del transporte de calor hacia los polos, lo que a su vez reduce la pérdida de energía en invierno en el Ártico. Por el contrario, una actividad solar baja tiene el efecto contrario. Es importante señalar que la actividad solar no es el único factor que influye en esta vía. Su efecto sobre el clima adquiere importancia en escalas temporales más largas, que abarcan desde varias décadas hasta siglos, cuando otros factores disminuyen su influencia.

El Máximo Solar Moderno, el periodo más largo de actividad solar superior a la media en al menos 600 años, ha contribuido al aumento del contenido energético del sistema climático durante el calentamiento global del siglo XX a través de este mecanismo. Esta contribución es independiente de las tendencias de temperatura y de los niveles de actividad solar.

Es un error suponer cómo debería afectar la actividad solar al clima

Los informes del IPCC, al centrarse únicamente en las pequeñas variaciones de la irradiación solar total, sugieren que los cambios en la actividad solar tienen un efecto insignificante sobre el clima. Sin embargo, estos informes pasan por alto un gran número de evidencias sobre los efectos indirectos de la actividad solar, entre las que se incluyen los hallazgos analizados en los capítulos 28-30. Estas evidencias apoyan la tesis de que la actividad solar tiene una influencia sustancial sobre el estado de la circulación atmosférica en invierno, como demuestra su efecto sobre la velocidad de rotación de la Tierra.

El efecto de la actividad solar sobre el vórtice polar no es un descubrimiento reciente. Se documentó por primera vez en 1959 y ha sido objeto de investigación científica desde entonces.[307] Sin embargo, la mayoría de los climatólogos y el IPCC han ignorado en gran medida esta investigación, de forma similar al caso de los efectos solares sobre la rotación de la Tierra. La temperatura de la estratosfera polar se ve afectada por la actividad solar, pero la verdadera impor-

---

[307] Palmer, C.E., 1959. J. Geophys. Res. 64 (7), pp.749–764. doi.org/10.1029/JZ064i007p00749 Labitzke, K., 1987. Geophys. Res. Lett. 14 (5), pp.535–537. doi.org/10.1029/GL014i005p00535 Veretenenko, S., 2022. Atmosphere, 13 (7), p.1132. doi.org/10.3390/atmos13071132

tancia de este efecto de "portero", descubierto por Karin Labitzke, queda clara cuando se tiene en cuenta la influencia de otros porteros (fig. R23, cap. 29).

Esta es una explicación importante de la falta de apreciación de la influencia solar en el clima durante los dos últimos siglos. El Sol proporciona el 99,9% de la energía que impulsa el sistema climático, lo que lleva a muchos a presuponer que si las variaciones solares afectan al clima, se reflejaría claramente en los patrones de temperatura. Incluso la NASA está de acuerdo con esta suposición, como demuestra su declaración:

"Una de las 'armas humeantes' que nos dice que el Sol no está causando el calentamiento global proviene de observar la cantidad de energía solar que llega a la cima de la atmósfera. Desde 1978, los científicos han hecho un seguimiento mediante sensores instalados en satélites, que nos indican que no ha habido una tendencia al alza en la cantidad de energía solar que llega a nuestro planeta". [308]

Esta afirmación esconde la suposición, muy extendida pero sin fundamento, de que si las tendencias de la actividad solar y la temperatura no coinciden, entonces el Sol no puede tener un efecto significativo sobre el clima. Ignora la posibilidad de que las tendencias decenales de la temperatura estén influidas por otros factores que enmascaran un efecto significativo de los cambios multidecadales de la actividad solar, que pueden alterar sustancialmente la magnitud de las tendencias de calentamiento y enfriamiento. Por ejemplo, durante los periodos de actividad solar sostenida por encima de la media, como entre 1935 y 2000, las tendencias de enfriamiento se atenúan mientras que las de calentamiento aumentan, lo que da lugar a patrones de calentamiento a largo plazo similares a los observados.

El Sol como portero de invierno

El fenómeno físico responsable del efecto solar sobre el clima se propuso por primera vez en 1974 y se atribuyó a cambios en la propagación de las ondas planetarias en la atmósfera.[309] Desde entonces, los científicos han trabajado para dilucidar el mecanismo responsable, que se explica en el capítulo 29 (fig. 46). Este mecanismo descendente bien establecido se origina en la estratosfera y está respaldado por el reanálisis de asimilación de datos. El 5° Informe de Evaluación del IPCC reconoce este mecanismo de amplificación, señalando que ha sido simulado en ciertos modelos y puede explicar pequeñas anomalías climáticas locales y estacionales asociadas al ciclo solar de 11 años.[310] Sin embargo, el informe concluye con un alto grado de confianza que los cambios en la irradiación solar total no contribuyeron al calentamiento global entre 1986 y 2008. No obstante, la justificación de esta confianza es cuestionable por las razones expuestas anteriormente.

El mecanismo de amplificación descendente no se considera una causa del cambio climático global porque no se cree que altere significativamente el contenido energético del sistema climático. En general, se requiere un cambio en el

---

[308] climate.nasa.gov/faq/14/is-the-sun-causing-global-warming/

[309] Hines, C.O., 1974. J. Atmos. Sci. 31 (2), pp.589–591.
doi.org/10.1175/1520-0469(1974)031<0589:APMFTP>2.0.CO;2

[310] Bindoff, N.L., et al., 2013. Climate Change 2013: The Physical Science Basis. 5th AR IPCC. pp.885–886.

desequilibrio energético en la cima de la atmósfera para inducir cambios en el clima global, con pocas excepciones.

Por primera vez, la hipótesis del portero de invierno vincula el reconocido mecanismo de amplificación descendente, el conocido efecto solar sobre el vórtice polar y el cambio climático. La hipótesis propone que la influencia dinámica de la actividad solar sobre la circulación atmosférica en invierno y el vórtice polar provoca cambios importantes en el transporte de calor hacia el polo en invierno. Durante la prolongada noche polar, gran parte de este calor se emite desde el planeta en forma de radiación infrarroja saliente, induciendo el cambio necesario en el desequilibrio energético en la cima de la atmósfera para afectar al clima global.

La Figura 65 muestra el papel de portero de la actividad solar propuesto por la hipótesis. No muestra los cambios en la velocidad del viento zonal y la propagación de las ondas planetarias, que son mediadores esenciales en este proceso. Es importante tener en cuenta que el resultado de cada invierno está influido no sólo por la actividad solar, sino también por otros porteros. Además, estos porteros no actúan de forma aislada, sino que interactúan y se influyen mutuamente.

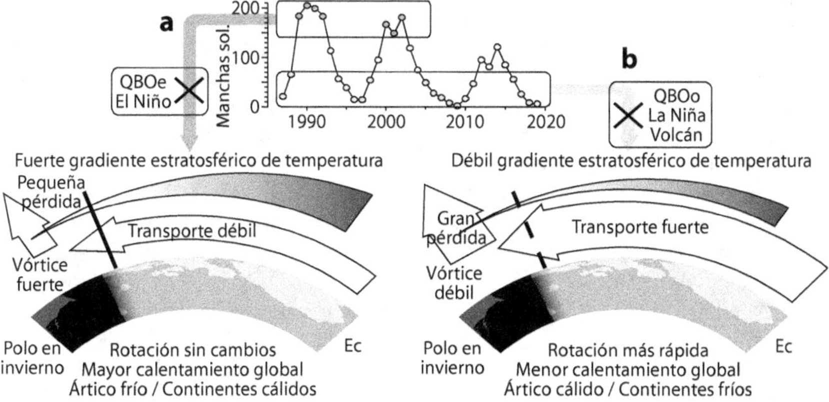

Figura 65. El Sol como portero de invierno. Papel de la actividad solar en el transporte meridional de calor y la pérdida de energía en invierno en el Ártico.

Durante los inviernos de alta actividad solar (fig. 65a), el aumento del ozono y su calentamiento debido al aumento de la radiación UV contribuyen a crear un fuerte gradiente de temperatura en la estratosfera. Este gradiente aumentado, a su vez, refuerza los vientos zonales que impiden la propagación de las ondas planetarias. Como resultado, el vórtice polar se mantiene fuerte durante todo el invierno, reduciendo el transporte de calor hacia el polo y disminuyendo la pérdida de calor en esta región. Sin embargo, la fase del este de la Oscilación Cuasi-Bienal y las condiciones de El Niño pueden contrarrestar este efecto de la elevada actividad solar. El resultado climático de la elevada actividad solar es un mayor calentamiento global y un patrón de frío ártico y calor continental en invierno.

Durante los inviernos de baja actividad solar (fig. 65b), la menor radiación UV provoca una reducción del gradiente de temperatura en la estratosfera, lo que da lugar a un vórtice polar debilitado. Esto, a su vez, aumenta el transporte de calor meridional e intensifica la pérdida de calor en el polo en invierno. Sin embargo, factores como la fase del oeste de la Oscilación Cuasi-Bienal, las condiciones de La Niña y el forzamiento por aerosoles volcánicos pueden contrarrestar este efecto. El aumento del transporte meridional también contribuye a una aceleración de la velocidad de rotación de la Tierra al disminuir los vientos zonales, lo que provoca una disminución del momento angular atmosférico. Como consecuencia climática, la baja actividad solar se asocia a un menor calentamiento global y a un patrón invernal caracterizado por un Ártico cálido y unos continentes fríos.

Esta hipótesis arroja luz sobre varias cuestiones pendientes desde hace tiempo acerca de la posible influencia de la actividad solar en el clima.

Un efecto solar dependiente de la duración

Uno de los principales argumentos en contra de atribuir al Sol un papel más importante en el cambio climático es la aparente falta de influencia sustancial del ciclo solar de 11 años. Los análisis climáticos modernos basados en datos de satélites desde 1979, que abarcan casi cuatro ciclos solares completos, han demostrado que los cambios observados, aunque significativos, son relativamente modestos (fig. 44a, cap. 28).

En llamativo contraste, los estudios paleoclimáticos aportan pruebas sustanciales de las dramáticas consecuencias climáticas asociadas a periodos prolongados de baja actividad solar, como se expone en el capítulo 27. Estos estudios muestran que durante un mínimo solar prolongado de 200 años, existen pruebas convincentes de una profunda reorganización de la circulación atmosférica, especialmente en el hemisferio norte.

El reto de conciliar un efecto actual pequeño con un efecto histórico grande es que se cree que los cambios previstos en la irradiación en ambos escenarios son extremadamente pequeños (0,1%). Durante el ciclo solar de 11 años, la irradiación solar total varía en torno a 1,1 W/m^2 a lo largo de la era de los satélites. Además, según el 6° Informe de Evaluación, en los últimos 9.000 años sólo se han producido cambios a escala milenaria de 1,5 W/m^2.[311]

La hipótesis del portero de invierno ofrece una explicación plausible de esta aparente paradoja. Sugiere que los cambios en la actividad solar afectan indirectamente a la temperatura global o hemisférica al influir en la cantidad de energía que se pierde en el Ártico durante el invierno. En inviernos con baja actividad solar, se pierde más energía, mientras que en inviernos con alta actividad solar, la pérdida de energía se reduce. Sin embargo, es importante tener en cuenta que todos los porteros participan en la determinación del resultado en un invierno determinado, por lo que el resultado puede ser opuesto del que induce el efecto solar. Durante un ciclo solar, algunos años tienen una actividad solar elevada mientras que otros tienen una actividad baja (fig. 65). Como resultado, el efecto acumulativo dentro de un mismo ciclo solar es casi imperceptible, ya que cualquier cambio en una dirección se compensa en gran medida en unos pocos años.

Sin embargo, cuando la actividad solar permanece baja durante largos periodos de tiempo, a lo largo de varias décadas o incluso siglos, la frecuencia de

---

[311] Gulev, S.K., et al., 2021. Climate change 2021: The physical science basis. 6th AR IPCC. p. 297. doi.org/10.1017/9781009157896.004

inviernos árticos con mayor pérdida de energía aumenta enormemente. Mientras que el efecto medio de otros porteros tiende a disminuir durante períodos más largos, el efecto solar se acumula. El planeta carece de medios para compensar la pérdida de energía adicional, lo que da lugar a un déficit acumulativo creciente con el paso del tiempo. Como consecuencia, la temperatura global del planeta disminuye.

Las regiones situadas a lo largo de las principales vías de transporte de energía hacia los polos, en particular la región del Atlántico Norte que abarca Europa y América del Norte, experimentan el enfriamiento más temprano, prolongado y pronunciado. No obstante, el drenaje de energía afecta a todo el planeta. Aunque la región ártica se calienta inicialmente debido a la mayor afluencia de energía facilitada por el aumento del transporte, acaba enfriándose junto con el resto del planeta. Esta tendencia al enfriamiento va acompañada de un aumento significativo de la frecuencia de los inviernos fríos. Además, el aumento del transporte hacia los polos provoca un aumento del transporte de humedad, lo que se traduce en un aumento de las nevadas y el crecimiento de los glaciares. Estas condiciones concuerdan con las observaciones realizadas durante la Pequeña Edad de Hielo.

Sólo cuando la actividad solar deja de ser baja puede el planeta detener la continua pérdida de energía e iniciar el proceso de recuperación. Sin embargo, hace falta un largo periodo de actividad solar superior a la media para que el planeta reponga la energía perdida durante un gran mínimo solar.

El impacto del Máximo Solar Moderno

El efecto de la actividad solar sobre el clima está directamente relacionado con la duración de la inusual actividad solar. El 6° Informe de Evaluación del IPCC reconoce que la actividad solar en la segunda mitad del siglo XX se situó en el 10% superior de la actividad solar observada en los últimos 9.000 años. Este prolongado periodo de actividad solar superior a la media, que abarca siete décadas, constituye un gran máximo solar y se ha denominado el Máximo Solar Moderno (fig. 66).[312]

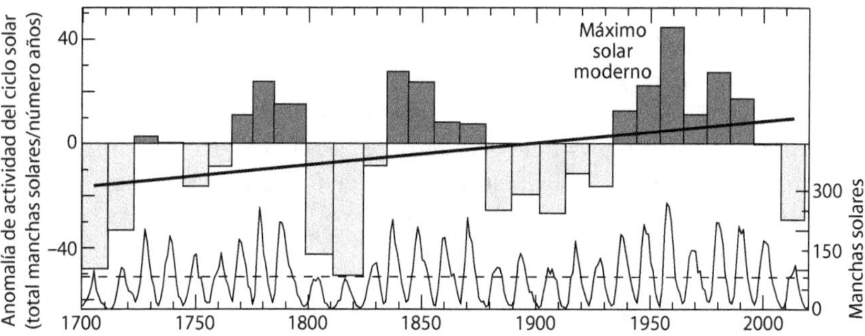

Figura 66. Desviación de la actividad de cada ciclo solar respecto a la media. La línea gruesa es la tendencia lineal. La línea horizontal discontinua es el número medio de manchas solares de 1700 a 2020.

[312] Damon, P.E., et al., 1997. Radiocarbon, 40 (1), pp.343–350.
doi.org/10.1017/S003382220001821X

Este gráfico con los datos de manchas solares ofrece una representación clara del nivel de actividad de cada ciclo solar, teniendo en cuenta su duración. Destaca el notable cambio en la actividad solar, mostrando la transición desde el 10% inferior durante el Mínimo de Maunder (1645-1715) al 10% superior entre 1935 y 2000.

Durante el Máximo Solar Moderno, se ha producido un notable aumento del número de años caracterizados por una elevada actividad solar. Como consecuencia, disminuyó la cantidad de energía perdida en el Ártico durante el invierno. Esta mayor conservación de energía por parte del planeta desempeñó un papel importante en la tendencia al calentamiento global observada durante este periodo. Es absurdo argumentar que la ocurrencia simultánea del periodo más largo de alta actividad solar en al menos 600 años, junto con el periodo de calentamiento más pronunciado en al menos 600 años, es pura coincidencia, como hacen los informes del IPCC cuando afirman la falta de contribución solar al calentamiento reciente.

La hipótesis del portero de invierno ofrece una explicación integral del papel del Máximo Solar Moderno en la contribución al calentamiento global reciente. Explica por qué factores como los pequeños cambios de energía y las discrepancias entre las tendencias de temperatura y actividad solar son intrascendentes. El factor crítico es la persistencia de una actividad solar superior a la media durante varias décadas hasta hace poco. El efecto es más pronunciado en el Ártico durante el invierno, lo que provoca un aumento del contenido energético global del sistema climático. La evolución de la temperatura superficial en el resto del planeta se ve influida por los cambios en la actividad solar, pero también por otros factores. Por ello, basarse únicamente en la evolución de la temperatura de la superficie no es una forma fiable de medir el efecto solar sobre el clima. En cambio, un mejor indicador de la influencia solar sobre el clima es la frecuencia de inviernos fríos en el hemisferio norte o el calentamiento observado en el Ártico durante el invierno.

Recuadro 26. Una definición de la hipótesis del portero de invierno

La hipótesis del portero de invierno propone que los cambios en el calor y la humedad que llegan a las regiones polares durante el invierno, en particular al Ártico, desempeñan un papel importante en el cambio climático. Esto se debe a que las regiones polares en invierno tienen un efecto invernadero muy reducido debido a la falta de vapor de agua atmosférico, el principal GEI de la Tierra. Combinado con la falta de radiación solar, esto conduce a una pérdida efectiva de energía al espacio a través de la radiación infrarroja saliente. En consecuencia, los cambios en el transporte de calor hacia las regiones polares durante el invierno repercuten en el presupuesto energético del planeta. El Ártico es especialmente importante en esta hipótesis porque su vórtice polar más débil permite mayores variaciones en el transporte de calor.

Cualquier factor que afecte a la circulación zonal atmosférica, a la generación y propagación de ondas planetarias o a la fortaleza del vórtice polar actúa como un portero de vórtice capaz de regular el transporte de calor hacia el Ártico durante el invierno. Entre estos porteros se encuentran la Oscilación Cuasi-Bienal, El Niño-Oscilación del Sur, las erupciones volcánicas, las oscilaciones oceánicas multi-decadales (modos de variabilidad) y la actividad solar.

El efecto es pequeño y fácilmente reversible de un año a otro, afectando a los patrones meteorológicos a corto plazo. Sin embargo, a lo largo de varias décadas, el efecto climático se debe principalmente a las oscilaciones oceánicas multideca-dales. Estas oscilaciones provocan cambios significativos en las tendencias de temperatura, dando lugar a regímenes climáticos que experimentan cambios abruptos al cabo de unas décadas. En periodos de un siglo, la actividad solar emerge como la fuerza dominante, especialmente durante periodos de actividad inusual prolongada que duran varias décadas. La actividad solar ha desempeñado un papel fundamental en algunos de los fenómenos climáticos más notables del Holoceno y ha contribuido significativamente al calentamiento observado en el siglo XX desde 1935. A escala milenaria, la actividad solar desempeña un papel fundamental en la configuración de grandes periodos climáticos que abarcan va-rios siglos, ya que sus largos ciclos dan lugar a grupos de grandes mínimos solares, como los experimentados durante la Pequeña Edad de Hielo.

Los cambios a largo plazo en el transporte de calor y humedad hacia los polos, el mecanismo que subyace a la hipótesis del portero de invierno, son también la base de los drásticos cambios climáticos que ha experimentado el planeta a lo largo de decenas de miles a millones de años.

A lo largo de decenas de miles de años, este mecanismo de transporte meridio-nal contribuye al ciclo glacial de Milankovitch. Traduce los cambios en la oblicui-dad de la Tierra en cambios en el transporte de calor distribuido en diferentes latitudes, facilitando los ajustes necesarios en el transporte de calor y humedad requeridos para formar o fundir los casquetes glaciales.

En una escala temporal de millones de años, el mecanismo de transporte meri-dional fue decisivo en la transición del clima ecuable del Eoceno inferior a la era glacial del Cenozoico superior. Este cambio fue impulsado por modificaciones en la disposición de los continentes, los pasos oceánicos y las cadenas montañosas que aumentaron la eficacia del transporte de calor hacia los polos, lo que provocó un enfriamiento planetario y una edad de hielo.

El clima de la Tierra funciona como un motor térmico termodinámico, similar al motor de combustión interna de un automóvil (fig. R26). El calor se genera principalmente en el bloque del motor, que corresponde a los trópicos. Aunque parte del calor se irradia directamente desde este motor, hay dos sistemas de refri-geración, análogos a los radiadores, situados en las regiones polares de ambos hemisferios. El proceso de refrigeración se ve facilitado por el aire impulsado por la atmósfera (que actúa como ventilador de refrigeración) y por un fluido refrige-rante en el océano. Para mantener la temperatura del motor dentro de límites aceptables y evitar el sobrecalentamiento, un termostato regula el sistema de refri-geración ajustando la cantidad de calor dirigida a los radiadores.

Del mismo modo, la Tierra tiene dos mecanismos de refrigeración resultantes de su inclinación axial. Dirigir más calor a estos mecanismos enfría el planeta, mientras que dirigir menos calor a ellos lo calienta. El mecanismo de enfriamiento del Ártico es especialmente eficaz debido a la asimetría de los hemisferios de la

Tierra. En los últimos 50 millones de años, su mayor eficiencia ha provocado el inicio de la actual Edad de Hielo. Sin embargo, desde el final de la Pequeña Edad de Hielo, y especialmente entre 1976 y 1997, se ha dirigido menos calor al Ártico, lo que ha provocado un mayor calentamiento. Aunque las emisiones humanas de CO_2 han contribuido a este calentamiento, la influencia de los porteros naturales del invierno sobre la temperatura y las tendencias de calentamiento del Ártico sigue siendo importante. Por lo tanto, gran parte del calentamiento global observado en las últimas décadas puede atribuirse a causas naturales.

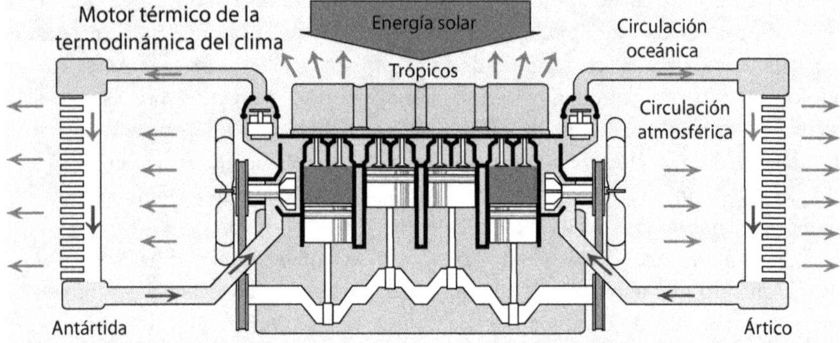

Figura R26. El motor térmico climático termodinámico tiene dos radiadores. El radiador del Ártico es más eficiente porque recibe más calor.

En resumen

Tras 50 años de investigación, los científicos han logrado explicar cómo afectan las variaciones de la actividad solar a la circulación atmosférica en invierno y al vórtice polar. Sin embargo, comprender cómo estos efectos pueden provocar un cambio climático global es la pieza que falta en el rompecabezas. La hipótesis del portero de invierno vincula los cambios en el transporte de calor hacia el polo con la pérdida de energía en el Ártico durante el invierno. Durante los periodos de alta actividad solar, se forma un fuerte vórtice que reduce el transporte hacia el polo y la pérdida de calor en el polo en invierno. Por el contrario, una baja actividad solar favorece el efecto contrario. El efecto portero de invierno de los cambios en la actividad solar se eleva por encima del ruido de fondo de otros porteros cuando la actividad solar se desvía sustancialmente de los niveles medios durante varias décadas. Su impacto sobre el clima se hace profundo cuando esta actividad inusual persiste durante 50 a 200 años.

Según esta hipótesis, el Máximo Solar Moderno, que se produjo entre 1935 y 2000, provocó una menor pérdida de energía en el Ártico. Como consecuencia, se redujeron las tendencias de enfriamiento y aumentaron las de calentamiento, lo que contribuyó significativamente al calentamiento a largo plazo observado durante el siglo XX. La hipótesis del portero de invierno sugiere que el clima responde a cambios en la cantidad de calor dirigida a los polos en todas las escalas temporales, ayudando a explicar fenómenos como el ciclo glacial o la transición de un mundo cálido a una edad de hielo durante el Cenozoico.

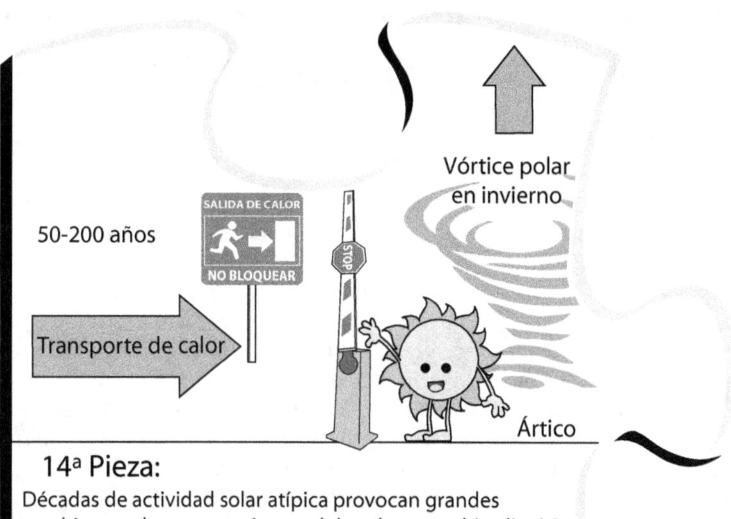

14ª Pieza:

Décadas de actividad solar atípica provocan grandes
cambios en el transporte invernal de calor y cambio climático

SECCIÓN 11 CUESTIONES CLAVE

En invierno, se transporta más calor a las regiones polares, donde se irradia eficazmente al espacio. La formación del vórtice polar limita esta pérdida y regula el cambio climático. Los distintos regímenes climáticos tienen diferentes niveles de transporte de calor, que corresponden a diferentes niveles de fortaleza del vórtice polar.

Cada invierno, varios factores contribuyen a la fortaleza o debilidad del vórtice polar: la Oscilación Cuasi-Bienal, El Niño-Oscilación del Sur, la actividad solar, las oscilaciones oceánicas multidecadales y las erupciones volcánicas. Sin embargo, es necesario un efecto sostenido durante varios inviernos para observar cambios climáticos apreciables. Esto sólo puede lograrse mediante regímenes climáticos inducidos por oscilaciones oceánicas multidecadales o cambios sostenidos en la actividad solar decenal media.

Los científicos han explicado cómo las variaciones de la actividad solar afectan a la circulación atmosférica invernal y al vórtice polar. La hipótesis del portero de invierno explica cómo modifican el clima al alterar la cantidad de energía que se pierde en el Ártico debido a los cambios en el transporte de calor hacia los polos. El efecto es acumulativo y dependiente del tiempo, tardando décadas en hacerse perceptible. Así, el Máximo Solar Moderno de 70 años contribuyó significativamente al calentamiento global del siglo XX.

SECCIÓN 12. LA EVIDENCIA

Capítulo 42
Evidencias del Portero Solar

La actividad solar tiene un efecto directo sobre el vórtice polar, que a su vez afecta al transporte de calor hacia el Ártico durante el invierno. Varias líneas de evidencia apoyan esta conexión. La actividad solar interviene en la determinación de la temperatura de la estratosfera polar y en la regulación de la circulación atmosférica durante el invierno, lo que influye en la rotación del planeta. Esta regulación se produce modificando la propagación de las ondas planetarias, que afectan a la fuerza de los vórtices polares. Cuando la actividad solar es menor, estas importantes ondas tienen una mayor amplitud, lo que se traduce en un vórtice más débil. La importancia de este mecanismo de modulación solar queda patente en la relación inversa entre la actividad solar y las temperaturas del Ártico. Esta relación se observa en los proxies climáticos desde hace más de 4.000 años y ha contribuido al enfriamiento de Groenlandia entre las décadas de 1970 y 1990, así como a gran parte del calentamiento del Ártico observado desde 1997. Además, la actividad solar influye en la frecuencia de los inviernos extremadamente fríos en las latitudes medias del hemisferio norte.

El Sol en la hipótesis del portero de invierno

La hipótesis del portero de invierno introduce varias ideas nuevas:

- El cambio climático se debe principalmente a cambios persistentes en la cantidad de calor y humedad transportada al Ártico durante el invierno.
- Este calor se escapa fácilmente del planeta en la región ártica, afectando al presupuesto energético de la Tierra. Esto se debe al escaso efecto invernadero provocado por la escasez de vapor de agua.
- Las variaciones en la generación y propagación de las ondas planetarias afectan a la fuerza del vórtice polar y, por tanto, al transporte de calor hacia los polos.
- Numerosos factores, conocidos como porteros, contribuyen a este mecanismo y, en consecuencia, influyen en el cambio climático.
- Entre las diversas causas naturales del cambio climático en escalas de tiempo centenarias, la variabilidad solar emerge como el factor más importante a través de este mecanismo particular.

Esta hipótesis se ve respaldada por la evidencia de que los cambios en el transporte de calor hacia los polos tienen un efecto importante en el presupuesto energético global del planeta. Además, existen pruebas convincentes de que el Sol desempeña un papel fundamental en la regulación de la fortaleza del vórtice polar y el transporte de calor. En este capítulo, revisaremos las pruebas del papel de la actividad solar en este contexto.

Evidencias del mecanismo por el que la actividad solar afecta al clima

A lo largo de este libro, hemos presentado evidencias convincentes de que la actividad solar actúa como un portero, regulando la cantidad de calor transportado al Ártico durante el invierno mediante la modulación de la fortaleza del vórtice polar. Una de las primeras evidencias procede de la investigación pionera de Karin Labitzke en 1987, comentada en el recuadro 23 (fig. R23, cap. 29). El trabajo de Labitzke demostró la influencia de la actividad solar en la temperatura en invierno de la estratosfera polar. Teniendo en cuenta que esta temperatura se ve directamente afectada por el transporte de calor a través del vórtice polar (cap. 39), la conexión entre la actividad solar y la fortaleza del vórtice polar se hace evidente.

En los capítulos 11 y 16 analizamos la mayor necesidad de transportar calor a los polos durante el invierno, lo que intensifica la circulación atmosférica y afecta a la velocidad de rotación de la Tierra. Como se comenta en el capítulo 30, las investigaciones que se remontan a la década de 1970 han establecido una clara relación entre la actividad solar y la velocidad de rotación de la Tierra durante la estación del invierno (fig. 47, cap. 30). Además, ya en 1988 se observó que la actividad solar tiene un efecto sustancial sobre la circulación troposférica invernal en el hemisferio norte, especialmente si se tiene en cuenta la influencia de la Oscilación Cuasi-Bienal, otro portero.[313] Al afectar a la rotación de la Tierra, la actividad solar aporta nuevas pruebas de su influencia en la circulación atmosférica en invierno y en el transporte de calor hacia los polos facilitado por esta circulación.

En 1974, Colin Hines propuso una idea convincente sobre cómo la actividad solar podría afectar al clima al influir en la fortaleza del vórtice, la circulación atmosférica en invierno y la velocidad de rotación del planeta.[314] Hines propuso que las variaciones solares probablemente afectarían al clima a través de cambios en la propagación de las ondas planetarias, destacando su importancia en latitudes medias y altas durante el invierno. Aunque el estudio de las ondas planetarias es un reto, existen pruebas de que la actividad solar afecta a la propagación de estas ondas en la estratosfera inferior entre 55°N y 75°N (fig. 67).[315] Aunque la Oscilación Cuasi-Bienal desempeña un papel notable en las fluctuaciones periódicas del flujo de ondas planetarias cada 2-3 años, la influencia de la actividad solar sigue siendo clara. Los autores del estudio concluyen que la amplitud de las ondas planetarias está relacionada con el ciclo solar de 11 años. La amplitud disminuye durante los periodos de alta actividad solar y aumenta durante los periodos de baja actividad solar. Esto implica que el efecto solar puede explicar alrededor del 25% de la variabilidad de la amplitud de las ondas, lo que es bastante significativo teniendo en cuenta el cambio relativamente pequeño en la energía solar.

Las evidencias disponibles apoyan firmemente todos los aspectos de la hipótesis sobre cómo afecta la actividad solar al clima. Cuando la actividad solar es alta, la amplitud de las ondas planetarias disminuye, lo que se traduce en un vórtice más fuerte, ausencia de fortalecimiento significativo de la circulación atmosférica en invierno, ausencia de efecto sobre la rotación de la Tierra y me-

---

[313] van Loon, H. & Labitzke, K., 1988. J. Clim. 1 (9), pp.905–920.
doi.org/10.1175/1520-0442(1988)001<0905:ABTYSC>2.0.CO;2
[314] Hines, C.O., 1974. J. Atmos. Sci. 31 (2), pp.589–591.
doi.org/10.1175/1520-0469(1974)031<0589:APMFTP>2.0.CO;2
[315] Powell Jr, A.M. & Jianjun, X., 2011. J. Atmos. Sol. Terr. Phys. 73 (7-8), pp.825–838.
doi.org/10.1016/j.jastp.2011.02.001

nor llegada de calor al Ártico. Por el contrario, cuando la actividad solar es baja, la amplitud de las ondas planetarias aumenta, lo que se traduce en un vórtice más débil, una intensificación de la circulación atmosférica en invierno, una aceleración de la rotación de la Tierra y una mayor cantidad de calor que llega al Ártico. Es importante señalar que este efecto no se manifiesta todos los inviernos debido a la influencia de otros porteros, en particular la Oscilación Cuasi-Bienal y El Niño-Oscilación del Sur.

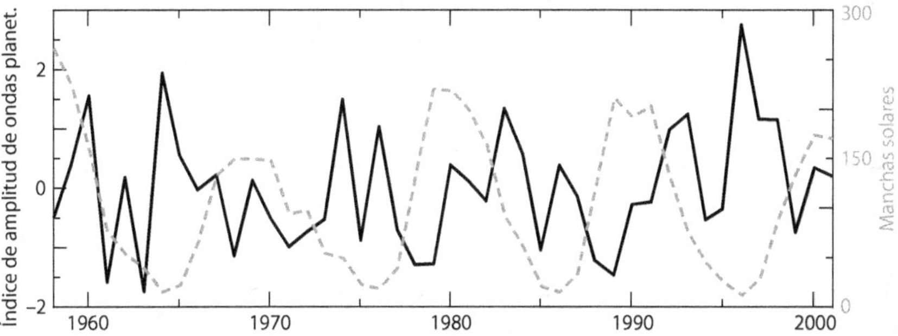

Figura 67. Ciclo solar y amplitud de las ondas planetarias.

Una vez entendido esto, debemos centrarnos ahora en examinar las consecuencias climáticas de los cambios en la actividad solar a través de este mecanismo.

Evidencias del efecto climático de la actividad solar (I). Temperatura en el Ártico en invierno

Los científicos llevan más de cien años buscando pruebas de un efecto solar sobre el clima, aunque no en el mejor lugar para encontrarlas. La principal influencia de la variabilidad solar reside en su capacidad para alterar el transporte de calor hacia el Ártico, produciéndose el efecto más pronunciado durante el invierno. En consecuencia, esta alteración del transporte de calor provoca inviernos más cálidos en el Ártico e inviernos más fríos en las latitudes medias del hemisferio norte debido a la menor actividad solar. Los científicos no han buscado un efecto solar en el Ártico en invierno porque entonces no hay luz solar, pero deberíamos centrar nuestra búsqueda de pruebas en las temperaturas de invierno en el Ártico y los inviernos fríos en las latitudes medias.

Es importante señalar que no cabe esperar una correspondencia exacta entre la actividad solar y el clima invernal en latitudes medias y altas, ya que el transporte de calor hacia los polos también se ve influido por factores como la Oscilación Cuasi-Bienal, El Niño-Oscilación del Sur, las erupciones volcánicas y las oscilaciones oceánicas multidecenales. No obstante, las tendencias a largo plazo y los cambios en el clima invernal deberían ser coherentes con una influencia solar significativa.

Uno de los debates científicos sobre el clima más interesantes del siglo XXI es la relación entre la amplificación del Ártico y la aparición de condiciones meteorológicas invernales severas en las latitudes medias. Desde 1997, las temperaturas invernales del Ártico han experimentado un calentamiento cada vez más rápido en relación con la media mundial (fig. 68a). Durante el mismo periodo, las temperaturas invernales terrestres en el este de Norteamérica y el este de Eurasia han experimentado un calentamiento mínimo, coincidiendo con un aumento en la aparición de episodios meteorológicos invernales severos. Esta divergencia entre las tendencias de las temperaturas del Ártico y de las latitudes medias ha desconcertado a los científicos porque no estaba prevista en los modelos climáticos. Como señalan los autores de un estudio, *"se trata de la prueba observacional más contundente de que algún mecanismo no contabilizado ha estado compensando el calentamiento forzado por los gases de efecto invernadero en las latitudes medias del hemisferio norte".*[316] Ese mecanismo no contabilizado es el forzamiento solar indirecto, la Cenicienta de los estudios climáticos. Hace gran parte del trabajo entre bastidores, permanece invisible para la mayoría y recibe nulo reconocimiento.

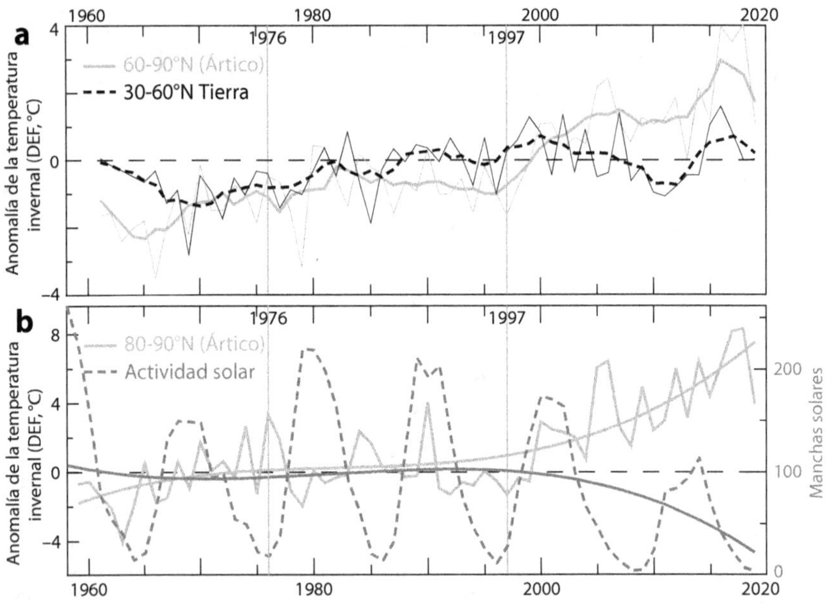

Figura 68. Calentamiento reciente del Ártico y actividad solar. a) Tendencias divergentes de las temperaturas del Ártico en invierno (línea continua gris) y de las temperaturas terrestres en invierno en latitudes medias (línea de trazos negra) desde 1997. b) Tendencias opuestas de las temperaturas del Ártico en invierno (línea continua gris) y de la actividad solar (línea de trazos gris oscura).[317]

Para desvelar la Cenicienta oculta de los estudios climáticos, podemos recurrir a uno de sus reveladores zapatitos de cristal: la temperatura del Ártico en invierno. Si observamos las tendencias desde 1960, vemos un claro contraste entre la temperatura ártica en invierno y la actividad solar (fig. 68b). Han seguido trayectorias opuestas, y su divergencia ha sido especialmente pronunciada desde 1997. La actividad solar ha disminuido significativamente durante

---

[316] Cohen, J., et al., 2020. Nat. Clim. Change, 10 (1), pp.20–29.
doi.org/10.1038/s41558-019-0662-y

[317] Datos de temperatura del Ártico del Instituto Meteorológico Danés.
ocean.dmi.dk/arctic/meant80n_anomaly.uk.php Datos solares de SILSO.
www.sidc.be/SILSO/home

este periodo, mientras que el calentamiento del Ártico ha aumentado considerablemente.

Además, el anterior periodo de fuerte calentamiento del Ártico en la década de 1920 (fig. 53, cap. 34) coincidió con un periodo de baja actividad solar, ya que el máximo solar moderno no comenzó hasta aproximadamente 1935.

Los datos paleoclimáticos proporcionan evidencias convincentes de que la relación inversa entre la actividad solar y el clima ártico no es una coincidencia limitada a dos periodos aislados de los últimos cien años. Los resultados de dos núcleos son especialmente reveladores. Uno de ellos, situado cerca del Golfo de Alaska en la ruta de las tormentas del Pacífico Norte, proporciona un proxy de la temperatura, mientras que el otro, situado en el Mar de Chukchi, proporciona un proxy de la cubierta de hielo marino.[318] Ambos núcleos son sensibles al transporte de calor hacia los polos del Ártico a través de la vía de paso de Bering. La figura 69 compara los datos de estos indicadores con la actividad solar a partir de una reconstrucción que abarca los últimos 800 años.[319]

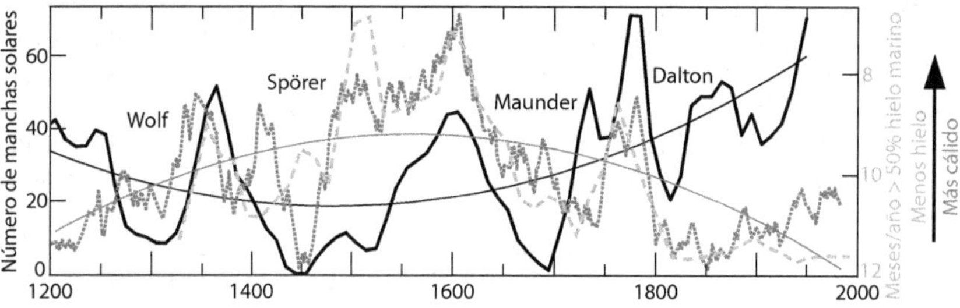

Figura 69 Relación entre el sol y el clima a lo largo de la vía de paso de Bering durante la Pequeña Edad de Hielo. Los datos de actividad solar están representados por una línea negra continua con regresión cuadrática (línea fina negra). Los datos proxy de temperatura del núcleo de hielo de Alaska están representados por una línea de puntos gris oscura con regresión cuadrática (línea fina gris oscura). La línea de trazos gris clara representa los datos invertidos de la capa de hielo del mar de Chukchi. Los nombres corresponden a los mínimos solares.

La relación entre los dos proxies climáticos y la actividad solar es clara, pero el efecto es el contrario del que cabría esperar. A medida que la actividad solar disminuía hasta el Mínimo de Spörer, se producía una tendencia significativa al calentamiento y una disminución sustancial de la cubierta de hielo marino en la región de Alaska. Los proxies indican que alrededor de 1500, la región de Alaska experimentó temperaturas mucho más cálidas y el mar de Chukchi tenía mucho menos hielo marino que en la actualidad. Sin embargo, después de 1700, cuando la actividad solar empezó a aumentar, se produjo un importante efecto de enfriamiento y un aumento de la cubierta de hielo marino.

La explicación más sencilla del calentamiento de esta región durante la Pequeña Edad de Hielo, cuando la mayor parte del planeta se estaba enfriando, es que una cantidad sustancial de calor procedente del océano Pacífico fue transportada a través de esta región hasta el Ártico. La región de altas latitudes se

---

[318] Porter, S.E., et al., 2019. J. Geophys. Res. Atmos. 124 (20), pp.10784–10801. doi.org/10.1029/2019JD031023

[319] Wu, C.J., et al., 2018. Astron. Astrophys. 615, p.A93. doi.org/10.1051/0004-6361/201731892

volvió inusualmente cálida debido a una gran afluencia de calor procedente del sur.

Otro estudio aporta pruebas convincentes de que las temperaturas anómalamente bajas registradas en Groenlandia desde los años setenta hasta principios de los noventa fueron causadas por el Máximo Solar Moderno.[320] Destacados investigadores en paleoclimatología reconstruyeron los patrones de temperatura de Groenlandia durante los últimos milenios y los compararon con las reconstrucciones de temperatura del hemisferio norte. Los resultados corroboran conclusiones anteriores, según las cuales la variabilidad solar de los últimos 4.000 años está correlacionada con importantes anomalías de temperatura opuestas en Groenlandia. En otras palabras, cuando la actividad solar disminuía (aumentaba), Groenlandia experimentaba calentamiento (enfriamiento).

Sorprendentemente, los autores no establecieron una conexión evidente entre el reciente calentamiento de Groenlandia desde 1997 y la menor actividad solar observada en las últimas dos décadas. Dado que el título del artículo afirma que el enfriamiento de Groenlandia a finales del siglo XX fue forzado por el Máximo Solar Moderno, se deduce lógicamente que el final del máximo solar contribuyó a parte del calentamiento observado allí en el siglo XXI. Este descuido pone de manifiesto una perspectiva sesgada dentro de la climatología moderna, en la que el forzamiento solar sólo se utiliza para explicar anomalías que no pueden explicarse por el forzamiento de los gases de efecto invernadero.

Podemos concluir sin temor a equivocarnos que el primer zapatito de cristal de la variabilidad solar, la Cenicienta de los estudios climáticos, encaja a la perfección. El efecto portero de la actividad solar sobre el transporte de calor ha tenido una gran influencia en las temperaturas del Ártico durante los últimos 4.000 años. Incluso hoy en día, sigue siendo el principal impulsor del clima en la región.

Evidencias del efecto climático de la actividad solar (II). Meteorología invernal extrema en las latitudes medias

El segundo zapatito de cristal de la Cenicienta del Clima resuelve el debate científico antes mencionado: la divergencia en las tendencias de las temperaturas invernales entre el Ártico y las latitudes medias que los modelos climáticos no lograron predecir. Entender por qué esto es un problema no es fácil. Cuando el Ártico experimenta un calentamiento en invierno, indica una afluencia de aire cálido. En consecuencia, el aire frío desplazado por este aire cálido debe desplazarse hacia las latitudes medias, provocando inviernos más fríos en esas regiones. Entonces, ¿por qué este fenómeno desconcierta a los científicos?

Su confusión se debe a un exceso de confianza en modelos climáticos que carecen de propiedades esenciales relacionadas con el transporte de calor, lo que les impide ofrecer una explicación correcta. Estos modelos no interpretan la amplificación del Ártico como un fenómeno de transporte de calor. En consecuencia, los científicos buscan respuestas en consecuencias imprevistas de la pérdida de hielo marino o en posibles vínculos estratosféricos, en lugar de reconocer las implicaciones más obvias de la redistribución del calor.

---

[320] Kobashi, T., et al., 2015. Geophys. Res. Lett. 42 (14), pp.5992–5999. doi.org/10.1002/2015GL064764

Según la hipótesis del portero de invierno, una disminución significativa de la actividad solar debería debilitar el vórtice polar, provocando un calentamiento en invierno en el Ártico y un enfriamiento en invierno en las latitudes medias. Notablemente, esto es exactamente lo que han observado los investigadores. El Ártico se ha calentado, mientras que las latitudes medias del hemisferio norte han experimentado una mayor frecuencia de frío invernal extremo desde 1997, lo que evidencia la influencia del Sol en nuestro clima. El cambio en la frecuencia de los inviernos fríos en las latitudes medias es el segundo zapatito de cristal de nuestro cuento de la Cenicienta climática.

La Figura 70 muestra el porcentaje de superficie terrestre entre 20°N y 50°N que experimentó meses invernales más de una desviación estándar más fríos que la media de 1951-1980 (línea negra).[321] Con el inicio del calentamiento global en 1976, se produjo una notable disminución de la frecuencia de inviernos fríos. Esta disminución es coherente tanto con la hipótesis del efecto reforzado del CO_2 como con el régimen de bajo transporte de la hipótesis del portero de invierno entre 1976 y 1997. Es probable que ambos hayan desempeñado un papel en este fenómeno.

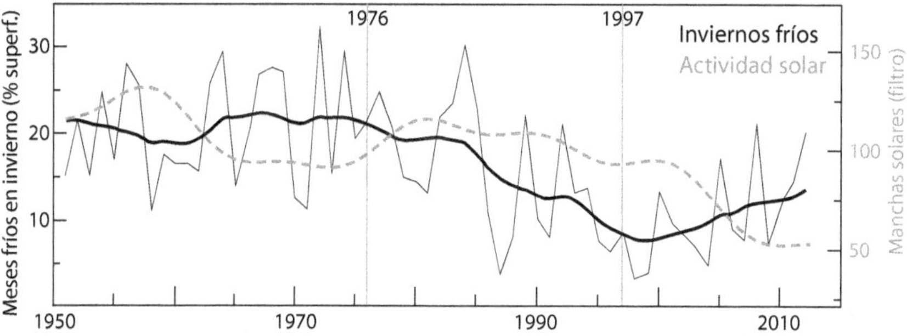

Figura 70. Actividad solar y frecuencia de inviernos fríos. La línea negra muestra el porcentaje de tierra con un invierno frío en las latitudes medias del hemisferio norte. La línea de trazos gris es un suavizado gaussiano del número de manchas solares.

Sin embargo, desde 1998, la frecuencia de inviernos fríos ha aumentado y sólo la hipótesis del portero de invierno ofrece una explicación plausible de este fenómeno. Varios factores pueden influir en el transporte de calor hacia los polos, pero existe una clara correlación cuando comparamos la frecuencia de los inviernos fríos en las latitudes medias con la actividad solar. La Figura 70 muestra la variabilidad interdecenal de la actividad solar mediante el suavizado del número de manchas solares (representado por la línea de trazos gris). Se observa que cuando la actividad solar aumenta o disminuye rápidamente en escalas de tiempo interdecenales, la frecuencia de los inviernos fríos muestra una tendencia opuesta. Esta sorprendente correlación hace que las dos curvas prominentes de la figura 70 aparezcan como reflejos distorsionados la una de la otra. La correlación inversa no es más exacta porque otros factores contribuyen a la tendencia climática.

En conclusión, podemos afirmar que el segundo zapatito de cristal de la variabilidad solar, la Cenicienta del clima, también encaja perfectamente. Efec-

---

[321] Cohen, J., et al., 2014. Nat. Geosci. 7 (9), pp.627–637. doi.org/10.1038/NGEO2234

tivamente, el efecto portero de la actividad solar sobre el transporte de calor ha influido en la frecuencia de los inviernos fríos en las latitudes medias del hemisferio norte, y esta influencia continúa.

Con sus dos zapatitos de cristal, esta Cenicienta puede bailar. El efecto solar sobre el clima no es el que imaginábamos, pero es muy relevante para el cambio climático.

En resumen

La actividad solar es responsable de la alteración de la estratosfera, lo que afecta a la propagación de las ondas planetarias. Estas ondas transportan una gran cantidad de energía y momento angular que, al alcanzar el vórtice polar, lo debilitan y permiten que llegue más calor al Ártico durante el invierno. Este fenómeno se acentúa cuando la actividad solar es baja, como ha ocurrido en décadas recientes. En consecuencia, la mayor entrada de calor provoca un calentamiento del Ártico y una expulsión de aire frío polar, lo que se traduce en una mayor frecuencia de episodios invernales extremadamente fríos en las latitudes medias del hemisferio norte. Aunque estos cambios se han observado recientemente, no se han atribuido a la disminución de la actividad solar. El inesperado aumento de la frecuencia de episodios invernales de frío extremo ha sorprendido a los científicos, ya que no estaba previsto por los modelos climáticos. Sin embargo, la relación inversa entre la actividad solar y las temperaturas del Ártico persiste desde hace al menos 4.000 años, como indican los proxies climáticos. Sólo puede explicarse por el mecanismo variable de transporte de calor que responde a la actividad solar.

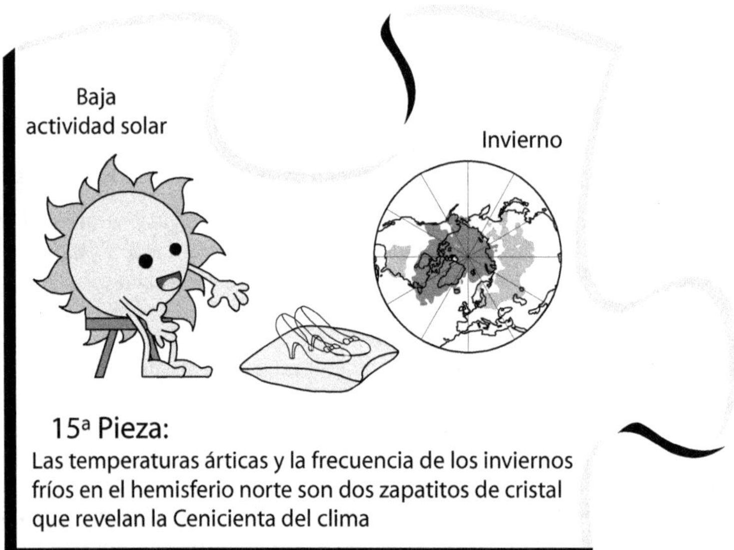

15ª Pieza:
Las temperaturas árticas y la frecuencia de los inviernos fríos en el hemisferio norte son dos zapatitos de cristal que revelan la Cenicienta del clima

Capítulo 43
El Transporte de Calor Modifica el Presupuesto de Energía

La hipótesis del portero de invierno propone que los cambios en la cantidad de calor transportado al Ártico durante el invierno desempeñan un papel importante en provocar el cambio climático. Se han encontrado evidencias de esta hipótesis en sus tres aspectos principales. En primer lugar, los cambios en el transporte de calor afectan a la distribución de la energía, como indican las diferentes tendencias de la temperatura en las distintas latitudes debidas a cambios en la fortaleza del vórtice. En segundo lugar, estos cambios afectan al patrón de emisiones infrarrojas, como se observa en el análisis de la radiación de onda larga saliente en el Ártico. Por último, la alteración del patrón de emisiones conduce a cambios en el presupuesto energético planetario, como demuestran los cambios en el desequilibrio energético de la Tierra y el ritmo de calentamiento de los océanos. En consecuencia, la hipótesis del portero de invierno es una explicación viable del cambio climático.

Viabilidad de la hipótesis del portero de invierno

La primera parte del libro consta de 16 capítulos en los que se examinan los procesos por los que el planeta adquiere su energía, la hace circular por el sistema climático y la devuelve al espacio. Este tema pueda parecer poco apasionante para muchos, pero es una base fundamental para comprender el cambio climático. Comprender la dinámica energética es crucial porque cualquier hipótesis que intente explicar el cambio climático debe dar cuenta de los cambios energéticos necesarios. En general, el clima global no puede sufrir cambios sustanciales sin los correspondientes cambios en la energía que contiene. Así pues, los cambios energéticos deben ser coherentes con las predicciones de la hipótesis.

Por eso no ha surgido ninguna alternativa creíble a la hipótesis del efecto reforzado del CO_2 desde la década de 1960. La teoría orbital de las glaciaciones de Milankovitch explica los cambios energéticos que impulsan el ciclo glacial, pero los cambios orbitales graduales son insuficientes para explicar los cambios climáticos sustanciales que se producen en pocos siglos. Algunas alternativas propuestas carecen de los cambios energéticos necesarios, mientras que otras aún no están respaldadas por las evidencias disponibles.

El portero de invierno es una hipótesis termodinámica centrada en el transporte de calor dentro del sistema climático. Está respaldada por evidencias de que los cambios en el transporte de calor afectan directamente al contenido energético del planeta. He revisado miles de artículos científicos en busca de pruebas que hicieran la hipótesis inviable o incompatible con nuestros conocimientos sobre cómo ha cambiado el clima en el pasado o está cambiando en el presente. Sin embargo, estos esfuerzos fueron infructuosos, lo que subraya la solidez de la hipótesis y su capacidad para explicar de forma exhaustiva el cambio climático del pasado.

Los cambios en el transporte alteran la distribución de la energía

A lo largo de la mayor parte del libro, hemos revisado numerosas líneas de evidencia que apuntan al papel de las oscilaciones oceánicas multidecadales en la configuración de los regímenes climáticos y en el desencadenamiento de desplazamientos abruptos. Estas oscilaciones reflejan cambios en las condiciones de transporte de calor, como demuestran los resultados analizados en los capítulos 13 (fig. R9), 17 (figs. 26 y 27), 19 (figs. 30 y 31), 31-33 (figs. 48, 50 y 51), 37 (fig. 58), 39 (fig. 61), 40 (fig. 64) y 42 (figs. 68 y 70).

Una evidencia adicional de este concepto se encuentra en la notable disparidad de las tasas de calentamiento en las diferentes latitudes del hemisferio norte. Se observa un fuerte contraste entre el régimen de bajo transporte de 1976 a 1997 y el posterior régimen de alto transporte desde 1997. Esta disparidad se ilustra en la figura 71a, que muestra las diferentes tendencias de la temperatura en superficie y en la troposfera inferior en las diferentes latitudes para un periodo de bajo transporte (1985-1997) y un periodo de alto transporte (2002-2013). Los autores del estudio se refirieron a estos periodos como los regímenes pre-hiato y hiato, respectivamente, siendo hiato el nombre científico de la pausa.[322]

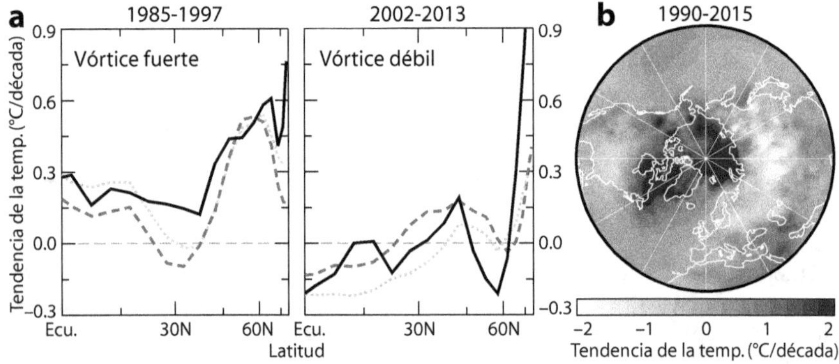

Figura 71. Los cambios en el transporte de calor modifican su distribución. a) Tendencias de la temperatura en superficie y en la troposfera inferior frente a la latitud para dos periodos. La línea continua negra corresponde a los datos de temperatura en superficie, mientras que las líneas discontinuas grises representan dos datos de satélite de la troposfera inferior.[323] El eje horizontal es proporcional al seno de la latitud para reflejar la relación área/latitud. b) Tendencias de la temperatura invernal en superficie para un periodo en el que la mayoría de los años tuvo una configuración de vórtice débil.

Considerando la cantidad constante de energía solar recibida en una latitud determinada de un año a otro, resulta evidente que las notables variaciones de temperatura observadas se deben principalmente a diferencias en el transporte de calor. Durante los periodos de vórtice polar fuerte y bajo transporte, se

---

[322] Gleisner, H., et al., 2015. Geophys. Res. Lett. 42 (2), pp.510–517. doi.org/10.1002/2014GL062596

[323] La línea Negra son datos de HadCRUT4. La línea de trazos gris oscura son datos de UAH. La línea de puntos gris clara son datos de RSS.

transporta menos calor al norte de 60°N, lo que provoca un mayor calentamiento en las latitudes medias y bajas al sur del vórtice polar. Por el contrario, durante los periodos de vórtice polar débil y transporte elevado, se transporta más calor hacia los polos, lo que provoca un mayor calentamiento en el Ártico. Sin embargo, este aumento del transporte también provoca un notable efecto de enfriamiento en las latitudes medias debido al intercambio de masas de aire con las latitudes más altas.

Otro estudio aporta una perspectiva valiosa sobre la influencia del vórtice polar en las tendencias de la temperatura y la consiguiente aparición de fríos extremos en las latitudes medias.[324] La figura 71b procedente de este estudio ofrece una representación visual en la que se destacan las regiones en las que se manifiestan diferentes tendencias de la temperatura invernal durante un periodo de vórtice polar débil y transporte elevado. En particular, los resultados revelan un fenómeno interesante en el que el aire frío del Ártico es impulsado hacia Eurasia y el este de Norteamérica. Este fenómeno puede atribuirse a la entrada en el Ártico de aire cálido cargado de humedad procedente de las cuencas oceánicas y de las regiones occidentales de Norteamérica.

Basándonos en las observaciones, puede concluirse que los cambios en el transporte de calor hacia los polos afectan significativamente a la distribución del calor dentro del sistema climático, dando lugar a tendencias de temperatura distintas. Estas diferencias en la distribución del calor son particularmente evidentes durante el invierno y están estrechamente relacionadas con las variaciones en la fortaleza del vórtice.

El cambio en la distribución del calor modifica las emisiones de radiación saliente

Cuando el Ártico empezó a calentarse en 1997, experimentó lógicamente un aumento de la radiación infrarroja saliente. La figura 72 muestra los datos de la radiación de onda larga saliente en la zona 70-90°N, en la cima de la atmósfera, y su análisis es muy revelador.[325]

La erupción del Monte Pinatubo en 1991 provocó una disminución temporal de las emisiones. Esto es coherente con el efecto reforzador de las erupciones volcánicas sobre el vórtice polar boreal, que provocó un invierno cálido en las latitudes medias boreales y un invierno frío en el Ártico tras la erupción, tal y como se comenta en el capítulo 25.

Desde 1997, sin embargo, ha surgido una tendencia notable al aumentar las emisiones infrarrojas del Ártico. Aunque las emisiones son más elevadas en verano, cuando el Ártico recibe más luz solar, el aumento de las emisiones en la estación fría ha sido más pronunciado. El resultado ha sido una reducción de la estacionalidad. En este libro, este periodo de aumento abrupto del transporte de calor, especialmente durante la estación fría, se denomina desplazamiento ártico. El fenómeno también es evidente en el transporte de calor por el océano hacia la región ártica (fig. 27, cap. 17).

---

[324] Kretschmer, M., et al., 2018. Bull. Amer. Meteor. Soc. 99 (1), pp.49–60.
     doi.org/10.1175/BAMS-D-16-0259.1
[325] Datos de KNMI explorer climexp.knmi.nl/select.cgi?field=noaa_olr

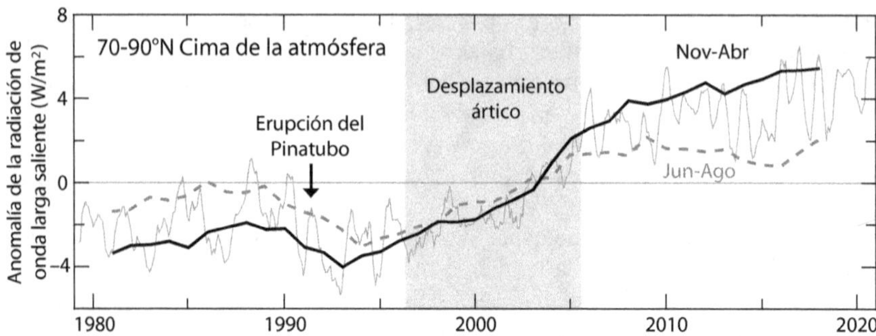

Figura 72. Cambio en la radiación de onda larga saliente en la región ártica. La línea fina es una media móvil de 7 meses. La línea negra es una media de 5 años de los valores de la estación fría. La línea de trazos es una media de 5 años de los valores de verano.

El desplazamiento ártico ha tenido un impacto significativo, dando lugar a un notable aumento de 8 W/m² en las emisiones infrarrojas al espacio durante la estación fría y aproximadamente la mitad de esa cantidad durante el verano. La figura 71b muestra que la zona afectada abarca aproximadamente el 10% del hemisferio norte, lo que subraya la importante redistribución en el origen de las emisiones salientes provocada por el desplazamiento ártico.

El cambio en las emisiones altera el presupuesto energético global

Como hemos señalado a lo largo de este libro, las regiones polares tienen un efecto invernadero muy reducido en invierno en comparación con el resto del planeta. Esto se debe a los niveles extremadamente bajos de vapor de agua en la fría atmósfera polar, ya que el vapor de agua y las nubes representan alrededor del 75% del efecto invernadero.[326] Incluso para una temperatura media global en superficie dada, el origen de las emisiones es crítico. Si se originan más emisiones en el Ártico durante el invierno, aumenta la energía total emitida por el planeta. Esto se debe a que estas emisiones proceden de altitudes más bajas, y la atmósfera polar es menos opaca al paso de la radiación infrarroja.

El aumento del transporte de calor hacia el Ártico durante el invierno tiene un efecto similar al de una reducción abrupta del CO_2 atmosférico, ya que facilita el escape de la radiación infrarroja hacia el espacio. Sin embargo, el efecto es mucho mayor porque el efecto invernadero en el Ártico en invierno es menos de la mitad que en los trópicos, mientras que reducir a la mitad (o duplicar) los niveles de CO_2 cambiaría el efecto invernadero sólo en un pequeño porcentaje. Este cambio afecta directamente al presupuesto energético del planeta y sirve de motor ignorado del cambio climático, ejerciendo una influencia que no se ha tenido en cuenta.

Entre 1976 y 1997 se produjo la tendencia contraria. El Ártico experimentó una disminución del transporte de calor en invierno, lo que se tradujo en una menor pérdida de energía a través de la gran ventana de emisión infrarroja que proporciona la atmósfera ártica durante esta estación. Por consiguiente, una

[326] Schmidt, G.A., et al., 2010. J. Geophys. Res. Atmos. 115 (D20). doi.org/10.1029/2010JD014287

parte significativa del calentamiento observado en las últimas décadas se debe a factores naturales y no puede atribuirse únicamente a las emisiones y aerosoles humanos.

Existen evidencias convincentes de que el desplazamiento ártico de 1997 ha alterado el presupuesto global de calor. Un estudio reciente muestra una disminución del desequilibrio energético de la Tierra desde 2000 (fig. 73, línea negra).[327] Aunque el desequilibrio sigue siendo positivo, lo que indica un calentamiento continuado, el ritmo se ha ralentizado con el tiempo. A los autores les sorprendió esta disminución del desequilibrio energético, dada la continua emisión de GEI. Para validar sus conclusiones, examinaron además los cambios en la tasa de calentamiento de los océanos a lo largo del tiempo, utilizando las variaciones en el contenido de calor de los océanos como medida alternativa del desequilibrio energético (cap. 6). El análisis reveló una transición en el comportamiento del océano durante el desplazamiento ártico, de una tendencia de calentamiento más rápida a otra más lenta (fig. 73, línea de trazos gris). La concordancia de estas líneas de evidencia independientes aumentó la confianza de los autores en sus resultados y proporciona un sólido apoyo a la hipótesis del portero de invierno.

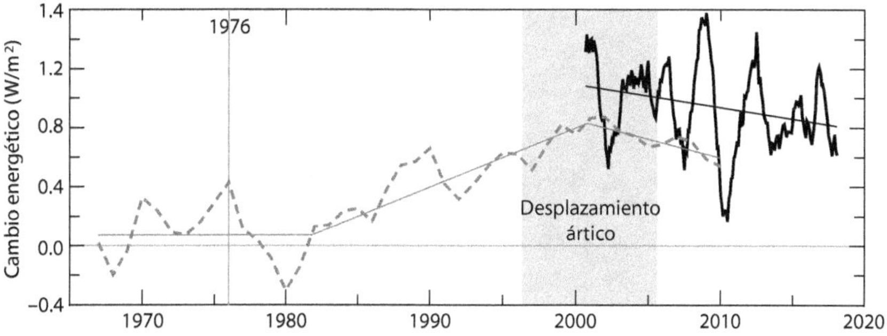

Figura 73. Cambios en el desequilibrio energético de la Tierra y en la tasa de calentamiento de los océanos a lo largo del tiempo. Los datos del desequilibrio energético (línea negra) son una media móvil de 12 meses, y los datos del calentamiento oceánico (línea de trazos gris) son una media de 10 años.

La hipótesis del portero de invierno ofrece una explicación a dos cuestiones pendientes desde hace mucho tiempo en climatología: cómo influye la actividad solar en el clima y el alcance de los factores naturales que contribuyen al calentamiento reciente. Al hacerlo, emerge como una hipótesis más completa que el efecto reforzado del CO_2, demostrando una capacidad superior para explicar las variaciones climáticas pasadas y presentes.

En resumen

Los cambios persistentes en la cantidad de calor transportado al Ártico durante el invierno tienen implicaciones de gran alcance para la distribución del calor, las tendencias de la temperatura en función de la latitud, las emisiones infrarrojas del Ártico y el presupuesto energético global del planeta. Estos cambios en el transporte de calor revelan un factor natural del cambio climá-

[327] Dewitte, S., et al., 2019. Remote Sens. 11 (6), p.663. doi.org/10.3390/rs11060663

tico ignorado y subestimado. Durante el invierno, la atmósfera del Ártico es una ventana más transparente para las emisiones infrarrojas, lo que permite que el calor escape más fácilmente del planeta. La disminución del transporte de calor hacia el Ártico entre 1976 y 1997 provocó calentamiento global, ya que la Tierra retuvo más calor. A la inversa, el aumento del transporte de calor hacia el Ártico desde 1997 ha provocado el calentamiento de la región y una ralentización del calentamiento global. Estos resultados ponen de relieve el importante componente natural del cambio climático, que no ha sido tratado adecuadamente en los informes del IPCC ni por la mayoría de los climatólogos.

SECCIÓN 12 CUESTIONES CLAVE

La actividad solar regula la temperatura de la estratosfera polar, la circulación atmosférica invernal y la rotación del planeta. Lo hace modificando la propagación de las ondas planetarias que afectan a la fortaleza de los vórtices polares. Este mecanismo de modulación solar ha provocado una relación inversa entre la actividad solar y las temperaturas del Ártico durante los últimos 4.000 años. Regula la frecuencia de los inviernos extremadamente fríos en las latitudes medias del hemisferio norte.

De acuerdo con la hipótesis del portero de invierno, los cambios en el transporte de calor afectan a la distribución de la energía, como indican las diferentes tendencias de la temperatura en las distintas latitudes debido a los cambios en la fortaleza del vórtice. Estos cambios afectan al patrón de emisiones infrarrojas, como se observa en el análisis de la radiación de onda larga saliente en el Ártico. La alteración del patrón de emisión provoca cambios en el presupuesto energético planetario, como indican los cambios en el desequilibrio energético de la Tierra y el ritmo de calentamiento de los océanos.

Parte IV. Una Hipótesis Mejor

Sección 13. Explicando el Cambio Climático en el Pasado

Capítulo 44
Resolviendo los Puzzles Climáticos del Pasado Remoto

La hipótesis del portero de invierno tiene un poder explicativo considerable para los enigmas climáticos del pasado. Los climas del Oligoceno y el Mioceno son especialmente difíciles. La mayor parte del descenso de CO_2 de los últimos 50 millones de años se produjo durante el Oligoceno, cuando los niveles cayeron de 800 a 300 ppm. A pesar de este notable descenso de los niveles de CO_2, el Oligoceno terminó con un prolongado periodo de calentamiento de 2,5 millones de años en un mundo considerablemente más cálido que el actual. Coincidiendo con esta tendencia al calentamiento y el descenso del CO_2 se produjo la aparición gradual de la Corriente Circumpolar Antártica, que redujo el transporte de calor y humedad hacia el Polo Sur. La hipótesis del portero de invierno sugiere que esta reducción provocó el enfriamiento de la Antártida mientras el resto del mundo se calentaba. Al crear el agua del fondo antártico extremadamente fría, la Corriente Circumpolar Antártica también secuestró el CO_2.

La Tierra experimentó su fase más cálida en 34 millones de años durante el óptimo climático del Mioceno medio, a pesar de unos niveles de CO_2 comparables a los actuales. Este periodo puede atribuirse a la culminación de los efectos de calentamiento resultantes de la reducción de la pérdida de calor en la región polar austral. Pero terminó cuando los cambios geográficos y orográficos aumentaron la pérdida de calor en la región polar boreal. Este cambio inició una tendencia de enfriamiento global a largo plazo que duró hasta el final del Último Máximo Glacial, hace unos 20.000 años.

La marca de una buena hipótesis

En el capítulo 35 aprendimos acerca de las hipótesis científicas. Se trata de propuestas provisionales basadas en observaciones y respaldadas por algunas de las pruebas disponibles. En los casos en los que la experimentación no es práctica, las hipótesis se contrastan con evidencias no examinadas previamente o con nuevas evidencias. La fuerza de una hipótesis reside en su poder explicativo, que puede medirse por varios factores. Una hipótesis tiene un alto poder explicativo cuando explica un gran número de hechos, aclara observaciones desconcertantes, tiene un fuerte poder predictivo, se basa menos en la autoridad y más en observaciones empíricas, hace un mínimo de suposiciones y es fácilmente falsable.

Según este criterio, la hipótesis del portero de invierno supera a la del efecto reforzado del CO_2. Esta nueva hipótesis se presenta como una explicación termodinámica sólida de las evidencias que apoyan el papel de los cambios observados en el transporte de calor en el cambio climático. Sorprendentemente, también reconcilia el gran efecto paleoclimático de los cambios en la actividad solar (como indican los proxies) con el efecto comparativamente pequeño observado por la instrumentación moderna. El principio del uniformitarianismo establece que los procesos ocurren de la misma manera y con la misma intensidad en el pasado y en el presente. El mecanismo propuesto por el que la actividad solar afecta al clima opera a través de cambios en el ozono inducidos por la radiación UV, la modulación de las ondas planetarias y la fortaleza de los vórtices polares, alterando así el transporte meridional de calor. Reconociendo que el transporte meridional de calor y la fortaleza de los vórtices son características climáticas fundamentales influidas por múltiples factores, la hipótesis se amplió para incluir todos los factores contribuyentes, denominados "porteros".

De repente, la hipótesis adquirió un impresionante poder explicativo, ofreciendo explicaciones convincentes de diversos fenómenos climáticos. Arrojó luz sobre acontecimientos como la Pequeña Edad de Hielo (cap. 27) y el aumento de los inviernos fríos en el hemisferio norte desde 1997. Resultados sorprendentes, como la simultaneidad de la pausa en el calentamiento global de 1998 a 2014 y la amplificación ártica, resultan más claros y comprensibles a través de la lente de esta hipótesis. Además, numerosos enigmas climáticos que no se habían tenido en cuenta en el desarrollo de la hipótesis se resolvieron fácilmente con los conocimientos que ésta proporciona. Esto reforzó mi confianza en la veracidad esencial de la hipótesis. En los tres capítulos siguientes examinaremos cómo la hipótesis explica varios casos de cambio climático que ponen en tela de juicio explicaciones alternativas.

El periodo cálido del Oligoceno superior

Durante el Eoceno inferior, hace unos 50 millones de años, la Tierra experimentó un clima de horno. Sin embargo, alrededor de esta época, las temperaturas globales iniciaron una larga tendencia descendente que culminó en la Edad de Hielo del Cenozoico Superior. Las causas exactas de este descenso de la temperatura siguen siendo inciertas. Una hipótesis plausible, sin embargo, es que se debió a la aparición gradual de una vía de paso entre el Atlántico y el Ártico.[328] Esta interpretación es coherente con los principios de la hipótesis del portero de invierno y se analiza en detalle en el capítulo 20.

Al enfriarse el planeta, las regiones polares experimentaron un descenso de temperatura más pronunciado, lo que provocó una reducción de su efecto invernadero durante el invierno. Esto creó un bucle de retroalimentación positiva que provocó un aumento de la pérdida de energía del planeta y un mayor enfriamiento. En aquella época, la Antártida estaba muy cerca de Sudamérica y Australia, y sólo las separaban aguas poco profundas. Esta proximidad permitió que corrientes cálidas fluyeran hacia la Antártida, aportando calor y favoreciendo la pérdida de energía (fig. 74a).

A medida que avanzaba el enfriamiento, la Antártida experimentó la formación de capas de hielo a gran altura y desarrolló una respuesta más fuerte al forzamiento orbital. Al mismo tiempo, el continente quedó separado físicamente de otras masas de tierra por la apertura del Paso de Drake y la vía de paso de Tasmania. Este cambio geográfico allanó el camino para el desarrollo de la Corriente Circumpolar Antártica, impulsada por el efecto Coriolis que actúa sobre el viento y el agua.

---

[328] Vahlenkamp, M., et al., 2018. Earth Planet. Sci. Let. 498, pp.185–195.
doi.org/10.1016/j.epsl.2018.06.031

A medida que la Corriente Circumpolar Antártica se hizo más fuerte, fue bloqueando la entrada de calor procedente de los trópicos, aumentando el enfriamiento de la región polar austral. Hace unos 34 millones de años, la Antártida alcanzó un punto de no retorno que hizo que las capas de hielo cubrieran el continente en menos de un millón de años. Esto marcó el comienzo del Oligoceno.

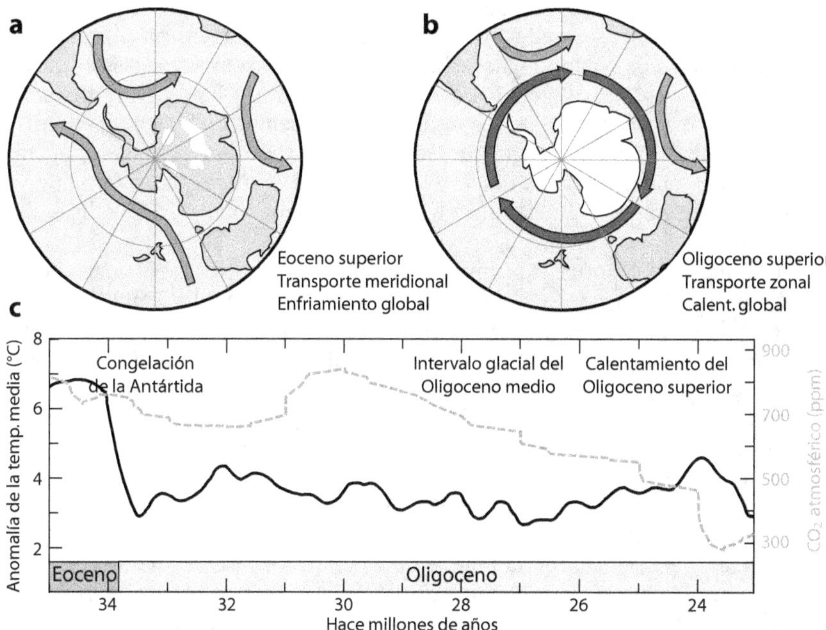

Figura 74. Explicación del calentamiento global durante el Oligoceno. a) Durante el Eoceno superior, las corrientes de agua cálida aportaron calor y humedad a la Antártida. b) Durante el Oligoceno superior, una Corriente Circumpolar Antártica bien desarrollada redujo el aporte de calor a la Antártida. c) El desarrollo de la Corriente Circumpolar Antártica durante el Oligoceno redujo en gran medida los niveles de CO_2 al tiempo que promovió el calentamiento global durante el Oligoceno superior.[329]

El clima durante esta época de 11 millones de años se ha definido como un enigma.[330] Las pruebas disponibles sugieren que el Eoceno no mostró una tendencia clara en los niveles de CO_2 (fig. R18, cap. 21). Por el contrario, el Oligoceno fue testigo de un gran descenso del CO_2, responsable de la mayor parte de la disminución observada a lo largo del Cenozoico. Los niveles cayeron de aproximadamente 800 a 300 ppm, es decir, su concentración se redujo a más de la mitad. Sorprendentemente, a pesar de estos niveles más bajos de CO_2, las temperaturas durante este periodo fueron varios grados más cálidas que las actuales (fig. 74c). Para complicar la interpretación, después de un período frío

---

[329] Datos para la figura de Westerhold, T., et al., 2020. Science, 369 (6509), pp.1383–1387. doi.org/10.1126/science.aba6853 datos de CO_2 amablemente suministrados por T. Westerhold.

[330] O'Brien, C.L., et al., 2020. PNAS. 117 (41), pp.25302–25309. doi.org/10.1073/pnas.2003914117

conocido como Intervalo Glacial del Oligoceno Medio, que duró desde hace 28 a 26,5 millones de años, la temperatura comenzó un ascenso irregular que duró unos 10 millones de años, y que finalmente condujo al óptimo climático del Mioceno medio.

Por tanto, hace unos 26,5 millones de años, el clima entró en lo que se conoce como el calentamiento del Oligoceno superior. Este periodo abarcó unos 2,5 millones de años y fue testigo de un notable aumento de la temperatura global de unos 2 °C, incluso cuando los niveles de CO_2 se redujeron a la mitad, de 600 a 300 ppm. Los climatólogos se han esforzado por comprender esta fase de calentamiento porque los modelos climáticos existentes no pueden reproducirla. Para complicar aún más las cosas, a pesar del aparente calentamiento en las latitudes medias indicado por los proxies terrestres y marinos y de las temperaturas varios grados más altas que las observadas hoy en día, la Antártida permaneció fuertemente glaciada durante el calentamiento del Oligoceno superior.[331]

La hipótesis del portero de invierno explica este misterio. El aislamiento climático de la Antártida se debió a la Corriente Circumpolar Antártica, que redujo la entrada de calor y provocó su congelación. Al mismo tiempo, el aislamiento y la congelación redujeron la pérdida de energía al limitar el transporte de calor y las emisiones infrarrojas del continente más frío, lo que permitió al planeta conservar más energía. Una vez que el planeta se hubo adaptado al enfriamiento global provocado por la congelación de todo un continente, comenzó a calentarse debido al desarrollo y fortalecimiento de la Corriente Circumpolar Antártica. Este fenómeno resuelve la aparente paradoja de un mundo que se calienta junto a una Antártida fuertemente glaciada (fig. 74b). A pesar del aumento del gradiente latitudinal de temperatura, el transporte de calor fue mitigado por la corriente circumpolar, el Modo Anular Austral y el vórtice polar. La disminución del transporte de calor hacia el polo antártico probablemente desencadenó el calentamiento de finales del Oligoceno.

La formación del agua del fondo antártico, la masa de agua más densa de la Tierra con una temperatura media de 1,5 °C, puede atribuirse al desarrollo de la corriente circumpolar antártica, extremadamente fría. Esta masa de agua ocupa las partes más profundas de los océanos conectados con el Océano Austral, por debajo de los 4.000 m de profundidad. La formación de esta masa de agua probablemente desempeñó un papel importante en el descenso de los niveles de CO_2 durante la época del Oligoceno. El agua fría tiene una mayor capacidad para disolver el CO_2, lo que provoca su secuestro en las profundidades oceánicas. Estos conocimientos cuestionan la opinión predominante de que el CO_2 fue uno de los principales responsables del cambio climático a lo largo del Cenozoico. En consecuencia, explica cómo el Oligoceno tardío experimentó un calentamiento a pesar de la disminución del CO_2 absorbido por el océano.

El óptimo climático del Mioceno medio

La tendencia al calentamiento iniciada a finales del Oligoceno, hace unos 26,5 millones de años, alcanzó su punto álgido diez millones de años más tarde, durante el óptimo climático del Mioceno medio, hace entre 16,9 y 14,7

---

[331] Hauptvogel, D.W., et al., 2017. Paleoceanography, 32 (4), pp.384–396. doi.org/10.1002/2016PA002972

millones de años. Para entonces, se habían revertido dos tercios del enfriamiento que se produjo durante la transición Eoceno-Oligoceno, marcada por la glaciación antártica. Durante este extraordinario periodo climático, el planeta experimentó temperaturas entre 5 y 8 °C más cálidas que las actuales, con niveles de CO_2 similares de unas 400 ppm. Por este motivo, los climatólogos lo consideran un periodo enigmático.[332]

Los modelos climáticos no pueden reproducir el gradiente latitudinal de temperatura observado a mediados del Mioceno, caracterizado por condiciones cálidas en los trópicos y latitudes medias. Los modelos requieren un mínimo de 800 ppm de CO_2 para lograr esta representación, lo que indica que les falta aproximadamente la mitad del forzamiento necesario para explicar este óptimo climático. Es probable que el forzamiento que falta sea aún mayor, ya que el propio forzamiento de CO_2 tiende a sobreestimarse. Esta sobreestimación se debe a que los modelos no tienen en cuenta los efectos del forzamiento solar indirecto, uno de los principales motores del cambio climático. El hecho de que en los modelos falte más de la mitad del forzamiento necesario sugiere que el transporte meridional de calor, más que el CO_2, es un factor climático más importante.

La hipótesis del portero de invierno ofrece una posible explicación de la paradoja de mediados del Mioceno. Durante un periodo de 10 millones de años, el planeta experimentó un calentamiento gradual debido al creciente aislamiento climático de la Antártida, que facilitó la conservación de la energía. Al mismo tiempo, los cambios tectónicos analizados en el capítulo 20 modificaron gradualmente el patrón de circulación del planeta, que pasó de ser predominantemente zonal a predominantemente meridional (fig. 33, cap. 20). Este cambio favoreció la pérdida de energía en el polo opuesto. Tras el óptimo climático del Mioceno medio, la creciente pérdida de energía en el Ártico alcanzó un umbral crítico, poniendo al planeta en una trayectoria hacia una edad de hielo bipolar mucho más fría.

Sorprendentemente, muchos científicos consideran la época del Mioceno como un análogo potencial de nuestro clima futuro.[333] Esta perspectiva se basa en el hecho de que durante el Mioceno, los niveles de CO_2 eran similares a los actuales y las temperaturas eran entre 5 y 8 °C más altas que hoy. Estas proyecciones son coherentes con el calentamiento futuro previsto si las emisiones continúan sin disminuir durante aproximadamente un siglo. Sin embargo, estos científicos no abordan adecuadamente el persistente desajuste entre las tendencias del CO_2 y de la temperatura a lo largo del Cenozoico (fig. R18, cap. 21), especialmente durante el Oligoceno (fig. 74). La figura R18b (cap. 21) ilustra claramente la falta de correlación entre los cambios de CO_2 y temperatura. Estas observaciones sugieren que los cambios tectónicos durante este periodo fueron los principales impulsores del enfriamiento del clima y de la reducción del CO_2. Incluso los modelos existentes no apoyan la idea de que nos dirigimos hacia un clima similar al del Mioceno en unos pocos siglos, ya que les cuesta explicar las complejidades del propio clima del Mioceno. Según la hipótesis

---

[332] Goldner, A., et al., 2014. Clim. Past, 10 (2), pp.523–536.
   doi.org/10.5194/cp-10-523-2014
[333] Steinthorsdottir, M., et al., 2021. Paleoceanogr. Paleoclimatol. 36 (4),
   p.e2020PA004037. doi.org/10.1029/2020PA004037

del portero de invierno, el próximo periodo glacial se producirá dentro de unos pocos miles de años.

Ayudando a Milankovitch

La teoría orbital de la glaciación de Milankovitch proporciona una explicación sólida de la causa subyacente al ciclo glacial. Sin embargo, los climatólogos siguen intentando comprender cómo las sutiles variaciones de la radiación solar entrante en la cima de la atmósfera se traducen en cambios masivos del volumen de hielo en la superficie de la Tierra. Algunos autores, entre los que me incluyo, defienden el papel central de los cambios en la inclinación axial de la Tierra, conocida como oblicuidad, en la producción de los periodos interglaciares.[334] Numerosas pruebas apoyan la idea de que los cambios en la oblicuidad producen una respuesta climática global mucho más pronunciada (fig. 75) que los cambios en la precesión, los bamboleos axiales que alteran gradualmente la orientación del eje y afectan a las variaciones estacionales.

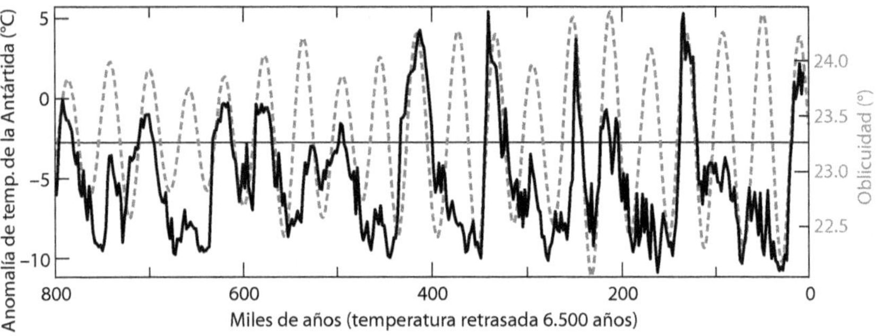

Figura 75. Cambios de temperatura debidos a cambios en la inclinación axial. La línea gruesa negra es la anomalía de la temperatura antártica con un desfase de 6.500 años, y la línea de trazos gris es la inclinación axial. La delgada línea horizontal representa el nivel por encima del cual se considera que se ha producido un interglaciar.[335]

La precesión no modifica la energía total recibida en cada latitud cada año. Más bien afecta a la distribución estacional de esa energía, dando lugar a veranos e inviernos más suaves o más extremos, aunque con efectos contrapuestos en cada hemisferio. En cambio, la oblicuidad desempeña un papel diferente al alterar la energía anual total recibida en cada latitud, afectando a ambos hemisferios de la misma manera. Esta propiedad hace que la oblicuidad sea especialmente adecuada para impulsar un ciclo glacial que se produce a la vez en ambos hemisferios.

Uno de los problemas para comprender la importancia de la oblicuidad es que los cambios energéticos resultantes son más pronunciados cerca de los polos, mientras que son pequeños en las regiones tropicales y de latitudes medias. No obstante, los científicos consideran sorprendente que numerosos registros paleoclimáticos de regiones tropicales y subtropicales muestren una fuerte

---

[334] Vinós, J., 2022. Climate of the Past, Present and Future: A scientific debate. Critical Science Press. pp.5–25.

[335] Datos para la figura de Jouzel, J., et al., 2007. Science, 317 (5839), pp.793–796. doi.org/10.1126/science.1141038 y de Laskar, J., et al., 2004. Astron. Astrophys. 428 (1), pp.261–285. doi.org/10.1051/0004-6361:20041335

señal de oblicuidad. En particular, el comportamiento de los monzones y la Zona de Convergencia Intertropical muestran una respuesta sustancial a la oblicuidad, lo que sugiere que sus variaciones tienen un impacto perceptible en la circulación atmosférica global.

La clave para resolver este rompecabezas es comprender cómo afecta la oblicuidad al gradiente de insolación estival. La inclinación del eje de la Tierra afecta directamente a la cantidad de radiación solar entrante que reciben las latitudes altas durante los meses de verano, pero no durante el invierno, cuando las latitudes altas no reciben luz solar. La importancia de las condiciones estivales para el ciclo glacial se reconoció ya en 1869, medio siglo antes de la teoría de Milankovitch. La dependencia del gradiente de insolación estival de la oblicuidad se muestra en la figura R19 (cap. 21). En consecuencia, las variaciones en la oblicuidad también afectan al gradiente latitudinal de temperatura en verano y al transporte de calor y humedad hacia los polos.

Durante el Mioceno, surgió una notable influencia de la oblicuidad (inclinación axial) en la evolución de la capa de hielo antártica, coherente con la influencia creciente del transporte meridional en la evolución del clima a lo largo del Cenozoico. Según un estudio reciente, este vínculo se debe a los cambios inducidos por la oblicuidad en el gradiente meridional de temperatura. Estos cambios afectan directamente a la posición e intensidad de la Corriente Circumpolar Antártica, que a su vez altera el transporte de calor a través del margen continental antártico.[336]

El aumento del transporte de humedad desempeña un papel fundamental en la formación de las enormes capas de hielo que definen los periodos glaciales, un concepto reconocido ya en el siglo XIX. En 1872, John Tyndall argumentó: *"Tan natural era la asociación de hielo y frío que incluso los hombres célebres suponían que todo lo que se necesita para producir una gran extensión de nuestros glaciares es una disminución de la temperatura del Sol. Si hubieran pasado por las reflexiones y cálculos anteriores, probablemente habrían exigido más calor en lugar de menos para la producción de una 'época glacial'"*.[337]

A medida que disminuye la oblicuidad, el gradiente de insolación estival entre latitudes se hace más pronunciado. Como consecuencia, la circulación atmosférica y oceánica se intensifica, facilitando el transporte de mayores cantidades de calor y humedad hacia los polos. Este desplazamiento también provoca un fuerte cambio en la estacionalidad de las precipitaciones, en las que predomina la contribución estival y el origen de la humedad se desplaza hacia el ecuador, hacia fuentes oceánicas más cálidas.[338]

La hipótesis del portero de invierno gira en torno a los cambios en el transporte de calor y humedad hacia los polos. Esta hipótesis enfatiza la importancia de los cambios relacionados con el invierno en este transporte, que son muy importantes para las variaciones climáticas a escala sub-Milankovitch, como se discute en detalle a lo largo del libro. Sin embargo, es importante señalar que el

---

[336] Levy, R.H., et al., 2019. Nat. Geosci. 12 (2), pp.132–137.
  doi.org/10.1038/s41561-018-0284-4
[337] Kukla, G. & Gavin, J., 2004. Glob. Planet. Change, 40 (1-2), pp.27–48.
  doi.org/10.1016/S0921-8181(03)00096-1
[338] Masson-Delmotte, V., et al., 2005. Science, 309 (5731), pp.118–121.
  doi.org/10.1126/science.1108575

planeta también responde a los cambios en la redistribución del calor y la humedad durante el verano. El mismo principio que influye actualmente en los patrones climáticos es el responsable de traducir las variaciones orbitales de la insolación en efectos climáticos durante el ciclo glacial. La magnitud de este transporte desempeña un papel crítico: cuanto mayor es el transporte, más frío es el planeta, mientras que cuanto menor es el transporte, más cálido es el planeta.

La figura 76 proporciona pruebas convincentes de que las variaciones en el transporte, tal y como postula la hipótesis del portero de invierno, tienen un impacto en las nevadas de verano en latitudes altas. Concretamente, la figura muestra los cambios en la superficie nevada de Groenlandia de julio a septiembre. A pesar de la tendencia general al calentamiento observada en la región ártica, la intensificación del transporte tras el desplazamiento climático de 1997 ha dado lugar a una notable expansión de la superficie nevada durante el verano. El aumento asciende a más de 50.000 km^2.[339]

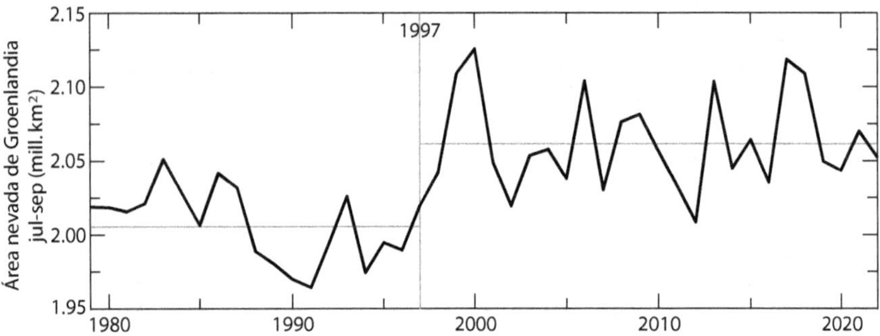

Figura 76. Cubierta de nieve en verano en Groenlandia. Las líneas horizontales grises son las medias del periodo.

La hipótesis del portero de invierno aporta valiosas perspectivas sobre el mecanismo por el que pequeñas variaciones de la radiación solar en la cima de la atmósfera provocan cambios masivos del volumen de hielo en el suelo. Por otro lado, la hipótesis del efecto reforzado del CO_2 se queda corta a la hora de ofrecer una explicación exhaustiva del ciclo glacial, sobre todo en lo que respecta al enfriamiento y la acumulación de hielo al final de los periodos interglaciares a pesar de los elevados niveles de CO_2 (fig. 56, cap. 35).

La inclinación de la Tierra disminuye lentamente, reduciendo la insolación estival en los polos y aumentando el gradiente latitudinal de temperatura estival al enfriar las regiones polares. El cambio es tan lento que resulta imperceptible, a menudo oscurecido por periodos temporales de calentamiento como el actual. Pero en los próximos miles de años, el cambio de inclinación aumentará gradualmente el transporte de calor y humedad, provocando más nevadas estivales en las latitudes altas, de forma similar a lo que se muestra en la figura 76. El planeta será más frío que ahora, y el mayor transporte en invierno aumentará la pérdida de energía y el enfriamiento. La aparición de estas tendencias irreversibles se denomina incepción glacial. Alcanzar condiciones glaciales plenas es un proceso muy largo, que suele durar unos 15.000 años (más que el Holoce-

---

[339] Datos de la Universidad de Rutgers. climate.rutgers.edu/snowcover/

no), durante el cual el enfriamiento a largo plazo se ve a veces interrumpido por periodos de calentamiento. Este proceso se ha producido siempre en los últimos 2,5 millones de años, independientemente de los niveles de CO_2. La creencia de muchos científicos de que esta vez será diferente no se basa en pruebas.

En resumen

La hipótesis del portero de invierno proporciona un marco convincente para comprender los cambios climáticos del pasado remoto que durante tanto tiempo han desconcertado a los investigadores y puesto en tela de juicio hipótesis alternativas. Explica eficazmente el periodo cálido del Oligoceno superior y el óptimo climático del Mioceno medio, aportando explicaciones lógicas basadas en los cambios conocidos en el transporte de calor durante esas épocas. Además, permite comprender cómo cambios relativamente pequeños en el forzamiento de Milankovitch en la cima de la atmósfera se traducen en cambios masivos en el volumen de las capas de hielo en la superficie de la Tierra. Las observaciones recientes de los cambios en la capa de nieve de Groenlandia corroboran esta hipótesis. Si la hipótesis del portero de invierno es correcta, significaría que las variaciones de CO_2 no fueron la fuerza motriz de los profundos cambios climáticos que se produjeron durante la transición del horno del Eoceno inferior a la nevera del Pleistoceno superior.

Capítulo 45
Enigmas Climáticos del Holoceno

Las estimaciones del forzamiento climático basadas en la hipótesis del efecto reforzado del CO_2 no reproducen características clave del clima del Holoceno. El principal impulsor a largo plazo de este periodo climático es el forzamiento orbital, en el que los cambios de temperatura global se deben principalmente a la insolación estival en el hemisferio norte. En cambio, los niveles de CO_2 durante el Holoceno no reflejaron las variaciones globales de temperatura, sino que respondieron a las condiciones del Océano Austral, que a su vez se vieron influenciadas por cambios de signo contrario en la insolación estival del hemisferio sur. Los modelos climáticos tienen dificultades para simular los cambios de temperatura observados durante el Holoceno, lo que sugiere una respuesta inadecuada al forzamiento orbital y una respuesta exagerada a las variaciones de CO_2. Además, la hipótesis oficial no puede explicar los frecuentes eventos climáticos abruptos del Holoceno. Algunos de estos acontecimientos tienen un claro origen solar, lo que indica un importante malentendido del forzamiento solar. La hipótesis del portero de invierno ofrece una explicación plausible de estos enigmas climáticos del Holoceno.

Determinantes del clima del Holoceno

El Holoceno fue el resultado de dos acontecimientos orbitales clave: un máximo de oblicuidad (inclinación axial) hace unos 9.500 años y un máximo de insolación estival a 65°N (precesión climática debida a la orientación axial) hace unos 11.000 años. Estos parámetros orbitales aumentaron la energía recibida durante el verano en las latitudes altas del hemisferio norte. Combinado con el fuerte efecto de retroalimentación del aumento del nivel del mar, la reducción en la reflectividad del hielo (albedo), la disminución de los gradientes latitudinales de temperatura y el aumento de las concentraciones de GEI, este cambio energético provocó la fusión de un gran volumen de hielo que se había acumulado fuera de las regiones polares durante 100.000 años de glaciación.

Hace unos 9.500 años, el Holoceno alcanzó su óptimo climático. Aunque la mejora de las condiciones de insolación se detuvo, el forzamiento orbital es de acción lenta y tiende a mostrar efectos de inercia durante miles de años. Como consecuencia, los restos de las capas de hielo siguieron derritiéndose durante unos 2.000 años, manteniendo unas condiciones climáticas óptimas hasta hace unos 6.000 años. En ese momento, la reducción de la insolación estival en el hemisferio norte y las altas latitudes de ambos polos erosionaron gradualmente el óptimo climático, dando paso a la Neoglaciación.

El principal impulsor a largo plazo del clima del Holoceno es el forzamiento orbital. La figura 77a representa la insolación media en verano a 60° de latitud para los hemisferios norte y sur. Las temperaturas globales se correlacionan con la insolación del hemisferio norte, pero con un desfase de unos 2000 años (fig. 77b, línea negra).[340] Del mismo modo, las temperaturas en las latitudes altas del hemisferio sur se correlacionan con la insolación del hemisferio sur, también con un retraso comparable (fig. 77b, línea de puntos gris clara).[341]

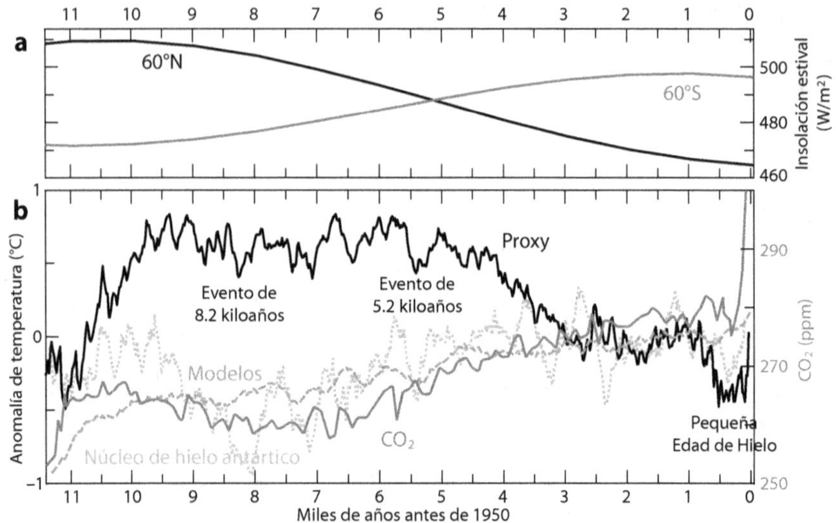

Figura 77. Determinantes del clima del Holoceno. a) Insolación estival a 60°N (línea negra) y 60°S (línea gris).[342] b) Una reconstrucción de la temperatura global a partir de proxies (línea negra) se compara con una reconstrucción de la temperatura antártica (línea de puntos gris clara) y una reconstrucción del CO_2 atmosférico, ambas a partir de núcleos de hielo. La línea de trazos gris muestra una simulación multimodelo de las temperaturas del Holoceno. Los tres grandes eventos climáticos del Holoceno se indican con sus nombres.

Los niveles de CO_2 han desempeñado un papel poco relevante en la determinación del clima del Holoceno. Como se destaca en los capítulos 21 y 22, los niveles de CO_2 fluctuaron dentro de un rango de 20 ppm durante la mayor parte del Holoceno, mientras que ahora están aumentando en 20 ppm en sólo ocho años. Los cambios en el CO_2 durante el Holoceno fueron relativamente pequeños y es poco probable que hayan tenido un impacto significativo en el clima. Además, las variaciones de CO_2 se corresponden más estrechamente con las temperaturas del hemisferio sur que con las temperaturas globales (fig. 77b, línea continua gris).[343] Este patrón es coherente con el análisis de los niveles de CO_2 durante el Oligoceno, como se ha comentado en el capítulo anterior (fig. 74, cap. 44). Sugiere que el Océano Austral y la Corriente Circumpolar Antártica han desempeñado un papel clave en la regulación de los niveles de CO_2 antes de que las emisiones humanas se convirtieran en el factor dominante.

[340] Tras Marcott, S.A., et al., 2013. Science, 339 (6124), pp.1198–1201. doi.org/10.1126/science.1228026 Datos reprocesados, ver cap. 21.

[341] Datos de Jouzel, J., et al., 2007. Science, 317 (5839), pp.793–796. doi.org/10.1126/science.1141038

[342] Datos de Laskar, J., et al., 2004. Astron. Astrophys. 428 (1), pp.261–285. doi.org/10.1051/0004-6361:20041335

[343] Datos de Monnin, E., et al., 2004. Earth Planet. Sci. Lett. 224 (1–2), pp.45–54. doi.org/10.1016/j.epsl.2004.05.007

Las simulaciones del clima del Holoceno realizadas con modelos tienden a producir una curva más parecida a las temperaturas del hemisferio sur que a las temperaturas globales, lo que indica una respuesta demasiado escasa a la insolación del hemisferio norte y una respuesta excesiva a los cambios de CO_2 (fig. 77b, línea de trazos gris).[344] Así pues, la teoría climática y los forzamientos derivados de la hipótesis del efecto reforzado del CO_2 no logran reproducir las principales características del clima del Holoceno. En cambio, la hipótesis del portero de invierno no tiene ningún problema para explicar el clima del Holoceno.

En el capítulo anterior, observamos que hace unos 30 millones de años, cuando surgió la Corriente Circumpolar Antártica y la Antártida quedó climáticamente aislada, el clima global empezó a depender principalmente de la cantidad variable de calor transportada hacia el Ártico. Esta dependencia es una de las razones por las que el clima global es más sensible a la insolación del verano boreal. A principios del Holoceno, la elevada insolación estival en las latitudes altas del hemisferio norte provocó una reducción del gradiente latitudinal de temperatura y una menor pérdida de energía en el Ártico debido a la reducción del transporte de calor hacia los polos. Como resultado, la Tierra experimentó las cálidas temperaturas del óptimo climático del Holoceno.

La combinación de la disminución de la inclinación axial y la reducción de la insolación estival en el hemisferio norte acentuó el gradiente latitudinal de temperatura, aumentando gradualmente el calor transportado hacia el Ártico. Como resultado, la Tierra experimentó una tendencia al enfriamiento durante la Neoglaciación. La Antártida ha experimentado la tendencia contraria porque la disminución de la oblicuidad, que provocó una disminución de la radiación solar, se vio compensada por un aumento simultáneo de la insolación estival debido a los cambios de precesión.

En los próximos milenios, se espera que el hemisferio sur experimente una tendencia al enfriamiento debido a la disminución de la insolación estival resultante de los cambios en la oblicuidad y la precesión. El hemisferio norte experimentará tendencias opuestas en estos dos parámetros orbitales, pero en general se producirá un aumento neto de la insolación estival en la mayoría de las latitudes. No obstante, ambos hemisferios experimentarán un aumento del gradiente latitudinal de insolación (fig. R19, cap. 21), lo que indica que se acerca el final del Holoceno.

Determinantes de los eventos climáticos abruptos del Holoceno

Como se ha expuesto en los capítulos 22 y 23, los estudios paleoclimáticos han identificado más de 20 eventos climáticos abruptos durante el Holoceno. Se ha publicado un análisis exhaustivo de estos fenómenos y de sus posibles causas.[345] Entre los más importantes por su impacto climático se encuentran la Pequeña Edad de Hielo, los eventos de 8,2, 5,2, 4,2 y 2,8 kiloaños, y la Oscilación Boreal. Todos estos eventos han sido objeto de numerosos estudios. La Pequeña Edad de Hielo ya se ha tratado en los capítulos 23 y 26. Para subrayar las limitaciones de la teoría climática actual a la hora de explicar los cambios

---

[344] Liu, Z., et al., 2014. PNAS, 111 (34), pp.E3501–E3505.
    doi.org/10.1073/pnas.1407229111

[345] Vinós, J., 2022. Climate of the Past, Present and Future: A scientific debate. pp.45–65. Critical Science Press.

climáticos abruptos bien documentados del Holoceno y destacar los méritos de la hipótesis del portero de invierno, revisaremos el evento de 2,8 kiloaños.

Este acontecimiento fue reconocido por primera vez como un cambio climático abrupto por estudios estratigráficos de turberas en 1912, incluso antes de que se descubriera la Pequeña Edad de Hielo.[346] El botánico sueco Rutger Sernander lo relacionó con el Fimbulvintern, o el legendario Gran Invierno, descrito en las sagas nórdicas de la Edad de Bronce como de muchos años de duración. Este largo invierno mítico se ha representado en obras de fantasía modernas como los libros y la serie de televisión Juego de Tronos. El acontecimiento supuso un cambio significativo en Escandinavia, ya que puso fin al clima cálido que había permitido el cultivo de la vid e introdujo un clima más húmedo y frío.

El evento de 2,8 kiloaños fue un cambio climático abrupto sincronizado a escala mundial que dejó huellas claras en muchos proxies, sin dejar lugar a dudas sobre su ocurrencia y sus consecuencias climáticas.[347] La Figura 78 muestra proxies clave que nos ayudan a entender lo que ocurrió hace 2.800 años y la causa probable.

Las reconstrucciones de la actividad solar revelan la presencia de dos grandes mínimos solares ocurridos hace 2.990 y 2.790 años, separados por un lapso de 200 años. El segundo mínimo es de tipo Spörer (fig. 78a, línea negra).[348] Este patrón reproduce la sucesión de los mínimos solares de Wolf y Spörer durante la Pequeña Edad de Hielo en 1280 y 1480. Además, una reconstrucción de la temperatura del hemisferio norte muestra una clara correlación con la actividad solar (fig. 78a, línea de trazos gris).[349] Muestra un descenso sustancial de 0,7°C en un siglo y un enfriamiento generalizado de 1 °C a lo largo de todo el evento.

Según las reconstrucciones, la temperatura estival de la superficie del mar de Islandia refleja un notable descenso de 1 °C durante el primer gran mínimo solar, seguido de un descenso adicional de 1 °C durante el segundo (fig. 78b, línea negra).[350] El análisis del transporte meridional muestra que la circulación polar aporta mayores cantidades de potasio no marino a Groenlandia durante los periodos de intensificación, que normalmente se asocian a condiciones invernales. Este aumento indica un refuerzo del sistema siberiano de altas presiones, que facilita un mayor transporte de calor hacia el polo. En el contexto del evento de 2,8 kiloaños, los niveles de potasio no marino alcanzan su punto más alto en miles de años, lo que indica un gran aumento del transporte de calor hacia el polo (fig. 78b, línea de trazos gris).[351]

---

[346] Fries, M., 1956. "Fimbulvintern" ur vegetations-historisk synpunkt. Fornvännen 51, pp.5–10.

[347] Chambers, F.M., et al., 2007. Earth Planet. Sci. Lett. 253 (3–4), pp.439–444. doi.org/10.1016/j.epsl.2006.11.007

[348] Wu, C.J., et al., 2018. Astron. Astrophys. 615, p.A93. doi.org/10.1051/0004-6361/201731892

[349] Kobashi, T., et al., 2013. Clim. Past, 9 (5), pp.2299–2317. doi.org/10.5194/cp-9-2299-2013

[350] Jiang, H., et al., 2015. Geology, 43 (3), pp.203–206. doi.org/10.1130/G36377.1

[351] Datos de Mayewski, P.A., et al., 2004. Quat. Res. 62 (3), pp.243–255. doi.org/10.1016/j.yqres.2004.07.001 con suavizado gaussiano.

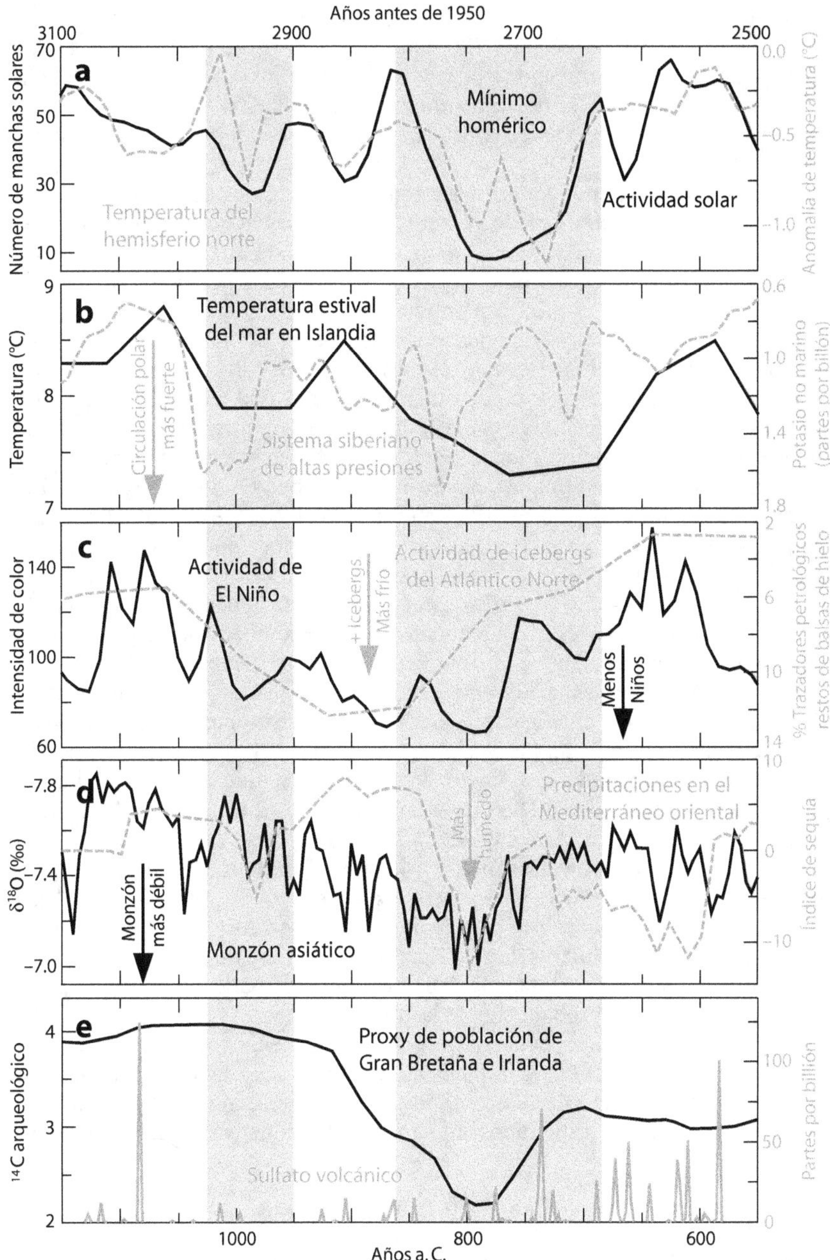

Figura 78. El evento de 2,8 kiloaños. Las áreas grises corresponden a los dos grandes mínimos solares que mostraron una fuerte respuesta climática.

El Niño-Oscilación del Sur es un componente crítico del sistema de transporte de calor, y un análisis de proxies (revisado en el recuadro 15, cap. 18) muestra que el evento de 2,8 kiloaños estuvo flanqueado por una mayor actividad de El Niño. Sin embargo, durante el gran mínimo solar, esta actividad disminuyó hasta niveles bajos (fig. 78c, línea negra).[352] Esto sugiere que durante los periodos de mayor transporte de calor hacia el polo, típicamente durante los grandes mínimos solares, no hay suficiente acumulación de exceso de calor subsuperficial en el Pacífico ecuatorial para desencadenar numerosos episodios de El Niño.

El descenso de la temperatura indicado por los proxies coincide con el mayor aumento de la actividad de icebergs observado en el Atlántico Norte en 4.000 años, según un proxy que mide la deposición de trazadores petrológicos de alta latitud transportados por los icebergs (fig. 78c, línea de trazos gris).[353] Se depositan en el fondo marino atlántico a medida que los icebergs se funden.

Los cambios en la circulación atmosférica tienen un gran impacto en los patrones de precipitación. Durante el evento de los 2,8 kiloaños, el monzón asiático experimentó su mayor debilitamiento en 2.000 años (fig. 78d, línea negra).[354] Por el contrario, los grandes mínimos solares provocaron un aumento significativo de las precipitaciones en el Mediterráneo oriental, interrumpiendo y poniendo fin a las condiciones de sequía de la Edad Oscura griega (fig. 78d, línea de trazos gris).[355] El segundo gran mínimo se conoce como Mínimo Homérico porque se produjo en el siglo VIII a. C., la época del autor de la Ilíada y la Odisea. Marcó una época de renacimiento cultural en el Mediterráneo oriental tras un oscuro periodo de siglos caracterizado por la pérdida de la escritura en la mayoría de los lugares. El aumento de las precipitaciones durante el Mínimo Homérico puede haber contribuido a fomentar este renacimiento.

En gran parte de Europa, sin embargo, el impacto de estos cambios climáticos en las sociedades humanas fue predominantemente negativo. En las Islas Británicas, datos semicuantitativos permiten estimar la gravedad del declive demográfico examinando el número de fechas de radiocarbono obtenidas en yacimientos arqueológicos. Durante el evento de los 2,8 kiloaños, la distribución de probabilidad de las fechas de radiocarbono cae a la mitad de su valor, lo que indica un declive catastrófico de la población, el más importante desde la llegada de los agricultores a las Islas Británicas (fig. 78e, línea negra).[356] Los autores del estudio destacan la correlación de éste y otros descensos de población con los mínimos solares de tipo Spörer y sugieren que las crisis de abastecimiento de alimentos resultantes de los cambios climáticos inducidos por la actividad solar fueron probablemente las responsables.

Los científicos avanzan poco en la comprensión de las causas de los eventos climáticos abruptos debido a la pequeña magnitud aceptada del forzamiento solar y a la incapacidad de los cambios de CO_2 para explicar los eventos del Holoceno. Se han hecho algunos intentos de relacionar estos fenómenos con

---

[352] Moy, C.M., et al., 2002. Nature, 420 (6912), pp.162–165.
doi.org/10.1038/nature01194

[353] Bond, G., et al., 2001. Science, 294 (5549), pp.2130–2136.
doi.org/10.1126/science.1065680

[354] Wang, Y., et al., 2005. Science, 308 (5723), pp.854–857.
doi.org/10.1126/science.1106296

[355] Kaniewski, D., et al., 2013. PloS one, 8 (8), p.e71004.
doi.org/10.1371/journal.pone.0071004

[356] Bevan, A., et al., 2017. PNAS, 114 (49), pp.E10524–E10531.
doi.org/10.1073/pnas.1709190114

erupciones volcánicas porque sus efectos están sobreestimados en los modelos (cap. 24). Sin embargo, un examen más detallado de la figura 78e (línea gris) muestra que la actividad volcánica se mantuvo notablemente baja durante un periodo de 330 años después del 1080 a. C., precisamente durante un periodo de gran cambio climático, coincidiendo con el primer mínimo solar y la mayor parte del Mínimo Homérico.[357] Sólo después aumentó la actividad volcánica, coincidiendo con el periodo de calentamiento y recuperación del clima. Esto indica que la actividad volcánica tuvo un efecto mínimo sobre el clima durante y después del evento. Queda claro que si la actividad solar por sí sola pudo causar el evento de 2,8 kiloaños, también podría ser responsable de otros eventos climáticos abruptos, incluida la Pequeña Edad de Hielo.

La hipótesis del portero de invierno ofrece una explicación mejor de los eventos climáticos abruptos asociados a los grandes mínimos solares. Como se ha explicado en el capítulo 41, el mecanismo propuesto provoca un aumento del transporte de calor hacia los polos. Como consecuencia, cabría esperar un aumento de los inviernos más fríos en las latitudes medias del hemisferio norte, lo que conduciría a un enfriamiento gradual del planeta debido a una mayor pérdida de energía en el Ártico. Este cambio induciría una reorganización atmosférica que desplazaría los chorros atmosféricos, las trayectorias de las tormentas y los monzones hacia el ecuador. Como consecuencia, algunas regiones se volverían más secas y otras más húmedas.

Aunque la mayoría de los grandes mínimos solares del Holoceno coinciden con eventos climáticos abruptos, no todos lo hacen. El problema surge porque el método indirecto, la tasa de producción de ^{14}C, no indica directamente la actividad solar, sino que registra la llegada de rayos cósmicos a la Tierra. Normalmente, las variaciones de los rayos cósmicos de hasta unos pocos siglos están causadas principalmente por variaciones en el campo magnético del Sol, que se corresponden con cambios en su actividad. Sin embargo, hay algunas excepciones.

Hace unos 9.600 años, se produjo un aumento del 2,8% en la producción de ^{14}C, superando los niveles observados incluso durante un gran mínimo solar de tipo Spörer. Sorprendentemente, este aumento persistió durante 400 años, el doble que el Mínimo de Spörer. A pesar de este aumento sustancial en la producción de ^{14}C, el mayor del Holoceno, no se ha detectado ningún cambio climático significativo durante la mayor parte de este tiempo. Esta ausencia de una huella climática me llevó a explorar factores alternativos que pudieran haber influido en los rayos cósmicos durante este periodo.

Curiosamente, a principios del Holoceno, una estrella masiva explotó en la constelación de Vela, a sólo 800 años luz de distancia, lo que la convierte en la supernova conocida más cercana a nosotros. La peculiar forma, intensidad y duración del pico de producción de ^{14}C hace 9.600 años lo convierten en el candidato más plausible para la huella de la supernova Vela en el registro de ^{14}C. A pesar de un aumento tan sustancial en la producción de ^{14}C, la ausencia

---

[357] Zielinski, G.A., et al., 1996. Quat. Res. 45 (2), pp.109–118.
    doi.org/10.1006/qres.1996.0013

de efectos climáticos asociados supone un reto importante para cualquier hipótesis que vincule los rayos cósmicos con el cambio climático.[358]

Es importante reconocer que, aunque el registro proxy refleja todos los grandes mínimos solares, no todos los aumentos significativos en la producción de ^{14}C corresponden a un gran mínimo solar. Este aspecto suele pasarse por alto en diversos estudios y reconstrucciones de la actividad solar en el pasado. El indicador más fiable de que un aumento de la producción de ^{14}C corresponde a un gran mínimo solar es la detección sincrónica de su efecto en los proxies climáticos.

En resumen

El Holoceno es el resultado de cambios en el forzamiento orbital y de fuertes retroalimentaciones. A principios del Holoceno, el eje de la Tierra estaba más inclinado y al mismo tiempo orientado de modo que el hemisferio norte recibía más energía durante el verano. Esto condujo al clima cálido del Óptimo del Holoceno. Sin embargo, a medida que estos dos factores disminuyeron con el tiempo, el planeta se fue enfriando gradualmente, dando lugar a la Neoglaciación. En cambio, los niveles de CO_2 respondieron a las condiciones del Océano Antártico, que se vieron influidas por el aumento de la energía solar estival en el hemisferio sur, ya que ambos hemisferios tienen tendencias opuestas en cuanto a insolación estival. Los modelos climáticos no reproducen con exactitud las condiciones climáticas del Holoceno, lo que sugiere una evaluación inexacta de los forzamientos climáticos. La hipótesis del portero de invierno subraya el papel fundamental del gradiente latitudinal de temperatura del hemisferio norte en el balance energético de la Tierra. En consecuencia, sugiere que el enfriamiento observado está causado principalmente por el aumento del transporte de calor hacia el polo resultante de los cambios orbitales y la subsiguiente acentuación de este gradiente.

El evento de 2,8 kiloaños es uno de los diversos eventos climáticos abruptos del Holoceno. Este fenómeno global provocó importantes cambios en la temperatura, la circulación atmosférica, los patrones de precipitaciones, la actividad de El Niño e incluso la población humana. En particular, no está relacionado con las fluctuaciones de CO_2 ni con las erupciones volcánicas, sino con dos grandes mínimos solares ocurridos hace 2.990 y 2.790 años. La hipótesis del efecto reforzado del CO_2 no explica éste ni otros fenómenos climáticos abruptos observados durante el Holoceno. Sin embargo, la hipótesis del portero de invierno ofrece una explicación plausible de la sincronía entre las variaciones de la actividad solar y los efectos climáticos durante el evento de 2,8 kiloaños. Propone que los cambios en la circulación atmosférica alteran el transporte de calor hacia el Ártico, afectando en última instancia al presupuesto energético global.

---

[358] Svensmark, H., 1998. Phys. Rev. Lett. 81 (22), 5027.
    doi.org/10.1103/PhysRevLett.81.5027

Capítulo 46
Explicando el Cambio Climático Reciente

Según los registros climáticos directos e indirectos, la Pequeña Edad de Hielo terminó a mediados de la década de 1840, seguida de una importante tendencia al calentamiento. Sin embargo, este calentamiento no ha sido constante a lo largo del tiempo. Por el contrario, se ha producido alternando periodos de calentamiento y enfriamiento de 30 años dentro de una tendencia más amplia de calentamiento a largo plazo. El IPCC no considera significativo este patrón climático y atribuye el cambio climático sustancial a largo plazo únicamente a las emisiones de gases de efecto invernadero y aerosoles de origen humano. Esta posición contrasta fuertemente con las observaciones de calentamiento sustancial y retroceso de los glaciares entre 1850 y 1940, que representan casi la mitad del cambio total, a pesar de que sólo el 10% del total de las emisiones humanas de CO_2 se produjeron durante este período. Aunque los modelos climáticos reproducen la tendencia al calentamiento a largo plazo, a menudo tienen dificultades para reproducir con fidelidad la cronología de los cambios específicos, especialmente durante el calentamiento de principios del siglo XX y el enfriamiento de mediados del siglo XX. La hipótesis del portero de invierno ofrece una explicación de la cronología de los cambios de temperatura, atribuyendo la mayor parte del calentamiento a largo plazo durante el siglo XX al Máximo Solar Moderno.

El calentamiento global comenzó tras la Pequeña Edad de Hielo

La Pequeña Edad de Hielo se identificó estudiando evidencias de los glaciares del oeste de Estados Unidos. Se descubrió que estos glaciares no eran restos del Pleistoceno, sino que se habían formado y expandido durante el Holoceno superior, alcanzando su tamaño máximo entre los siglos XVI y XVIII. Utilizando los mismos criterios, se puede determinar que la Pequeña Edad de Hielo terminó alrededor de 1845, cuando los glaciares empezaron a retroceder en todo el mundo. Este retroceso queda corroborado por fotografías antiguas del glaciar del Ródano, en los Alpes (fig. 79a). La tendencia mundial del retroceso de los glaciares está bien documentada (fig. 79b, línea negra gruesa) y continúa en la actualidad. Varios proxies (fig. 79b, líneas finas) confirman que el calentamiento moderno comenzó tras un periodo especialmente frío entre 1809 y 1843. Este intervalo coincide con cuatro grandes erupciones volcánicas (fig. 79b, barras grises), incluida la erupción del monte Tambora en 1815, de la que se habla en el capítulo 24.

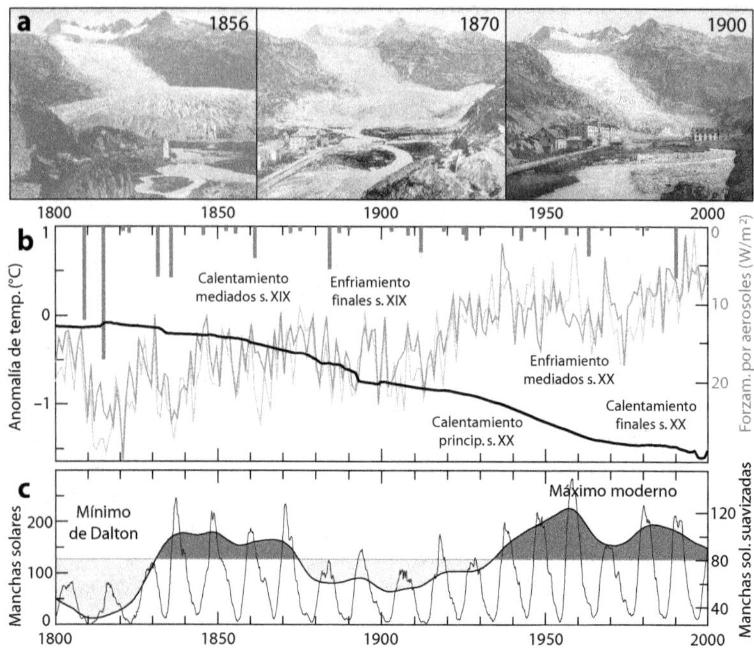

Figura 79. Dos siglos de calentamiento. a) Fotografías antiguas del glaciar del Ródano, Suiza. b) La línea negra gruesa representa el retroceso global medio de los glaciares (sin escala, con un rango de 2,4 km). La línea gris delgada registra las anomalías de crecimiento de los árboles y la línea gris clara delgada es una reconstrucción multiproxy de las variaciones de temperatura del hemisferio norte. Las barras grises representan una reconstrucción del forzamiento global del aerosol volcánico. c) El número de manchas solares representa la actividad solar. La línea gruesa muestra un suavizado de los datos, con las zonas por encima de la media en gris oscuro y las zonas por debajo de la media en gris claro.[359]

Pocos años después de un extraordinario conjunto de potentes erupciones como no se había visto desde 1300, la Pequeña Edad de Hielo llegó a su fin, marcando el inicio del calentamiento global moderno. El calentamiento que se produjo poco después de las erupciones apoya la idea de que las erupciones volcánicas tienen un efecto agudo pero a corto plazo sobre el clima. Los científicos siguen sin conocer las razones exactas del inicio del calentamiento global a finales de la década de 1840, aunque está claro que fueron factores naturales los que lo desencadenaron. El análisis de los proxies climáticos (fig. 79b) indica que gran parte del calentamiento y del retroceso de los glaciares se produjo antes de 1900, mucho antes de que las emisiones humanas empezaran a ser perceptibles. Además, la mayoría de estos cambios se produjeron antes de 1960, cuando las emisiones humanas se aceleraron significativamente. Por

[359] Datos de extensión glaciar de Oerlemans, J., 2005. Science, 308 (5722), pp.675–677. doi.org/10.1126/science.1107046 Datos de proxies climáticos y erupciones volcánicas de Sigl, M., et al., 2015. Nature, 523 (7562), pp.543–549. doi.org/10.1038/nature14565 Datos de manchas solares de SILSO www.sidc.be/SILSO/home

tanto, la mayor parte del calentamiento global observado en los últimos 175 años se debe a causas naturales, y las emisiones humanas sólo han adquirido importancia en los últimos 60 años. Sin embargo, las causas naturales específicas responsables y sus mecanismos siguen sin estar claros.

La hipótesis del portero de invierno ofrece una explicación del final de la Pequeña Edad de Hielo. Tras un periodo de baja actividad solar conocido como el Mínimo de Dalton, que duró de 1795 a 1835, la actividad solar se recuperó y llegó a ser alta entre 1835 y 1875 (fig. 79c). Este periodo coincide con el calentamiento observado a mediados del siglo XIX. Aunque los cambios en la actividad solar tienen una influencia directa mínima en las temperaturas superficiales, es probable que el aumento de la actividad solar incrementara el calentamiento global de forma indirecta al reducir el transporte de calor hacia los polos. La consiguiente reducción de la pérdida de energía en el Ártico contribuyó al aumento general de las temperaturas globales. Al mismo tiempo, la reducción asociada del transporte de humedad provocó una disminución de las nevadas, lo que se tradujo en un doble impacto en los glaciares por el aumento de las temperaturas y la reducción de las precipitaciones.

La hipótesis de que el reciente cambio climático se debe a las emisiones humanas

Es interesante observar que los cambios de temperatura de los dos últimos siglos muestran un patrón caracterizado por la alternancia de periodos de calentamiento y enfriamiento, cada uno de los cuales dura unos 30 años (fig. 79b). Esta distribución muestra que el siglo XIX tuvo dos periodos de enfriamiento y uno de calentamiento, mientras que el siglo XX tuvo el patrón opuesto. Basándonos sólo en esto, cabría esperar una mayor tasa de calentamiento en el siglo XX. Además, la tendencia al calentamiento a largo plazo es el resultado de los periodos de enfriamiento, que provocan un descenso menor de la temperatura en comparación con el aumento registrado durante los periodos de calentamiento.

Esta estructura climática refleja la influencia de las oscilaciones oceánicas multidecadales, también conocidas como modos de variabilidad climática, ya que oscila en sincronía con la Oscilación Multidecadal del Atlántico. Como ya se ha explicado (capítulos 19 y 36), estas oscilaciones multidecadales provocan cambios en el transporte de calor hacia los polos y actúan como los principales impulsores del cambio climático a escala multidecadal. Además, modifican el presupuesto energético de la Tierra al alterar la radiación de onda larga saliente, aunque su papel como fuerza climática importante sigue sin reconocerse.

Los científicos que trabajan con el IPCC creen que los modos de variabilidad simplemente redistribuyen la energía dentro del sistema climático. Según el informe más reciente del IPCC, estos modos se consideran mayoritariamente como variaciones regionales de la temperatura de la superficie y no como variaciones globales. Sin embargo, algunos climatólogos discrepan y sostienen que estos modos tienen una influencia global.[360] Esta influencia es evidente en el registro de la temperatura global en superficie (fig. 31, cap. 19).

---

[360] Schlesinger, M.E. & Ramankutty, N., 1994. Nature, 367 (6465), pp.723–726.
   doi.org/10.1038/367723a0

Según la FAQ 3.1 del 6° Informe de Evaluación del IPCC, los cambios históricos de temperatura sólo pueden explicarse por tres categorías de forzamientos climáticos.[361] La figura 80 muestra los valores medios de estos forzamientos propuestos por los modelos climáticos. La contribución a las temperaturas observadas se calcula sobre la base de la hipótesis del efecto reforzado del CO_2, teniendo en cuenta los GEI humanos, los aerosoles humanos y los forzamientos naturales (solar + volcánico). Sin embargo, parece haber un error en la figura original del IPCC, ya que sugiere que los aerosoles humanos tienen un efecto de calentamiento y los GEI humanos un efecto de enfriamiento durante las dos primeras décadas, lo que parece poco probable.

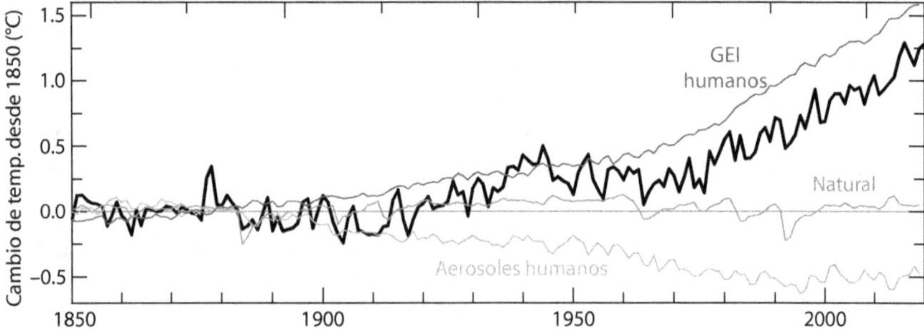

Figura 80. Determinantes del cambio climático desde 1850. Cambios de la temperatura global de la superficie en observaciones comparadas con la media de simulaciones multimodelo de la respuesta a los GEI de origen humano (línea gris oscura), aerosoles y otros forzamientos humanos (línea gris clara), y forzamientos naturales únicamente (línea gris media).

Las tres categorías mostradas en la figura 80, representadas por líneas finas, se derivan de los datos disponibles y se estiman utilizando modelos para determinar su efecto sobre el flujo radiativo en la cima de la atmósfera. Este forzamiento radiativo se utiliza a continuación como dato de entrada en los modelos climáticos. En el caso de la figura del IPCC, que se muestra en la figura 80, el forzamiento radiativo se ha convertido en el cambio de temperatura de la superficie causado por cada categoría de forzamiento y se ha comparado con la temperatura global a partir de las observaciones (línea negra gruesa). El reto para los modelizadores climáticos consiste en reproducir las temperaturas observadas en el pasado utilizando únicamente estos tres tipos de forzamiento. Dado que el éxito de los modelos se mide por su capacidad para simular climas pasados, los modelizadores climáticos también pueden ajustar numerosos parámetros dentro de los modelos para factores que no pueden calcularse directamente hasta conseguirlo.

Es importante señalar que esta figura muestra una contribución natural insignificante a la tendencia a largo plazo. Según la hipótesis planteada por los científicos del IPCC, las causas naturales no han sido responsables del cambio climático en los últimos 170 años y sólo han desempeñado un papel en los efectos a corto plazo. Esto sugiere que, sin la influencia humana, la temperatura actual no sería diferente de la de 1850. Sin embargo, entre 1850 y 1940 se

---

[361] Eyring, V., et al., 2021. Climate Change 2021: The Physical Science Basis. 6th AR IPCC. p.516. doi.org/10.1017/9781009157896.005

produjo un importante cambio climático, como muestra la figura 79, periodo durante el cual las emisiones humanas de CO_2 fueron inferiores al 10% del total de emisiones desde 1850.[362] Aunque muchos científicos aceptan sin rechistar la idea de que el cambio climático natural no ha tenido ningún efecto, las evidencias hacen difícil estar de acuerdo con esta afirmación.

El informe del IPCC también descarta la importancia de la variabilidad interna natural, afirmando que su influencia en la temperatura global es mínima en escalas temporales de tres décadas o más. En su lugar, el informe afirma que la tendencia a largo plazo se debe principalmente a la influencia humana. Sin embargo, restar importancia a una característica climática destacada que los modelos no consiguen reproducir puede fomentar una confianza injustificada en el desempeño de los modelos. Esto es evidente cuando los modelos no captan con fidelidad las tendencias de la temperatura en el siglo XXI, dejando a los modelizadores en la incertidumbre sobre las razones de la discrepancia.[363]

La interpretación de los modelos climáticos del cambio climático reciente es incorrecta

La figura 81a compara la última media multimodelo del 6º Proyecto de Intercomparación de Modelos (línea de trazos gris) con el registro de temperaturas del pasado (línea negra). Aunque en general los modelos se comportan bien, los científicos reconocen que la mayoría subestima el calentamiento observado a principios del siglo XX y sobreestima el observado después de 1998.[364]

Pero los problemas son más profundos. Al calcular la tasa de calentamiento en un intervalo móvil de 15 años, podemos comprender mejor la cronología y la magnitud de los cambios de temperatura en la figura 81b. Esta figura compara la tasa de calentamiento de las observaciones (línea negra) y de la media multimodelo (línea de trazos gris). Los valores positivos indican una tendencia general al calentamiento, mientras que los negativos indican una tendencia al enfriamiento durante el periodo de 15 años precedente.

El enfriamiento observado a finales del siglo XIX se atribuye principalmente en los modelos a una respuesta más fuerte a la erupción del Krakatoa de 1883 que la indicada por los proxies y los registros de temperatura. Aunque estos registros reflejan el impacto de la erupción, también muestran una fuerte tendencia al enfriamiento que comenzó en 1878 y continuó hasta 1893. En la primera década del siglo XX se observó un enfriamiento adicional.

La tasa de calentamiento durante el periodo de calentamiento de principios del siglo XX fue comparable a la actual, con una tasa de 0,18 frente a 0,20 °C por década, a pesar de la gran diferencia en las emisiones de CO_2. Esta diferencia es la razón por la que los modelos climáticos no simulan este periodo. Del mismo modo, el enfriamiento de mediados del siglo XX, que comenzó alrededor de 1945, no empieza en los modelos hasta la erupción del monte Agung en 1963, e incluso entonces, tienden a exagerar los efectos de la erupción.

---

[362] ourworldindata.org/co2-emissions

[363] Voosen, P., 2021. Science, 373 (6554) pp.474–475.
    doi.org/10.1126/science.373.6554.474

[364] Papalexiou, S.M., et al., 2020. Earth's Future, 8 (10), p.e2020EF001667.
    doi.org/10.1029/2020EF001667

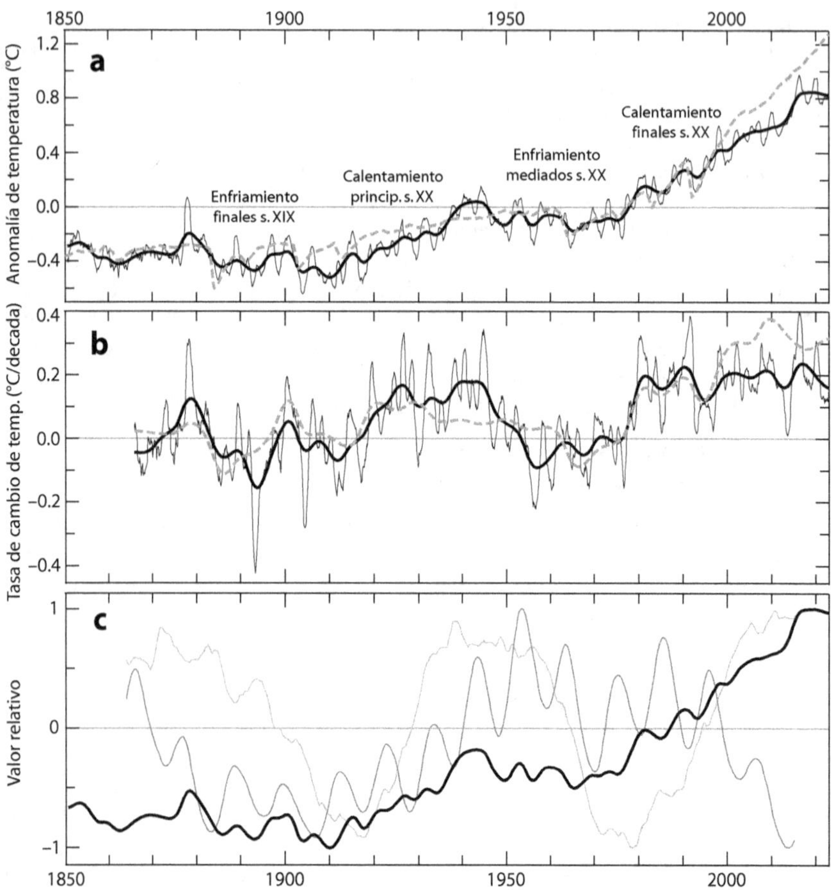

Figura 81. Explicaciones opuestas del cambio climático reciente. a) La línea negra es el cambio climático observado, con la línea gruesa representando los datos suavizados. La línea de trazos gris es una media de simulación multimodelo similarmente suavizada. b) Tasa de cambio de la temperatura en 15 años a partir de (a). c) La línea negra es como en (a), la línea gris es el número de manchas solares y la línea gris clara es el índice de Oscilación Multidecadal del Atlántico, ambos suavizados de forma similar y expresados como un cociente de sus medias.[365]

Los modelos simulan con éxito el periodo de calentamiento de finales del siglo XX, pero muestran el esperado aumento de la tasa de calentamiento que corresponde a la aceleración del aumento de los niveles de CO_2. Sin embargo, la tasa de calentamiento observada no ha mostrado una aceleración similar desde 1976, a pesar del gran aumento de 90 ppm (26%) en los niveles de CO_2. Los informes del IPCC carecen actualmente de una explicación para la ausencia de esta aceleración del calentamiento a pesar de las continuas predicciones de aceleración en el calentamiento y en la subida del nivel del mar. Esta falta

---

[365] Datos de temperatura de HadCRUT5, datos de manchas solares de SILSO, datos de la AMO de NOAA y datos de modelos para CMIP6 SSP245 de KNMI explorer climexp.knmi.nl/CMIP6/Tglobal/global_tas_mon_ens_ssp245_192_ave.dat.

de aceleración del calentamiento ha provocado un creciente fracaso de los modelos a la hora de reproducir las temperaturas desde 1998, una cuestión que se analiza con más detalle en el capítulo 49.

Una explicación alternativa al calentamiento reciente

La hipótesis del portero de invierno ofrece una visión alternativa que no adolece de los problemas descritos anteriormente. Según esta hipótesis, como se muestra en la figura 81c, el enfriamiento observado a finales del siglo XIX puede atribuirse a un aumento del transporte de calor causado por una baja actividad solar y un cambio a la fase negativa de la oscilación multidecadal. Por otro lado, a principios del siglo XX se produjo un calentamiento iniciado por el paso a una fase positiva (disminución del transporte de calor) de la oscilación multidecadal y la influencia del Máximo Solar Moderno desde mediados de la década de 1930. El enfriamiento de mediados del siglo XX se debió al paso a una fase negativa de la oscilación multidecadal. Este efecto de enfriamiento se vio mitigado por un efecto contrario en el transporte estratosférico debido a la elevada actividad solar. A finales del siglo XX, ambos forzamientos contribuyeron de nuevo al calentamiento. Sin embargo, en el siglo XXI, la baja actividad solar ha actuado como factor amortiguador, lo que podría provocar una disminución del ritmo de calentamiento, ya que se prevé que la oscilación multidecadal se vuelva negativa a mediados de la década de 2020.

En esencia, una parte significativa del calentamiento observado en el siglo XX puede atribuirse al impacto del Máximo Solar Moderno sobre el presupuesto energético de la Tierra. Cabe destacar que no se ha documentado un periodo tan prolongado de actividad solar superior a la media desde hace más de 600 años (fig. R21, cap. 23). Según la hipótesis, este aumento de la actividad solar provocó una reducción de la cantidad de calor transportado al Ártico, lo que dio lugar a una disminución del enfriamiento a mediados del siglo XX y a un aumento del calentamiento a principios y finales del siglo XX.

El aumento de los niveles de CO_2 ha influido indudablemente en la tendencia al calentamiento observada en las últimas décadas, pero la hipótesis del efecto reforzado del CO_2 tiende a exagerar su papel al descuidar las causas naturales consideradas en la hipótesis del portero de invierno. Una comprensión más completa del cambio climático reciente debería atribuir el calentamiento observado a una combinación de emisiones humanas y variaciones naturales en el transporte de calor hacia los polos.

Recuadro 27. El enigma polar

La amplificación polar se refiere al fenómeno por el cual los cambios de temperatura en latitudes altas son más pronunciados que la media mundial. Este concepto es coherente con la evidencia paleoclimática de que la Tierra ha cambiado su temperatura global afectando principalmente a regiones fuera de los trópicos, especialmente en latitudes altas. Ya hemos examinado este fenómeno al hablar del gradiente latitudinal de temperatura (fig. 13, cap. 9) y de las condiciones climáticas durante el Eoceno inferior (cap. 20).

La amplificación polar se observó por primera vez en los primeros modelos climáticos de los años setenta y se reproduce sistemáticamente en los modelos actuales como respuesta al aumento de los gases de efecto invernadero. Identificar las causas exactas de este fenómeno ha resultado todo un reto. En los modelos, la amplificación polar se atribuye a una combinación de patrones de forzamiento radiativo y diversos mecanismos de retroalimentación.[366] El mecanismo mejor establecido es la retroalimentación del albedo de la superficie en latitudes altas, impulsada principalmente por los cambios en el hielo marino y la cubierta de nieve. Sin embargo, las retroalimentaciones de Planck y del gradiente térmico vertical resultan más importantes en las simulaciones.

La retroalimentación del gradiente térmico vertical está influenciada por los cambios de temperatura con la altitud (cap. 7). En los trópicos, donde se espera que la troposfera superior se caliente debido a una mayor liberación de calor latente, la retroalimentación es negativa. Sin embargo, una atmósfera más estable en latitudes altas limita el calentamiento a altitudes más bajas, lo que conduce a una retroalimentación positiva. Por otro lado, la retroalimentación de Planck es el resultado del aumento de las emisiones de onda larga procedentes de superficies más cálidas y es negativa en todas las regiones. Sin embargo, su efecto es más pronunciado en las latitudes más bajas. En principio, ambas retroalimentaciones reducen el calentamiento en las latitudes bajas más que en las altas.

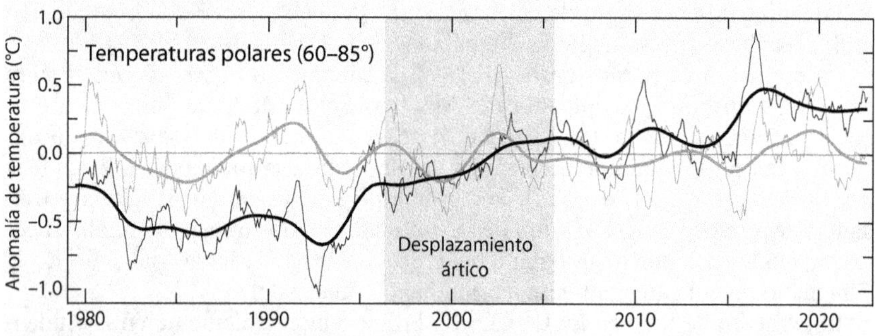

Figura R27. Temperaturas polares. Registro por satélite de los cambios de temperatura en la troposfera inferior para las regiones de latitud 60-85°. Las líneas negras corresponden a los datos de la región polar norte y su suavizado, y las líneas grises corresponden a la región polar sur.[367]

Sin embargo, las observaciones reales difieren significativamente de las simulaciones de los modelos climáticos en lo que respecta a la amplificación polar. En el hemisferio sur, las temperaturas polares en la troposfera inferior (fig. R27, línea gris) no han variado en las últimas cuatro décadas, a pesar de que los modelos predicen un calentamiento en la Antártida. Del mismo modo, en el hemisferio norte, las temperaturas polares en la troposfera inferior (fig. R27, línea negra) mostraron una tendencia al enfriamiento desde 1979 hasta mediados de los noventa. El calentamiento observado en años posteriores se debió principalmente al desplazamiento climático de 1997 y a la posterior respuesta del Ártico, que se analiza en detalle en el capítulo 34.

---

[366] Smith, D.M., et al., 2019. Geosci. Model Dev. 12 (3), pp.1139-1164. doi.org/10.5194/gmd-12-1139-2019

[367] Datos del registro de temperatura por satélite de UAH.

Los climatólogos aún no han conseguido explicar las grandes discrepancias entre las simulaciones de los modelos y las observaciones reales de la amplificación polar. Reconociendo la importancia de esta cuestión, se creó el Proyecto de Intercomparación de Modelos de Amplificación Polar.[368] Los investigadores subrayan la complejidad de los factores que influyen en la evolución de las temperaturas polares. Señalan que, aunque la amplificación antártica se ha retrasado hasta la fecha, se espera que se produzca en el futuro como respuesta al aumento continuado de los GEI.

Sin embargo, la explicación ofrecida contradice las supuestas causas de la amplificación polar. El gradiente térmico vertical y las retroalimentaciones de Planck no actúan principalmente para aumentar las temperaturas polares, sino más bien para disminuir las temperaturas no polares. Si sus valores estimados fueran inexactos, el efecto sería más significativo para el calentamiento global en su conjunto que específicamente para el calentamiento polar.

La hipótesis del portero de invierno ofrece una explicación coherente de las tendencias de las temperaturas polares al vincular la fuerza del vórtice polar con el transporte de calor hacia los polos. El vórtice polar es fuerte en el hemisferio sur debido a la menor actividad de ondas planetarias. En consecuencia, el transporte de calor hacia la Antártida se mantiene más estable en comparación con las grandes fluctuaciones observadas en el Ártico. Además, en la atmósfera antártica, que se caracteriza por un bajo contenido de vapor de agua e inversiones de temperatura, se espera que el aumento de los niveles de CO_2 provoque un enfriamiento en lugar de un calentamiento al aumentar las emisiones infrarrojas.[369]

En cuanto a las temperaturas en la región polar boreal, el Ártico experimentó un enfriamiento entre 1976 y 1997 debido a las condiciones de fortaleza del vórtice dentro del régimen climático de bajo transporte analizado en el capítulo 39 (fig. 61). Como ya se ha señalado, el debilitamiento de las condiciones del vórtice tras el desplazamiento climático de 1997 ha provocado el calentamiento del Ártico. En el capítulo 34, analizamos cómo el reciente aumento del calentamiento del Ártico se debe a cambios en el transporte de calor y no a una amplificación del Ártico.

En resumen

Los modelos climáticos que asumen que el cambio climático reciente está impulsado principalmente por los cambios en el CO_2 resultantes de las emisiones humanas se enfrentan a dificultades para reproducir con fidelidad los patrones observados desde el final de la Pequeña Edad de Hielo. Esta dificultad sugiere que los principales determinantes del cambio climático pueden estar mal identificados. Las emisiones humanas fueron relativamente bajas entre 1845 y 1940, cuando se produjo gran parte del cambio climático de los últimos 175 años. Esto pone en duda la opinión ampliamente aceptada de que los fac-

---

[368] Smith, D.M., et al., 2019. Geosci. Model Dev. 12 (3), pp.1139-1164.
doi.org/10.5194/gmd-12-1139-2019

[369] van Wijngaarden, W.A. & Happer, W., 2020 arXiv preprint
doi.org/10.48550/arXiv.2006.03098

tores naturales han contribuido de forma insignificante al cambio climático a largo plazo.

En cambio, la hipótesis del portero de invierno ofrece una explicación más convincente de los patrones observados de cambio climático, que se caracterizan por la alternancia de periodos de calentamiento y enfriamiento de 30 años. Esta hipótesis también subraya la importancia del Máximo Solar Moderno como factor principal del calentamiento observado en el siglo XX. Asimismo, permite comprender la ausencia de amplificación polar en la Antártida y la aparición de dicha amplificación en el Ártico desde mediados de los años noventa. Al tener en cuenta estos factores, la hipótesis del portero de invierno proporciona una comprensión más completa de la dinámica del cambio climático reciente y pone en tela de juicio la hipótesis dominante basada principalmente en las emisiones humanas de CO_2.

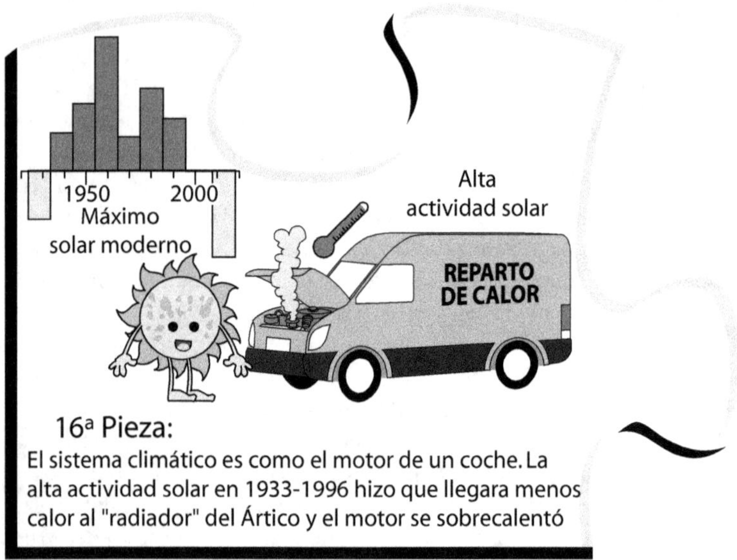

SECCIÓN 13 CUESTIONES CLAVE

El portero de invierno supera a la hipótesis del efecto reforzado del CO_2 a la hora de explicar los enigmas climáticos del pasado. El aislamiento de la Antártida por la Corriente Circumpolar redujo a la mitad los niveles de CO_2 del Oligoceno, dando lugar a un largo periodo de calentamiento global que desembocó en el óptimo climático del Mioceno medio. La nueva hipótesis también ilustra cómo pequeños cambios en el forzamiento de Milankovitch en la cima de la atmósfera conducen a cambios masivos en el volumen de las capas de hielo de la Tierra, mostrando el efecto de los cambios actuales en el transporte de calor sobre la cubierta de nieve estival de Groenlandia.

La hipótesis del portero de invierno explica la discrepancia entre las tendencias del CO_2 y de la temperatura global en el Holoceno. Las temperaturas globales siguen la insolación del hemisferio norte, mientras que el CO_2 sigue las temperaturas del hemisferio sur. Hace unos 3.000 años, se produjo un enfriamiento abrupto de 350 años, sin relación con las variaciones de CO_2 o las erupciones volcánicas, pero correlacionado con dos grandes mínimos solares. Esta hipótesis explica las pruebas que apuntan a cambios en la circulación atmosférica y el transporte de calor como factores determinantes del acontecimiento.

Aproximadamente la mitad del calentamiento posterior a la Pequeña Edad de Hielo se produjo entre las décadas de 1840 y 1940, a pesar de que sólo el 10% de las emisiones humanas de CO_2 se produjeron durante ese periodo. Los modelos no logran reproducir este calentamiento desigual, caracterizado por la alternancia de periodos de calentamiento y enfriamiento. Esto cuestiona la hipótesis del efecto reforzado del CO_2, que ignora el papel de los factores naturales en el cambio climático a largo plazo. La hipótesis del portero de invierno ofrece una explicación superior del calentamiento y de su cronología a lo largo de estos cien años. También explica la amplificación observada en el Ártico desde mediados de la década de 1990 y explica su ausencia anteriormente y en la Antártida.

Sección 14. Explicando los Mecanismos de Cambio Climático

CAPÍTULO 47
LOS CIEGOS Y EL ELEFANTE

La hipótesis del portero de invierno introduce un nuevo factor que contribuye al cambio climático y sugiere que las causas anteriores pueden haber sido identificadas erróneamente. Contrariamente a lo que pueda parecer, no es difícil que los científicos hayan pasado por alto una causa importante del cambio climático, ya que quienes trabajan con el IPCC se han centrado principalmente en atribuir el cambio climático a las actividades humanas en lugar de identificar sus causas. Encontrar una causa ausente en las últimas décadas sería difícil, pero resulta más fácil si se considera la Pequeña Edad de Hielo, donde la causa principal sigue sin identificarse. Los investigadores han descubierto que el ecuador climático, donde confluyen los vientos alisios de ambos hemisferios, se desplazó 5° de latitud hacia el sur durante la Pequeña Edad de Hielo. Este desplazamiento provocó un aumento significativo del transporte de calor del hemisferio sur al hemisferio norte, lo que demuestra la existencia de una causa desconocida capaz de impulsar el cambio climático de este modo.

Argumentos a favor de un forzamiento desconocido

La hipótesis del portero de invierno introduce un nuevo mecanismo de forzamiento climático al proponer que los cambios en el transporte de calor hacia los polos pueden influir fuertemente en el clima. Este mecanismo afecta al flujo radiativo en la cima de la atmósfera, lo que modifica el contenido energético de todo el sistema climático. Sin embargo, para que este nuevo forzamiento se incorpore a la teoría del cambio climático, debe llenar una laguna en la comprensión actual del cambio climático. Además, la importancia del papel propuesto para el nuevo forzamiento es directamente proporcional a la magnitud del forzamiento faltante que pretende explicar.

Identificar la causalidad en un sistema tan complejo como el clima es un gran reto, y los científicos que participan en los informes del IPCC no se dedican activamente a ello. Su principal objetivo es identificar y atribuir el impacto de las actividades humanas sobre el clima. Asumen que las causas del cambio climático ya se conocen bien. Por consiguiente, si un forzamiento concreto faltara en el conjunto establecido, cualquier efecto resultante se atribuiría a uno o más de los forzamientos ya identificados.

Si la hipótesis del portero de invierno es correcta, el Máximo Solar Moderno debería haber contribuido sustancialmente al calentamiento observado en el siglo XX. Sin embargo, debido a la influencia simultánea de los forzamientos antrópicos, no sería fácil deducir si estamos pasando por alto un forzamiento en nuestra comprensión del cambio climático reciente. Para identificar un forzamiento omitido, debemos examinar las condiciones climáticas del pasado que cuestionan la hipótesis del efecto reforzado del CO_2. Un ejemplo de ello es el óptimo climático del Mioceno analizado en el capítulo 44. Durante este periodo, el planeta experimentó temperaturas entre 5 y 8 °C superiores a las actuales, a pesar de que los niveles de CO_2 eran similares, en torno a 400 ppm. En particular, los modelos climáticos requieren niveles de CO_2 de al menos 800 ppm para simular con precisión este clima pasado, lo que sugiere la existencia de un forzamiento no identificado.

El forzamiento no identificado de la Pequeña Edad de Hielo

No hace falta remontarse tan atrás en el tiempo para encontrar otro forzamiento no identificado; bastan unos pocos siglos. La Pequeña Edad de Hielo presenta un rompecabezas similar, cuya causa principal sigue sin conocerse. La extensión global de los glaciares y los proxies climáticos sugieren que el dramático y extenso enfriamiento que comenzó alrededor de 1300 y duró cinco siglos no puede atribuirse únicamente al forzamiento gradual de Milankovitch (fig. 35, cap. 21). Para complicar las cosas, los niveles de CO_2 permanecieron estables entre 1100 y 1500, la actividad volcánica estuvo por debajo de la media durante la mayor parte de este periodo (fig. 42, cap. 26), y el forzamiento solar aceptado por sí solo es insuficiente para explicar la tendencia de enfriamiento observada.

Exploremos este elusivo forzamiento que falta centrándonos en la Zona de Convergencia Intertropical. El Recuadro 2 (cap. 3) la define como el cinturón en el que convergen los vientos alisios cálidos y cargados de humedad de ambos hemisferios. Aquí, el aire asciende por convección, creando una banda de nubes y tormentas que rodea la Tierra cerca del ecuador. Es esencialmente el ecuador climático dentro del sistema de circulación atmosférica global. El calor se transporta desde esta banda hacia los polos. La posición de esta zona varía estacionalmente. Se desplaza hacia el hemisferio de verano (más cálido) para transportar más calor hacia el hemisferio de invierno (más frío; fig. 17, cap. 11).

A pesar de su impacto global, la Pequeña Edad de Hielo se manifestó principalmente en el hemisferio norte. Este periodo de enfriamiento, bien documentado, provocó un notable desplazamiento de la Zona de Convergencia Intertropical hacia el hemisferio sur, comparativamente más cálido. Los científicos han realizado estudios en varias islas del Pacífico utilizando diversos proxies. Sus resultados muestran que durante la Pequeña Edad de Hielo, el ecuador climático se desplazó unos 500 kilómetros (unos 5° de latitud) hacia el sur desde su posición media actual.[370]

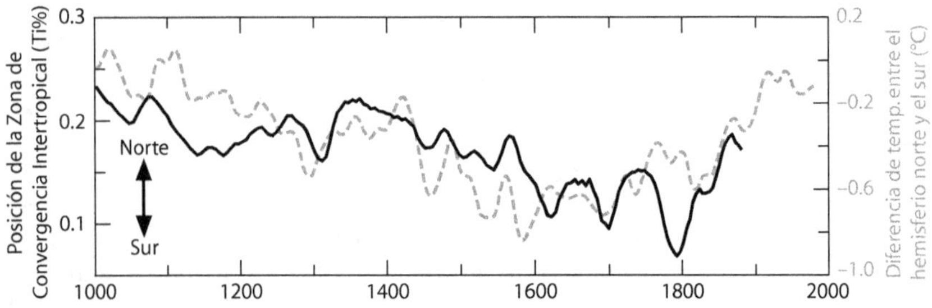

Figura 82. Migración del ecuador climático durante la Pequeña Edad de Hielo. Posición de la Zona de Convergencia Intertropical (línea negra) y contraste de temperatura interhemisférica (línea de trazos gris) durante los últimos 1000 años.

La Figura 82 ilustra la migración hacia el sur de la Zona de Convergencia Intertropical, representada por un proxy de precipitaciones del Mar Caribe (lí-

---

[370] Sachs, J.P., et al., 2009. Nat. Geosci. 2 (7), pp.519–525. doi.org/10.1038/NGEO554

nea negra).[371] En este informe, los autores examinan el desplazamiento en el contexto de la evolución del contraste de temperatura entre los dos hemisferios (línea de trazos gris). Además, examinan el efecto de la ubicación cambiante de la Zona de Convergencia Intertropical en el balance energético atmosférico, relacionando su ubicación con el transporte de energía a través de la atmósfera.

El efecto de la posición de la Zona de Convergencia Intertropical sobre el transporte de calor atmosférico plantea un interesante dilema que no se aborda en el estudio. Durante la Pequeña Edad de Hielo, cuando el ecuador climático se desplazó hacia el hemisferio sur, dirigiendo así más calor hacia el hemisferio norte, surge una pregunta importante: si el hemisferio norte experimentó un enfriamiento significativo, ¿qué ocurrió con esa energía? Múltiples estudios han demostrado que el océano se enfrió durante este periodo, lo que indica que la energía no se transfirió allí. Está claro que hubo un gran déficit de energía en el hemisferio norte, pero la causa exacta sigue sin estar clara. Aunque a menudo se proponen los cambios en el albedo del hielo y la nieve como factor contribuyente, es importante señalar que el albedo funciona como un mecanismo de retroalimentación, lo que significa que el enfriamiento debe producirse antes de que pueda tener lugar el aumento del albedo del hielo y la nieve. El enfriamiento también debe preceder al cambio de posición del ecuador climático.

Hay otro estudio que aporta una valiosa visión de la naturaleza de este problema. En él se cuantifica en 1,7 petavatios (PW) el aumento del transporte de calor a través del ecuador resultante del desplazamiento de 5° hacia el sur de la Zona de Convergencia Intertropical durante la Pequeña Edad de Hielo.[372] Para poner esto en perspectiva, recordemos del capítulo 9 que el transporte hemisférico actual es de unos 5-6 PW. Por tanto, el cambio observado en la posición de la zona representa una reorganización global sustancial del transporte de calor. Los autores del estudio concluyen que *"actualmente, no se conoce ningún forzamiento o retroalimentación climática durante ese periodo de tiempo que pueda explicar una perturbación energética tan grande a escala hemisférica"*.

Los científicos reconocen la existencia de un gran forzamiento no identificado que creó un importante déficit energético en el hemisferio norte durante un prolongado periodo de baja actividad solar. Este fenómeno desencadenó un profundo cambio en los patrones globales de transporte de calor a través de la atmósfera. La hipótesis del portero de invierno ofrece una solución convincente a este rompecabezas, proporcionando una explicación plausible para el forzamiento que falta. Es importante señalar que atribuir este forzamiento ausente únicamente a la Pequeña Edad de Hielo y suponer que no está relacionado con el cambio climático reciente carece de base científica.

Una red global de teleconexiones

Los científicos reconocen que la variabilidad climática decadal, denominada en este libro oscilaciones oceánicas, refleja una red global de teleconexiones que abarca diferentes cuencas oceánicas, regiones tropicales y extratropicales,

[371] Schneider, T., et al., 2014. Nature, 513 (7516), pp.45–53.
   doi.org/10.1038/nature13636
[372] Donohoe, A., et al., 2013. J. Clim. 26 (11), pp.3597–3618.
   doi.org/10.1175/JCLI-D-12-00467.1

y zonas oceánicas y terrestres.[373] A pesar de varias décadas de investigación exhaustiva, la comprensión de las causas subyacentes de esta variabilidad sigue siendo un reto formidable. Las conexiones entre las distintas cuencas ponen de relieve la naturaleza global del mecanismo atmosférico asociado que impulsa o responde a la variabilidad oceánica. La mayoría de los científicos creen que esta variabilidad se genera internamente. Esto requeriría también un mecanismo oceánico subyacente desconocido, ya que no se cree que la atmósfera tenga la memoria necesaria. Esta cuestión se abordará en el próximo capítulo.

El 6° Informe de Evaluación del IPCC reconoce que la variabilidad interna natural implica la redistribución de la energía dentro del sistema climático.[374] Por consiguiente, estudiar los cambios globales en el transporte de calor hacia los polos es fundamental para comprender la influencia de esta red interconectada en la redistribución de la energía. Sin embargo, existe un obstáculo. Cuando se les obliga a seguir la evolución temporal de las oscilaciones oceánicas, los modelos climáticos globales confirman que muchos cambios climáticos históricos observados pueden atribuirse parcialmente a estas oscilaciones.[375] Sin embargo, cuando se deja que estos modelos funcionen de forma autónoma, su capacidad para reproducir estas teleconexiones se degrada gravemente, y presentan variaciones espontáneas de frecuencia ultrabaja en la conectividad entre cuencas.[376]

La ausencia de variabilidad multidecadal a escala mundial en los modelos climáticos más avanzados supone un reto importante para los climatólogos. Esta limitación dificulta su capacidad para abordar cuestiones fundamentales sobre su origen y comprender en toda su magnitud su impacto en el cambio climático. También dificulta las predicciones precisas sobre su posible evolución, lo que constituye un grave motivo de preocupación. La influencia de la variabilidad climática multidecadal es de gran alcance, ya que afecta a los regímenes de precipitaciones, las temperaturas y la aparición de fenómenos meteorológicos extremos que afectan a la vida de la mayoría de los habitantes del planeta. Sin embargo, estos aspectos críticos no se reflejan adecuadamente en los informes del IPCC, que hacen hincapié en el impacto relativamente pequeño de la variabilidad natural en periodos superiores a dos décadas y, en cambio, destacan el papel dominante de la influencia humana en las tendencias climáticas a largo plazo.

En el capítulo 12 se analizó una posible razón de la incapacidad de los modelos climáticos para reproducir los cambios globales en el transporte de calor hacia los polos. Estos modelos se han desarrollado partiendo del supuesto de que la hipótesis de compensación de Bjerkness es correcta. Sin embargo, esta hipótesis contradice pruebas sustanciales de que los cambios en el transporte oceánico y atmosférico no se compensan entre sí. Como se muestra en los capítulos 17 (fig. 27) y 34 (fig. 54), los científicos han observado aumentos sincró-

[373] Cassou, C., et al., 2018. Bull. Amer. Meteor. Soc. 99 (3), pp.479–490. doi.org/10.1175/BAMS-D-16-0286.1

[374] Eyring, V., et al., 2021. Climate Change 2021: The Physical Science Basis. 6th AR IPCC. p.517. doi.org/10.1017/9781009157896.005

[375] Ruprich-Robert, Y., et al., 2017. J. Clim. 30 (8), pp.2785–2810. doi.org/10.1175/JCLI-D-16-0127.1

[376] Kravtsov, S., et al., 2018. NPJ Clim. Atmos. Sci. 1 (1), p.34. doi.org/10.1038/s41612-018-0044-6

nicos del transporte atmosférico y oceánico hacia el Ártico durante el siglo XXI. A pesar de estas pruebas, la opinión predominante, respaldada por los modelos, es que el Ártico se está calentando mientras sigue funcionando el mecanismo de compensación de Bjerkness.[377]

Los ciegos y el elefante

Una conocida parábola india de varios miles de años de antigüedad cuenta la historia de un grupo de ciegos que se adentran en un bosque y se encuentran con un elefante. Cada ciego toca una parte distinta del cuerpo del elefante y luego la describe desde su limitada perspectiva. Como resultado, creen erróneamente que se han encontrado con animales diferentes. El mensaje subyacente de esta historia es que la realidad puede presentarse de diferentes formas si no se tiene en cuenta una perspectiva global.

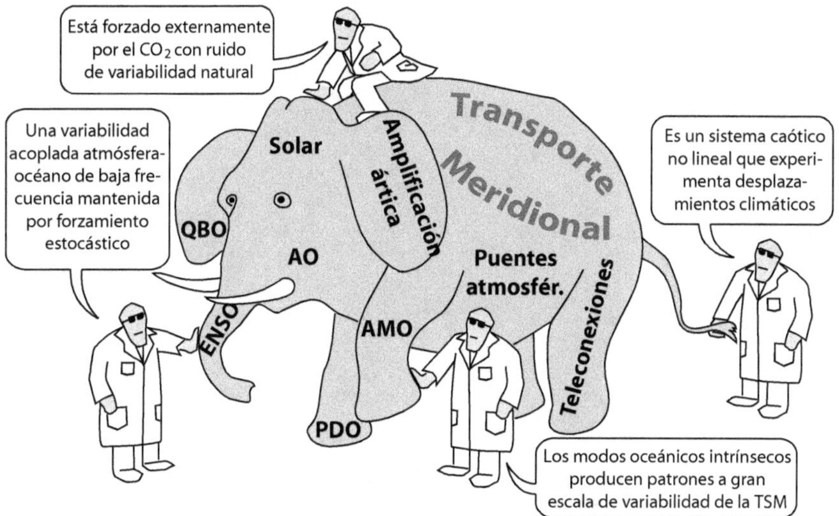

Figura 83. Los científicos ciegos y el transporte meridional.

Del mismo modo, los científicos que estudian diferentes tipos de variabilidad, investigan las causas potenciales, exploran las teleconexiones y estudian los puentes atmosféricos a menudo no reconocen que están estudiando diferentes facetas de un fenómeno global: la característica fundamental del clima global, es decir, la variabilidad en el transporte meridional de calor y humedad desde los trópicos a los polos. La comprensión de que distintos factores modulan esta variabilidad es la base de la hipótesis del portero de invierno.

En resumen

La reorganización atmosférica que tuvo lugar durante la Pequeña Edad de Hielo afectó profundamente al balance energético de la Tierra. El hemisferio norte experimentó un déficit energético considerable, lo que provocó un aumento sustancial del transporte de calor desde el hemisferio sur. La hipótesis del portero de invierno explica este fenómeno atribuyéndolo a un aumento del

---

[377] Burgard, C. & Notz, D., 2017. Geophys. Res. Lett. 44 (9), pp.4263–4271. doi.org/10.1002/2016GL072342

transporte de calor hacia los polos causado por una menor actividad solar, lo que provocó una mayor pérdida de energía en el Ártico.

Las oscilaciones oceánicas multidecadales son reconocidas como el reflejo de una red global de teleconexiones que enlazan las cuencas oceánicas con el resto del globo. Estas oscilaciones desempeñan un papel importante en la redistribución de la energía, dando lugar a tendencias de temperatura variables e influyendo fuertemente en el clima. Sin embargo, los modelos climáticos no pueden captar la variabilidad multidecadal a escala global. En consecuencia, los científicos pueden no darse cuenta de que esta variabilidad es una manifestación de cambios globales en el transporte de calor hacia los polos, que la hipótesis actual no tiene en cuenta.

Capítulo 48
Los Regímenes Climáticos y sus Desplazamientos No Están Resueltos

Los regímenes y sus desplazamientos desempeñan un papel fundamental en la configuración de los cambios climáticos que experimentamos a lo largo de nuestra vida, lo que los convierte en las manifestaciones climáticas más significativas para los seres humanos. Este hecho se ve corroborado por la importante respuesta ecológica observada en la mayoría de las especies del Pacífico Norte durante los desplazamientos climáticos que condujeron a su descubrimiento. Sorprendentemente, estos cambios climáticos sustanciales reciben una atención mínima en los informes del IPCC, desestimándose sus efectos como mero ruido multidecadal que disfraza los impactos humanos. Sin embargo, los regímenes climáticos influyen profundamente en diversos aspectos de nuestro clima, incluidos factores críticos como la frecuencia y la intensidad de los huracanes. Por desgracia, el reconocimiento de su importancia se ve obstaculizado por el desconocimiento de los orígenes de estos regímenes, ya que los científicos suelen mostrarse reacios a admitir su falta de comprensión. A pesar de las exhaustivas investigaciones para identificar una causa oceánica, los avances han sido limitados en las últimas décadas.

La importancia de los regímenes y desplazamientos climáticos

El clima que experimentamos a lo largo de nuestra vida está más influido por oscilaciones multidecadales que por su tendencia a largo plazo. Estas oscilaciones se producen en ciclos de unos 50-70 años, aproximadamente el periodo de vida de un ser humano. Como consecuencia, muchas personas perciben diferencias notables en el clima con respecto a varias décadas atrás, lo que provoca preocupación por estos cambios. Un ejemplo histórico, mostrado en la figura 53 (cap. 34), ilustra la preocupación pública por el calentamiento del Ártico en la década de 1920. Ya en la década de 1930, Guy Callendar expresó su preocupación por el calentamiento y lo atribuyó a las emisiones humanas. En la década de 1970 se temió una inminente glaciación debido a la tendencia al enfriamiento. En la década de 1990, el calentamiento global se convirtió en una preocupación importante. Sin embargo, estos cambios eran principalmente los efectos de oscilaciones multidecadales que interactuaban con una tendencia gradual al calentamiento imperceptible para la mayoría de la gente. Por tanto, las oscilaciones climáticas multidecadales nos preocupan mucho. Aunque los informes del IPCC se refieren a ellas como variabilidad interna natural, dando a entender un origen interno, lo cierto es que aún no hemos identificado sus causas.

En la década de 1990, el campo de la ecología hizo una importante contribución a los estudios sobre el clima. En 1991, los ecólogos marinos identificaron un cambio abrupto en el ecosistema del Pacífico Norte que se había producido 15 años antes, causado por un brusco desplazamiento climático.[378] Sorprendentemente, este cambio había escapado a la atención de los climatólogos, que estaban centrados principalmente en identificar un impacto humano perceptible en el clima. Mediante una investigación detallada, los investigadores determinaron que el origen del cambio no era el océano, sino un cambio en la circulación atmosférica global (fig. 48, cap. 31).[379] Sin embargo, este desplazamiento supuso un reto, ya que los modelos climáticos no reproducen este tipo de fenómenos, por lo que sus causas están rodeadas de misterio. En esencia, este desplazamiento representó una transición entre estados estables, que desde entonces se conocen como regímenes climáticos.

En ecología, el concepto de regímenes climáticos inducidos por desplazamientos climáticos ha cobrado gran fuerza y ha dado lugar a numerosos estudios en distintos ecosistemas. Sorprendentemente, la climatología ha prestado relativamente poca atención a este campo de investigación. Por ejemplo, el desplazamiento climático de 1997 se menciona mucho menos en los estudios climáticos que el de 1976, a pesar de ser más reciente. Para ilustrarlo, la figura 84 procede de un estudio centrado en las implicaciones ecológicas de los desplazamientos climáticos en el Pacífico Norte.[380] En este estudio, los autores recopilaron datos de 64 series temporales biológicas, consistentes principalmente en poblaciones de peces de importancia comercial y una representación menor de invertebrados y zooplancton. Utilizaron el análisis de componentes principales, una técnica estadística que condensa la variación de los datos en unas pocas variables clave. La segunda fuente de variabilidad más influyente se atribuyó a factores climáticos, como muestra la línea negra de la figura 84.

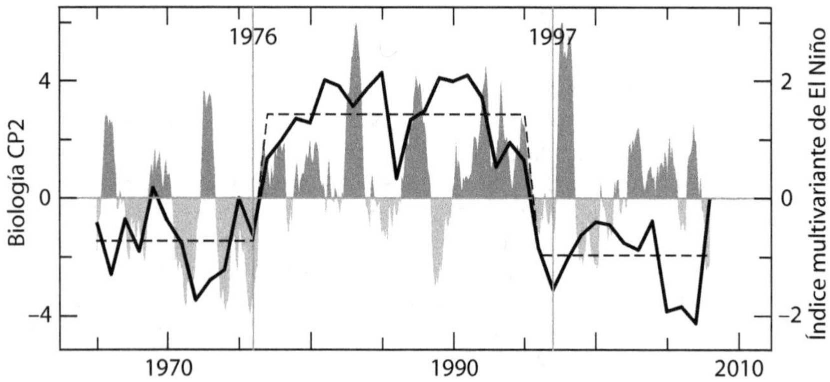

Figura 84. Desplazamientos ecológicos. La línea negra representa el segundo modo principal de variabilidad ecológica en el Pacífico Nororiental. El índice multivariable de El Niño-Oscilación del Sur se muestra en gris oscuro para los valores positivos y en gris medio para los negativos.

---

[378] Ebbesmeyer, C.C., et al., 1991. Proceedings of the Seventh PACLIM Workshop, April 1990. Interagency Ecological Studies Program Technical Report, 26 pp.115–126. hdl.handle.net/1834/22168

[379] Graham, N.E., 1994. Clim. Dynam. 10, pp.135–162. doi.org/10.1007/BF00210626

[380] Litzow, M.A. & Mueter, F.J., 2014. Prog. Oceanogr. 120, pp.110–119. doi.org/10.1016/j.pocean.2013.08.003

Para vincular los cambios ecológicos en el Océano Pacífico a los desplazamientos climáticos, se ha incluido en la figura un índice que refleja el estado de El Niño-Oscilación del Sur.

La gran desviación de las especies analizadas respecto a las medias anteriores durante los dos desplazamientos climáticos identificados subraya su importancia. Cabe destacar que estos cambios no se limitan al Pacífico Norte, donde son más evidentes, sino que tienen un impacto global. Sorprendentemente, a pesar de su importancia, los regímenes climáticos y los desplazamientos resultantes de la variabilidad multidecenal brillan por su ausencia en los informes del IPCC, que se centran principalmente en las causas antrópicas del cambio climático.

Respuesta de los fenómenos meteorológicos extremos a los regímenes climáticos

Los regímenes y desplazamientos climáticos resultan de gran importancia para la humanidad, ya que desempeñan un papel central a la hora de determinar diversos aspectos de nuestro clima y sus peligros asociados. Los medios de comunicación se hacen eco a menudo de las advertencias de algunos científicos de que el cambio climático está exacerbando los fenómenos meteorológicos extremos, aumentando su frecuencia y severidad. Sin embargo, los datos muestran que los regímenes y los desplazamientos climáticos también afectan a los fenómenos meteorológicos extremos.

Los investigadores miden sus niveles de energía para calibrar la fuerza de los huracanes (ciclones) en diferentes cuencas. Desde 1950 se dispone de datos sobre el Pacífico noroccidental y el Atlántico, las regiones más propensas a los huracanes. La Figura 85 muestra la energía acumulada anual de los huracanes registrada en estas regiones.[381]

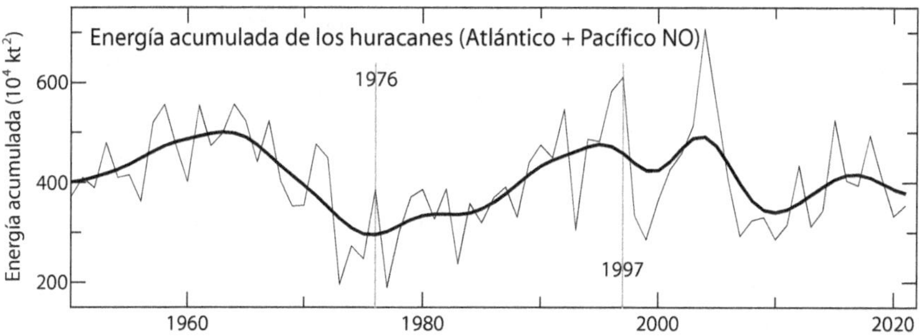

Figura 85. Energía ciclónica acumulada en los océanos Atlántico y Pacífico Noroeste.

La energía de los huracanes desde 1950 no muestra ninguna tendencia significativa, sino más bien oscilaciones multidecadales. Sin embargo, muestra una tendencia creciente durante el régimen climático 1976-1997 y una tendencia decreciente en el régimen climático posterior establecido desde 1997. Los huracanes son un claro indicio del transporte de calor y humedad, facilitado principalmente por la circulación atmosférica zonal (este-oeste). En consecuencia, cabría esperar un aumento tanto de la frecuencia como de la intensidad de los

---

[381] Datos de energía ciclónica acumulada de NOAA.

huracanes a medida que la circulación zonal se fortalece a expensas de la circulación meridional (sur-norte).

El patrón observado en la energía acumulada de los huracanes durante el régimen 1976-1997 es coherente con la información presentada a lo largo del libro, indicando un periodo de reducción del transporte de calor y humedad hacia los polos. Como se muestra en la figura 48b (cap. 31), el momento angular de la atmósfera experimentó un brusco aumento durante el desplazamiento climático de 1976. Este aumento indica un fortalecimiento de la circulación zonal al comienzo del periodo de transporte reducido hacia los polos, que duró hasta 1997.

El IPCC se ha convertido en la principal autoridad en el campo de la climatología y ejerce una gran influencia en la investigación actual y futura sobre el clima. Como consecuencia, los científicos que se dedican a investigaciones que quedan fuera del enfoque del IPCC suelen tener menos éxito en sus carreras, lo que se traduce en menos estudios sobre esos aspectos concretos. A pesar de la importancia de comprender los regímenes y cambios climáticos, dilucidar sus causas y desarrollar la capacidad de predicción, estos temas no reciben el mismo nivel de prioridad dentro de la agenda del IPCC.

Forzamiento interno frente a forzamiento externo

La opinión predominante entre la mayoría de los científicos es que la variabilidad climática multidecadal está causada por factores internos, ya que aún no se conoce ningún forzamiento externo de periodicidad y magnitud acordes. Sin embargo, es importante reconocer que esta perspectiva es un argumento desde la ignorancia, y la posibilidad de una causa externa no puede descartarse definitivamente. Muchos científicos sostienen que las diversas manifestaciones de esta variabilidad sugieren una combinación de factores en juego. Aunque está claro que la geografía de las distintas cuencas oceánicas desempeña un papel crucial en su expresión, las exhaustivas investigaciones realizadas a lo largo de varios decenios han permitido avanzar poco en el descubrimiento de la causa fundamental de estas oscilaciones oceánicas multidecadales.

Para establecer un patrón cuasiperiódico, un sistema debe disponer de un mecanismo que permita seguir el paso del tiempo. Muchos mecanismos pueden contribuir a este fenómeno. Por ejemplo, la interacción de dos fuerzas opuestas con un desfase temporal puede producir una oscilación, lo que explica su prevalencia en fenómenos tan diversos como el ciclo de negocios o la dinámica depredador-presa. Un enfoque fructífero para estudiar las oscilaciones es investigar los mecanismos subyacentes responsables del "cómputo del tiempo".

Hay tres explicaciones plausibles para la presencia de oscilaciones cuasi periódicas en los océanos de la Tierra. La opinión predominante es que el océano constituye la principal fuente de memoria del sistema. En cambio, la atmósfera, con su naturaleza dinámica y caótica, carece de capacidad de memoria a largo plazo. En su lugar, se cree que la memoria del océano está estrechamente ligada al calor almacenado en la capa superior, conocida como capa mixta, especialmente en regiones dinámicamente importantes.[382] Esta inercia

---

[382] Monselesan, D.P., et al., 2015. Geophys. Res. Lett. 42 (4), pp.1232–1242.
doi.org/10.1002/2014GL062765

térmica confiere al océano la capacidad de conservar la memoria de cambios pasados.

Una explicación alternativa propuesta es que la señal global observada en la variabilidad multidecadal surge de la sincronización de osciladores no lineales (caóticos) acoplados.[383] Este fenómeno se observa a menudo en los sistemas naturales. Según esta perspectiva, los regímenes climáticos pueden considerarse estados de sincronización entre distintas oscilaciones oceánicas. Los cambios en la fuerza de su acoplamiento interrumpirían esta sincronización, dando lugar a la aparición de un nuevo estado de sincronización, impulsando así el desplazamiento climático.

Sin embargo, surge un problema cuando el origen de las oscilaciones multidecadales se atribuye exclusivamente al océano. Las numerosas pruebas analizadas a lo largo del libro sugieren que la atmósfera desempeña un papel destacado en los cambios observados. A diferencia de los océanos, la atmósfera produce fácilmente cambios globales que pueden manifestarse como desplazamientos del momento angular atmosférico que afectan a la velocidad de rotación de la Tierra. En general, los cambios en la presión a nivel del mar preceden de uno a tres meses a los cambios en la temperatura de la superficie marina. A pesar de las pruebas disponibles, a muchos científicos les resulta difícil aceptar la tercera posibilidad: que las oscilaciones oceánicas multidecadales coordinadas globalmente estén inducidas por el forzamiento atmosférico sobre el océano. Sin embargo, esta explicación sigue siendo la más coherente con la evidencia disponible.

El problema surge porque la falta de memoria en la atmósfera introduce la necesidad de un forzamiento externo. Se trata de un cambio de paradigma de tal magnitud que la mayoría de los científicos se resisten a considerarlo sin pruebas irrefutables. Aunque existen algunas evidencias del forzamiento externo, siguen siendo poco concluyentes. En particular, el ciclo nodal lunar de 18,6 años se ha observado en múltiples ocasiones en los datos de temperatura del aire y de la superficie del mar en el Pacífico. Además de la conocida Oscilación Decadal del Pacífico de unos 60 años, este océano presenta una oscilación bidecadal de la temperatura de la superficie del mar.[384] Los científicos han descubierto que la fase y la duración de este componente bidecadal coinciden con el ciclo nodal lunar, lo que sugiere que este ciclo lunar puede influir en la transferencia de calor a gran escala en el Pacífico Norte occidental.[385] En su estudio de 2007, estos científicos constataron la coincidencia de fase entre el ciclo nodal lunar y algunos de los fenómenos de El Niño más importantes del siglo XX. Basándose en esta observación, predijeron con ocho años de antelación una mayor probabilidad de que se produjera un episodio importante de El Niño en 2015, como finalmente ocurrió.

---

[383] Tsonis, A.A. & Swanson, K.L., 2011. Int. J. Bifurcat. Chaos, 21 (12), pp.3549–3556.
    doi.org/10.1142/S0218127411030714
[384] Minobe, S., 1999. Geophys. Res. Lett. 26 (7), pp.855–858.
    doi.org/10.1029/1999GL900119
[385] McKinnell, S.M. & Crawford, W.R., 2007. J. Geophys. Res. Oceans, 112 (C2).
    doi.org/10.1029/2006JC003671

Se ha propuesto una influencia combinada solar y lunar sobre el clima, que actúa a través de su efecto sobre el gradiente latitudinal de temperatura.[386] Este mecanismo de forzamiento particular es coherente con la hipótesis del portero de invierno, que explica cómo este forzamiento externo afecta al clima alterando el transporte de calor hacia los polos. Si este forzamiento combinado solar-lunar impulsa la variabilidad climática multidecadal observada, parece plausible un mecanismo similar a la conjetura presentada en el recuadro 25 (cap. 34) para determinar su periodicidad. Este mecanismo proporcionaría la memoria necesaria para explicar el efecto atmosférico. Debido a sus diferentes periodos, la correlación cambiante entre los efectos lunares y solares daría lugar a la periodicidad observada, como se muestra en la figura R25 (cap. 34).

Sin embargo, la hipótesis del portero de invierno no depende de una causa externa para las oscilaciones multidecadales del océano. La fuente de los cambios de transporte no altera su impacto climático. Si existe una causa externa, pueden pasar décadas hasta que sea ampliamente aceptada, ya que los modelos ignoran esta posibilidad y la mayoría de los científicos centran sus investigaciones en explorar un origen oceánico para esta variabilidad climática.

En resumen

Los regímenes climáticos presentan características distintivas con respecto a la intensidad de la circulación atmosférica, la orientación del transporte de calor (norte-sur frente a este-oeste) y sus efectos subsiguientes sobre las temperaturas de la superficie del mar y la frecuencia de los huracanes. Comprender estos regímenes climáticos y sus cambios es de gran importancia para nosotros. Sin embargo, reciben menos atención porque no tienen una causa antrópica. De hecho, su causa sigue siendo desconocida y se han propuesto varias hipótesis. La creencia predominante entre la mayoría de los científicos es que los regímenes climáticos tienen un origen oceánico, y que la capa superior del océano proporciona la memoria necesaria para su periodicidad. Otra explicación propuesta gira en torno a la sincronización de osciladores caóticos acoplados. Por último, existe la posibilidad de que estos regímenes sean desencadenados externamente por la influencia combinada de la Luna y el Sol sobre el gradiente latitudinal de temperatura, provocando cambios en la circulación atmosférica global. Evidentemente, aún nos queda mucho por descubrir sobre este fenómeno crucial, y los modelos climáticos son de ayuda limitada porque no lo reproducen adecuadamente.

---

[386] Davis, B.A. & Brewer, S., 2011. Quat. Sci. Rev. 30 (15-16), pp.1861–1874. doi.org/10.1016/j.quascirev.2011.04.016

SECCIÓN 14 CUESTIONES CLAVE

La hipótesis del portero de invierno propone una nueva causa del cambio climático, cuya ausencia se detecta estudiando la Pequeña Edad de Hielo. El desplazamiento latitudinal de 5° del ecuador climático durante este periodo representó un cambio masivo en el transporte global de calor que requirió un factor desconocido capaz de hacerlo. El efecto fue una enorme transferencia de energía del hemisferio sur al norte, lo que indica un gran déficit de origen desconocido en el norte. La hipótesis del portero de invierno explica tanto el déficit energético como el aumento del transporte de calor como consecuencia de la baja actividad solar.

Los regímenes y los cambios climáticos son el resultado de una variabilidad multidecadal a escala mundial del transporte de calor que los modelos climáticos no recogen y que los científicos se esfuerzan por comprender. La escasa atención que reciben en los informes del IPCC contrasta con su importancia ecológica y su papel decisivo en la configuración del clima que experimentaremos a lo largo de nuestra vida. Las características de la circulación atmosférica y del transporte de calor de los regímenes climáticos los convierten en determinantes de muchos aspectos del clima, incluida la frecuencia de los huracanes. A pesar de décadas de esfuerzos, aún se desconoce la causa de la variabilidad multidecadal y su relación con el transporte global de calor.

Sección 15. Un Desastre Modelizado

Capítulo 49
¿Qué hay de malo en los modelos?

Muchos objetos cotidianos y tecnologías se basan en modelos para simular procesos bien comprendidos. Los modelos climáticos, sin embargo, tratan uno de los fenómenos más complejos que conocemos, en el que intervienen muchos procesos poco conocidos. Estos modelos son complicados y frágiles, y representan un clima modelo muy diferente del clima real. Ni siquiera conocen la temperatura del planeta. Los numerosos problemas asociados a los modelos climáticos sugieren que el clima modelo que producen sólo se parece superficialmente al clima real. En esencia, el estado actual de los conocimientos hace imposible que los modelizadores del clima alcancen sus objetivos. Además, hay pruebas de que estos modelos pasan por alto características climáticas importantes, lo que hace que su precisión se deteriore con el tiempo en lugar de mejorar.

El mundo de los modelos frente al mundo real

Los modelos informáticos son representaciones matemáticas de algún aspecto de la realidad. Estos modelos son extremadamente valiosos porque nos ayudan a navegar por la complejidad y nos proporcionan respuestas precisas de forma rápida y sencilla. Las complejas tecnologías que encontramos en nuestra vida cotidiana dependen en gran medida de los modelos. Por ejemplo, el diseño de un nuevo avión se basa en gran medida en modelos antes de la construcción y las pruebas de vuelo. Estos modelos proporcionan al equipo de diseño información fundamental, como la superficie mínima del ala necesaria para el vuelo. Volveremos sobre este ejemplo en el próximo capítulo.

Hemos llegado a confiar en los modelos, pero es fundamental tener en cuenta dos consideraciones importantes. En primer lugar, los modelos son representaciones imperfectas de la realidad y existen en un espacio separado del mundo real. Son creaciones de nuestras mentes, capaces de proporcionar respuestas dentro de sus parámetros programados, ya sean precisas o disparatadas. En segundo lugar, la construcción de modelos fiables depende de nuestra comprensión de los procesos subyacentes. Si no entendemos cómo funciona algo, no podemos desarrollar un modelo sólido en el que podamos confiar. Desgraciadamente, nuestra comprensión del clima sigue siendo un reto formidable, uno de los problemas más complejos a los que se enfrenta la ciencia. En una conferencia de 1964, el célebre físico Richard Feynman dijo: *"Creo que puedo afirmar sin temor a equivocarme que nadie entiende la mecánica cuántica"*. El mismo sentimiento puede aplicarse al cambio climático; nadie lo entiende. Muchos procesos climáticos carecen de una base teórica sólida, como la forma en que la atmósfera transporta el calor a los polos a través de las tormentas de latitudes medias.[387]

---

[387] Barry, L., et al., 2002. Nature, 415 (6873), pp.774–777. doi.org/10.1038/415774a

No se puede negar que los modelos climáticos tienen imprecisiones. La verdadera cuestión es el alcance de sus errores y su utilidad para distintos fines y públicos. En el capítulo siguiente trataremos de responder a esta última parte de la pregunta.

Los modelos climáticos son increíblemente complejos y frágiles. Aunque existen distintos tipos de modelos, un modelo de circulación general de última generación (como los que participan en el 6º Proyecto de Intercomparación) con una resolución de cuadrícula de 1x1° (unos 100 x 100 km) y 30 capas consta de la asombrosa cifra de 2 millones de celdas. Normalmente, estos modelos registran siete variables (velocidad del viento en tres dimensiones, presión, temperatura, densidad y contenido de vapor de agua) en cada celda de la cuadrícula. Realizan cálculos que incluyen todos los procesos conocidos que afectan a estas variables y tienen en cuenta cómo los cambios en una celda afectan a las celdas vecinas. Como resultado, estos modelos son programas iterativos, en los que el resultado de un paso temporal sirve de inicio para el siguiente, lo que los hace intrínsecamente más propensos a la inestabilidad que otros tipos de modelos informáticos.

A pesar de su alta resolución, muchos procesos físicos ocurren a escalas inferiores a la cuadrícula, incluidos los moleculares. Además, algunos procesos carecen de ecuaciones que puedan describirlos con precisión. En tales casos, estos procesos se aproximan mediante parámetros numéricos. Si un modelo no funciona como se espera, estos parámetros se ajustan hasta obtener el resultado deseado.[388] Un modelo climático no puede pretender representar la realidad si contiene sesgos o ideas preconcebidas del modelizador sobre cómo deberían funcionar los procesos climáticos.

Un modelo climático puede constar de 2 millones de líneas de código. Debido a la interconexión y a la naturaleza iterativa de sus componentes, estos modelos son excepcionalmente frágiles, a diferencia del clima real. Un ejemplo reciente de esta fragilidad es cuando los científicos descubrieron un fallo en el modelo CESM2 en la forma en que simulaba la interacción entre la humedad y los núcleos de condensación, que afecta a la formación de nubes. Un equipo de 10 científicos tardó cinco meses en identificar el problema y corregir el error en los datos.[389] Cualquier cambio en un modelo puede hacerlo descarrilar fácilmente.

Un ejemplo elocuente de cómo los modelos climáticos representan un mundo modelo y no el mundo real es su incapacidad para proporcionar una temperatura superficial correcta del planeta. La Figura 86, tomada de un artículo dedicado a establecer una conexión entre las proyecciones de temperatura global de los modelos climáticos y las observaciones del mundo real, arroja luz sobre esta disparidad.[390]

A los científicos no les preocupa que los modelos climáticos difieran en 3 °C en la simulación de la temperatura del planeta, aunque esa diferencia sea la

---

[388] Hourdin, F., et al., 2017. Bull. Am. Met. Soc. 98 (3), pp.589–602.
doi.org/10.1175/BAMS-D-15-00135.1

[389] The Wall Street Journal. Feb 06, 2022. Climate scientists encounter limits of computer models and bedeviling policy.

[390] Hawkins, E. & Sutton, R., 2016. Bull. Am. Met. Soc. 97 (6), pp.963–980.
doi.org/10.1175/BAMS-D-14-00154.1

mitad de la temperatura que separa nuestro periodo interglacial del Último Máximo Glacial. Lo que les importa es la coherencia de los cambios a lo largo del tiempo dentro de las simulaciones y el hecho de que los modelos de "mundo frío" predicen cambios similares a los modelos de "mundo cálido" cuando se someten a los mismos forzamientos. Resulta cuando menos sorprendente que una diferencia de 3 °C no afecte significativamente al rendimiento de estos modelos.

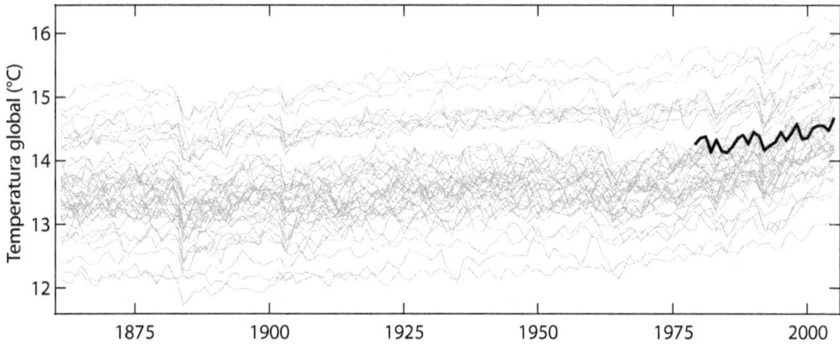

Figura 86. Los modelos no conocen la temperatura del planeta. Temperatura global a partir de simulaciones históricas de 42 modelos del 5º Proyecto de Intercomparación. La línea negra gruesa procede del producto de reanálisis europeo.

¿Hasta qué punto se equivocan los modelos climáticos?

Es difícil responder a esta pregunta. Hay muchos artículos en la literatura científica que señalan fallos en los modelos climáticos, pero no se dispone fácilmente de listas exhaustivas porque sólo los propios modelizadores llevan la cuenta de esos problemas sin publicarlos. Para dar una idea, he compilado una colección de fallos notables de modelos procedentes de artículos sobre el clima que he consultado a lo largo de un periodo de sólo cuatro meses. Cabe señalar que mi lectura sólo abarca una mínima parte de lo que se publica sobre el tema, lo que deja margen al lector para especular sobre el alcance potencial de esta lista.

* Los modelos tienden a sobreestimar el enfriamiento y muestran una recuperación más lenta tras las erupciones volcánicas.[391]
* Los modelos no representan con precisión la respuesta de la estratosfera a los cambios solares.[392]
* Los modelos no son capaces de predecir el clima invernal severo resultante de la amplificación del Ártico.[393]
* Los modelos no consiguen reproducir el periodo de enfriamiento observado entre 1945 y 1975.[394]

[391] Brohan, P., et al., 2012. Clim. Past, 8 (5), pp.1551-1563.
    doi.org/10.5194/cp-8-1551-2012
[392] Misios, S., et al., 2016. Q. J. R. Meteorol. Soc. 142 (695), pp.928–941.
    doi.org/10.1002/qj.2695
[393] Cohen, J., et al., 2020. Nat. Clim. Change, 10 (1), pp.20–29.
    doi.org/10.1038/s41558-019-0662-y
[394] IPCC AR6 SPM doi.org/10.1017/9781009157896.001

- Los modelos no simulan los desplazamientos climáticos, como el de 1976.[395]
- Los modelos no reproducen los patrones históricos de calentamiento de los océanos.[396]
- Los modelos no captan las tendencias de temperatura en la troposfera tropical y la estratosfera.[397]
- Los modelos no logran predecir la divergencia de las tendencias de las temperaturas de invierno del Ártico y de las latitudes medias.[398]
- Los modelos no reproducen las tendencias de la cubierta de nieve del hemisferio norte.[399]
- La mayoría de los modelos subestiman el calentamiento a principios del siglo XX y lo sobreestiman después de 1998.[400]
- Los modelos tienden a sobreestimar el calentamiento atmosférico.[401]
- Los modelos predicen tendencias del ozono en las latitudes medias de la estratosfera inferior que no concuerdan con las observaciones realizadas desde 1998.[402]
- Las predicciones de los modelos no concuerdan con los cambios observados en el gradiente de temperatura de la superficie del mar en el Océano Pacífico ecuatorial.[403]
- Ninguno de los modelos reproduce con exactitud el aumento del bloqueo estival de las altas presiones sobre Groenlandia.[404]
- Los modelos carecen de variabilidad multidecadal a escala global.[405]
- Todos los modelos muestran un calentamiento de la troposfera superior tropical que no aparece en las observaciones.[406]

---

[395] Ibid.

[396] Bronselaer, B. & Zanna, L., 2020. Nature, 584 (7820), pp.227–233. doi.org/10.1038/s41586-020-2573-5

[397] Mitchell, D.M., et al., 2020. Environ. Res. Lett. 15 (10), p.1040b4. doi.org/10.1088/1748-9326/ab9af7

[398] Cohen, J., et al., 2020. Nat. Clim. Change, 10 (1), pp.20–29. doi.org/10.1038/s41558-019-0662-y

[399] Connolly, R., et al., 2019. Geosciences, 9 (3), p.135. doi.org/10.3390/geosciences9030135

[400] Papalexiou, S.M., et al., 2020. Earth's Future, 8 (10), p.e2020EF001667. doi.org/10.1029/2020EF001667

[401] Mitchell, D.M., et al., 2020. Environ. Res. Lett. 15 (10), p.1040b4. doi.org/10.1088/1748-9326/ab9af7 McKitrick, R. & Christy, J., 2020. Earth Space Sci. 7(9), p.e2020EA001281. doi.org/10.1029/2020EA001281

[402] Ball, W.T., et al., 2020. Atmos. Chem. Phys., 20, 9737–9752. doi.org/10.5194/acp-20-9737-2020

[403] Seager, R., et al., 2019. Nat. Clim. Change, 9 (7), pp.517-522. doi.org/10.1038/s41558-019-0505-x

[404] Hanna, E., et al., 2018. Cryosphere, 12 (10), pp.3287–3292. doi.org/10.5194/tc-12-3287-2018

[405] Kravtsov, S., et al., 2018. NPJ Clim. Atmos. Sci. 1 (1), p.34. doi.org/10.1038/s41612-018-0044-6

[406] McKitrick, R. & Christy, J., 2018. Earth Space Sci. 5 (9), pp.529-536. doi.org/10.1029/2018EA000401

- Los modelos presentan una "paradoja señal-ruido": predicen mejor la variabilidad climática observada que su propia variabilidad, lo que indica una relación señal-ruido subestimada.[407]
- Los modelos muestran un sesgo frío en la lengua fría ecuatorial.[408]
- Los modelos no reproducen de forma realista el ciclo anual observado del albedo.[409]
- Los modelos no captan con precisión la pequeña variabilidad interanual del albedo.[410]
- Los modelos generan una doble Zona de Convergencia Intertropical espuria en el Pacífico tropical.[411]
- Los modelos no reproducen la simetría interhemisférica del albedo.[412]
- El transporte de calor es invariante en los modelos a pesar de los grandes cambios en el gradiente de temperatura.[413]
- Los modelos simulan mal las tendencias de la temperatura en la estratosfera inferior y reproducen de forma incoherente las temperaturas de la tropopausa tropical y los cambios del vapor de agua.[414]
- En contraste con las observaciones, los modelos subestiman el reforzamiento de la circulación de Brewer-Dobson en la estratosfera inferior durante la segunda mitad del siglo XX.[415]
- Los modelos subestiman el efecto Holton-Tan y cada uno de ellos representa de forma diferente la relación entre la Oscilación Cuasi-Bienal y el vórtice polar.[416]
- Los modelos producen cambios interanuales del flujo de calor latente oceánico diez veces menores que los observados.[417]
- Los modelos simulan un mayor calentamiento de la Antártida (amplificación antártica), mientras que no se ha observado ningún calentamiento en este continente.[418]

---

[407] Scaife, A.A. & Smith, D., 2018. NPJ Clim. Atmos. Sci. 1 (1), p.28. doi.org/10.1038/s41612-018-0038-4

[408] Li, G., et al., 2016. Clim. Dyn. 47, pp.3817–3831. doi.org/10.1007/s00382-016-3043-5

[409] Stephens, G.L., et al., 2015. Rev. Geophys. 53 (1), pp.141–163. doi.org/10.1002/2014RG000449

[410] Ibid.

[411] Si, W., et al., 2021. Geophys. Res. Lett. 48 (23), p.e2021GL094779. doi.org/10.1029/2021GL094779

[412] Stephens, G.L., et al., 2016. Curr. Clim. Change Rep. 2, pp.135-147. doi.org/10.1007/s40641-016-0043-9

[413] Donohoe, A., et al., 2020. J. Clim. 33 (10), pp.4141–4165. doi.org/10.1175/JCLI-D-19-0797.1

[414] Solomon, S.et al., 2010. Science, 327 (5970), pp.1219–1223. doi.org/10.1126/science.1182488

[415] Young, P.J., et al., 2012. J. Clim. 25 (5), pp.1759–1772. doi.org/10.1175/2011JCLI4048.1

[416] Elsbury, D., et al., 2021. Geophys. Res. Lett. 48 (24), p.e2021GL094083. doi.org/10.1029/2021GL094083

[417] Yu, L. & Weller, R.A., 2007. B. Am. Meteorol. Soc. 88 (4), pp.527–540. doi.org/10.1175/BAMS-88-4-527

[418] Smith, D.M., et al., 2019. Geosci. Model Dev. 12 (3), pp.1139-1164. doi.org/10.5194/gmd-12-1139-2019

¿Reproducen los modelos climáticos el clima real?

Los modelos climáticos pueden dar la impresión de que simulan el clima real, pero las apariencias engañan. Utilicemos como analogía un popular video-juego llamado "Los Sims" al que solía jugar mi hija. En este juego de simulación de la vida, los jugadores crean personajes virtuales, los colocan en casas e influyen en sus emociones y deseos. Con cada nueva versión y paquete de expansión, el juego ofrecía más funciones y capacidades para los Sims. Aunque el juego no estaba pensado para que los jugadores hicieran daño a sus Sims, había ciertas circunstancias en las que tales acciones eran posibles. Por ejemplo, los jugadores podían hacer que un Sim entrara en una piscina y luego quitar la escalera, dejando al Sim atrapado y finalmente ahogándose. A pesar de la capacidad del juego para reproducir diversos comportamientos, el hecho de que los Sims no pudieran salir de una piscina sin una escalera ponía de manifiesto una simulación defectuosa en algunos aspectos fundamentales.

Del mismo modo, los modelos climáticos, aunque aparentemente exhaustivos, pueden pasar por alto elementos cruciales o no representar con exactitud ciertos fenómenos. Del mismo modo que la incapacidad de los Sims para escapar de una piscina sin escalera ponía de manifiesto la existencia de lagunas en la simulación, hay muchos factores y procesos esenciales que los modelos climáticos son actualmente incapaces de reproducir correctamente. En muchos casos, los modelos climáticos reproducen ciertos comportamientos climáticos ajustando múltiples parámetros que no son inherentes a los modelos, sino que son introducidos por los modelizadores. Incluso cuando los climatólogos afirman que los modelos captan con precisión ciertas características del clima, sigue siendo difícil determinar si lo hacen por las mismas razones subyacentes que el clima real. Si distintos modelos dan respuestas diferentes, es poco probable que se haya identificado la verdadera causa.

Por lo tanto, cuando los modelos hacen predicciones sobre el clima futuro, en esencia están prediciendo la propia versión del modelo del clima futuro, no el clima futuro real. Es crucial que tengamos en cuenta esta distinción. Lo que ocurre en los modelos muy probablemente no ocurrirá en el mundo real.

El clima no cambia como indican los modelos

La teoría predominante y los modelos climáticos sugieren que el clima ha respondido casi exclusivamente a la actividad humana en los últimos 270 años. Esto se ilustra en la figura R5 (cap. 8). Sin embargo, a pesar del aumento constante del forzamiento antrópico, el clima no se ha calentado de manera uniforme. Por el contrario, ha experimentado periodos multidecadales de mayor calentamiento seguidos de periodos de menor calentamiento o incluso de enfriamiento, conocidos como hiatos. Estos patrones cuestionan las expectativas de un aumento sostenido de la temperatura.

Dado el considerable aumento del forzamiento antrópico desde 1950 y la persistencia de nuestras emisiones, los modelos predicen una mayor tasa de calentamiento en las próximas décadas (fig. 87a). Sin embargo, las observaciones reales no coinciden con estas predicciones.

Poco después del desplazamiento climático de 1997, la discrepancia entre las observaciones y las predicciones de los modelos aumenta considerablemente. En sólo 25 años, esta diferencia alcanza los 0,35°C (fig. 87b). Para ponerlo en perspectiva, el calentamiento que falta es aproximadamente un tercio del calentamiento observado en los últimos 100 años.

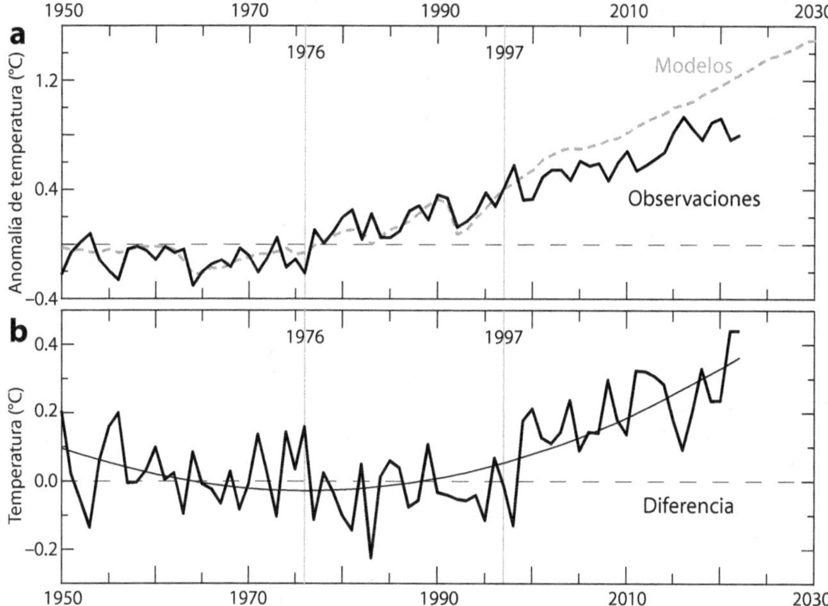

Figura 87. Los modelos se calientan demasiado. a) La línea negra corresponde a la temperatura media global en superficie. La línea de trazos gris es la media multimodelo del 6° Proyecto de Intercomparación en un escenario de emisiones similar al actual.[419] b) Evolución de la diferencia entre los modelos y las observaciones. La diferencia de temperatura para el periodo 1961-1990 es cero porque es el periodo utilizado como referencia (línea de base) para calcular la anomalía.

Los científicos son muy conscientes de este dilema, que resulta especialmente problemático por la incapacidad de los modelos para reproducir con precisión el periodo actual.[420] La fragilidad inherente a los modelos climáticos se pone de manifiesto por el hecho de que los intentos de mejorar el realismo de las simulaciones de nubes han aumentado su sensibilidad al aumento de los niveles de CO_2. Corregir este problema es una tarea compleja, que ha llevado a proponer la exclusión de los modelos que predicen mayores niveles de calentamiento a la hora de calcular las medias de múltiples modelos. Aunque puede haber razones válidas detrás de tales propuestas, puede compararse a elegir selectivamente una respuesta predeterminada, lo que se conoce como cherry-picking (selección de cerezas).

---

[419] El uso de una línea de base más reciente y una media multimodelo reducida en el 6° Informe de Evaluación oculta este problema. Datos de HadCRUT5 y CMIP6 conjunto de todos los miembros bajo escenario SSP2-4.5 con línea de base 1961-1990. climexp.knmi.nl/CMIP6/Tglobal/global_tas_mon_ens_ssp245_192_ave.dat

[420] Voosen, P., 2021. Science, 373 (6554) pp.474–475. doi.org/10.1126/science.373.6554.474

No es casualidad, sin embargo, que desde el desplazamiento climático de 1997, que modificó la intensidad del transporte de calor hacia los polos, los modelos climáticos indiquen una tendencia al calentamiento excesivo. Sorprendentemente, los científicos siguen sin ser conscientes de los dos problemas fundamentales que aquejan a los modelos climáticos. En primer lugar, los modelos tienden a subestimar la magnitud del forzamiento solar debido a una incorporación inadecuada de los efectos indirectos. Como resultado, el forzamiento antrópico se amplifica artificialmente para compensar, permitiendo a los modelos dar cuenta de los cambios climáticos observados. En segundo lugar, la variabilidad del transporte de calor, un aspecto crucial del sistema climático, no está adecuadamente representada en estos modelos. En consecuencia, pasan por alto dos aspectos importantes del clima, por lo que resultan inadecuados para predecir con exactitud su futuro.

La hipótesis del portero de invierno ofrece una posible solución a estos problemas. Sin embargo, la probabilidad de que los científicos reconozcan estos dos problemas es bastante baja. En consecuencia, es probable que los modelos climáticos sigan su trayectoria de ser cada vez más complejos, frágiles y costosos. Es posible que sólo se produzcan cambios significativos cuando los científicos se enfrenten a la cruda realidad de la incapacidad de sus modelos para predecir con exactitud el clima, incluso a pocas décadas vista.

En resumen

Los modelos climáticos adolecen de numerosos problemas sin resolver, y los ajustes recientes han empeorado su rendimiento en lugar de mejorarlo. Un problema notable es su tendencia a sobrestimar el calentamiento después de 1998, lo que pone en duda la fiabilidad de sus proyecciones climáticas futuras. Es probable que la causa fundamental de este fracaso sea la ausencia de dos características climáticas cruciales: la respuesta a la variabilidad solar a través de efectos indirectos y la respuesta a la variabilidad en el transporte de calor hacia los polos. Estas características fundamentales son el núcleo de la hipótesis del portero de invierno, que ofrece una posible explicación de las deficiencias de los modelos.

Capítulo 50
Las Predicciones de los Modelos Climáticos No Son Útiles para la Sociedad

La modelización es una parte integral de la ciencia, y sirve a una variedad de propósitos para los científicos más allá de la mera predicción. La climatología depende en gran medida de los modelos, e incluso cuando éstos presentan fallos, siguen aportando valor a los científicos. Sin embargo, los modelos climáticos complejos tienen inconvenientes que limitan su utilidad para hacer predicciones precisas. Son propensos al efecto mariposa, por el que pequeños cambios en las condiciones iniciales conducen a resultados muy diferentes. Además, los fallos estructurales de estos modelos conducen a predicciones erróneas con el tiempo. Debido a su complejidad, intentar mejoras incrementales se convierte en un reto, ya que incluso pequeños cambios pueden tener efectos de gran alcance, hasta el punto de que los beneficios de tales mejoras se vuelven negativos. Por consiguiente, se plantea una pregunta crucial: ¿proporcionan algún beneficio a la sociedad las predicciones inciertas de modelos imperfectos? La respuesta más probable es que no.

Cómo utilizan los científicos los modelos

La modelización es un aspecto fundamental del trabajo científico. En esencia, cualquier hipótesis puede considerarse un modelo conceptual. Los modelos numéricos sirven para muchos propósitos en la ciencia, de los cuales la predicción es sólo uno. Estos modelos son de gran utilidad en varias áreas, entre ellas:

* Comprobar hipótesis
* Sugerir nuevas cuestiones
* Guiar la recogida de datos
* Elucidar relaciones dinámicas
* Cuestionar las teorías existentes
* Identificar discrepancias entre hipótesis y datos
* Educar y capacitar a los estudiantes
* Aumentar la producción científica

En los campos no experimentales de la ciencia, como la climatología, los modelos desempeñan un papel indispensable, hasta el punto de que una parte sustancial de la producción científica depende de ellos. Para ilustrarlo, la tabla 2 presenta datos sobre la frecuencia del término "modelo" y sus variantes en los títulos o resúmenes de artículos publicados en una destacada publicación, el *Journal of Climate*, a lo largo de cuatro años separados por una década. El primer año de la revista fue 1988 y, desde entonces, el número de artículos publicados ha aumentado considerablemente cada década. Desde los años 90, aproximadamente dos tercios de los artículos incluyen referencias a modelos en sus títulos o breves resúmenes, una prueba más de la gran dependencia de los modelos en la ciencia del clima.

Tabla 2. Uso de modelo. Número de artículos publicados por el *Journal of Climate* y proporción de ellos que contienen la palabra "modelo" y sus variantes en el título o en el resumen durante cuatro años seleccionados.

Journal of Climate

Año	Número de artículos	Uso de modelo[1]
1988	76	46.0%
1998	184	67.4%
2008	370	67.8%
2018	545	65.5%

[1] Uso de la palabra "modelo*" en título o resumen

Los modelos climáticos pueden situarse en una jerarquía que abarca un rango de complejidades. En el extremo más sencillo se sitúan los modelos específicos o regionales, mientras que en el otro extremo se encuentran los modelos más complejos, como los modelos de circulación general y los modelos del sistema terrestre. Estos modelos avanzados incorporan procesos biológicos, geológicos o químicos en sus simulaciones. Los modelos complejos suelen participar en proyectos de intercomparación de modelos destinados a establecer un marco multimodelo. El más reciente de estos proyectos es la 6ª edición, con la participación de más de 70 modelos construidos por 33 grupos de modelización de 16 países.

Merece la pena subrayar que incluso cuando un modelo es obviamente defectuoso, puede seguir siendo de gran valor para los científicos. La clave está en comprender las razones por las que el modelo es defectuoso y no representa con exactitud determinadas facetas del clima. La construcción de modelos defectuosos permite a los científicos conocer las áreas que pueden mejorarse, al tiempo que descubren nuevos conocimientos y generan nuevas ideas para la investigación climática. El campo de la climatología ha progresado notablemente gracias al uso de modelos.

Los problemas inherentes a los modelos afectan a sus predicciones

Los modelos actuales más avanzados utilizan pasos temporales de unos 30 minutos, por lo que se necesitan semanas o meses en tiempo real en superordenadores para simular un siglo de evolución climática. Además, para calcular una única evolución hipotética del sistema climático (una "ejecución del modelo"), se necesitan una condición inicial y unas condiciones de contorno. La primera es una descripción matemática del estado del sistema climático al principio del periodo simulado. Las segundas son los valores de todos los cambios de forzamiento externos que afectan al sistema, como la radiación solar, los gases de efecto invernadero o las concentraciones de aerosoles.

La inclusión de fórmulas matemáticas no lineales en los modelos climáticos, unida a su naturaleza iterativa, los hace muy sensibles a las condiciones iniciales debido a sus propiedades caóticas. Este fenómeno se conoce comúnmente como "efecto mariposa". En un experimento fascinante, se sometió el Modelo Comunitario del Sistema Terrestre a 30 simulaciones del clima norteamericano a lo largo de 50 años, a partir de 1963.[421] Sorprendentemente, a pesar de que las condiciones iniciales sólo diferían en una fracción infinitesimal de un grado de temperatura, los resultados en 2012 mostraron grandes divergencias, muchas de las cuales habrían sorprendido enormemente a los científicos si se hubieran producido realmente. Los autores afirman que el promediado del conjunto reduce la variabilidad natural y revela la tendencia al calentamiento atribuida al cambio climático antrópico. Sin embargo, esta afirmación parece muy improbable porque los modelos no reproducen el mismo tipo de variabilidad natural que se observa en el clima real (fig. 57, cap. 36).

Los modelos caracterizados por caos matemático carecen de la variabilidad natural inherente al clima real. Es importante señalar que es probable que el espacio matemático en el que se desarrolla este caos esté limitado por factores distintos de los que limitan el caos observado en el clima real, factores que desconocemos por completo. Además, es fundamental comprender que promediar los resultados de procesos caóticos es diferente de promediar los resultados de procesos aleatorios. En este último caso, la media real puede aproximarse con un número suficiente de ensayos. Sin embargo, los sistemas caóticos no pueden promediarse simplemente para eliminar la aleatoriedad o la variabilidad, ya que dependen por completo del camino concreto que se tome, y el número de caminos posibles es incalculable. Por tanto, dos conjuntos diferentes pueden arrojar medias completamente distintas.[422]

Cuando se modelizan sistemas muy complejos, como el clima de la Tierra, cabe suponer que los modelos son estructuralmente imperfectos y que su descripción matemática del clima está mal especificada. Esto introduce un nuevo problema. Incluso con unas condiciones iniciales perfectas, si el modelo es estructuralmente imperfecto, surgirá una gran diferencia en los resultados a lo largo del tiempo. Es lo que se denomina "efecto polilla".[423] Significa que la distribución de probabilidad y la incertidumbre en una previsión de cualquier modelo se volverán engañosamente precisas, engañosamente diversas y erróneas con el tiempo.

La expectativa de que las mejoras incrementales en modelos muy complejos conducirán a mejoras incrementales en su representación de la realidad y en la exactitud de sus predicciones es probablemente falsa. Los efectos no lineales compuestos de los pequeños ajustes en la estructura del modelo son tan grandes que la calibración resulta costosa desde el punto de vista computacional, y el beneficio marginal de rendimiento de las subrutinas o procesos adicionales puede ser nulo o incluso negativo.[424] Añadir más detalles a un modelo puede hacerlo menos preciso y menos útil. Ya estamos empezando a ver este problema en los modelos climáticos, como se describe en el capítulo anterior al explicar su fragilidad.

---

[421] Deser, C., et al., 2016. J. Clim. 29 (6), pp.2237–2258.
    doi.org/10.1175/JCLI-D-15-0304.1
[422] Hansen, K., 2016. judithcurry.com/2016/10/05/lorenz-validated/
[423] Thompson, E.L. & Smith, L.A., 2019. Economics, 13 (1), p.20190040.
    doi.org/10.5018/economics-ejournal.ja.2019-40
[424] Ibid.

Hay que recordar que un modelo climático de última generación representa una hipótesis sobre el funcionamiento del sistema climático de la Tierra. Sin embargo, es importante señalar que aunque un modelo coincida con las observaciones, no puede considerarse correcto. Es un hecho ampliamente aceptado que todos los modelos son intrínsecamente defectuosos, como demuestra la lista de fallos de los modelos expuesta en el capítulo anterior. El proceso de construcción de un modelo implica numerosas simplificaciones, aproximaciones y la exclusión de diversos procesos, algunos de los cuales pueden seguir siendo desconocidos para nosotros. Como resultado, la hipótesis generada por un modelo climático es fundamentalmente inexacta. Se sabe que cada uno de los modelos climáticos actuales produce resultados que se desvían de los datos observacionales más allá de los límites de la incertidumbre y el error observacionales. En palabras de un filósofo de la ciencia, la idea de que cualquiera de estos modelos pueda ser empíricamente adecuado no puede tomarse en serio, y la concordancia entre los modelos y las observaciones no debe tomarse como confirmación de la validez de los modelos.[425]

Las predicciones climáticas suelen denominarse proyecciones para indicar su dependencia de determinados escenarios de forzamiento, como los gases de efecto invernadero y los aerosoles. Cuando varios modelos de un conjunto arrojan resultados coherentes, se considera que se trata de un resultado robusto. Por ejemplo, si todos los modelos predicen un aumento de la temperatura media mundial de más de 4 °C para finales de siglo en un determinado escenario de emisiones, el resultado se considera robusto. Sin embargo, es importante entender que la robustez por sí sola no justifica un aumento de la confianza. Esto se debe a que los modelos no son entidades completamente independientes.[426] Muchos modelos comparten código prestado o heredado de modelos anteriores, y todos comparten errores comunes, limitaciones tecnológicas y limitaciones en el conocimiento. Estos errores comunes son ampliamente conocidos, y la falta de independencia de los modelos ha quedado demostrada. Confiar en la concordancia de los modelos basándose en errores comunes puede llevar a un exceso de confianza en las proyecciones.

Las proyecciones de los modelos climáticos no son útiles para la sociedad

Antes he argumentado que los modelos climáticos son de gran valor para los científicos incluso cuando contienen errores evidentes. Esto se debe a que su principal objetivo no es hacer predicciones exactas, sino mejorar la comprensión y perfeccionar los modelos. Sin embargo, cuando se trata de la sociedad, las predicciones inexactas pueden tener efectos perjudiciales. El alto grado de incertidumbre asociado a las proyecciones climáticas, a menudo mayor de lo que se reconoce, significa que confiar en esas predicciones puede dejar a la sociedad en peor situación que si no existieran predicciones en absoluto. En ausencia de predicciones basadas en modelos, las sociedades han confiado tradicionalmente en la evidencia histórica de los cambios pasados como guía.

---

[425] Parker, W.S., 2009. Suppl. Proc. Aristot. Soc. 83 (1) pp.233–249.
   doi.org/10.1111/j.1467-8349.2009.00180.x
[426] Frigg, R., et al., 2015. Philos. Compass, 10 (12), pp.965–977.
   doi.org/10.1111/phc3.12297

Para ilustrar su importancia, tomemos como ejemplo las proyecciones de la subida del nivel del mar. Un artículo de 2014, ampliamente citado, presentaba un amplio conjunto de distribuciones de probabilidad que incorporaban aportaciones de evaluaciones de comunidades de expertos, elicitación de expertos y modelización de procesos. Estas proyecciones se basaban en datos de una red mundial de mareógrafos.[427] Por ejemplo, el estudio predijo que, en un escenario de altas emisiones, San Francisco (EE.UU.) podría experimentar una subida del nivel del mar de 0,6 a 1,0 metros para 2100. En consecuencia, el Consejo de Protección Oceánica de California, encargado de proporcionar proyecciones sobre la subida del nivel del mar a diversos organismos con fines de planificación, fijó objetivos de referencia para prepararse para una subida de 1 metro en 2050.

Subrayando la importancia de las medidas proactivas, la Agencia Federal de Gestión de Emergencias afirma que un dólar invertido en la preparación previa a un desastre puede evitar hasta seis dólares en pérdidas públicas y privadas posteriores. Tomándose en serio estas proyecciones, el Gobernador de California firmó en 2021 un proyecto de ley que incluye oficialmente la subida del nivel del mar como una cuestión crítica que debe abordar la Comisión Costera de California. Esta legislación establece un mecanismo para proporcionar hasta 100 millones de dólares anuales en subvenciones a los gobiernos locales y regionales para ayudarles a prepararse para los desafíos planteados por el aumento del nivel del mar.

La figura 88 muestra la subida histórica del nivel del mar en San Francisco desde 1900. El gráfico muestra una tendencia constante a largo plazo de +1,96 mm al año, que no se ve afectada por el aumento de los niveles atmosféricos de CO_2 ni por el deshielo acelerado de los casquetes polares y los glaciares de montaña.

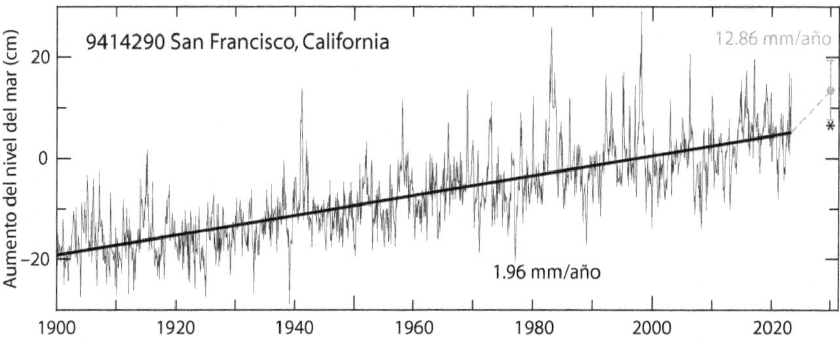

Figura 88. Aumento del nivel del mar en San Francisco desde 1900. La línea gruesa representa la tendencia de +1,96 mm/año durante los últimos 123 años. Un asterisco marca la continuación de esta tendencia durante los próximos siete años. El punto gris y las barras muestran la mediana y el rango muy probable (90%) previsto por un estudio de 2014. Alcanzar esta mediana requiere multiplicar por 6 la tasa de aumento del nivel del mar.

Dado que el artículo anterior incluye predicciones para la subida del nivel del mar en 2030, podemos evaluar el progreso de la predicción para San Fran-

---

[427] Kopp, R.E., et al., 2014. Earth's future, 2 (8), pp.383–406.
doi.org/10.1002/2014EF000239

cisco hasta el momento. Según el documento, es muy probable (90% de probabilidad) que San Francisco experimente una subida de 7 a 19 cm entre 2000 y 2030 para el escenario de emisiones más próximo a las emisiones producidas. Hasta ahora, sin embargo, la subida real del nivel del mar ha sido sólo de 4,5 cm, a pesar de que ha transcurrido más del 75% del periodo previsto. Para que San Francisco alcance la proyección media del estudio en 2030, el ritmo de subida del nivel del mar tendría que acelerarse desde el ritmo histórico de +1,96 mm al año durante un siglo hasta seis veces ese ritmo en los próximos siete años.

Es razonable concluir que es improbable que el mundo experimente la subida del nivel del mar prevista por los expertos y los modelos, dado que la metodología utilizada para la proyección de 2030 es la misma que la utilizada para la proyección de 2100. Lo mejor para la sociedad es confiar más en las pruebas empíricas que en los modelos defectuosos y las predicciones inexactas de los expertos. El dinero que California y otras regiones gastan en prepararse para una subida del nivel del mar que no se producirá es algo más que un despilfarro porque tiene un coste de oportunidad. Dichos gastos se desvían de inversiones alternativas y detraen recursos de otras necesidades sociales acuciantes.

Confiar en las predicciones de los modelos por encima de las evidencias es un error

El estado actual de las cosas ha llevado a la sociedad a alarmarse por las predicciones realizadas por modelos que ya se han demostrado erróneos en el momento de su publicación, pero esto suele pasar desapercibido. En la figura 89 se muestra un ejemplo reciente de este fenómeno. En junio de 2023, los titulares de las noticias de todo el mundo destacaban un estudio científico que advertía de la posibilidad de veranos sin hielo en el Ártico en la década de 2030, independientemente de nuestros esfuerzos por reducir las emisiones.

El artículo presenta proyecciones basadas en observaciones de un Ártico sin hielo incluso en un escenario de bajas emisiones.[428] Sin embargo, debe tenerse en cuenta que los datos del artículo sólo cubren las observaciones hasta 2019, aunque los datos para 2020-22 estaban disponibles en el momento de la publicación. Además, las proyecciones del modelo del estudio comienzan en 2021. La figura 89 muestra los resultados del estudio en un escenario de emisiones intermedias similar a la situación actual. Sin embargo, surge un problema importante a la hora de considerar la aceptación y publicación del documento, ya que las proyecciones del modelo para 2021 y 2022 difieren enormemente de los datos observados, con una asombrosa diferencia de 1,3 millones de km^2 o un 33% menos. Este problema obvio, que socava el estudio en su conjunto, plantea dudas sobre cómo se aceptó el trabajo para su publicación.

Además, es importante subrayar que no ha habido ninguna tendencia significativa en la extensión del hielo marino ártico en verano durante los últimos 16 años. Esto arroja serias dudas sobre toda la premisa del estudio. Independientemente del escenario de emisiones, es muy improbable que el Ártico quede libre de hielo marino en las décadas de 2030 o 2040, ya que no se ha producido ninguna disminución en la última década y media.

---

[428] Kim, Y.H., et al., 2023. Nat. Commun. 14 (1), p.3139.
   doi.org/10.1038/s41467-023-38511-8

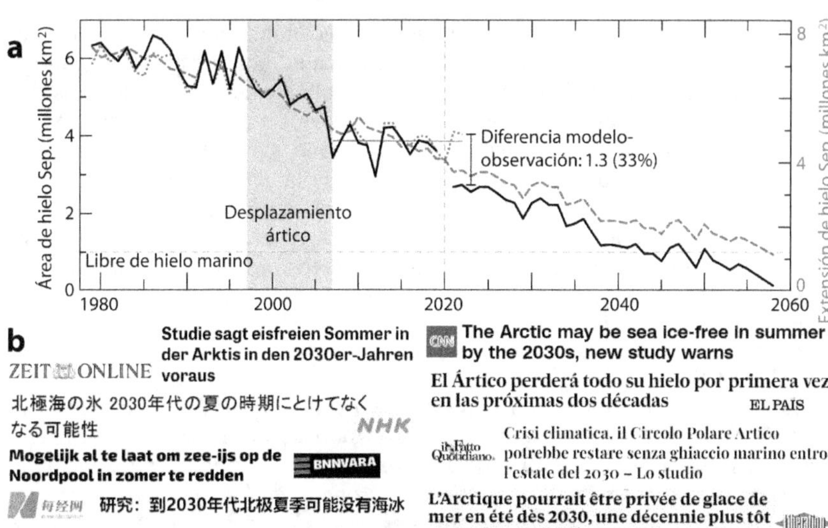

Figura 89. Proyecciones del hielo marino del Ártico y sus implicaciones. a) Resultados de un estudio de modelización. La línea negra antes de 2020 es el cambio observado en el área de hielo marino de septiembre, y después de 2020 es el área de hielo marino proyectada en el estudio. La línea de trazos gris es la superficie media de hielo marino en el Ártico según el 6º Proyecto de Intercomparación de Modelos Acoplados. La línea de puntos gris claro es la extensión de hielo marino en septiembre, una medida relacionada del hielo marino, y la línea horizontal gris claro muestra la falta de tendencia en los últimos 16 años. b) Ejemplos de titulares de los medios de comunicación tras el comunicado de prensa del 6 de junio de 2023.

¿Cómo es posible que un artículo tan manifiestamente erróneo haya superado con éxito el proceso de revisión por pares? Además, ¿quién determina su idoneidad para una amplia difusión en un panorama mediático mundial que parece incapaz de cuestionar o evaluar estas predicciones? Los datos que lo desmienten derivados de las observaciones están al alcance de cualquiera que disponga de una conexión a Internet y pueden localizarse fácilmente con una simple consulta en un motor de búsqueda. El método actual de comunicar a la sociedad las predicciones de modelos climáticos inciertos es innegablemente inadecuado, y es realmente sorprendente que ninguna voz científica con autoridad haya abordado esta cuestión y expresado su desaprobación.

Las predicciones inciertas de los modelos climáticos que aumentan la ansiedad de las personas vulnerables aportan pocos beneficios perceptibles a la sociedad en su conjunto. Esto es especialmente cierto en el caso de los jóvenes, que pueden carecer de la experiencia y el sano escepticismo necesarios para evaluar críticamente la información que les presentan las autoridades. Tales predicciones también pueden inducir a error a los responsables políticos y llevarles a tomar decisiones equivocadas. Por desgracia, algunos científicos han antepuesto el beneficio personal de amplificar el alarmismo climático al mantenimiento del rigor científico. Esta situación dificulta el desarrollo de una relación constructiva y de confianza entre la sociedad y su comunidad científica.

Las proyecciones de los modelos climáticos se utilizan para justificar el abandono progresivo del uso de combustibles fósiles. Esta transición energética requiere una profunda transformación de la economía mundial. Incluso suponiendo que los modelos sean correctos, implica un gran riesgo. Volviendo al ejemplo del capítulo anterior de confiar en los modelos utilizados para diseñar un nuevo avión, el riesgo es similar al de construir un nuevo avión basándose únicamente en modelos informáticos: Si el nuevo avión nunca hubiera sido sometido a pruebas de vuelo, ¿permitiríamos que la gente comprara billetes y se embarcara en su primer vuelo? Por mucho que confiemos en esos modelos informáticos, nunca lo permitiríamos, y sin embargo estamos dispuestos a embarcar a la economía mundial en un vuelo de prueba basado en modelos climáticos que estamos seguros de que son erróneos, con la esperanza de que no lo sean demasiado.

En resumen

Los modelos climáticos son muy útiles para los científicos y suponen una contribución inestimable a nuestra comprensión de la climatología. Sin embargo, las predicciones de los modelos climáticos no son útiles para la sociedad debido a su incertidumbre y a la alta probabilidad de que sean inaceptablemente erróneas. Se presentan dos ejemplos. En San Francisco, como en muchos otros lugares, el nivel del mar ha subido linealmente durante el último siglo, sin responder al aumento de los niveles de CO_2, la temperatura o el deshielo de las capas de hielo. Sin embargo, los modelos y los expertos predicen un gran aumento del ritmo global de subida del nivel del mar, que previsiblemente afectará a San Francisco. Estas predicciones han llevado a los responsables políticos a gastar grandes sumas de dinero en la preparación ante catástrofes. Dado que la predicción se refiere al periodo 2000-2030, ya sabemos que la aceleración prevista no se producirá y que la predicción será errónea por un amplio margen. Al considerar la pérdida de hielo marino estival en el Ártico, ninguno de los modelos tuvo en cuenta la posibilidad de una falta de disminución en los últimos 16 años. Como resultado, algunas de las predicciones ampliamente difundidas por los medios de comunicación de un Ártico sin hielo en la década de 2030 son inverosímiles. Estos ejemplos demuestran que las predicciones de los modelos climáticos son peor que inútiles, ya que provocan una ansiedad indebida y una mala asignación de recursos.

Sección 15 Cuestiones Clave

Los modelos climáticos incluyen muchos procesos poco conocidos, pasan por alto características importantes y son muy complejos y frágiles. Ni siquiera conocen la temperatura del planeta. Producen un clima modelo que, a pesar de una similitud superficial, es fundamentalmente diferente del clima real. El estado actual de los conocimientos hace imposible que los modelizadores del clima alcancen sus objetivos. Los cambios recientes hacen que los modelos sobrestimen el calentamiento desde 1998, lo que pone en duda sus proyecciones climáticas futuras.

Aunque la modelización es parte integral de la ciencia, las deficiencias de los modelos climáticos limitan su utilidad para hacer predicciones precisas. Su sensibilidad a las condiciones iniciales y sus defectos estructurales hacen que sus proyecciones sean muy inciertas, incluso cuando diferentes modelos coinciden, porque no son realmente independientes. El análisis de las predicciones sobre el nivel del mar y el hielo marino demuestra que las predicciones de los modelos climáticos pueden tener repercusiones negativas en la sociedad.

Sección 16. El Clima del Futuro

Capítulo 51
Dos Futuros Opuestos

Las frecuentes declaraciones de los líderes mundiales suelen pintar un futuro de "infierno climático" si no conseguimos eliminar progresivamente los combustibles fósiles. Sin embargo, a pesar de 30 años de esfuerzos, nuestra dependencia de ellos ha aumentado en realidad un 60%. Esta contradicción entre la necesidad urgente de actuar y la imposibilidad de hacerlo está provocando ansiedad y depresión climática entre las personas vulnerables y dando lugar a la aparición del radicalismo climático. Sin embargo, este futuro climático pesimista se basa únicamente en modelos inciertos y defectuosos y requiere tasas de calentamiento muy superiores a las observadas hasta la fecha. Por el contrario, las tasas de calentamiento actuales no muestran signos de aceleración e incluso podrían estar disminuyendo debido a la variabilidad natural.

La hipótesis del portero de invierno, basada principalmente en factores naturales, ofrece una perspectiva diferente sobre el futuro de nuestro clima. Para evaluar sus diferencias con la hipótesis del efecto reforzado del CO_2, se comparan utilizando un escenario intermedio de emisiones hasta 2050. Se consideran los posibles cambios en los aerosoles antrópicos, la actividad solar y las oscilaciones multidecadales de los océanos para ofrecer una proyección prudente del cambio climático para esa fecha. Dada la gran divergencia en las predicciones entre las dos hipótesis, deberíamos esperar que se demuestre que una de ellas es errónea en las próximas dos décadas.

¿Un delirio popular extraordinario?

El Secretario General de las Naciones Unidas es un cargo ocupado por un candidato de compromiso, normalmente un político o diplomático de carrera. Se le elige de un país de potencia media por rotación regional. No obstante, el cargo ejerce una influencia considerable, ya que constituye el púlpito más visible del mundo para pronunciar discursos, llamar la atención sobre problemas mundiales y, en ocasiones, desempeñar un papel crucial en la mediación de conflictos.

El actual Secretario General de la ONU es António Guterres, ex presidente de Portugal y de la Internacional Socialista. Entre los principales líderes mundiales, Guterres adopta una postura extrema sobre el cambio climático. En varios discursos recientes, ha expresado su preocupación por que el cambio climático esté fuera de control, que los países deban eliminar progresivamente el carbón y otros combustibles fósiles para evitar una "catástrofe" climática y que la humanidad se encuentre en una "autopista hacia el infierno climático". Afirma que hemos pasado del calentamiento global a una "era de ebullición global".[429]

Declaraciones como éstas, procedentes de uno de los líderes más destacados del mundo, indican un exceso de confianza sobre el futuro del clima de nuestro planeta si no logramos una transformación fundamental del sistema energético y la economía mundiales. António Guterres va más allá de las evaluaciones de los informes del IPCC para presentar una visión más pesimista de nuestro cli-

---

[429] news.un.org/en/story/2023/07/1139162

ma futuro. Por desgracia, esta visión es ampliamente compartida por los medios de comunicación mundiales.

En 1992, se reconoció la importancia de reducir nuestra dependencia de los combustibles fósiles con la adopción de la Convención Marco de las Naciones Unidas sobre el Cambio Climático, cuyo objetivo es estabilizar las concentraciones atmosféricas de GEI. En los 30 años siguientes, la proporción de la energía primaria mundial derivada de los combustibles fósiles se redujo del 87% al 82%. Sin embargo, la cantidad de energía derivada de combustibles fósiles ha aumentado enormemente, de 300 a 500 exajulios (trillones de julios), ¡un aumento del 60%!

Todo el mundo debería tener claro que no es posible reducir sustancialmente el uso de combustibles fósiles en las próximas décadas. Actualmente carecemos de una fuente de energía alternativa viable que pueda satisfacer las crecientes demandas de nuestra población en expansión y, al mismo tiempo, sustituir una parte significativa de nuestra energía actual basada en combustibles fósiles. Cualquier intento de reducir el uso de combustibles fósiles mediante la reducción del consumo de energía tendría un profundo impacto en el nivel de vida mundial y provocaría malestar social. La urgente necesidad de reducir rápidamente nuestra dependencia de los combustibles fósiles para "salvar el planeta", como han expresado muchos líderes mundiales, se está encontrando con la imposibilidad de hacerlo. Como resultado, muchas personas están experimentando ansiedad, desesperación y depresión climáticas.[430] Esto ha provocado la aparición de grupos activistas que abogan por medidas radicales, como ataques a obras maestras en museos de arte.

Dado nuestro limitado conocimiento del clima de la Tierra y los problemas inherentes a los modelos climáticos, nuestra certeza sobre las condiciones climáticas varias décadas en el futuro es bastante baja. Los modelos climáticos utilizados en el 6° Proyecto de Intercomparación predicen un aumento medio de la temperatura de 2 °C para 2100 en comparación con las temperaturas actuales (media 2015-2022) en el escenario que más se aproxima a los niveles de emisión actuales (fig. 90a). Sin embargo, este aumento previsto está sujeto a una incertidumbre considerable, que oscila entre +1 °C y +3 °C con un nivel de confianza del 90%. Además, para alcanzar este escenario sería necesario reducir drásticamente las emisiones de CO_2 en la segunda mitad del siglo.

La proyección de este escenario intermedio se enfrenta al problema de que se basa en un aumento sostenido de la temperatura de 0,25 °C por década para alcanzar el valor medio previsto. Sin embargo, este ritmo de calentamiento es significativamente superior al observado hasta la fecha. En los últimos 40 años, a pesar del rápido aumento de las emisiones de CO_2, la tasa de calentamiento ha sido de 0,2 °C por década y, de hecho, ha disminuido en los últimos siete años (fig. 81b, cap. 46). Los datos de temperatura de la troposfera inferior de la Universidad de Alabama en Huntsville, obtenidos a partir de mediciones por satélite, muestran una tasa de calentamiento inferior, de 0,14 °C por década desde 1979. Los datos obtenidos por satélite se ven menos afectados por el efecto de isla de calor urbano, que se produce cuando las temperaturas superficiales se miden en zonas afectadas por la actividad humana. La diferencia en

---

[430] Hickman, C., et al., 2021. Lancet Planet. Health 5 (12), pp.e863–e873.
  doi.org/10.1016/S2542-5196(21)00278-3

los índices de calentamiento entre los dos métodos no puede atribuirse a un menor calentamiento en la troposfera inferior, ya que esto provocaría un aumento significativo del gradiente térmico vertical (la disminución de la temperatura con la altitud). Dicho aumento actuaría como retroalimentación negativa para contrarrestar el efecto invernadero potenciado.

Además, la influencia de las oscilaciones oceánicas multidecadales sobre la temperatura global y su tasa de cambio es sustancial (cap. 19). Por consiguiente, a medida que estas oscilaciones entren en su fase de enfriamiento, la tasa de calentamiento global podría disminuir. No hay pruebas ni precedentes históricos que sugieran que la tasa media de calentamiento pueda aumentar hasta 0,25 °C por década. Por el contrario, hay pruebas de que la tasa de calentamiento se volvió negativa en los años sesenta y principios de los setenta, incluso en presencia de niveles crecientes de CO_2.

Dados nuestros conocimientos sobre los ritmos de calentamiento de la Tierra y el reconocimiento de que los modelos sobrestiman los aumentos de temperatura (fig. 87, cap. 49), parece improbable que el planeta experimente un aumento de 2 °C de aquí a 2100. Además, incluso si el calentamiento alcanzara 1 °C por encima de las temperaturas actuales, lo que está dentro del intervalo de incertidumbre más bajo proyectado por los modelos, ¿constituiría esto realmente una "catástrofe" climática? Parece que parte de la humanidad ha sucumbido a un delirio popular extraordinario.[431]

La elección de un escenario probable

Este libro examina dos hipótesis contrapuestas sobre los principales factores que impulsan el cambio climático: la hipótesis ampliamente respaldada centrada en el efecto potenciado de los cambios de CO_2 y una nueva hipótesis centrada en las variaciones naturales del transporte de calor al polo ártico durante el invierno. Aunque estas hipótesis no se excluyen mutuamente, conducen a predicciones divergentes sobre el futuro cambio climático. Por lo tanto, si el cambio climático futuro es coherente con una hipótesis, falseará la otra.

Antes de poder predecir el clima futuro, debemos anticipar los cambios en los factores que lo determinan. Por eso los científicos hablan de proyecciones climáticas, que son predicciones que dependen de escenarios de forzamiento específicos. Cada escenario incluye una serie de posibles cambios en los niveles de CO_2, las concentraciones de aerosoles y la actividad solar. Dado que las erupciones volcánicas son impredecibles, incluso si una proyección es exacta, el resultado climático en caso de una erupción importante podría ser más frío de lo esperado.

El ritmo al que aumenta el CO_2 atmosférico depende fundamentalmente de los cambios en las emisiones humanas. Estas emisiones han contribuido a una notable aceleración en el crecimiento de los niveles de CO_2, que ha pasado de 0,85 ppm al año en la década de 1960 a 2,45 ppm al año en la última década (2013-2022). Para elaborar el 6° Informe de Evaluación del IPCC, los científicos han desarrollado un nuevo conjunto de escenarios, algunos de los cuales son similares a los del informe anterior. La Figura 90a muestra las emisiones globales de CO_2 y cuatro escenarios, que van desde el optimista SSP1 2,6 al

---

[431] La expresión está tomada del libro de Charles Mackay de 1841 sobre los delirios de masas titulado "Delirios populares extraordinarios y la locura de las masas".

pesimista SSP5 8,5. El segundo número del nombre de cada escenario indica el aumento previsto del forzamiento radiativo para el año 2100 en W/m^2. El escenario SSP2 4.5 contempla una gran reducción de las emisiones a partir de la década de 2040, aunque actualmente es el que más se aproxima a las emisiones actuales. Cabe señalar que nuestras emisiones muestran una tendencia decreciente en su tasa de cambio desde principios de la década de 2000, algo que no se esperaba (Fig. 90b).

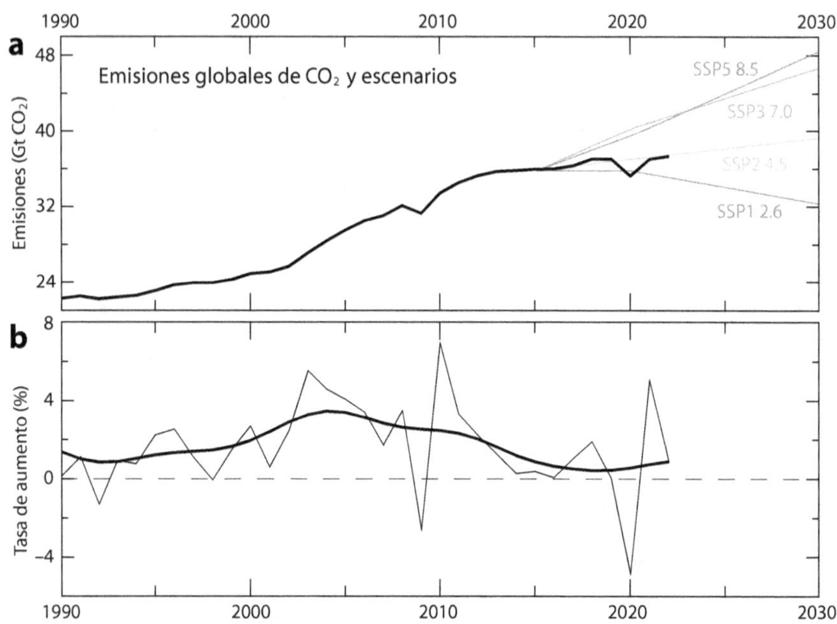

Figura 90. Emisiones antrópicas de CO_2. a) Emisiones recientes de CO_2 (línea negra gruesa) y emisiones para diferentes escenarios del 6º Informe de Evaluación (líneas finas grises). b) Tasa anual de aumento de las emisiones de CO_2 (línea fina) y suavización de los datos (línea gruesa).[432]

Predecir la actividad solar futura es menos importante para la hipótesis del efecto reforzado del CO_2, ya que no se considera que los cambios históricos en el forzamiento solar hayan contribuido significativamente al cambio climático según esta hipótesis. Sin embargo, es de gran importancia para la hipótesis del portero de invierno, lo que supone una dificultad porque la actividad solar ha demostrado ser difícil de predecir con acierto. En respuesta a este problema, desarrollé un modelo solar sencillo en 2018. Este modelo simplifica el análisis asumiendo una duración media de 11 años para cada ciclo solar y se centra únicamente en el número total de manchas solares en un ciclo. El modelo no intenta predecir el número máximo de manchas solares en un ciclo ni su número exacto en un año determinado. En su lugar, se centra en comparar la activi-

---

[432] Datos de emisiones de CO_2 de Gilfillan, D. & Marland, G., 2021. Earth Syst. Sci. Data, 13(4), pp.1667–1680. doi.org/10.5194/essd-13-1667-2021 y de la Statistical Review of World Energy del Energy Institute, 72 ed. www.energyinst.org/statistical-review

dad de un ciclo con el resto, lo que debería proporcionar información suficiente para definir un escenario futuro de cambio climático.

El modelo tiene en cuenta la influencia en la actividad solar de cinco ciclos solares largos con duraciones comprendidas entre 50 y 2.500 años, como revelan los registros de ^{14}C y de manchas solares. Un modelo similar de modulación de baja frecuencia predijo con acierto el largo mínimo de los ciclos 24-25 años antes de que se produjera.[433] El modelo, que se muestra en la figura 91, ya ha demostrado su éxito en la predicción de una mayor actividad solar para el ciclo 25 en comparación con el ciclo 24. También pronostica un aumento de la actividad solar en los próximos 35 años, lo que llevaría al establecimiento de un nuevo gran máximo solar en el siglo XXI.

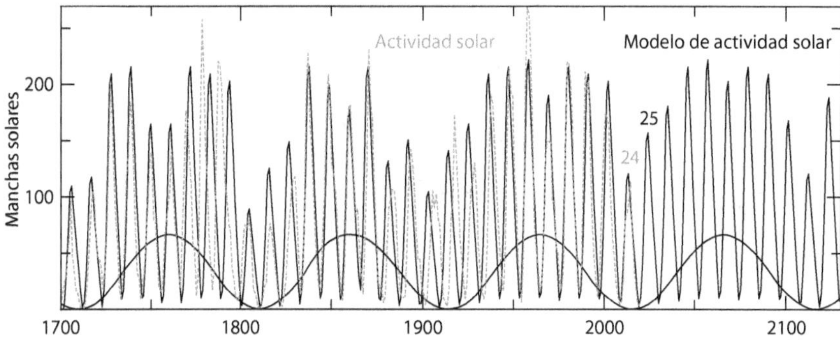

Figura 91. Modelo de actividad solar. Las manchas solares anuales de 1700-2018 (línea de puntos gris) se comparan con los resultados de un modelo de actividad solar para el intervalo 1700-2130 (línea negra). Se muestran cuatro oscilaciones centenarias. El ciclo solar actual es el 25.

Intentar predecir el cambio climático ocho décadas en el futuro tiene un valor limitado. En 2100, la mayor parte de la población actual habrá muerto, y es probable que los avances de la ciencia y el desarrollo económico pongan de manifiesto lo incompleto de nuestros conocimientos actuales, dando lugar a una sociedad muy distinta de nuestras expectativas actuales. Resulta más práctico centrar nuestras proyecciones climáticas en los próximos 25 años. Este marco temporal nos permite poner a prueba nuestras hipótesis sobre el futuro cambio climático y proporciona una base de análisis con más sentido y relevancia.

Cambios en los determinantes climáticos en los próximos 25 años

El escenario utilizado en este análisis para proyectar la evolución futura del clima hasta 2050 adopta un enfoque intermedio, incorporando los forzamientos de gases de efecto invernadero y aerosoles del SSP2 4.5 y unas condiciones de actividad solar similares a las de las tres últimas décadas. Este escenario conservador no asume cambios importantes en la economía, el sistema energético o el comportamiento de los factores climáticos naturales. Ahora podemos explorar cómo afecta este escenario a los determinantes climáticos conocidos, teniendo en cuenta algunos de sus cambios previstos.

---

[433] Clilverd, M.A., et al., 2006. Space Weather, 4 (9) S09005.
   doi.org/10.1029/2005SW000207

La hipótesis del portero de invierno hace hincapié en dos factores climáticos naturales en un marco temporal multidecadal: la actividad solar y las oscilaciones multidecadales de los océanos. Se prevé que la actividad solar aumente desde el presente hasta el final del periodo considerado (fig. 92a, línea negra). La Oscilación Multidecadal del Atlántico es representativa de las oscilaciones oceánicas globales que influyen fuertemente en el transporte de calor hacia los polos. Si se mantiene la periodicidad observada durante el siglo XX, se espera que entre en su fase fría en los próximos 15 años (fig. 92a, línea de trazos gris).

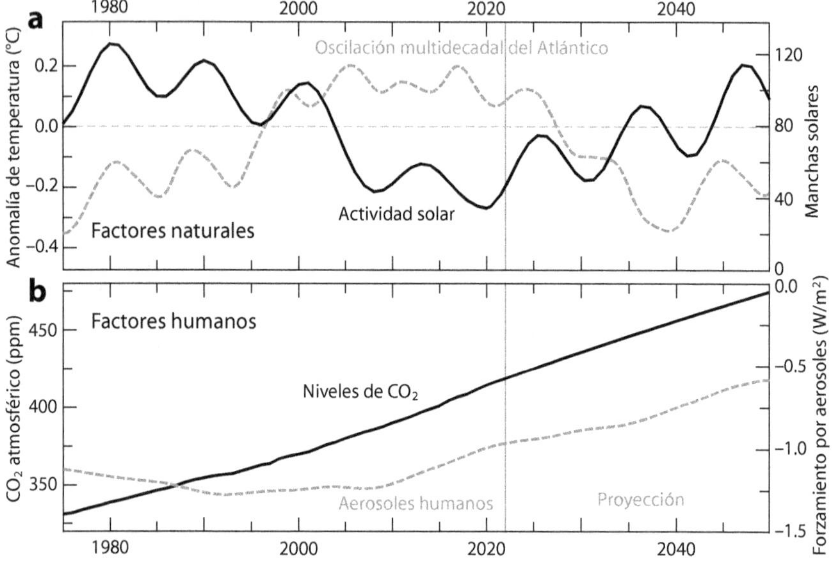

Figura 92. Algunos determinantes del cambio climático. a) Factores naturales. Los datos suavizados de la actividad solar (línea negra) hasta 2022 se proyectan hasta 2050 según el modelo solar de la figura 90. Los datos suavizados del índice de Oscilación Multidecadal del Atlántico (línea de trazos gris) se proyectan según su comportamiento pasado. b) El aumento de los niveles anuales de CO_2 (línea negra) se proyecta hasta 2050. El forzamiento humano por aerosoles (línea de trazos gris) se proyecta hasta 2050, según el modelo climático de la NASA.

La hipótesis del efecto reforzado del CO_2 hace hincapié en dos grandes impulsores humanos del cambio climático: Los GEI y los aerosoles industriales. Como se prevé que nuestras emisiones continúen, los niveles de CO_2 seguirán aumentando. Sin embargo, existe la posibilidad de que el ritmo de aumento de los niveles atmosféricos de CO_2 disminuya ligeramente debido al descenso observado en las tasas de emisión que se muestra en la figura 90b. En 2050, los niveles de CO_2 podrían alcanzar unas 475-480 ppm (fig. 92b, línea negra). Esta proyección es inferior a las 507 ppm previstas en el escenario SSP2 4.5.[434]

Los aerosoles desempeñan un papel de enfriamiento al aumentar el albedo atmosférico, reduciendo así la cantidad de energía solar que llega a la superficie de la Tierra. El efecto de forzamiento de los aerosoles industriales dejó de

---

[434] Meinshausen, M., et al., 2020. Geosci. Model Dev. 13 (8), pp.3571–3605. doi.org/10.5194/gmd-13-3571-2020

aumentar en los años noventa y ha ido disminuyendo en la última década. Este descenso continuado de los niveles de aerosoles está contribuyendo al calentamiento y se espera que continúe. La proyección de aerosoles de la figura 92b (línea discontinua gris) procede de la NASA.[435]

Dos hipótesis conducen a dos climas futuros dispares

A medida que aumenta el forzamiento climático antrópico, los modelos basados en la hipótesis del efecto reforzado del CO_2 proyectan un aumento continuo y rápido de la temperatura. Según estos modelos, se espera que las temperaturas globales superen la media de 1961-1990 en unos 2 °C para 2050 (fig. 93a, línea de trazos gris).[436] Sin embargo, para alcanzar esta predicción sería necesario un ritmo de calentamiento sostenido de unos 0,3 °C por década, lo que supone un 50% más de lo observado en el pasado. Es muy improbable que tal nivel de calentamiento se produzca en los próximos 25 años, incluso en el escenario intermedio.

Según la hipótesis del portero de invierno, se espera que un cambio de fase previsto en la Oscilación multidecadal del Atlántico, coincidiendo con una actividad solar inferior a la media, provoque un efecto de enfriamiento moderado hasta 2040 (fig. 93a, línea negra). Sin embargo, como se espera que la actividad solar siga aumentando a partir de entonces, es probable que se reanude la tendencia al calentamiento. En 2050, la temperatura media global en superficie podría situarse un grado centígrado por debajo de las previsiones de temperatura media de los modelos.

Tras el desplazamiento climático de 1997, se produjo una notable aceleración del ritmo de pérdida de hielo marino en el Ártico. Los científicos advirtieron esta tendencia aproximadamente una década después y empezaron a preocuparse cada vez más por la perspectiva de un Ártico sin hielo.[437] Sin embargo, los investigadores se sorprendieron por la recuperación del hielo marino en 2013, cuando quedó claro que no se había producido una pérdida neta desde 2007. Utilizando modelos, calcularon que había un 34% de posibilidades de que se produjera un hiato (pausa) de 7 años.[438] Sin embargo, el hiato se ha extendido ahora a 17 años, y la probabilidad ha caído al 10%. En otras palabras, hay un 90% de probabilidades de que las predicciones de los científicos del clima sobre el hielo marino ártico sean erróneas. Si la pausa se prolonga hasta 2027, será estadísticamente significativa (p<0,05, o menos del 5%) y refutará la hipótesis de un descenso causado por las emisiones antrópicas. Para una explicación de los cambios observados en el Ártico, véanse los capítulos 34 y 42.

---

[435] Miller, R.L., et al., 2021. J. Adv. Model. Earth Syst. 13 (1), p.e2019MS002034.
doi.org/10.1029/2019MS002034

[436] Datos del conjunto de todos los miembros de la CMIP6 en el escenario SSP2-4.5 con referencia 1961-1990.
climexp.knmi.nl/CMIP6/Tglobal/global_tas_mon_ens_ssp245_192_ave.dat

[437] Stroeve, J.C., et al., 2005. Geophys. Res. Lett. 32 (4).
doi.org/10.1029/2004GL021810

[438] Swart, N.C., et al., 2015. Nat. Clim. Change, 5 (2), pp.86–89.
doi.org/10.1038/nclimate2483

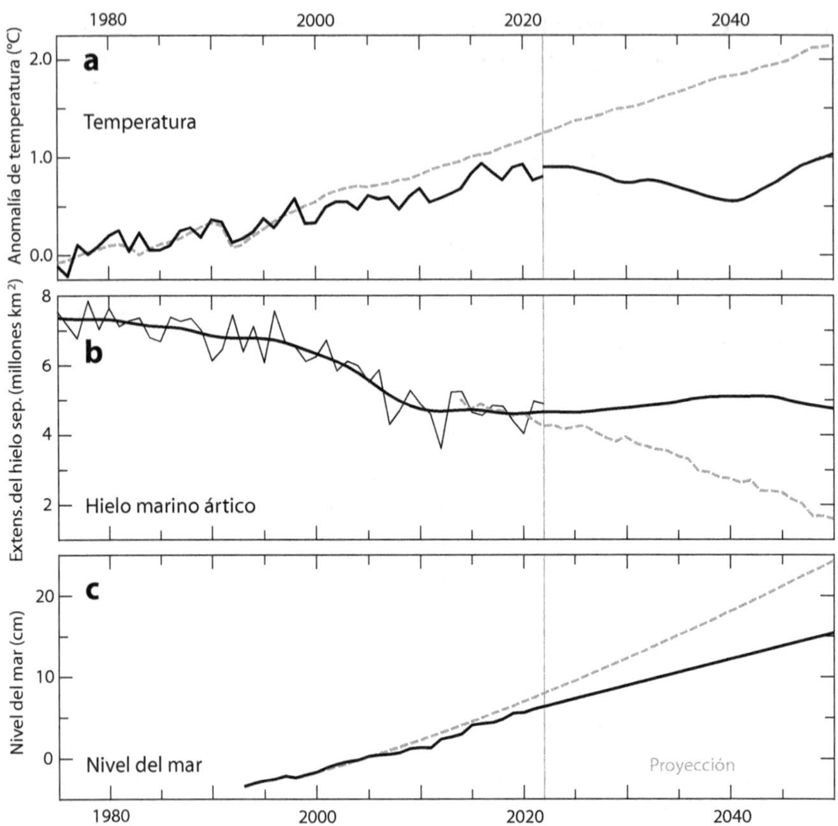

Figura 93. Proyecciones climáticas contradictorias hasta 2050 a partir de dos hipótesis contrapuestas. a) Datos de temperatura del conjunto de datos HadCRUT5 (línea negra hasta 2022). Proyecciones de temperatura de los modelos (línea de trazos gris) y la nueva hipótesis (línea negra de 2022 a 2050). b) Datos de extensión del hielo marino del Ártico en septiembre (línea negra a 2022). Predicción de la extensión del hielo marino según los modelos (línea de trazos gris) y la nueva hipótesis (línea negra de 2022 a 2050). c) Datos de la NASA sobre el nivel del mar (línea negra hasta 2022). Predicción del aumento del nivel del mar a partir de modelos (línea de trazos gris) y de la nueva hipótesis (línea negra de 2022 a 2050).

Con el aumento constante previsto del forzamiento antrópico, los modelos prevén una disminución gradual del hielo marino del Ártico (fig. 93b, línea de trazos gris). Para 2050, estos modelos predicen una reducción de 2,4 millones de km² con respecto a los niveles actuales.[439] En marcado contraste, la hipótesis del portero de invierno sugiere que el hielo marino del Ártico se mantendrá estable debido al aumento de la actividad solar, pudiendo incluso experimentar un modesto crecimiento hasta que el calentamiento posterior desencadene una tendencia negativa similar a la observada en la década de 1980 (fig. 93b, línea gruesa negra). Si esta predicción es correcta, los futuros cambios en el hielo

---

[439] SIMIP Community, 2020. Geophys. Res. Lett. 47 (10), p.e2019GL086749. doi.org/10.1029/2019GL086749

marino del Ártico serían inexplicables según la hipótesis del efecto reforzado del CO_2, similar a la situación actual observada en la Antártida.

El nivel del mar ha subido durante los dos últimos siglos y es muy probable que la tendencia continúe durante los próximos 25 años.[440] En los informes anteriores del IPCC, las proyecciones de subida del nivel del mar eran relativamente conservadoras hasta el 5º Informe de Evaluación, que introdujo proyecciones de una aceleración significativa, aunque todavía no se ha observado ninguna. En el capítulo anterior, analizamos un artículo que combinaba los modelos del 5º Informe de Evaluación con la opinión de expertos para generar proyecciones sobre el nivel del mar.[441] Según este estudio, la subida del nivel del mar prevista en el escenario intermedio para 2000-2050 se estima en 26 ± 8 cm (fig. 93c, línea de trazos gris). Los datos de la NASA indican que el nivel del mar en 2022 ya es 8 cm más alto que en 2000. Basándonos en la hipótesis del portero de invierno, que presupone una continuación de la tendencia actual, se proyecta un aumento adicional de 9 cm del nivel del mar para el periodo comprendido entre 2022 y 2050, lo que da como resultado un aumento total del nivel del mar de 17 cm (fig. 93c, línea negra) en la primera mitad del siglo XXI. Esta predicción se sitúa por debajo del límite inferior del intervalo de confianza del 90% de la predicción combinada de modelos y expertos.

Las diferencias en las predicciones entre las hipótesis en liza son sorprendentes, como se muestra en la figura 93. En 2050, las condiciones climáticas reales pueden proporcionar una visión de la influencia relativa de los impulsores antrópicos propuestos por la hipótesis del efecto reforzado del CO_2 frente a los forzamientos naturales propuestos por la hipótesis del portero de invierno. Si el resultado se sitúa entre los dos conjuntos de predicciones, podría indicar una contribución comparable de los factores climáticos antrópicos y naturales en la configuración del cambio climático.

En la figura 93, el año más reciente de datos disponibles es 2022 (indicado por la línea gris vertical). A pesar del periodo relativamente corto (menos de una década) transcurrido desde que se obtuvieron los resultados de los modelos, representados por las líneas de trazos grises, estos muestran tendencias claras que divergen de los datos observados, lo que sugiere un sesgo pesimista. Si la hipótesis del portero de invierno es correcta, cabría esperar que esta divergencia entre las predicciones de los modelos y las observaciones aumentara con el tiempo. Pero incluso si esta nueva hipótesis es incorrecta, es importante reconocer que la afirmación del Secretario General de la ONU y otros de que estamos en una "autopista hacia el infierno climático" no está basada en pruebas. Es una afirmación exagerada basada en predicciones inciertas derivadas de modelos defectuosos, con consecuencias perjudiciales para la salud mental de las personas.

En resumen

Según la hipótesis del efecto reforzado del CO_2, si las emisiones de CO_2 continúan a los niveles actuales, podemos esperar un aumento de la temperatura de 2 °C, una disminución de la extensión del hielo marino del Ártico en

[440] Jevrejeva, S., et al., 2008. Geophys. Res. Lett. 35 (8).
doi.org/10.1029/2008GL033611

[441] Kopp, R.E., et al., 2014. Earth's future, 2 (8), pp.383–406.
doi.org/10.1002/2014EF000239

verano de 2,4 millones de km² y un aumento del nivel del mar de 18 cm, por encima de los niveles actuales para 2050. Por el contrario, la hipótesis del portero de invierno, que presupone un aumento de la actividad solar y un cambio en la Oscilación Multidecadal del Atlántico a su fase fría, predice un cambio mínimo de la temperatura, ninguna pérdida significativa de hielo marino en el Ártico y un aumento del nivel del mar de sólo 9 cm. El marcado contraste entre estas predicciones ofrece la oportunidad de cuestionar y posiblemente refutar una de estas hipótesis en las próximas dos décadas. Si los resultados se sitúan en algún punto intermedio, sugerirían que tanto los factores naturales como los humanos contribuyen de forma similar al cambio climático. En cualquier caso, los relatos sobre la catástrofe climática parecen exagerados y pueden indicar que se ha instalado en nuestra sociedad un delirio popular extraordinario.

SECCIÓN 16 CUESTIONES CLAVE

A pesar de 30 años de advertencias sobre un inminente "infierno climático" si no eliminamos progresivamente los combustibles fósiles, nuestra dependencia de ellos ha aumentado un 60%. Esta contradicción está provocando ansiedad y depresión climática entre las poblaciones vulnerables y la aparición del radicalismo climático. Sin embargo, el calentamiento, la subida del nivel del mar y la pérdida de hielo marino en el Ártico no se han acelerado en las últimas décadas. Según la hipótesis del efecto reforzado del CO_2, si las emisiones de CO_2 se mantienen en los niveles actuales, podemos esperar un aumento de la temperatura de 2 °C, una reducción de la extensión del hielo marino del Ártico en verano de 2,4 millones de km^2 y un aumento del nivel del mar de 18 cm por encima de los niveles actuales para 2050. La hipótesis del portero de invierno, que tiene en cuenta los factores naturales, prevé cambios mínimos de temperatura, ninguna pérdida significativa de hielo marino ártico y una subida del nivel del mar de sólo 9 cm para esa fecha. El marcado contraste entre estas predicciones ofrece la oportunidad de rechazar una de las hipótesis en dos décadas.

El portero de invierno

El efecto invernadero es fuerte en los trópicos y débil en los
polos en invierno. Como resultado, el aumento del
transporte de calor a los polos hace que el planeta se enfríe
porque actúan como radiadores de refrigeración.
El aumento del transporte de calor en invierno hace que
la Tierra gire más rápido.

El clima presenta regímenes de transporte de calor de
décadas de duración separados por desplazamientos
abruptos. Estos regímenes se manifiestan como oscilaciones
oceánicas que reflejan diferentes intensidades de
transporte, lo que se traduce en diferentes tendencias
de la temperatura de la superficie.

El transporte de calor y la pérdida de energía del Ártico
vienen determinados por la fortaleza del vórtice polar, que
se ve socavada por las ondas atmosféricas planetarias.
Estas ondas están moduladas por múltiples factores, como
la Oscilación Cuasi-Bienal, las oscilaciones oceánicas
multidecadales, El Niño, las erupciones volcánicas y la
actividad solar, que actúan como porteros del transporte
invernal de calor.

La actividad solar afecta a El Niño, a la velocidad de rotación
de la Tierra y al transporte de calor. Sus efectos climáticos se
manifiestan en las temperaturas del Ártico y en la frecuencia
de los inviernos fríos en el hemisferio norte. Sus efectos a
corto plazo suelen quedar ocultos por los demás porteros,
pero el cambio energético provocado por las anomalías de
la actividad solar es acumulativo. A lo largo de varias
décadas de divergencia solar, se vuelve importante, y
cuando persiste durante uno o dos siglos, provoca los
cambios climáticos más importantes en miles de años.

La elevada actividad solar en el periodo 1933-1996 fue
responsable de la retención de más energía en el sistema
climático y del calentamiento global.

Capítulo 52
Conclusión

El clima es increíblemente complejo, y este libro refleja esa complejidad. Si ha llegado hasta este capítulo final, es porque ha hecho un gran esfuerzo y merece una felicitación. Mi propósito al escribir este libro no era confundirle, sino arrojar luz sobre el hecho de que no hay respuestas sencillas y definitivas a por qué está cambiando el clima. Este mensaje tiene un gran valor, especialmente en una época de falsas certidumbres.

El libro ofrece mucha información sobre lo que sabemos actualmente del cambio climático y aún más sobre lo que no sabemos, porque ésa es la realidad de la cuestión. Ignoramos más de lo que sabemos sobre el cambio climático. Es un trabajo en curso, no un asunto resuelto.

El cambio climático es un fenómeno complejo impulsado por cambios de energía. La primera parte del libro se centra en nuestra comprensión del flujo vertical de energía dentro del sistema climático y nuestro escaso conocimiento de los cambios en el albedo (reflectancia) y el transporte horizontal de energía. A menudo se pasa por alto que el efecto invernadero varía en todo el planeta, siendo fuerte en los trópicos pero débil en las regiones polares en invierno. Esta variabilidad inherente hace que los cambios en el transporte horizontal de calor no sean neutrales con respecto a los flujos radiativos en la cima de la atmósfera, contribuyendo así potencialmente al cambio climático. Cuando el calor se desplaza a un lugar donde puede irradiarse más fácilmente al espacio, la radiación saliente aumenta, lo que conduce a una reducción del contenido energético del sistema.

El reto, sin embargo, reside en nuestra limitada comprensión del transporte de calor debido a la actual falta de métodos de medición precisos. En la primera parte del libro, se ofrece una revisión en profundidad de nuestros conocimientos actuales sobre el transporte meridional de calor, esencialmente el movimiento de calor hacia los polos. Curiosamente, esta laguna de conocimientos puede ser una de las razones de que en general se pase por alto el papel de El Niño-Oscilación del Sur en el sistema de transporte y de que no se reconozcan las oscilaciones oceánicas multidecadales como manifestaciones de cambios globales en el transporte.

La segunda parte del libro trata de la variabilidad natural del clima. Este fascinante tema no ha recibido suficiente atención porque en general se cree que no ha contribuido al cambio climático reciente. Nuestro conocimiento de los factores responsables de los cambios del pasado sigue siendo notablemente pobre. No podemos explicar las épocas en que las palmeras crecían en los polos y las ranas vivían en la Antártida. No sabemos por qué la Tierra se enfrió durante 50 millones de años. El descenso de los niveles de CO_2 no pudo ser la causa porque la mayor parte se produjo durante el Oligoceno, al principio de un largo periodo de calentamiento. Muchos eventos climáticos abruptos durante el Holoceno, como la Pequeña Edad de Hielo, son desconcertantes. En esencia, no sabemos cómo explicar el cambio climático si los cambios en el CO_2 no pueden explicarlo. Mientras que las erupciones volcánicas tienen efectos a corto plazo, pasamos por alto los efectos indirectos de los cambios en la actividad solar a pesar de las numerosas pruebas de su existencia. Nuestra incapacidad para comprender el cambio climático en el pasado se debe a que no reconocemos los cambios en el transporte de calor como un factor generador de cambio climático.

En la tercera parte, criticamos la hipótesis de consenso existente, que lamentablemente se queda corta en varios aspectos clave. No explica las características climáticas más destacadas que experimentamos a lo largo de nuestra vida, como la prevalencia de regímenes climáticos multidecadales intercalados con cambios bruscos. Tampoco explica muchos de los cambios climáticos del pasado, al ignorar factores cruciales como los cambios en el transporte de calor y el forzamiento solar indirecto. Necesitamos nuevas hipótesis que puedan hacer frente a estas limitaciones. En este contexto, presento mi contribución, la hipótesis del portero de invierno, que pretende ofrecer una comprensión más completa y precisa del cambio climático.

El propósito de este libro no es convencerles de que mi hipótesis es correcta, sino demostrar lo inadecuado de nuestra hipótesis de consenso, basada principalmente en los cambios del CO_2. En el mejor de los casos, la hipótesis de consenso sólo puede explicar parcialmente los cambios observados en nuestro clima. Las pruebas presentadas en este libro apuntan fuertemente en esa dirección. Les proporciono las evidencias y les doy las herramientas que necesitan para formarse su propia opinión con conocimiento de causa. A diferencia del efecto reforzado del CO_2, mi hipótesis ofrece una explicación viable para las pruebas presentadas. Sin embargo, no puedo estar seguro de que sea correcta. Hicieron falta décadas para establecer la validez de la teoría de la evolución por selección natural de Darwin o la teoría de las glaciaciones debidas a cambios orbitales de Milankovitch. Pero es importante darse cuenta de que necesitamos una hipótesis mejor que la que tenemos actualmente.

La cuarta parte analiza por qué la hipótesis del portero de invierno es superior a nuestra hipótesis de consenso actual. Arrojamos luz sobre la falacia de que los modelos climáticos son los árbitros finales de la ciencia del cambio climático. El verdadero juicio reside en las predicciones divergentes de las dos hipótesis, sobre todo cuando se considera un periodo relativamente corto, como los próximos 25 años. Aunque los cambios que veamos en los próximos 25 años no confirmarán la validez de ninguna de las dos hipótesis, sí deberían revelar cuál es más errónea.

Si ha leído este libro, habrá adquirido una gran comprensión de los matices del cambio climático, mucho más que muchas figuras públicas que hablan del tema con confianza. Si antes no era escéptico, ahora debería cuestionar la crisis proclamada y las soluciones propuestas. El escepticismo está en el corazón de la investigación científica, e incluso como científico me adhiero a uno de los principios más importantes de la ciencia: *"Nullius in verba"*, es decir, no creer en la palabra de nadie. Los científicos tienen la responsabilidad de presentar las evidencias reconociendo al mismo tiempo que sus respuestas son provisionales y están sujetas a posibles errores o son incompletas.

Apoyar las políticas que uno cree mejores para su sociedad es la esencia de la democracia. Para asegurarse de que sus decisiones son verdaderamente suyas, es importante estar alerta contra el engaño. El escepticismo es nuestra única armadura contra él. Cultive su escepticismo y abrace la duda, porque es mejor *"vivir con la duda y la incertidumbre y no saber, que tener respuestas que podrían estar equivocadas"*. [442]

---

[442] Feynman, R., 1981. En: "Feynman: The Pleasure of Finding Things Out" BBC Horizon, Serie 18, episodio 9 (23 Noviembre 1981) vimeo.com/340695809

GLOSARIO

^{14}C: Isótopo inestable del carbono con un peso atómico de 14 y una vida media de unos 5.700 años. Se produce por la acción de la radiación cósmica y solar de alta energía sobre el nitrógeno atmosférico. Se utiliza para la datación por radiocarbono de hace unos 40.000 años y como indicador indirecto de la actividad solar en el pasado. Su producción se ve afectada por la actividad magnética solar y las variaciones geomagnéticas.

– A –

Afelio: Punto de la órbita más alejado del Sol. En el caso de la Tierra, se produce en torno al 5 de julio.

Albedo: Es la fracción (porcentaje) de la radiación solar que es reflejada por una superficie. El albedo atmosférico debido a la nubosidad es el que más contribuye al albedo de la Tierra. El albedo superficial es mayor en el hielo y generalmente menor en el océano.

Altura geopotencial: Es la altura real de una superficie de presión sobre el nivel medio del mar y está relacionada con la densidad del aire que hay debajo. Una altura geopotencial baja indica la presencia de masas de aire frías y densas debajo, mientras que una altura geopotencial alta indica lo contrario. Se mide en metros en relación con una presión dada. En los mapas meteorológicos, los contornos de altura conectan puntos de igual altura geopotencial.

Anomalía: Se refiere a una escala de temperatura, normalmente en grados Celsius o Kelvin, en la que el valor cero se ha situado en la temperatura media durante un periodo de tiempo, normalmente 30 años. El nombre es desafortunado porque sugiere que los cambios de temperatura son anómalos.

Antrópico: Causado por actividades humanas pasadas y presentes.

Austral: Del hemisferio sur o relativo a él.

– B –

Boreal: Del hemisferio norte o relativo a él.

– C –

Calentamiento de finales del siglo XX: El periodo de calentamiento global entre 1975 y 2000 que fue de magnitud comparable (0,6 °C frente a 0,5 °C) al calentamiento de principios del siglo XX entre 1910 y 1945, a pesar de un aumento mucho mayor de los niveles de CO_2 atmosférico.

Calentamiento de principios del siglo XX: El periodo de calentamiento global entre 1910 y 1945 que fue de magnitud comparable (0,5 °C frente a 0,6 °C) al calentamiento de finales del siglo XX entre 1975 y 2000, a pesar de un aumento mucho menor de los niveles de CO_2 atmosférico.

Calentamiento global moderno: Periodo de calentamiento desde el final de la Pequeña Edad de Hielo, entre 1845 y la actualidad.

Cambio climático abrupto: Cambio climático caracterizado por un cambio sostenido en una o más variables climáticas a un ritmo superior al observado el 80% del tiempo, que da lugar a un estado climático diferente que puede durar décadas o más.

Cambio climático: Un cambio en el clima identificado por cambios estadísticamente significativos en sus variables climatológicas que persisten durante un largo periodo de tiempo, normalmente décadas o más. Según esta definición, el clima siempre está cambiando.

Capa de ozono: Parte de la estratosfera que contiene aproximadamente el 90% del ozono de la Tierra. La mayor parte del ozono se encuentra entre 20 y 35 kilómetros de altura. Desempeña un papel fundamental en la protección de la vida terrestre al absorber las longitudes de onda más energéticas y dañinas de la luz ultravioleta.

Célula de Ferrel: Parte del patrón de circulación atmosférica propuesto por William Ferrel en 1856 para explicar los patrones de viento predominantes entre los 35° y los 60° de latitud en ambos hemisferios. Una parte del aire ascendente a 60° diverge a gran altitud hacia el oeste y hacia el ecuador, donde se encuentra con la circulación opuesta de la Célula de Hadley a 30° de latitud. Allí, desciende y refuerza las crestas de altas presiones situadas por debajo. El aire fluye entonces hacia el este y el norte cerca de la superficie. La Célula de Ferrel es impulsada por la presencia de las Células de Hadley y Polar porque su aire asciende en una región más fría y desciende en una más cálida, siendo impulsado mecánicamente en lugar de térmicamente. Esto la convierte en una célula más débil con vientos más mixtos, y sus vientos de superficie característicos se denominan vientos predominantes del oeste. La célula de Ferrel no representa muy bien la realidad, ya que los vientos fuertes del oeste suelen encontrarse a 10 km de altitud.

Célula de Hadley: Parte del patrón de circulación atmosférica propuesto por George Hadley en 1735 para explicar los patrones de viento predominantes cerca del ecuador (vientos alisios). La elevada radiación solar en la banda ecuatorial provoca el ascenso de aire caliente. A gran altitud, el aire caliente se desplaza hacia el polo y es desviado hacia el este por la fuerza de Coriolis. A 30° de latitud, el aire se hunde y cierra el bucle desplazándose hacia el ecuador y hacia el oeste en la superficie, creando los alisios (vientos del este).

Célula polar: Parte del patrón de circulación atmosférica. El aire muy frío a gran altitud en las regiones polares se hunde, creando una zona de altas presiones. A continuación, se desplaza hacia el ecuador y el oeste en la superficie (vientos del este polares) hacia el paralelo 60°, donde se encuentra con vientos opuestos, más cálidos y húmedos, procedentes de la Célula de Ferrel. El aire se eleva y diverge, y parte de él se desplaza hacia el polo y el este a gran altitud para cerrar el bucle.

Ciclo glacial: Alternancia de periodos glaciales e interglaciales durante el Pleistoceno según las frecuencias orbitales de Milankovitch.

Ciclo solar de Bray: Periodicidad de la actividad solar de unos 2.500 años, descrita por primera vez por Roger Bray en 1968 y vinculada a una periodicidad climática del mismo periodo y fase.

Ciclo solar de Eddy: Periodicidad de aproximadamente 1.000 años de actividad solar que debe su nombre a John A. Eddy, quien lo describió en 1976.

Cima de la atmósfera: La altura a la que se supone que se produce el intercambio de energía entre el espacio y la Tierra para los cálculos del presupuesto energético. Debe estar por debajo de la altura a la que los satélites miden la radiación saliente de la Tierra. La mayoría de los estudios utilizan una altitud de 100 km.

Circulación de Brewer-Dobson: Patrón de circulación atmosférica global en el que el aire de la troposfera tropical asciende a la estratosfera y se desplaza hacia los polos a medida que desciende. Desempeña un papel clave en el transporte de masa (incluido el ozono) y calor en la estratosfera desde el ecuador hacia cada polo.

Circulación de vuelco meridional del Atlántico: Sistema de corrientes oceánicas superficiales y profundas en el Atlántico responsable del transporte de calor, sal, carbono y nutrientes. Las corrientes superficiales transportan calor y humedad hacia el norte desde los trópicos, mientras que las corrientes profundas y frías transportan sal hacia el sur. Regiones de vuelco en ambos extremos enlazan los dos subsistemas.

Circulación meridional del viento: Componente norte-sur de la circulación atmosférica.

Circulación zonal del viento: Componente longitudinal (este-oeste) de la circulación atmosférica.

Clima: Patrón general de las condiciones meteorológicas de una zona. El clima se define estadísticamente en términos de la media y la variabilidad de las variables climatológicas relevantes a lo largo de escalas temporales que van de meses a miles o millones de años.

Compensación de Bjerknes: Proposición de Jacob Bjerknes de 1964 según la cual la variabilidad del transporte latitudinal de calor por el océano se compensa en gran medida por la variabilidad de signo opuesto del transporte latitudinal de calor por la atmósfera. Aunque no se ha demostrado formalmente debido a las dificultades para medir el transporte de calor oceánico, es generalmente aceptada.

Conducción: Transferencia de calor entre partículas por colisión. El flujo de energía es espontáneo desde un cuerpo más caliente a otro más frío, y su velocidad depende del gradiente de temperatura y de las propiedades del medio conductor.

Convección: Transferencia de una propiedad de la atmósfera o del océano, como el calor, la humedad o la salinidad, por movimientos de masa predominantemente verticales del agua o del aire. En meteorología y oceanografía, es el equivalente vertical de la advección predominantemente horizontal.

Criosfera: Parte de la superficie terrestre donde el agua se encuentra en estado sólido, incluido el suelo helado (permafrost). Representa aproximadamente el 7% de la superficie terrestre.

Cuaternario: El actual y más reciente de los tres periodos de la Era Cenozoica, que abarca los últimos 2,59 millones de años y se divide en dos épocas: el Pleistoceno (de 2,59 millones a hace 11.700 años) y el Holoceno (de hace 11.700 años hasta la actualidad).

– D –

Desplazamiento climático: Pequeño cambio rápido en el clima de un régimen climático a otro.

– E –

Edad de Hielo del Cenozoico Superior: La actual edad de hielo que comenzó hace 33,9 millones de años en el límite Eoceno-Oligoceno con el inicio de la glaciación antártica. Abarca la segunda mitad de la Era Cenozoica o "Era de los Mamíferos".

Edad de hielo: Cualquier periodo geológico de la historia de la Tierra caracterizado por la presencia de grandes capas de hielo continentales. Actualmente nos encontramos en la Edad de Hielo del Cuaternario, ya que las capas de hielo cubren Groenlandia y la Antártida. Dentro de una edad de hielo, los periodos glaciales más fríos o estadiales se alternan con periodos interglaciales más cálidos o interestadiales. Histórica y popularmente, el término edad de hielo se utiliza como sinónimo de periodos glaciales, lo que lleva a confusión.

Efecto Holton-Tan: Fenómeno en el que la fortaleza del vórtice polar estratosférico boreal en invierno se sincroniza con la Oscilación Cuasi-Bienal ecuatorial. El vórtice se hace más fuerte y frío cuando la Oscilación Cuasi-Bienal está en su fase del oeste y más débil y cálido cuando está en su fase del este.

Efecto invernadero: Es la diferencia entre la temperatura a la que un planeta debe emitir radiación infrarroja para equilibrar la radiación solar absorbida y la temperatura en su superficie. Está causado principalmente por los gases de efecto invernadero presentes en la atmósfera, que absorben y emiten radiación infrarroja. Debido al efecto invernadero, la superficie de la Tierra está 33 °C más caliente de lo que estaría con una atmósfera transparente a la radiación infrarroja o sin atmósfera.

Entropía: Medida de la indisponibilidad de la energía de un sistema para realizar un trabajo. También expresa la irreversibilidad de un proceso debido a la dispersión de materia o energía.

Estacionalidad: Diferencia entre las estaciones. En paleoclimatología, esta diferencia ha variado a lo largo del tiempo debido a cambios en la insolación ligados a la precesión. Actualmente, los inviernos en el hemisferio norte son más cálidos y los veranos más frescos que durante el Holoceno inferior, lo que muestra una disminución de la estacionalidad a lo largo del tiempo.

Evento climático abrupto: Periodo de siglos que presenta una alteración significativa de las variables climáticas a escala global o hemisférica como consecuencia de un cambio climático abrupto, constituyendo un estado climático diferente.

Evento de Dansgaard-Oeschger: Evento abrupto del clima glacial centrado en la región del Atlántico Norte-Mares Nórdicos, caracterizado por un calentamiento brusco medido en los núcleos de hielo de Groenlandia entre 7 y 13 °C durante un periodo de siete décadas, seguido de un retorno más lento a las condiciones glaciales a lo largo de varios siglos o algunos milenios. Su efecto es hemisférico, y se une a los cambios isotópicos en la Antártida para producir una característica climática global que queda bien registrada en los niveles globales de metano.

– F –

Forzamiento: Cualquier proceso o perturbación que impulsa el cambio climático, normalmente modificando el flujo radiativo en la cima de la atmósfera.

Forzamiento radiativo: Cambio neto en el balance energético del sistema terrestre debido a una perturbación impuesta.

Frente polar: Frente meteorológico que hace de límite entre la célula polar y la célula de Ferrel alrededor de los 60° de latitud, cerca de las regiones polares, en ambos hemisferios. En este límite, se produce un fuerte gradiente de temperatura entre estas dos masas de aire, cada una con una temperatura muy diferente.

– G –

Gas de efecto invernadero (GEI): Gas que absorbe y emite energía en la porción infrarroja térmica del espectro. Los principales GEI de la atmósfera terrestre son el vapor de agua (H_2O_v), el dióxido de carbono (CO_2), el metano (CH_4), el óxido nitroso (N_2O), el ozono (O_3), los clorofluorocarbonos (CFC) y los hidrofluorocarbonos (HFC). En climatología, el término puede referirse únicamente a los gases de efecto invernadero no condensantes, excluyendo el vapor de agua.

Gradiente latitudinal de insolación: El gradiente, determinado por el ángulo de incidencia de la radiación solar, en la cantidad de energía recibida del Sol en la superficie de la Tierra en un periodo de tiempo dado (por ejemplo, kWh/m^2 día) que varía con la latitud. Este gradiente actúa sobre el sistema climático a través del calentamiento solar diferencial, que determina el gradiente latitudinal de temperatura de la Tierra que impulsa la circulación atmosférica y oceánica y crea las diferentes zonas climáticas. El gradiente latitudinal de insolación cambia con las estaciones y, a escalas de tiempo más largas, con los cambios en la oblicuidad y la precesión.

Gradiente latitudinal de temperatura: El gradiente de temperatura de la superficie, determinado principalmente por el calentamiento solar diferencial, que cambia con la latitud y por la eficacia del transporte de calor de los trópicos a los polos. El gradiente latitudinal de temperatura impulsa la circulación atmosférica y oceánica y crea las diferentes zonas climáticas. El gradiente latitudinal de temperatura cambia con las estaciones y, en escalas de tiempo más largas, con los cambios en la oblicuidad y la precesión. Sin embargo, a diferencia del gradiente latitudinal de insolación, también cambia cuando se produce un cambio latitudinal en las temperaturas de la superficie, como ocurre con el reciente calentamiento del Ártico. El gradiente latitudinal de temperatura es una propiedad central del sistema climático de la Tierra.

Gradiente térmico vertical: Tasa de variación de la temperatura atmosférica al aumentar la altura. Es positivo cuando la temperatura disminuye al aumentar la altura y negativo cuando aumenta.

Grupo Intergubernamental de Expertos sobre el Cambio Climático (IPCC): Órgano de las Naciones Unidas encargado de elaborar informes que evalúan la ciencia publicada sobre el cambio climático.

– H –

HadCRUT: Registro global de temperaturas superficiales elaborado por el Centro Hadley de la Oficina Meteorológica del Reino Unido y la Unidad de Investigación Climática de la Universidad de East Anglia. La versión actual es HadCRUT5.

Hiato: En climatología, cualquier periodo de la era instrumental de medición de la temperatura (desde 1850) en el que se ha producido poco o ningún calentamiento. Los hiatos parecen ser la fase fría de una periodicidad de aproximadamente 65 años. El primer hiato se produjo entre 1879 y 1909. El segundo se produjo entre 1944 y 1974. Un tercer hiato, conocido popularmente como "la pausa", comenzó en 1998 y duró hasta 2014.

Hipótesis de la ola de estadio: La hipótesis, propuesta por Marcia Glaze Wyatt en 2012, de una señal climática multidecadal que se propaga por el hemisferio norte en una secuencia encadenada de índices sincronizados del océano, la atmósfera y el hielo marino. Todos los índices varían en la misma escala temporal de aproximadamente 64 años de cresta a cresta a lo largo del siglo XX, con un índice que precede al siguiente de forma ordenada y con intervalos de tiempo.

Hipótesis del efecto reforzado del CO_2: La hipótesis de que la cantidad de CO_2 en la atmósfera terrestre es el principal factor que controla la temperatura de la superficie de la Tierra y que los cambios en los niveles de CO_2 han causado la mayoría de los principales cambios climáticos en el pasado y son responsables del calentamiento global actual.

Hipótesis del portero de invierno: Hipótesis que propone cambios a largo plazo en la cantidad de calor y humedad transportada hacia los polos como causa principal del cambio climático. El principal efecto de este mecanismo en escalas de tiempo de decenios a siglos se debe a los cambios en la cantidad de calor transportado hacia el Ártico durante el invierno. Las variaciones solares son un importante modulador o "portero" de este transporte.

Holoceno: La época interglacial y geológica actual. La Unión Internacional de Ciencias Geológicas ha definido estratigráficamente la base del Holoceno como 11.700 años antes del año 2000.

Holoceno inferior: La primera parte tras la división del Holoceno en tres periodos de duración similar. Anteriormente tenía una extensión variable según la zona y el proxy estudiado, pero en 2018 la Unión Internacional de Ciencias Geológicas estableció su correspondencia con la etapa Groenlandesa entre 11.700-8.326 años antes del 2000.

Holoceno medio: La segunda parte tras la división del Holoceno en tres periodos de duración similar. Anteriormente tenía una extensión variable según la zona y el proxy estudiado, pero en 2018 la Unión Internacional de Ciencias Geológicas estableció su correspondencia con la etapa Northgrippiana entre 8.326 y 4.250 años antes del 2000.

Holoceno superior: La última parte tras la división del Holoceno en tres periodos de duración similar. Anteriormente tenía una extensión variable en función de la zona y el proxy estudiado, pero en 2018 la Unión Internacional de Ciencias Geológicas estableció su correspondencia con la etapa Meghalayana desde 4.250 años antes del 2000 hasta la actualidad.

– I –

Incepción glacial: La transición de un periodo interglacial a un periodo glacial. El establecimiento de las condiciones glaciales tras un periodo interglacial es un proceso muy lento que puede durar 15.000 años o más. En general, se acepta que el inicio de un glacial comienza cuando las capas de hielo no polares empiezan a crecer y el nivel del mar comienza a descender de forma significativa.

Índice del Niño Oceánico: Índice de El Niño-Oscilación del Sur de la NOAA basado en la temperatura de la superficie del mar en la región del Niño 3.4 (5°N-5°S, 120-170°O).

Insolación: Cantidad de energía solar recibida por unidad de superficie durante el periodo considerado.

Irradiación solar total: Cantidad total de radiación solar en W/m^2 recibida fuera de la atmósfera terrestre en una superficie perpendicular a la radiación entrante y a la distancia media de la Tierra al Sol. Sólo puede medirse de forma fiable mediante satélites, y el registro sólo se remonta a 1978. La variación durante el ciclo solar de la irradiación solar total es del orden del 0,1%.

– L –

Límite arbóreo: Límite del hábitat, en altitudes o latitudes elevadas, más allá del cual los árboles no pueden crecer.

Longitud del día (LOD): Medida de las variaciones de la duración del día determinada por la diferencia entre la duración astronómica del día y 86.400 segundos del Sistema Internacional.

Lunisolar: Causado tanto por el Sol como por la Luna.

– M –

Máximo Solar Moderno: El periodo 1935-2000, que es el periodo más largo de actividad solar decenal superior a la media en los 275 años de registro de manchas solares.

Modelo de circulación general: Modelos numéricos que representan procesos físicos en la atmósfera, el océano, la criosfera y la superficie terrestre.

Modelo del sistema terrestre: Modelo que incorpora la biogeoquímica y el ciclo del carbono y que, a partir de una trayectoria de emisiones, genera un modelo de los niveles atmosféricos de CO_2 resultantes.

Momento angular: Cantidad vectorial determinada por el momento de rotación de un cuerpo o sistema en rotación, que es igual al producto de la velocidad angular del cuerpo o sistema y su momento de inercia con respecto al eje de rotación. La dirección del vector es el eje de rotación.

– N –

Neoglaciación: Tendencia creciente del avance de los glaciares a escala mundial tras el óptimo climático del Holoceno, identificada y bautizada por François Matthes en la década de 1940.

Neoglacial: Periodo del Holoceno comprendido entre 5.200 y 400 años antes del presente, caracterizado por un aumento del avance de los glaciares y un descenso de la temperatura global. Se cree que fue consecuencia de la disminución de la oblicuidad de la Tierra y del descenso de la insolación en el verano boreal debido a la precesión.

Niña, La: Fase fría de El Niño-Oscilación del Sur asociada a aguas superficiales frías en el centro-este del Océano Pacífico y a un fortalecimiento de los vientos alisios del este.

Niño, El: Fase cálida de El Niño-Oscilación del Sur asociada al calentamiento de las aguas superficiales del centro-este del Océano Pacífico y al debilitamiento o inversión de los vientos alisios del este.

Niño-Oscilación del Sur, El: Oscilación periódica e irregular, de 2 a 5 años de duración, de las temperaturas de la superficie del mar y de la fuerza de los vientos dominantes en el Océano Pacífico oriental tropical que afecta a la meteorología de gran parte del mundo.

– O –

Oblicuidad: Ángulo entre el plano orbital de la Tierra (eclíptica) y el plano ecuatorial, también llamado inclinación axial. Puede variar entre 22,1° y 24,5° y actualmente es de 23°26′ (23,44°) y está disminuyendo. Es el principal parámetro de Milankovitch para el forzamiento orbital del clima, responsable del espaciamiento y ocurrencia de los interglaciares.

Onda atmosférica: Las ondas atmosféricas son movimientos del aire en la atmósfera terrestre que tienen diferentes escalas espaciales (de metros a miles de kilómetros) y temporales (de minutos a semanas). Son perturbaciones periódicas de alguna variable atmosférica (presión, temperatura o velocidad del viento) que pueden propagarse o permanecer en su lugar de origen. Las ondas importantes para este libro son las ondas planetarias, un tipo de onda de Rossby.

Onda de Rossby: Tipo de onda de inercia que se genera en los planetas en rotación debido a las diferencias del efecto Coriolis con la latitud. Las ondas de Rossby atmosféricas son meandros gigantes en los vientos de gran altura con longitudes de onda de varios cientos de kilómetros. Las ondas de Rossby oceánicas son mucho más pequeñas y suelen estar asociadas a la termoclina.

Onda planetaria: Tipo de onda de Rossby con longitudes de onda muy largas (miles de kilómetros) que pueden propagarse verticalmente hasta la estratosfera si son lo suficientemente grandes y las condiciones estratosféricas lo permiten.

Óptimo climático del Holoceno: Periodo del Holoceno en el que se alcanzaron las temperaturas medias globales más elevadas. Aunque su cronología varió según las regiones, puede considerarse que se produjo globalmente entre aproximadamente 9600 y 5500 años antes del presente.

Oscilación Ártica: También conocida como Modo Anular del Norte, la Oscilación Ártica es un modo de variabilidad climática que afecta a los vientos que circulan en sentido contrario a las agujas del reloj alrededor del Ártico. Una Oscilación Ártica positiva se caracteriza por fuertes vientos, una corriente en chorro en forma de anillo, baja presión en superficie en el Ártico y masas de aire frío confinadas a las regiones polares. Una Oscilación Ártica negativa se caracteriza por vientos más débiles, una corriente en chorro serpenteante, alta presión en superficie en el Ártico y masas de aire frío que penetran en latitudes no polares. El índice de Oscilación Ártica se calcula comparando el campo de altura geopotencial 20-90°N 1000 mBar con su modo principal de variabilidad para el periodo 1979-2000.

Oscilación Cuasi-Bienal (QBO): Es una oscilación casi periódica de los fuertes vientos estratosféricos que rodean el planeta por encima del ecuador, descendiendo aproximadamente 1 km al mes. El nuevo cinturón que se desarrolla por encima del anterior tiene la orientación opuesta. A una altitud dada (medida a 30 hPa), los vientos del oeste y del este se alternan cada 14 meses aproximadamente. La amplitud de la fase del este (QBOe, valores negativos de la velocidad del viento) es aproximadamente el doble de fuerte que la de la fase del oeste (QBOo, valores positivos de la velocidad del viento) y dura un poco más, pero los vientos del este de baja velocidad (–5-0 m/s) se comportan climáticamente como los vientos del oeste. La QBO tiene importantes efectos en el clima del hemisferio norte, especialmente en invierno, al influir en la fortaleza del vórtice polar y la corriente en chorro.

Oscilación Decadal del Pacífico (PDO): Un modo de variabilidad climática en el Pacífico Norte con amplias teleconexiones. Se define como el patrón dominante de anomalías de la temperatura de la superficie del mar en la cuenca del Pacífico Norte. Está fuertemente influenciada por El Niño-Oscilación del Sur y representa una envoltura a largo plazo de la variabilidad de El Niño-Oscilación del Sur. Sus fases pueden durar décadas y, cuando son positivas, presentan anomalías negativas de la temperatura superficial del mar en el Pacífico Norte central y occidental y anomalías positivas de la temperatura superficial del mar en el Pacífico Norte oriental y viceversa. En el Pacífico Sur se produce un débil reflejo de estas anomalías.

Oscilación del Atlántico Norte: Dipolo norte-sur del modo de variabilidad de la presión atmosférica sobre el Atlántico Norte que presenta pronunciadas teleconexiones climáticas. Un centro del dipolo se sitúa sobre Groenlandia, y el otro centro, de signo opuesto, en el Atlántico Norte central entre 35-40°N. El índice de Oscilación del Atlántico Norte se construye a partir de la diferencia de presión entre la Baja de Islandia y la Alta de las Azores. La oscilación alterna entre un modo positivo con una Baja de Islandia y una Alta de las Azores fuertes y un modo negativo con una Baja de Islandia y una Alta de las Azores débiles. Las fases positivas fuertes de la Oscilación del Atlántico Norte muestran temperaturas superiores a la media en el este de Estados Unidos y el norte de Europa y temperaturas inferiores a la media en Groenlandia y, a menudo, en el sur de Europa y Oriente Próximo. También se asocian a precipitaciones invernales por encima de la media en el norte de Europa y Escandinavia y por debajo de la media en el sur y centro de Europa. Durante las fases fuertemente negativas de la Oscilación del Atlántico Norte suelen observarse patrones opuestos de anomalías de temperatura y precipitación.

Oscilación Multidecadal del Atlántico (AMO): Modo de variabilidad climática recurrente en el Atlántico Norte asociado a cambios en la temperatura de la superficie del mar, cambios en las precipitaciones en Norteamérica, Europa y el norte de África, y a la intensidad de los huracanes del Atlántico Norte. Se caracteriza por fases alternas de 20-40 años con una amplitud de unos 0,6 °C en la temperatura de superficie del mar.

– P –

Par: Medida de la fuerza que hace que un objeto gire y adquiera aceleración angular. Es igual al producto de la magnitud de la fuerza y la distancia de su punto de aplicación al eje de rotación.

Paradoja del pequeño gradiente: Paradoja física que plantean los climas ecuables con polos cálidos que requieren flujos de calor meridional reforzados para mantener temperaturas suaves en las altas latitudes y evitar que las bajas latitudes se calienten en exceso, y el principio de la teoría de la turbulencia según el cual el flujo de calor meridional es proporcional al gradiente de temperatura meridional.

Pausa: Ver hiato.

Pequeña Edad de Hielo: Intervalo climático posterior al Periodo Cálido Medieval caracterizado por el enfriamiento y la expansión de los glaciares de montaña. No hay acuerdo sobre la duración de la Pequeña Edad de Hielo. En este libro, se considera que la Pequeña Edad de Hielo abarca el periodo comprendido entre 1300 y 1845.

Perihelio: Punto de una órbita en el que el Sol está más cerca. Para la Tierra, ocurre actualmente alrededor del 4 de enero.

Periodo Cálido Medieval: Intervalo climático que siguió al Periodo Frío de la Alta Edad Media y precedió a la Pequeña Edad de Hielo, caracterizado por el calentamiento y la contracción de los glaciares de montaña. Suele datarse entre 950 y 1250 d. C. aproximadamente.

Periodo Cálido Romano: Intervalo climático muy largo posterior al evento de los 2,8 kiloaños y anterior al Periodo Frío de la Alta Edad Media, caracterizado por el calentamiento y la contracción de los glaciares de montaña. Algunos autores lo datan entre hace 2550 y 1650 años (550 a. C.-350 d. C.), mientras que otros lo limitan a 250 a. C.-350 d. C. Las evidencias históricas y climáticas sugieren que el Periodo Cálido Romano pudo ser tan cálido o más que el actual.

Periodo frío de la Alta Edad Media: Intervalo climático posterior al Periodo Cálido Romano y anterior al Periodo Cálido Medieval, caracterizado por el enfriamiento. Suele datarse en torno al 400-900 d. C.

Periodo glacial: Periodo de tiempo dentro de una era glacial en el que la temperatura de la superficie es varios grados más fría que en la actualidad y las capas de hielo polares y montañosas son mucho más extensas, cubriendo grandes partes del hemisferio norte.

Piscina cálida del Indopacífico: Extensa zona ($>30 \times 10^6$ km^2) en los océanos Pacífico occidental y Índico oriental tropicales, que comprende aproximadamente el 7% de la superficie terrestre, que está permanentemente por encima de los 28 °C. Las altas temperaturas provocan una convección profunda que produce nubes de hasta 15 km de altura e importantes efectos en la circulación atmosférica. Es una parte importante del sistema climático mundial.

Precesión: En un cuerpo o sistema en rotación, la precesión es el cambio relativamente lento (en comparación con la velocidad de rotación) de la orientación del eje de rotación. La precesión axial de la Tierra es responsable del lento desplazamiento de los equinoccios (y de las estaciones) a lo largo de su órbita, con implicaciones climáticas muy importantes, y es uno de los forzamientos orbitales de Milankovitch. La órbita de la Tierra alrededor del Sol también tiene un eje de rotación que presenta precesión (precesión apsidal), lo que modifica las frecuencias de la precesión de los equinoccios.

Problema del clima ecuable: Se refiere a la incapacidad de los modelos climáticos para reproducir los climas de horno (hothouse) del pasado de la Tierra (por ejemplo, Eoceno inferior, Cretácico), caracterizados por una diferencia de temperatura reducida entre el ecuador y los polos, regiones polares cálidas con estacionalidad reducida y condiciones sin hielo en ambos polos, sin recurrir a concentraciones de gases de efecto invernadero poco realistas o a parámetros físicos alterados.

Proxy (clima): Características físicas conservadas del pasado que permiten reconstruir las condiciones climáticas del pasado.

Proyecto de Intercomparación de Modelos Acoplados (CMIP): Marco de colaboración para mejorar el conocimiento de los modelos globales de circulación general océano-atmósfera acoplados. Organizado en 1995 por el Grupo de Trabajo sobre Modelos Acoplados del Programa Mundial de Investigaciones Climáticas. La fase más reciente del proyecto (2014-2020) es la fase 6.

– R –

Radiación infrarroja: Radiación con una longitud de onda entre 0,75-1000 µm. El infrarrojo relevante para el clima es el infrarrojo térmico, entre 3-15 µm.

Reanálisis: Método científico para elaborar un registro completo de los cambios meteorológicos y climáticos a lo largo del tiempo. Combina pasadas predicciones meteorológicas a corto plazo basadas en modelos con observaciones a través de la asimilación de datos para producir una estimación sintetizada del estado del sistema climático. El proceso imita la elaboración de previsiones meteorológicas diarias para aplicaciones climáticas.

Régimen climático: Estado climático caracterizado por la escasa variación de una o varias variables climáticas a lo largo de un periodo de tiempo.

Remolino (eddy): Flujo de fluido con una dirección diferente a la del flujo general. Son responsables de la mayor parte de la transferencia de energía y momento angular dentro del fluido. El tamaño y el número de remolinos es una medida de la turbulencia. Ejemplos de remolinos atmosféricos son los huracanes, los ciclones y anticiclones y las ondas de Rossby. Los remolinos oceánicos son responsables de las corrientes de afloramiento y hundimiento.

Retroalimentación: Una retroalimentación (feedback) se produce cuando parte de la salida de un sistema se añade o se resta de la entrada, alterando el resultado. Las retroalimentaciones amplificadoras son positivas y las amortiguadoras negativas. Los sistemas dominados por retroalimentaciones negativas son inherentemente estables, y los sistemas dominados por retroalimentaciones positivas son inestables.

– S –

Sensibilidad climática de equilibrio: El calentamiento provocado por una duplicación del CO_2 atmosférico después de que los océanos hayan tenido tiempo de equilibrarse.

Sistema climático: Sistema interactivo formado por cinco componentes principales: la atmósfera (aire), la hidrosfera (agua), la criosfera (agua congelada), la superficie terrestre y la biosfera (seres vivos).

– T –

Teoría de Milankovitch: La teoría propuesta por Milutin Milanković en 1920 para explicar la alternancia de periodos interglaciales y glaciales durante el Pleistoceno como resultado de cambios de largo periodo en la órbita de la Tierra causados por la atracción gravitatoria del Sol, la Luna y los planetas. En 1976, se demostró que los proxies climáticos del Pleistoceno seguían las frecuencias orbitales propuestas por Milankovitch.

Teoría del efecto invernadero: Teoría que describe cómo el equilibrio entre la radiación solar absorbida y la radiación infrarroja emitida determina la temperatura de la superficie de un planeta con una atmósfera que contiene gases de efecto invernadero. Debido a la presencia de gases de efecto invernadero, la mayor parte de la radiación infrarroja emitida al espacio procede de la atmósfera y no de la superficie, y la temperatura de la superficie se calienta. Los cambios en la cantidad de gases de efecto invernadero provocan un desequilibrio entre la energía absorbida y la emitida debido a un cambio en la cantidad de radiación infrarroja emitida. El equilibrio se restablece mediante un cambio en la temperatura de la superficie y de la atmósfera, lo que provoca un cambio en el clima.

Terminación glacial: Periodo de unos 5-10 mil años durante el cual se produce la transición de un periodo glacial a uno interglacial. Suelen datarse en su punto medio, definido como el momento en que la subida del nivel del mar alcanza el 50% de su cambio.

Termoclina: Capa delgada en una gran masa de fluido que separa una zona de mayor mezcla de temperatura de una zona de menor mezcla de temperatura, lo que resulta en una tasa más rápida de cambio de temperatura que por encima y por debajo.

Termodinámica: Rama de la física que se ocupa del calor, el trabajo y la temperatura y su relación con la energía, la entropía y las propiedades físicas de la materia y la radiación.

Transporte meridional: Transporte de norte a sur de calor, humedad, nubes, sustancias químicas y momento angular a lo largo de los meridianos de la Tierra.

Trazador petrológico: Sedimento mineral cuyo origen puede rastrearse a formaciones geológicas de una región determinada.

– U –

Último Máximo Glacial: Momento del último periodo glacial en el que las capas de hielo alcanzaron su máxima extensión. Se define sobre la base de que el nivel del mar estaba 125 metros por debajo de los niveles actuales hace entre 26.500 y 19.000 años.

– V –

Ventana atmosférica: En el infrarrojo, la gama de frecuencias de 8,5-13,5 μm que permite que alrededor del 17% de la radiación de onda larga emitida desde la superficie atraviese la atmósfera sin impedimento. Alrededor del 12% de la energía solar recibida en la superficie se emite al espacio a través de esta ventana atmosférica. Existen otras ventanas importantes en las frecuencias visible y de radio.

Vórtice polar: Gran región de aire frío de baja presión que gira ciclónicamente (en el sentido de las agujas del reloj en el hemisferio sur, en el sentido contrario en el hemisferio norte) alrededor de ambos polos, manifestándose tanto en la troposfera como en la estratosfera. El vórtice polar estratosférico es un fenómeno de otoño-primavera, mientras que el vórtice polar troposférico suele persistir, aunque debilitado, durante todo el verano.

– Z –

Zona de Convergencia Intertropical (ZCIT): Es el ecuador climático del planeta, el área alrededor de la Tierra donde convergen los vientos alisios del noreste y sureste, creando lo que los marineros llaman las calmas. Se forma por la elevada insolación tropical que impulsa la convección de aire cálido y húmedo, formando la rama ascendente de la célula de Hadley. A medida que el aire asciende, se enfría, formando una banda de nubes y tormentas que rodea el globo cerca del ecuador. La ubicación de la ZCIT varía con las estaciones, desplazándose hacia el norte de enero a julio y hacia el sur de julio a enero, siguiendo la banda de máximo flujo solar. Los monzones tropicales están ligados a la posición de la ZCIT, y los cambios a largo plazo de su posición debidos a modificaciones de la insolación resultantes de cambios precesionales y de oblicuidad tienen un efecto muy importante en la evolución paleoclimática.

ÍNDICE

www.ingramcontent.com/pod-product-compliance
Lightning Source LLC
LaVergne TN
LVHW051253200726
843510LV00010B/1105